ubu

DONNA HARAWAY

QUANDO AS ESPÉCIES SE ENCONTRAM

TRADUÇÃO
JULIANA FAUSTO

PARTE I
JAMAIS FOMOS HUMANOS

PARTE II
NOTAS DA FILHA DE UM CRONISTA ESPORTIVO

PARTE III
ESPÉCIES EMARANHADAS

PARTE I

JAMAIS FOMOS HUMANOS

1. QUANDO AS ESPÉCIES SE ENCONTRAM: APRESENTAÇÕES

Duas perguntas guiam este livro: (1) quem e o que eu toco quando toco minha cadela?, e (2) como o devir-com é uma prática de devir-mundano? Amarro essas perguntas com um nó nas expressões *alterglobalização* e *autre-mondialisation*, que aprendi em Barcelona com um amante espanhol de buldogues franceses.[1] Esses termos foram inven-

---

1 Paul B. Preciado, que dá aulas sobre tecnologias de gênero no Museu de Arte Contemporânea de Barcelona e sobre teoria *queer*, tecnologias protéticas e gênero em Paris, apresentou-me tanto às nuances dos termos *alterglobalização* e *autre-mondialisation* quanto à cachorrinha cosmopolita Pepa, que caminha pelas cidades da Europa nas tradições caninas lésbicas francesas, marcando um tipo de mundanidade toda sua. É claro que a *autre-mondialisation* tem muitas vidas, algumas das quais podem ser rastreadas na internet, mas as versões que Preciado me deu animam este livro. Em um manuscrito enviado em agosto de 2006, ele escreveu: "Produzidos no final do século XIX, buldogues franceses e lésbicas coevoluem, passando de monstros marginais a criaturas da mídia e corpos de consumo pop e chique. Juntos, inventam uma maneira de sobreviver e criam uma estética de vida humano-animal. Movendo-se lentamente a partir dos distritos da luz vermelha para os bairros artísticos, galgando o caminho até a televisão, eles ascenderam juntos ao topo do empilhamento das espécies. Essa é uma história de reconhecimento mútuo, de mutação, de viagens e de amor *queer* [...]. A história do buldogue francês e a da mulher *queer* trabalhadora estão ligadas às transformações provocadas pela Revolução Industrial e pela emergência das sexualidades modernas [...]. Não demorou para que o chamado buldogue francês se tornasse a amada companhia das '*belles de nuit*', sendo retratado por artistas como Toulouse-Lautrec e Degas em bordéis e cafés parisienses. O rosto feio [do cão], de acordo com os padrões de beleza convencionais, ecoa a recusa lésbica ao cânone heterossexual da beleza feminina; seu corpo musculoso e forte e seu tamanho pequeno fizeram do *molosse* [molosso] o companheiro ideal da *flâneuse* urbana, da escritora nômade e da prostituta. [No] final do século XIX, junto com o charuto, o terno e inclusive a escrita (em si mesma), o buldogue se tornou um acessório de identidade, um marcador de gênero e político e um companheiro privilegiado de sobrevivência da mulher masculina, da lésbica, da prostituta e das rebeldes do sistema de gênero [nas] cidades europeias em expansão [...]. A oportunidade de sobrevivência do buldogue francês começou de fato em 1880, quando um grupo parisiense de criadores e apai-

tados por ativistas europeus para enfatizar que suas abordagens dos modelos neoliberais militarizados de construção de mundo não são pela antiglobalização, e sim pela fomentação de uma globalização-outra, mais justa e pacífica. Há uma *autre-mondialisation* promissora a ser aprendida no reatamento de alguns dos laços da corriqueira vida multiespécies na Terra.

Acho que aprendemos a ser mundanos ao enfrentarmos o corriqueiro em vez de generalizá-lo. Eu sou uma criatura da lama, não do céu. Sou uma bióloga que sempre achou edificantes as incríveis habilidades do lodo em manter as coisas em contato e lubrificar passagens para os seres vivos e suas partes. Adoro o fato de que genomas humanos sejam encontrados em apenas cerca de 10% de todas as células que ocupam o espaço mundano que chamo de meu corpo; os outros 90% das células são preenchidos pelos genomas de bactérias, fungos, protistas e que tais, alguns dos quais tocam uma sinfonia necessária para que eu esteja viva e outros que estão de carona e não causam a mim, a nós, nenhum dano. Sou em vasta medida excedida numericamente por meus diminutos companheiros; melhor dizendo, devenho um ser humano adulto em companhia desses diminutos comensais. Ser um é sempre *devir com* muitos. Algumas dessas biotas pessoais microscópicas são perigosas para o eu que escreve esta frase; por ora, elas são mantidas sob controle pelas medidas da sinfonia coordenada de todas as outras, células humanas ou não, que tornam possível o eu consciente. Adoro o fato de que, quando "eu" morrer, todos esses simbiontes benignos e perigosos tomarão e usarão o que restar do "meu"

---

xonados pela raça começou a organizar reuniões semanais regulares. Um dos primeiros membros do clube de donos de buldogues franceses foi Madame Palmyre, proprietária do cabaré 'La Souris', localizado no submundo de Paris, nos arredores de Montmartre e do 'Moulin Rouge'. Era um lugar de encontro de açougueiros, cocheiros, comerciantes de roupas, proprietários de cafés, vendedores ambulantes, escritores, pintores, lésbicas e prostitutas. As escritoras lésbicas Renée Vivien, Natalie Clifford Barney e Colette, assim como escritores modernistas como Catulle Mendès, Coppée, Henry Cantel, Albert Mérat e Léon Cladel, reuniam-se com buldogues no La Souris. Toulouse-Lautrec imortalizou 'bouboule', buldogues franceses de Palmyre, caminhando com prostitutas ou comendo em suas mesas. Representando as chamadas classes perigosas, o rosto achatado do buldogue, bem como o das lésbicas masculinas, fizeram parte da virada estética moderna. Além disso, a escritora francesa Colette, amiga de Palmyre e cliente do La Souris, seria uma das primeiras escritoras e personagens políticas a ser sempre retratada com seus buldogues franceses, especialmente seu amado 'Toby-Le-Chien'. No começo dos anos 1920, o buldogue francês havia se tornado um companheiro biocultural da mulher liberada na literatura, na pintura e nas mídias emergentes".

corpo, nem que seja só por um tempo, já que "nós" somos necessários uns aos outros em tempo real. Quando eu era uma garotinha, adorava habitar mundos em miniatura repletos de laços reais e imaginários ainda menores. Adorava o jogo de escalas em tempo e espaço que os brinquedos e estórias infantis tornavam patentes para mim. Não sabia então que tal amor me preparava para conhecer minhas espécies companheiras, que são minhas criadoras.

As figuras me ajudam a agarrar por dentro a carne dos emaranhamentos mortais de fazer-mundo, que chamo de zonas de contato.[2] O *Oxford English Dictionary* registra o significado de "visão quimérica" como "figuração" em uma fonte do século XVIII, e esse significado ainda está implícito em meu sentido de *figura*.[3] Figuras congregam pessoas por meio de seu convite a habitar a estória corpórea narrada em seus contornos. Figuras não são representações nem ilustrações didáticas, e sim nódulos material-semióticos ou laços nos quais diversos corpos e sentidos conformam uns aos outros. Para mim, as figuras sempre estiveram onde o biológico e o literário ou artístico se reúnem com toda a força da realidade vivida. Literalmente, meu próprio corpo é, ele mesmo, uma dessas figuras.

Por muitos anos escrevi de dentro da barriga de figuras poderosas como ciborgues, macacos e grandes primatas, oncorratos e, mais recentemente, cães. Em todos os casos, as figuras são, ao mesmo tempo, criaturas de possibilidade imaginada e criaturas de realidade feroz e corriqueira; as dimensões se emaranham e exigem resposta. *Quando as espécies se encontram* trata desse tipo de duplicidade, porém trata ainda mais dos jogos de cama de gato nos quais aqueles que devem estar no mundo são constituídos em intra- e interação. Os parceiros não precedem o encontro; espécies de todos os tipos, vivas ou não, resultam de uma dança de encontros que molda sujeitos e objetos. Nem os parceiros nem os encontros neste livro são meras bazófias literárias; antes, eles são corriqueiros seres-em-encontro em casa, no laboratório, no campo, no zoológico, no parque, no escritório, na prisão, no oceano, no estádio, no celeiro ou na fábrica. Enquanto seres corriqueiros atados, são também sempre figuras fazedoras-de-sentido que reúnem a quem lhes responde em tipos imprevisíveis

---

2 Para uma discussão mais ampla acerca das zonas de contato, ver o capítulo 8, "Treinar na zona de contato".

3 Agradeço ao estudante de pós-graduação do Departamento de História da Consciência Eben Kirksey por essa referência e pela organização do "Multispecies Salon", em novembro de 2006, na Universidade da Califórnia em Santa Cruz.

O cão de Jim.
Cortesia de James Clifford.

de "nós". Entre a miríade de espécies emaranhadas da Terra que conformam umas às outras, os encontros de seres humanos contemporâneos com outras criaturas, especialmente – mas não apenas – com aquelas chamadas "domésticas", são o foco deste livro.

E assim, nos capítulos que se seguem, os leitores encontrarão cães clonados, tigres de banco de dados, um escritor de beisebol sobre muletas, um ativista da saúde e da genética em Fresno, lobos e cães na Síria e nos Alpes franceses, Chicken Little e coxas e sobrecoxas de frango na Moldávia, moscas tsé-tsé e porquinhos-da-índia em um laboratório no Zimbábue presentes em um romance para jovens adultos, gatos ferais, baleias usando câmeras, criminosos e cachorrinhos treinando na prisão, além de uma cadela talentosa e uma mulher de meia-idade praticando juntas um esporte na Califórnia. Todos são figuras, e todos estão aqui mundanamente, nesta terra, agora, perguntando quem "nós" nos tornaremos quando as espécies se encontrarem.

O CÃO DE JIM E O CÃO DE LEONARDO

Apresento-lhes o cão de Jim. Meu colega e amigo Jim Clifford tirou essa fotografia durante uma caminhada em dezembro por um dos cânions úmidos do cinturão verde de Santa Cruz, perto de sua casa. Esse cão atento e sentado resistiu apenas uma estação. No inverno seguinte, as formas e a luz no cânion não garantiram que uma alma canina animasse o toco queimado de sequoia coberto por ramos, musgo, samambaias, liquens – e até mesmo por uma mudinha de louro-da-califórnia fazendo as vezes de rabo cortado – que o olho de um amigo encontrara para mim no ano anterior. Tantas espécies, tantos tipos se encontram no cão de Jim, que ele sugere uma resposta à minha pergunta: quem e o que tocamos quando tocamos esse cão? Como tal toque nos torna mais mundanos, em aliança com todos os seres que trabalham e brincam por uma alterglobalização que possa durar mais que uma estação?

Tocamos o cão de Jim com dedolhos possibilitados por uma fina câmera digital, computadores, servidores e programas de e-mail através dos quais o arquivo JPG de alta resolução foi enviado a mim.[4] Envolto na carne metálica, plástica e eletrônica do aparato digital está o sistema visual primata que Jim e eu herdamos, com seu vívido senso cromático e seu poder focal aguçado. Nosso tipo de capacidade para a percepção e o prazer sensual nos liga à vida de nossos parentes primatas. Ao tocar essa herança, nossa mundanidade deve responder a esses outros seres primatas e por eles, tanto em seus hábitats costumeiros como em laboratórios, estúdios de televisão e de cinema, zoológicos. Além disso, o oportunismo biológico colonizador típico dos organismos, desde os brilhantes mas invisíveis vírus e bactérias até a coroa de samambaias no topo da cabeça desse cãozinho, é palpável no toque. A diversidade das espécies biológicas e tudo o que isso requer em nosso tempo vêm ao nosso encontro com esse cão.

Nesse toque canídeo háptico-óptico gerado-por-câmera, estamos dentro das histórias da tecnologia da informação, da linha de montagem de produtos eletrônicos, da mineração e do descarte de resíduos informáticos, da pesquisa e fabricação de plásticos, dos mercados

---

4 *Dedolhos* [*fingery eyes*] é o termo de Eva Hayward para a união háptico-óptica da câmera com criaturas marinhas, especialmente as invertebradas, nas múltiplas interfaces de água, ar, vidro e outros meios através dos quais o toque visual ocorre na arte e na ciência. Cf. E. Hayward, "Fingeryeyes: Impressions of Cup Corals". *Cultural Anthropology*, 2010, v. 25, n. 4.

transnacionais, dos sistemas de comunicação e dos hábitos tecnoculturais de consumidores. As pessoas e as coisas estão em contato mutuamente constituinte, intra-ativo.[5] De modo visual e tátil, estou na presença dos sistemas interseccionais de trabalho diferenciados por raça, sexo, idade, classe e região que fizeram o cão de Jim viver. A resposta parece ser o requisito mínimo para tal sorte de mundanidade.

Esse cão não poderia ter vindo a mim sem as práticas de passeio no tempo livre do século XXI em uma cidade universitária na costa central da Califórnia. Os prazeres das caminhadas urbanas tocam as práticas de trabalho dos madeireiros do final do século XIX que, sem motosserras, cortaram a árvore cujo tronco queimado assumiu uma vida pós-arbórea. Para onde foi a madeira serrada daquela árvore? A queima historicamente deliberada pelos madeireiros ou os incêndios causados por raios na estação seca da Califórnia esculpiram o cão de Jim nos restos escurecidos da árvore. Em dívida tanto com a história do ambientalismo quanto com a de classe, as políticas do cinturão verde das cidades da Califórnia, resistindo ao destino do Vale do Silício, garantiram que o cão de Jim não fosse levado por uma escavadeira para a construção de casas no extremo oeste do faminto setor imobiliário de Santa Cruz. A robustez dos cânions, erodidos por água e esculpidos por terremotos, também ajudou. As mesmas políticas cívicas e as mesmas histórias da terra, ademais, permitem que onças-pardas passeiem dos bosques do *campus* até os cânions arbustivos que caracterizam essa parte da cidade. Caminhar com meus cães peludos sem coleira nos cânions me faz pensar nessas possíveis presenças felinas. Prendo a guia na coleira. Dedilhar visualmente o cão de Jim envolve tocar todas as importantes histórias e lutas ecológicas e políticas das cidadezinhas simples que perguntaram: quem deve comer quem, e quem deve habitar com quem? As ricas zonas de contato naturalcultural multiplicam-se a cada olhar tátil. O cão de Jim é uma provocação à curiosidade, que considero uma das primeiras obrigações e um dos mais profundos prazeres das espécies companheiras mundanas.[6]

Em primeiro lugar, que Jim tenha visto o vira-lata foi um ato de amizade oriundo de um homem que não havia procurado cães em sua

---

5 *Intra-ação* [*intra-action*] é um termo de Karen Barad. Ao tomá-lo emprestado, também a toco no cão de Jim. K. Barad, *Meeting the Universe Halfway: Quantum Physics and the Entanglement of Matter and Meaning*. Durham: Duke University Press, 2007.

6 Paul Rabinow defende a virtude da curiosidade, uma prática difícil e muitas vezes corrosiva à qual não se dá muito valor na cultura estadunidense, independentemente da minha opinião sobre obrigação e prazer; *Essays on the Anthropology of Reason*. Princeton: Princeton University Press, 1996.

vida e para quem eles não haviam estado particularmente presentes antes de sua colega parecer pensar sobre o assunto e não responder a mais ninguém. Não foram os cães peludos que foram até ele então; outro tipo tão maravilhoso de canídeo farejou seu caminho. Como diriam meus informantes na cultura canina dos Estados Unidos, o cão de Jim é real, um cão único, como um cão de mistura fina ancestral que nunca poderia ser replicado, apenas encontrado. Certamente, não há dúvidas sobre as misturas e miríades ancestrais, assim como contemporâneas, nesse cão de carvão incrustado. Penso que pode ter sido isso que Alfred North Whitehead quis dizer com concrescência de preensões.[7] É, definitivamente, o que está no coração do que aprendo quando pergunto em quem toco quando toco um cachorro. Aprendo algo sobre como herdar na carne. Auuu...

O cão de Leonardo dificilmente precisaria de apresentação. Pintado entre 1485 e 1490, *O Homem Vitruviano*, o Homem de Proporções Perfeitas, de Da Vinci, abriu seu caminho nas imaginações da tecnocultura e na cultura canina de animais de estimação da mesma forma. A tirinha do celebrado companheiro canino do Homem feita em 1996 por Sidney Harris mimetiza uma figura que passou a significar o humanismo renascentista; a significar a modernidade; a significar o laço gerativo entre arte, ciência, tecnologia, gênio, progresso e dinheiro. É impossível contar o número de vezes em que *O Homem Vitruviano* de Da Vinci figurou em folhetos de conferências de genômica ou em anúncios de instrumentos de biologia molecular e reagentes de laboratório nos anos 1990. Os únicos concorrentes próximos em termos de ilustrações e anúncios foram os desenhos anatômicos de figuras humanas dissecadas feitos por Vesalius e *A criação de Adão*, de Michelangelo, do teto da Capela Sistina.[8] Alta Arte, Alta Ciência: gênio, progresso, beleza, poder, dinheiro. O Homem de Proporções Perfeitas põe em primeiro plano tanto a magia numérica como a ubiquidade orgânica da vida real da sequência de Fibonacci. Transmutado na forma de seu dono, o Cão de Proporções Perfeitas me ajuda a pensar por que essa figura preeminentemente humanista não é capaz de contribuir com o modo de *autre-mondialisation* que procuro

---

7 "Um acontecimento é a consideração em unidade de um modelo de aspectos. A efetividade de um acontecimento para além de si mesmo surge dos seus próprios aspectos que vão formar as unidades preendidas de outros acontecimentos"; Alfred North Whitehead, *A ciência e o mundo moderno* [1925], trad. Hermann Herbert Watzlawick. São Paulo: Paullus, 2006, p. 152.

8 Discuto esse tipo de imagens tecnoculturais em D. Haraway, *Modest_Witness@Second_Millennium*. New York: Routledge, 1997, pp. 131–72, 173–212, 293–309.

© Sidney Harris, ScienceCartoonsPlus.com.

com companheiros terrenos, como o cão de Jim é. A tirinha de Harris é engraçada, mas o riso não é suficiente. O cão de Leonardo é a espécie companheira do tecno-humanismo e de seus sonhos de purificação e transcendência. Em vez disso, quero caminhar com a turba heterogênea chamada cão de Jim, na qual as linhas claras entre tradicional e moderno, orgânico e tecnológico, humano e não humano, dão lugar às dobras da carne que figuras poderosas como os ciborgues e os cães que conheço significam e ativam.[9] Talvez por esse motivo o cão de Jim seja agora o protetor de tela do meu computador.

---

9 Minha aliança com Bruno Latour em *Políticas da natureza: Como fazer ciência na democracia* [1999] (trad. Carlos Aurélio Mota de Souza. Bauru: Edusc, 2004) e em *Jamais fomos modernos: Ensaio de antropologia simétrica* [1991] (trad. Carlos Irineu da Costa. São Paulo: Ed. 34, 1994) é óbvia aqui e frequente em minhas explorações sobre como "jamais fomos humanos". Esse título sugestivo também foi usado com efeito similar por Eduardo Mendieta ("We Have Never Been Human or, How We Lost Our Humanity: Derrida e Habermas on Cloning". *Philosophy Today*, v. 47, 2003) e Brian Gareau ("We Have Never Been Human: Agential Nature, ANT, and Marxist Political Ecology". *Capitalism Nature Socialism*, v. 16, n. 4, dez. 2005). Devo também a Don Ihde (*Bodies in Technology*. Minneapolis: University of Minnesota Press, 2002) por suas leituras sobre as "dobras na carne" de Merleau-Ponty e muito mais.

REUNIÕES PROFISSIONAIS

Isso nos leva aos encontros mais habituais entre cães e ciborgues, nos quais sua suposta inimizade está em cena. A tirinha dominical *Bizarro*, de Dan Piraro, publicada em 1999 captou perfeitamente as regras de conduta. Ao dar boas-vindas aos participantes, o cachorrinho palestrante principal da Associação Americana de Cães de Colo [*lapdogs*] aponta para o slide iluminado de um computador de colo [*laptop*] aberto, entoando solenemente: "Senhoras e Senhores... Eis o inimigo!". O trocadilho que simultaneamente une e separa cães de colo e computadores de colo é maravilhoso e abre um mundo de investigação. Uma verdadeira pessoa cachorreira pode primeiro perguntar o quão espaçosos os colos humanos conseguem de fato ser para segurar ao mesmo tempo cães de tamanho considerável e computadores. Tais perguntas tendem a surgir no fim da tarde em um escritório doméstico se um ser humano ainda está no computador, negligenciando a importante obrigação de sair para dar uma volta com a fera-não-mais-no-chão que o importuna de modo eficaz. No entanto, questões filosoficamente mais graves, se não mais urgentes em sentido prático, também se escondem na tirinha *Bizarro*.

As versões modernistas tanto do humanismo como do pós-humanismo têm raízes axiais em uma série daquilo que Bruno Latour chama de Grandes Divisões, aquilo que conta como natureza e o que conta como sociedade, como não humano e como humano.[10] Paridos nas Grandes Divisões, os principais Outros do Homem, incluindo seus "pós", estão bem documentados em registros ontológicos de crias, tanto nas culturas ocidentais passadas como nas presentes: deuses, máquinas, animais, monstros, criaturas rastejantes, mulheres, servos e escravos e não cidadãos em geral. Fora da inspeção de segurança da razão iluminada, fora dos dispositivos de reprodução da imagem sagrada do mesmo, esses "outros" têm uma capacidade notável de provocar pânico nos centros de poder e na certeza de si. Os terrores são expressos geralmente em hiperfilias e hiperfobias, e não há exemplos mais ricos do que os pânicos despertados pela Grande Divisão entre animais (*lapdogs*) e máquinas (*laptops*) no início do século XXI da Era Cristã.

Tecnofilias e tecnofobias rivalizam com organofilias e organofobias, e tomar partido não é algo que se deixe ao acaso. Se uma pessoa

---

10 Para uma miríade de mundos que não dependem mais das Grandes Divisões, ver B. Latour e Peter Weibel (orgs.), *Making Things Public: Atmospheres of Democracy*. Karlsruhe / Cambridge: ZKM Center for Arts and Media / MIT Press, 2005.

ama a natureza orgânica e exprime amor pela tecnologia, torna-se suspeita. Se alguém acha que os ciborgues são tipos promissores de monstros, então é uma aliada pouco confiável na luta contra a destruição de todas as coisas orgânicas.[11] Pessoalmente, fizeram-me entender isso em um encontro profissional em 2001, uma conferência maravilhosa chamada "Taking Nature Seriously" [Levar a natureza a sério], na qual fui uma das palestrantes principais. Fui submetida a uma fantasia de meu próprio estupro público nominal em um panfleto distribuído por um pequeno grupo de ativistas que se autoidentificavam como anarquistas e partidários da ecologia profunda, porque, ao que parecia, meu compromisso com os híbridos de misturas orgânico-tecnológicas figurados em ciborgues me tornava pior do que um pesquisador da Monsanto, o qual pelo menos não reivindica nenhuma aliança com o ecofeminismo. Sou obrigada a lembrar até mesmo daqueles pesquisadores na Monsanto que podem muito bem levar a sério o feminismo ambiental antirracista e imaginar como alianças poderiam ser construídas com eles. Eu também estava na presença dos muitos partidários da ecologia

---

11 Todas estas palavras, *tecnologia*, *natureza*, *orgânico*, entre outras, geram teias de sentido proteiformes que têm de ser abordadas em detalhes históricos íntimos. Mas, aqui, quero destacar as oposições prontamente ouvidas e as transparências presumidas dos seus sentidos nas expressões de uso corrente.

profunda e anarquistas que não querem ter nada a ver com a ação ou a análise da posição incuriosa e presunçosa de meus confrontadores. Além de me lembrar que sou uma mulher (ver as Grandes Divisões acima) – algo que a classe e o privilégio de cor ligados ao *status* profissional podem silenciar por longos períodos de tempo –, o cenário do estupro me lembrou à força por que procuro minhas irmãs e irmãos nas formas fúngicas não arbóreas, lateralmente comunicantes, do grupo de parentes *queer* que colocam *lapdogs* e *laptops* nos mesmos colos confortáveis.

Em um dos painéis da conferência, ouvi um triste homem na plateia dizer que o estupro podia ser um instrumento legítimo contra quem estupra a Terra; ele parecia considerar essa uma posição ecofeminista, para horror dos homens e mulheres com essa convicção política na sala. Todo mundo que ouvi durante a sessão achou o sujeito um pouco perigoso e definitivamente uma vergonha política, mas principalmente louco no sentido coloquial, se não no sentido clínico. Entretanto, a qualidade do pânico quase psicótico de seus comentários ameaçadores merece alguma atenção devido à maneira como o extremo revela a face oculta do normal. Em particular, esse pretenso-estuprador-em-defesa-da-mãe-terra parece moldado pela fantasia culturalmente normal da excepcionalidade humana. Trata-se da premissa de que apenas a humanidade não é uma teia espacial e temporal de dependências interespécies. Assim, ser humano é estar do lado oposto em relação a todos os demais na Grande Divisão e, por conseguinte, ter medo – e estar inflamadamente enamorado – das sombras que caminham à noite. O homem ameaçador na conferência foi bem marinado na fantasia ocidental institucionalizada, há muito dominante, de que tudo aquilo que é totalmente humano passou pela queda do Éden, está separado da mãe, no domínio do artificial, desenraizado, alienado e, portanto, livre. Para esse homem, sair dos compromissos profundos de sua cultura com a excepcionalidade humana exige um arrebatamento de mão única para o outro lado da divisão. Retornar à mãe é retornar à natureza e se posicionar contra Homem-o-Destruidor por meio da defesa do estupro de mulheres cientistas na Monsanto, se disponíveis, ou de uma conferencista feminista ambientalista traidora, caso alguma esteja no local.

Freud é nosso grande teórico do pânico na psique ocidental, e por causa do compromisso de Derrida de rastrear "toda a reinstituição antropomórfica da superioridade da ordem humana sobre a ordem animal, da lei sobre os viventes", ele é meu guia para a abordagem de Freud a essa questão.[12] Freud descreveu três grandes feridas históricas do narcisismo primário do sujeito humano autocentrado, que tenta afastar o pânico pela fantasia da excepcionalidade humana. A primeira é a ferida copernicana que removeu a própria Terra, o mundo natal do homem, do centro do cosmos e de fato abriu o caminho para que aquele cosmos rebentasse em um universo de tempos e espaços inumanos e não teleológicos. A ciência fez esse corte descentralizador. A segunda ferida é a darwiniana, que colocou o *Homo sapiens* firmemente no mundo das outras criaturas, todas tentando ganhar a vida terrenamente e, desse modo, evoluindo umas em relação às outras, sem as garantias de placas de sinalização que culminem no Homem.[13] A ciência também infligiu esse corte cruel. A terceira

---

12 Jacques Derrida, "Et si l'animal répondait?", in *L'animal que donc je suis*. Paris: Galilée, 2006, p. 186. Em um e-mail datado de 1º de setembro de 2006, Isabelle Stengers lembrou-me de que Freud conduzia, por meio do dispositivo de feridas narcísicas e do seu tratamento, uma guerra de propaganda excludente com a finalidade de promover sua própria teoria do inconsciente. O excepcionalismo humano não é a única tradição ocidental, muito menos uma abordagem cultural universal. Stengers irritava-se mais com a terceira ferida, com a qual Freud parece dirigir-se a Descartes e companhia, "mas que também implica um julgamento generalizado sobre as artes tradicionais de cura de almas, que foram assimiladas à mera sugestão". Derrida não aborda esse assunto porque a tradição cartesiana ortodoxa é seu alvo. É lamentável que essa tradição represente o Ocidente *tout court* em grande parte da filosofia e da teoria crítica, uma falha da qual eu também não pude escapar. Para um corretivo crucial, ver Erica Fudge, *Brutal Reasoning: Animals, Rationality, and Humanity in Early Modern England*. Ithaca: Cornell University Press, 2006. A questão que Derrida enfrenta é a de como "romper com a tradição cartesiana do animal-máquina que existe sem linguagem e sem a capacidade de responder", apenas de reagir; J. Derrida, "Et si l'animal répondait?", op. cit., p. 163. Para fazer isso, não basta "subverter" o sujeito; a topografia da Grande Divisão que mapeia o animal *em geral* e o humano *em geral* tem de ser deixada para trás em prol de "todo o campo diferenciado da experiência e das formas de vida"; ibid., p. 173. Derrida sustenta que a operação filosoficamente escandalosa (e psicanaliticamente reveladora) da postulação do excepcionalismo humano – e, portanto, o domínio humano – é *menos* recusar "ao animal" uma longa lista de poderes ("fala, razão, experiência da morte, fingimento do fingimento, encobrimento dos vestígios, dádiva, risos, lágrimas, respeito, e assim por diante – a lista é necessariamente ilimitada") e *mais* "aquele que se chama humano" atribuir rigorosamente ao homem, isto é, a si mesmo, tais atributos autoconstituintes; ibid., p. 185. "Vestígios (se) apagam, como tudo o mais, mas a estrutura do vestígio é tal que não pode estar no *poder* de ninguém apagá-lo [...]. A distinção pode parecer sutil e frágil, mas sua fragilidade torna frágeis todas as oposições sólidas que estamos no processo de rastrear"; ibid., p. 186.

13 Uma análise útil do âmago não teleológico do darwinismo pode ser encontrada em Elizabeth Grosz, *The Nick of Time: Politics, Evolution, and the Untimely*. Durham: Duke University Press, 2004.

ferida é a freudiana, que postulou um inconsciente que desfez a primazia dos processos conscientes, incluindo a razão que confortava o Homem com sua excelência única, mais uma vez com consequências temerárias para a teleologia. A ciência parece segurar essa lâmina tal e qual. Quero acrescentar uma quarta ferida, a informática ou ciborguiana, que envolve a carne orgânica e a tecnológica, assim fundindo também a Grande Divisão.

Será de se admirar que, em mandatos eleitorais alternados, o Conselho de Educação do Kansas queira isso fora dos livros didáticos de ciências, mesmo que quase toda a ciência moderna tenha de desaparecer, para que se realize uma sutura de feridas abertas em prol da coerência de um ser fantástico, mas bem-dotado? É notório que, na última década, os eleitores do Kansas elegeram para o conselho estadual opositores do ensino da evolução darwiniana, em uma eleição, e depois os substituíram, no mandato seguinte, pelo que a imprensa chama de moderados.[14] O Kansas não é uma exceção; em 2006, representava mais da metade do público nos Estados Unidos.[15] Freud sabia que o darwinismo não é moderado e que também é uma coisa boa. Passar sem teleologia e sem excepcionalidade humana é, em minha opinião, essencial para colocar *laptops* e *lapdogs* em um só colo. Mais precisamente, tais feridas na certeza de si são necessárias, ainda que não sejam suficientes, para que, em qualquer um dos domínios, não se pronuncie mais tão facilmente a sentença: “Senhoras e senhores, eis o inimigo!”. Em vez disso, quero que a minha gente, aquela reunida por figuras de relacionalidade mortal, volte àquele velho *button* político do final dos anos 1980, “Ciborgues pela sobrevivência terrena”, unido ao meu mais novo adesivo de para-

---

14 Yudhijit Bhattacharjee, “Evolution Trumps Intelligent Design in Kansas Vote”. *Science*, v. 313, n. 5788, 11 ago. 2006, p. 743.

15 Em uma pesquisa de 2005 com adultos de 32 países europeus e dos Estados Unidos, assim como em uma consulta similar aos japoneses em 2001, apenas as pessoas na Turquia exprimiram mais dúvidas em relação à evolução do que as estadunidenses, enquanto 85% dos islandeses se sentiam confortáveis com a ideia de que “os seres humanos, tais como os conhecemos, se desenvolveram a partir de espécies mais antigas de animais”. Cerca de 60% dos adultos estadunidenses pesquisados ou não “acreditavam” na evolução ou exprimiam dúvidas sobre ela. Durante os últimos vinte anos, a porcentagem de adultos nos Estados Unidos que aceitam a evolução diminuiu de 45% para 40%. A porcentagem de adultos que não tinham certeza de sua posição aumentou de 7% em 1985 para 21% em 2005. Ver Jon Miller, Eugenie Scott e Shinji Okamoto, “Public Acceptance of Evolution”. *Science*, v. 313, n. 5788, 11 ago. 2006; *The New York Times*, 15 ago. 2006. Não estranho que essas dúvidas sobre as histórias da evolução humana acompanhem a fé hipertrofiada em certos tipos de engenharia e em tecnologias bélicas e de extração de lucro. A ciência não é una.

-choque da revista *The Bark*, "O cão é meu copiloto".[16] Ambas as criaturas cavalgam o mundo nas costas do peixe de Darwin.[17]

O ciborgue e o cachorro se reúnem nos encontros profissionais que se seguem a essas apresentações. Há alguns anos, Faye Ginsburg, uma eminente antropóloga e cineasta, filha de Benson Ginsburg, estudioso pioneiro de comportamento canino, me enviou uma tirinha de Warren Miller publicada em 29 de março de 1993 na *New Yorker*. Faye passou a infância com os lobos que o pai estudava em seu laboratório na Universidade de Chicago e com os animais no Jackson Memorial Laboratory em Bar Harbor, Maine, onde J. P. Scott e J. L. Fuller também realizaram suas famosas investigações sobre genética canina e comportamento social a partir do final dos anos 1940.[18] Na tirinha, um

---

16 *Dog is my co-pilot*, trocadilho com *God is my co-pilot* [Deus é meu copiloto]. [N. T.]

17 Com patinhas crescendo a partir de sua superfície ventral para sair dos mares salgados à terra seca na grande aventura evolutiva, o peixe de Darwin é um símbolo geralmente utilizado como resposta paródica ao peixe cristão (sem pés) no para-choque de carros e nas portas de geladeira de meus concidadãos. Ver darwinfish.com; a oportunidade de comercializar uma mercadoria nunca é perdida. Também é possível comprar um desenho de peixe com a inscrição *gefilte*. Como nos diz a Wikipedia (en.wikipedia.org/wiki/Parodies_of_the_ichthys_symbol), "O peixe de Darwin disparou uma pequena corrida armamentista de adesivos de para-choque. Criou-se o desenho de um 'peixe de Jesus', maior, devorando o peixe de Darwin. Às vezes, o peixe maior contém letras que formam a palavra 'VERDADE'. Um desenho posterior mostra dois peixes, um deles com pernas e a mensagem 'Eu evoluí' e o outro sem pernas e com a mensagem 'Você não'".

18 John Paul Scott e John L. Fuller, *Genetics and the Social Behavior of the Dog*. Chicago: University of Chicago Press, 1965. Para uma discussão desse projeto de pesquisa em contextos biológicos, políticos e culturais, ver D. Haraway, "For the Love of a Good Dog: Webs of Action in the World of Dog Genetics", in Alan Goodman, Deborah Heath e M. Susan Lindee (orgs.), *Genetic Nature/Culture*. Berkeley/Los Angeles: University of California Press, 2003. Em meu texto, apoiei-me bastante em Diane Paul, "The Rockefeller Foundation and the Origin of Behavior Genetics", in *The Politics of Heredity*. Albany: State University of New York Press, 1998. No dia 27 de agosto de 1999, Faye Ginsburg me enviou um e-mail: "Paul Scott foi como um tio para mim, e meu pai passou boa parte da vida estudando a evolução do comportamento canino enquanto um processo social. Brinquei com os lobos [de meu pai] quando criança, para não mencionar o cão-coiote e outras criaturas desafortunadas [...]. Eu devia desenterrar a edição de 3 de dezembro de 1963 da revista *Look* em que apareço me divertindo com os lobos e brincando com coelhos endogâmicos superagressivos!!!". O laboratório também tinha dingos. Faye realmente desenterrou o artigo, que se completa com fotos ótimas de um lobo e uma garota saudando-se face a face e brincando. Para as fotos e muito mais, ver "Nurturing the Genome: Benson Ginsburg Festschrift", 28–29 jun. 2002; Faye Ginsburg estuda produção e consumo de mídia digital indígena, assim como deficiência e cultura pública. Ver F. Ginsburg, "Screen Memories: Resignifying the Traditional in Indigenous Media", in

membro de uma alcateia selvagem apresenta uma visitante coespecífica usando mochila de comunicação eletrônica, equipada com uma antena para enviar e receber dados, e diz as seguintes palavras: "Nós a encontramos vagando na beira da floresta. Foi criada por cientistas". Estudante de mídia indígena na era digital, Faye Ginsburg foi facilmente atraída pela união da etnografia e da tecnologia de comunicação na tirinha de Miller. Veterana da integração na vida social dos lobos por meio de rituais polidos de apresentação desde sua infância, foi triplamente saudada. Ela também está no meu grupo de parentes na teoria feminista, por isso não é surpresa que eu me encontre naquela loba com mochila de telecomunicação. Essa figura reúne sua gente por meio de redes de amizade, histórias animal-humanas, estudos científicos e tecnológicos, política, antropologia, estudos de comportamento animal, com o senso de humor da *New Yorker*.

Essa loba encontrada na beira da floresta e criada por cientistas figura quem me considero ser no mundo – isto é, um *organismo* moldado por uma biologia pós-Segunda Guerra Mundial saturada de ciência da informação e tecnologias, uma *bióloga* educada nesses discursos e uma *praticante* das humanidades e ciências sociais etnográficas. Todas essas três formações temáticas são cruciais para as questões deste livro sobre a mundanidade e o toque através da diferença. A loba encontrada se reúne com outros lobos, mas ela não pode tomar como certa sua acolhida. Ela deve ser apresentada, e sua estranha mochila de comunicação deve ser explicada. Ela traz a ciência e a tecnologia para o campo aberto na floresta. A alcateia é educadamente abordada, não invadida, e os lobos decidirão seu destino. A alcateia não é uma das floridas fantasias naturais sobre lobos selvagens, mas um grupo sagaz, cosmopolita e curioso de canídeos livres. O lobo mentor e patrono da visitante é generoso, disposto a perdoar algum grau de ignorância, mas cabe à visitante aprender sobre seus novos conhecidos. Se tudo correr bem, eles se tornarão comensais, espécies companheiras e outros significativos uns para os outros, coespecíficos. A loba-cientista enviará dados de volta, assim como trará dados para os lobos na floresta. Esses encontros moldarão naturezasculturas para todos eles.

Há muito em jogo em tais encontros, e os resultados não são garantidos. Não há aqui nenhuma salvaguarda teleológica, nenhum final feliz ou infeliz assegurado, seja social, ecológica ou cientificamente.

—

F. Ginsburg, Lila Abu Lughod e Brian Larkin (orgs.), *Media Worlds: Anthropology on New Terrain*. Berkeley / Los Angeles: University of California Press, 2002.

Warren Miller, CartoonBank.com. © coleção *The New Yorker*, 1993.

Há apenas a chance de se darem bem juntos, com alguma graça. As Grandes Divisões animal / humano, natureza / cultura, orgânico / técnico e selvagem / doméstico se achatam em diferenças mundanas – daquele tipo que tem consequências e exige respeito e resposta – em vez de se erguerem em fins sublimes e últimos.

ESPÉCIES COMPANHEIRAS

A sra. Cayenne Pepper continua a colonizar todas as minhas células – um caso certo daquilo que a bióloga Lynn Margulis chama de simbiogênese. Aposto que, se verificassem nosso DNA, encontrariam algumas transfecções potentes entre nós. Sua saliva deve ter os vetores virais. Certamente, seus beijos ágeis de língua têm sido irresistíveis. Embora compartilhemos a localização no filo dos vertebrados, habitamos não só gêneros diferentes e famílias divergentes mas também ordens totalmente outras.

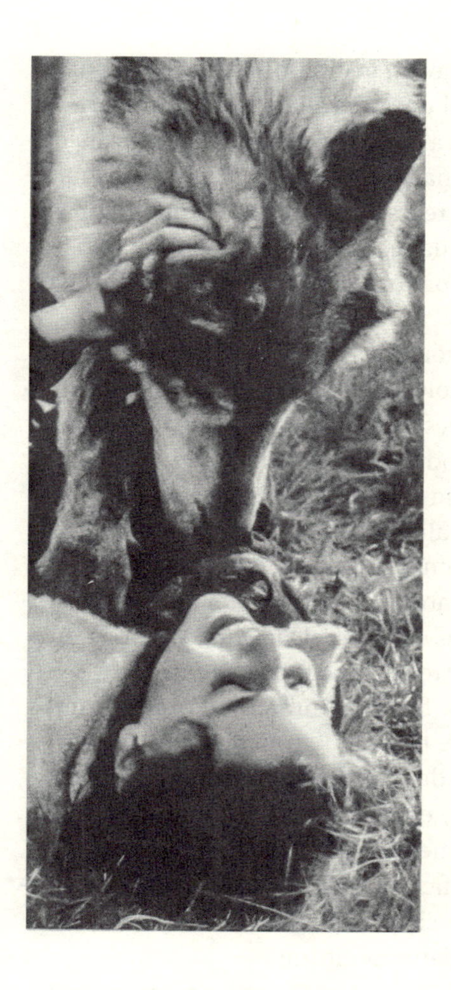

Faye Ginsburg e o lobo Remo se saudando e brincando no laboratório de Benson Ginsburg na Universidade de Chicago. Foto de Archie Lieberman publicada em Jack Star, "A Wolf Can Be a Girl's Best Friend". *Look*, v. 27, n. 24, 3 dez. 1963, pp. 53–54. © Biblioteca do Congresso D.C., Prints and Photographs Division.

Como organizaríamos as coisas? Canídeo, hominídeo; animal de estimação, professora; cadela, mulher; animal, humano; atleta, condutora. Uma de nós tem um microchip de identificação implantado sob a pele do pescoço; a outra, uma carteira de motorista da Califórnia com foto. Uma de nós tem um registro escrito de seus antepassados por vinte gerações; uma de nós não sabe o nome de seus bisavós. Uma de nós, produto de uma vasta mistura genética, é chamada de "raça pura". Uma de nós, igualmente produto de uma vasta mistura, é chamada de "branca". Cada um desses nomes designa um discurso racial diferente, e ambas herdamos na carne suas consequências.

Uma de nós está no ápice da realização física flamejante e juvenil; a outra é robusta, mas envelhece. E praticamos um esporte de equipe chamado *agility* na mesma terra indígena expropriada na qual os ancestrais de Cayenne pastoreavam ovelhas. Essas ovelhas foram importadas da economia pastoril da Austrália, já colonial, para alimentar aqueles que vinham para a corrida do ouro na Califórnia em 1849. Em camadas de história, camadas de biologia, camadas de naturezasculturas, a complexidade é a regra do nosso jogo. Somos ambas a prole da invasão faminta por liberdade, produto de assentamentos de colonos brancos, saltando por sobre obstáculos e rastejando através de túneis no percurso em disputa.

Tenho certeza de que nossos genomas são mais parecidos do que deveriam ser. Alguns registros moleculares de nosso toque nos códigos da vida certamente deixarão vestígios no mundo, não importando que sejamos ambas fêmeas reprodutivamente silenciadas, uma por idade e escolha, outra por cirurgia sem ter sido consultada. Sua ágil e flexível língua de pastora-australiana vermelho-merle pincelou os tecidos de minhas amígdalas, com todos aqueles ávidos receptores do sistema imunológico. Quem sabe para onde meus receptores químicos carregaram suas mensagens ou o que ela levou do meu sistema celular para distinguir o eu do outro e ligar o fora ao dentro?

Tivemos conversas proibidas; fizemos intercurso oral; estamos unidas ao contar estória atrás de estória com nada além dos fatos. Estamos nos treinando em atos de comunicação que mal entendemos. Somos, constitutivamente, espécies companheiras. Nós nos inventamos uma à outra, na carne. Significativamente outras uma para a outra, na diferença específica, significamos na carne uma sórdida infecção desenvolvimental chamada amor. Esse amor é uma aberração histórica e um legado naturalcultural.[19]

Em minha experiência, quando as pessoas ouvem o termo *espécies companheiras*, tendem a começar a falar de "animais de companhia", como cães, gatos, cavalos, miniburros, peixes tropicais, coelhinhos extravagantes, tartarugas bebês moribundas, fazendas de formigas, papagaios, tarântulas com arreios e porcos vietnamitas. Muitas dessas criaturas, mas nem todas e nenhuma sem histórias nada inocentes, de fato se encaixam prontamente na categoria globalizada e flexível de animais de companhia do início do século XXI. Os animais historicamente situados em relações de companhia com humanos também situados são, naturalmente, atores importantes em *Quando as espécies se encontram*. Mas a categoria "espécie companheira" é

—

19 D. Haraway, *O manifesto das espécies companheiras: Cachorros, pessoas e alteridade significativa* [2003], trad. Pê Moreira. São Paulo: Bazar do Tempo, 2021, pp. 7–9.

menos modelada e mais turbulenta que isso. De fato, acho que essa noção, que é menos uma categoria do que um indicador para um contínuo devir-com, é uma teia muito mais rica para se habitar do que qualquer um dos pós-humanismos em exibição após a sempre adiada desaparição do homem (ou em referência a ela).[20] Nunca quis ser pós-humana nem pós-humanista mais do que quis ser pós-feminista. Para começar, ainda há muito, e com urgência, a ser feito em relação àqueles que devem habitar as problemáticas categorias de mulher e humano, devidamente pluralizadas, reformuladas e trazidas à intersecção constitutiva de outras diferenças assimétricas.[21] Fundamentalmente, no entanto, são os padrões de relacionalidade e, nos termos de Karen Barad, as intra-ações em muitas escalas de espaço-tempo que precisam ser repensados, e não a troca de uma categoria problemática por outra pior ainda, mais provável de entrar em parafuso.[22] Os

—

20 Adapto o termo *devir-com* de Vinciane Despret, "The Body We Care For: Figures of Anthropo-zoo-genesis". *Body and Society*, v. 10, n. 2–3, 2004. Ela refigurou a estória de Konrad Lorenz com suas gralhas: "sugiro que Lorenz deveio uma 'gralha-com-humano' tanto quanto a gralha deveio, de uma certa maneira, um 'humano-com-gralha' [...]. É uma nova articulação de 'com-dade' ['*with-ness*'], uma articulação de 'ser com' [...]. Lorenz aprendeu a ser afetado. [...] Aprender a como se dirigir aos seres estudados não é o *resultado* de um entendimento teórico científico [;] é a *condição* desse entendimento"; ibid., p. 131. Para um prolongamento feminista de devir-com, ver María Puig de la Bellacasa, "Thinking with Care", texto lido nos encontros da Society for Social Studies of Science [Sociedade de Estudos Sociais da Ciência], Vancouver, 2–4 nov. 2006.

21 As teóricas fundadoras da interseccionalidade foram, nos Estados Unidos, feministas racializadas, incluindo Kimberlé Crenshaw ,"Demarginalizing the Intersection of Race and Sex", in D. Kelly Weisberg (org.) *Feminist Legal Theory: Foundations*. Philadelphia: Temple University Press, 1993; Angela Davis, *Mulheres, raça e classe* [1981], trad. Heci Regina Candiani. São Paulo: Boitempo, 2016; Chela Sandoval, *Methodology of the Oppressed*. Minneapolis: University of Minnesota Press, 2000; Gloria Anzaldúa, *Borderlands/La frontera*. San Francisco: Aunt Lute Books, 1987; e muitas outras. Para uma cartilha, ver Awid, "Intersectionality: A Tool for Gender and Economic Justice", in *Women's Rights and Economic Change*, n. 9, ago. 2004.

22 Para análises incisivas, ver Katherine Hayles, *How We Became Posthuman: Virtual Bodies in Cybernetics, Literature, and Informatics*. Chicago: University of Chicago Press, 1999; e Cary Wolfe, *Animal Rites: American Culture, the Discourse of Species, and Posthumanist Theory*. Chicago: University of Chicago Press, 2003. A noção de "pós-humanidades", contudo, me parece útil para acompanhar as conversas acadêmicas. Sobre "conversa" (*versus* "debate") como prática política, ver Katie King, *Theory in Its Feminist Travels*. Bloomington: Indiana University Press, 1994. O livro de King, *Network Reenactments: Stories Transdisciplinary Knowledges Tell* (Durham: Duke University Press, 2012), é um guia indispensável para a elaboração de transconhecimentos e reencenações de muitos tipos, dentro e fora da

parceiros não precedem sua relação; tudo que é é fruto de devir-com: esses são os mantras das espécies companheiras. Até o *Oxford English Dictionary* diz o mesmo. Ao me empanturrar de etimologias, degusto minhas palavras-chave por seus sabores.

Companheiro vem do latim *cum panis*, "com pão". Comensais à mesa são companheiros. Camaradas são companheiros políticos. Um companheiro, em contexto literário, é um *vade mecum* ou manual, como o *Oxford Companion* de vinhos ou poesia inglesa; tais companheiros ajudam os leitores a consumir bem. Parceiros comerciais ou de negócios formam uma *companhia*, termo que também é usado para a mais baixa patente em uma ordem de cavaleiros, um convidado, uma guilda comercial medieval, uma frota de navios mercantes, uma unidade local de garotas bandeirantes, uma unidade militar e, coloquialmente, para a Agência Central de Inteligência, a CIA. Como verbo, *acompanhar* é "consorciar-se, fazer companhia", com conotações sexuais e gerativas sempre prontas a irromper.

Espécie, como todas as palavras antigas e importantes, é igualmente promíscua, mas no registro visual, e não no gustatório. O latim *specere* está na raiz das coisas aqui, com seus sentidos de "olhar" e "observar". Na lógica, *espécie* se refere a uma impressão mental ou ideia, reforçando a noção de que pensar e ver são clones. Referindo-se tanto ao implacavelmente "específico" ou particular quanto a uma classe de indivíduos com as mesmas características, *espécie* contém seu próprio oposto na forma mais promissora – ou especial. Debates sobre se espécies são entidades orgânicas terrestres ou conveniências taxonômicas são coextensivos ao discurso que chamamos de "biologia". Espécie diz respeito à dança que une parentes e tipo.[23] A

---

universidade contemporânea. A noção de King de presentespassados é particularmente útil para pensar como herdar histórias.

23 *Kin* and *kind*, no original, ressoam um trocadilho shakespeariano. Na primeira vez que Hamlet endereça-se a seu tio Cláudio, diz a ele que é "*A little more than kin, a little less than kind*": um pouco mais que um parente, um pouco menos que alguém da mesma classe ou tipo/ um pouco menos generoso, visto que a palavra *kind* carrega ambos os sentidos na língua inglesa. Embora aqui tenhamos optado pela tradução por "tipo", importam os sentidos de *kind* que vão sendo realçados na obra posterior de Haraway: "o mais generoso [*kindest*] não é necessariamente parente enquanto família; fazer parentes e fazer afins [*kind*] (enquanto categoria, cuidado, familiares sem laços de nascimento, familiares laterais, muitos outros ecos) estendem a imaginação e podem mudar a estória [...]. Penso que a expansão e a recomposição de parente é autorizada pelo fato de que todos os terráqueos são parentes no sentido mais profundo, e já passou da hora de cuidarmos melhor dos afins-como-agenciamentos (e não de espécies uma de cada vez)"; D. Haraway,

capacidade de entrecruzar-se reprodutivamente é o requisito rústico para membros da mesma espécie biológica; todos aqueles trocadores laterais de genes, como as bactérias, nunca fizeram espécies muito boas. Além disso, as transferências de genes mediadas biotecnologicamente refazem parentes e tipos em taxas e em padrões sem precedentes na Terra, gerando comensais à mesa que não sabem como comer bem e que, segundo meu juízo, frequentemente não deveriam sequer ser convidados a se sentar juntos. O que está em jogo é quais espécies companheiras viverão e morrerão, quais devem viver e morrer, e como.

A palavra *espécie* também estrutura os discursos conservacionistas e ambientais, com suas "espécies ameaçadas", que funcionam simultaneamente para dar valor e evocar a morte e a extinção, de modo parecido com as representações coloniais do indígena, sempre em processo de desaparecimento. O laço discursivo entre o colonizado, o escravizado, o não cidadão e o animal – todos reduzidos a um tipo, todos Outros do homem racional, todos essenciais à sua iluminada constituição – está no coração do racismo e floresce, letalmente, nas entranhas do humanismo. Tecida dentro desse laço em todas as categorias está a suposta responsabilidade autodefinidora "da mulher" em relação à "espécie", pois essa fêmea singular e tipológica é reduzida à sua função reprodutiva. Fecunda, ela jaz fora do território iluminado do homem, mesmo que seja seu conduíte. A rotulagem do homem afro-americano nos Estados Unidos como uma "espécie ameaçada" torna palpável a contínua animalização que alimenta tanto a racialização liberal quanto a conservadora. *Espécie* fede a raça e sexo; quando e onde as espécies se encontrarem, essa herança deverá ser desatada, sendo então necessário atar melhores laços de espécies companheiras no interior das diferenças e através destas. Ao afrouxar as garras das analogias que se manifestam no colapso de todos os outros do homem uns nos outros, as espécies companheiras devem, em troca, aprender a viver interseccionalmente.[24]

—

Staying with the Trouble: Making Kin in Chthulucene. Durham / London: Duke University Press, 2016, p. 103. [N. T.]

24 Ver nota 21, p. 27, para "interseccionalidade". Carol Adams defende de modo persuasivo uma abordagem interseccional, não analógica, das necessárias oposições aliadas às opressões e explorações mortíferas dos animais e de categorias de seres humanos que não contam plenamente como "homem"; *Neither Man nor Beast: Feminism and the Defense of Animals*. New York: Continuum, 1995, pp. 71–84. Adams escreve: "Isto é, de uma perspectiva humanocêntrica dos povos oprimidos que têm sido, se não equiparados a animais, tratados como tais, a introdução dos

De família católica, cresci sabendo que a Presença Real estava presente em ambas as "espécies", a forma visível do pão e do vinho. Signo e carne, visão e comida nunca mais se separaram para mim depois de ter visto e comido aquela refeição encorpada. A semiótica secular jamais se nutriu tão bem nem causou tanta indigestão. Esse fato me preparou para aprender que espécie está relacionada a especiaria. Na época das Cruzadas, as especiarias, com seu sabor "especial", valiam ouro na Europa.[25] "A espécie" muitas vezes quer dizer a raça humana, a menos que se esteja em sintonia com a ficção científica, onde as espécies abundam.[26] Seria um erro presumir coisas demais sobre espécies antes de encontrá-las. Finalmente, chegamos à cunhagem de moedas,

—

animais na política de resistência sugere que, mesmo na resistência, os humanos estão mais uma vez sendo equiparados a animais. Mas, novamente, esse é o resultado de se pensar analogicamente, de ver a opressão como uma questão de adição, em vez de compreender a interligação dos sistemas de dominação"; ibid., p. 84. Chela Sandoval desenvolveu uma teoria sólida de consciência opositiva e diferencial que deveria para sempre impedir movimentações analógicas hierarquizadoras nas quais as opressões são equacionadas e ranqueadas, em vez de animar outro tipo de emaranhamento de devir umas com as outras, atentas às assimetrias do poder; *Methodology of the Oppressed*, op. cit. Para formas variadas de lidar com essas questões, ver também Octavia Butler, *Fledgling*. New York: Seven Stories Press, 2005; Alice Walker, "Am I Blue?", in *Living by the Word*. New York: Harcourt Brace, 1987. A. Davis, "Estupro, racismo e o mito do estuprador negro", in *Mulheres, raça e classe*, op. cit.; Marcie Griffith, Jennifer Wolch e Unna Lassiter, "Animal Practices and the Racialization of Filipinas in Los Angeles", *Society and Animals*, v. 10, n. 3, 2002; Eduardo Mendieta, "Philosophical Beasts", *Continental Philosophical Review*, em revisão; id., "The Imperial Bestiary of the U.S", in Harray van der Linden e Tony Smith (orgs.), *Radical Philosophy Today*, v. 4, 2006. Em sua busca por outra lógica da metamorfose, Achille Mbembe rastreia a brutalização, bestialização e colonização de sujeitos africanos na filosofia e na história; *On the Postcolony*. Berkeley / Los Angeles: University of California Press, 2001. Em minha experiência ao escrever sobre o tema, a prontidão com que tratar os animais a sério é entendido como animalizar pessoas racializadas é uma lembrança chocante, se alguma se faz necessária, de quão potentes continuam sendo as ferramentas coloniais (e humanistas) da analogia, inclusive em discursos de intenção liberatória. O discurso dos direitos se debate com esse legado. Minha esperança para as espécies companheiras é a de que possamos lutar contra demônios diferentes daqueles produzidos pela analogia e pela hierarquia que ligam todos os outros fictícios do homem.

25 Frase modificada de acordo com a alteração de Donna Haraway para a edição francesa. [N. E.]

26 Sha LaBare, ao escrever sobre ficção científica (FC) e religião, Ursula Le Guin, conjecturações [*farfetching*], afrofuturismo, cientologia e o modo FC como consciência histórica, ensinou-me a prestar atenção às conotações da FC para "espécie". Joshua (Sha) LaBare, *Farfetchings: On and in the SF Mode*. Tese de doutorado, Departamento de História da Consciência, Universidade da Califórnia em Santa Cruz, 2010.

a "espécie" estampada na forma e no tipo adequados. Assim como *companhia*, *espécie* significa e encarna riqueza. Lembro-me de Marx tratando do tema do ouro, alerta para toda sua sujeira e brilho.

Devolver o olhar dessa maneira nos leva a ver de novo, a *respecere*, ao ato do respeito. Ter em alta estima, responder, reciprocar o olhar, notar, prestar atenção, ter consideração cordial, apreciar: tudo isso está ligado à saudação polida, à constituição da pólis, onde e quando as espécies se encontram. Amarrar companheiro e espécie juntos no encontro, no olhar e no respeito é entrar no mundo do devir-com, onde o que está em jogo é exatamente *quem e o que são*. Em "Margens indomáveis: Cogumelos como espécies companheiras", Anna Tsing escreve que "a natureza humana é uma relação interespécies".[27] Essa compreensão, na linguagem de Paul B. Preciado, promete uma *autre-mondialisation*. A interdependência das espécies é a regra do jogo da mundificação na Terra, um jogo que exige resposta e respeito. É o jogo das espécies companheiras que aprendem a prestar atenção. Pouco fica de fora do jogo requerido: certamente não as tecnologias, o comércio, os organismos, as paisagens, os povos e as práticas. Não sou uma pós-humanista; eu sou quem devenho com espécies companheiras, que me fazem e com quem faço uma confusão de categorias na criação de parentes e tipos. Comensais *queer* em jogos mortais, de fato.

E SE O FILÓSOFO RESPONDESSE? QUANDO OS ANIMAIS DEVOLVEM O OLHAR

"E se o animal respondesse?" é o título da conferência que Derrida deu em 1997 e na qual rastreou o velho escândalo filosófico do juízo acerca de o "animal" ser capaz apenas de reação enquanto animal-máquina. Esse é um título maravilhoso que comporta uma questão crucial. Acho que Derrida realizou um trabalho importante nessa conferência e no ensaio que foi publicado em seguida, mas algo que ficou estranhamente de fora se tornou mais claro em outra conferência da mesma série, "O animal que logo sou (a seguir)".[28] Ele entendeu que animais de verdade

---

27 Anna Tsing, "Margens indomáveis: Cogumelos como espécies companheiras", trad. Pedro Castelo Branco Silveira. *Ilha*, v. 17, n. 1, jan.-jul. 2015. Ver também id., *Friction: An Ethnography of Global Connection*. Princeton: Princeton University Press, 2004, especialmente o capítulo 5, "A History of Weediness".

28 J. Derrida, "Et si l'animal répondait?", op. cit.; id., *O animal que logo sou (a seguir)*, trad. Fábio Landa. São Paulo: Ed. Unesp, 2002. Esse ensaio é a primeira

olham de volta para seres humanos de verdade; ele escreveu longamente sobre um gato, sua gatinha, em um determinado banheiro, em uma manhã real, olhando de fato para ele. "O gato do qual falo é um gato real, efetivamente, acreditem-me, *um gatinho*. Não é uma *figura* do gato. Ele não entra silenciosamente no quarto para alegorizar todos os gatos do mundo, os felinos que atravessam as mitologias e as religiões, as literaturas e as fábulas".[29] Ademais, Derrida sabia que estava na presença de alguém, não de uma máquina que reagia: "Ele vem a mim como *este* vivente insubstituível que entra um dia no meu espaço, nesse lugar onde ele pôde me encontrar, me ver, e até me ver nu".[30] Derrida identificou a questão-chave como sendo não se o gato poderia ou não "falar", mas se era possível saber o que significa *responder* e como distinguir uma resposta de uma reação, tanto para os seres humanos como para quaisquer outros mais. Derrida não caiu na armadilha de fazer o subalterno falar: "Não se trataria de 'restituir a palavra' aos animais, mas talvez de aceder a um pensamento [...] que pense a ausência do nome de outra maneira que uma privação".[31] No entanto, tampouco considerou seriamente uma forma alternativa de compromisso que arriscasse saber algo mais sobre gatos e sobre *como olhar de volta*, talvez até científica, biologicamente e, *portanto*, também filosófica e intimamente.

Derrida chegou à beira do respeito, do movimento de *respecere*, mas foi desviado por seu cânone textual da filosofia e da literatura ocidentais e por suas próprias preocupações ligadas a estar nu diante de sua gata. Ele sabia que não havia nudez entre animais, que a preocupação era dele, mesmo quando entendeu o fantástico encanto de imaginar que poderia escrever palavras nuas. Seja como for, em toda essa preocupação e anseio, nunca mais se ouviu falar na gata ao longo do extenso ensaio dedicado ao crime contra os animais perpetrado pelas grandes Singularidades que separam o Animal e o Humano no cânone que Derrida tão apaixonadamente leu e releu de modo que nunca mais pudesse ser lido da mesma maneira novamente.[32] Por essas leituras, eu e minha gente estamos permanentemente em dívida com ele.

---

parte de uma série de dez horas de discussões com Derrida na terceira conferência de Cerisy-la-Salle em 1997. Ver Marie-Louise Mallet (org.), *L'animal autobiographique: Autour de Jacques Derrida*. Paris: Galilée, 1999.

29 J. Derrida, *O animal que logo sou (a seguir)*, op. cit., p. 18.

30 Ibid., p. 26.

31 Ibid., p. 89.

32 "Neste conceito que serve para qualquer coisa, no vasto campo do animal, no singular genérico, no estritamente fechado deste artigo definido [...] seriam encerrados [...] *todos os viventes* que o homem não reconheceria como seus semelhantes, seus

Mas Derrida falhou com sua gata em uma simples obrigação de espécie companheira; ele não ficou curioso em relação ao que a gata poderia estar realmente fazendo, sentindo, pensando ou talvez lhe disponibilizando ao observá-lo naquela manhã. Derrida está entre os mais curiosos dos homens, entre os filósofos mais comprometidos e capazes de detectar o que interrompe a curiosidade, nutrindo em vez disso um emaranhado e uma interrupção gerativa chamados resposta. Derrida é implacavelmente atento e humilde diante do que não sabe. Além do mais, seu profundo interesse pessoal por animais é coextensivo à sua prática como filósofo. A evidência textual é ubíqua. O que aconteceu naquela manhã foi chocante para mim *porque* sei do que esse filósofo é capaz. Incurioso, ele perdeu um possível convite, uma possível apresentação à mundificação-outra. Ou, se estava curioso quando notou sua gata olhando-o pela primeira vez naquela manhã, cooptou essa sedução em benefício da comunicação desconstrutiva com um gesto crítico que jamais teria permitido que o interrompesse em suas práticas de leitura e escrita filosóficas canônicas.

Ao rejeitar o movimento fácil e basicamente imperialista, ainda que geralmente bem-intencionado, de reivindicar ver do ponto de vista do outro, Derrida corretamente criticou dois tipos de representação, o daqueles que observam os animais reais e escrevem sobre eles, mas nunca encontram seu olhar, e o conjunto daqueles que acionam os animais apenas como figuras literárias e mitológicas.[33] Ele não considerou explicitamente os etólogos e outros cientistas do comportamento animal; porém, na medida em que eles tomam os animais como objetos de sua visão, e não como seres que devolvem o olhar e cujo olhar intercepta o deles, com consequências para tudo o que se segue, a mesma crítica se lhes aplicaria. Por que, porém, essa crítica deveria ser o fim da questão para Derrida?

E se nem todos os humanos ocidentais que trabalham com animais recusassem o risco de um olhar que intercepte o deles, mesmo que isso geralmente tenha de ser extraído das convenções literárias

---

próximos ou seus irmãos. [...] Os animais me olham. [...] Ousaria dizer que, nem da parte de um grande filósofo, de Platão a Heidegger, nem da parte de qualquer um que aborde *filosoficamente, enquanto tal,* a questão dita do animal [...] jamais reconheci um protesto *de princípio* [...] contra esse singular genérico, *o animal* [....]. A confusão de todos os viventes não humanos dentro da categoria comum e geral de animal não é apenas uma falta contra a exigência de pensamento [...] mas um primeiro crime contra os animais, contra animais"; ibid., pp. 64–65, 67, 76, 88.

33 Ibid., pp. 31–34.

repressivas das publicações científicas e das descrições de método? Não se trata de uma pergunta impossível; a literatura é enorme, complementada por uma cultura oral ainda maior entre biólogos, assim como entre outros que ganham a vida em interação com os animais. Alguns pensadores astutos que trabalham e brincam com os animais científica e profissionalmente têm discutido esse tipo de questão com certa profundidade. Estou deixando inteiramente de lado o pensamento *filosófico* que aparece nas expressões populares e nas publicações, sem mencionar todo o mundo das pessoas que pensam e se envolvem com animais e que não são moldadas pelo chamado cânone filosófico e literário ocidental institucionalizado.

Um conhecimento afirmativo a respeito dos animais e com eles é possível, um conhecimento que é afirmativo em um sentido bastante radical, desde que não seja construído sobre as Grandes Divisões. Por que Derrida não perguntou, ao menos a princípio, se Gregory Bateson, Jane Goodall, Marc Bekoff, Barbara Smuts ou tantos outros encontraram o olhar de animais vivos e diversos e, como resposta, desfizeram e refizeram a si mesmos e a suas ciências? Seu tipo de conhecimento afirmativo pode até mesmo ser o que Derrida reconheceria como um saber mortal e finito, que entende a ausência do nome de outra maneira para além de uma privação.[34] Por que Derrida deixou de examinar as práticas de comunicação fora das tecnologias de escrita sobre as quais sabia falar?

Ao não fazer essa pergunta, ele não tinha mais para onde se dirigir, com seu aguçado reconhecimento do olhar de sua gata, a não ser para a pergunta de Jeremy Bentham: "A questão *prévia* e *decisiva* seria a de saber se os animais *podem sofrer* [...]. A partir de seu protocolo, a forma dessa questão muda tudo".[35] Eu não negaria nem por um minuto a importância da questão do sofrimento dos animais e a desconsideração criminosa desse sofrimento por ordens humanas, mas não creio que seja essa a questão decisiva, aquela que muda a ordem das coisas, aquela que promete uma *autre-mondialisation*. A questão do sofrimento levou Derrida à virtude da piedade, o que não é pouca coisa. Mas quanto mais de promessa há nas perguntas: os animais podem brincar? Ou trabalhar? E, até mesmo, posso aprender a brincar com *este* gato? Posso eu, a filósofa, responder a um convite ou reconhecer um convite quando me é oferecido? E se o trabalho e a brin-

---

34 Ibid., p. 89.
35 Ibid., p. 54.

cadeira, e não apenas a piedade, se abrirem quando a possibilidade de resposta mútua, sem nomes, for levada a sério como uma prática diária disponível para a filosofia e para a ciência? E se uma palavra utilizável para isso for *alegria*? E se a questão de como os animais se engajam *responsivamente* no olhar *uns dos outros* tomar o centro da atenção das pessoas? E se essa for a pergunta, *uma vez devidamente estabelecido seu protocolo*, cuja forma muda tudo?[36] Meu palpite é que Derrida, o homem no banheiro, entendeu tudo isso, mas Derrida, o

—

36 Destaco "uma vez devidamente estabelecido seu protocolo" para diferenciar o tipo de pergunta que precisa ser feita da prática de avaliar animais não humanos em relação a animais humanos por meio da verificação da presença ou da ausência de uma lista potencialmente infinita de capacidades, um processo que Derrida tão corretamente rejeitou. O que está em jogo no estabelecimento de um protocolo diferente é a *relação* de resposta, jamais denotativamente conhecida nem para animais humanos nem para não humanos. Derrida pensou que a pergunta de Bentham evitava o dilema, já que apontava não para capacidades positivas avaliadas umas contra as outras, mas para "o não-poder no âmago do poder" que compartilhamos com os outros animais em nosso sofrimento, vulnerabilidade e mortalidade. Mas não estou satisfeita com essa solução; ela é apenas parte da reformulação necessária. Existe um ser / devir-com inominável na copresença que Barbara Smuts, veremos abaixo, considera algo que degustamos em vez de algo que conhecemos, algo que diz respeito ao sofrimento *e* à vitalidade expressiva, relacional, em toda a mortalidade vulnerável, de um a outro. Chamo (inadequadamente) essa vitalidade expressiva, mortal, fazedora-de-mundo de "brincadeira" ou "trabalho", não para designar uma capacidade fixável em relação à qual os seres podem ser classificados, mas para afirmar uma espécie de "não-poder no âmago do poder" para além do sofrimento. Talvez uma palavra utilizável seja *alegria*. "A mortalidade [...] como a maneira mais radical de pensar a finitude que compartilhamos com os animais" não reside apenas no sofrimento, segundo meu ponto de vista. (Ambas as citações vêm de *O animal que logo sou (a seguir)*, op. cit., p. 55.) A capacidade (brincadeira) e a incapacidade (sofrimento) dizem *ambas* respeito à mortalidade e à finitude. Pensar outramente é fruto de excentricidades contínuas de conversas filosóficas ocidentais dominantes, incluindo aquelas que Derrida tão bem conhecia e tão bem desfez a maior parte do tempo. Algumas expressões budistas podem funcionar melhor aqui e estar mais próximas do que Derrida pretendeu ao estabelecer um protocolo diferente daquele de Bentham para perguntar sobre o sofrimento, mas outras expressões também se oferecem a partir de tradições muito variadas e mistas, algumas das quais são "ocidentais". Eu quero um protocolo diferente para perguntar sobre muito mais do que o sofrimento, o que, pelo menos nas expressões estadunidenses, via de regra terminará na busca autorrealizável por direitos e sua negação mediante o abuso. Estou mais preocupada que Derrida parece estar com o modo pelo qual os animais se tornam vítimas discursivas, e pouco mais que isso, quando os protocolos *não* são devidamente estabelecidos para a pergunta: "Os animais podem sofrer?". Agradeço a Cary Wolfe por me fazer pensar mais sobre esse problema não resolvido neste capítulo.

filósofo, não tinha ideia de como praticar esse tipo de curiosidade naquela manhã com sua gata altamente observadora.

Portanto, como filósofo, ele nada mais sabia *a partir* de sua gata, *sobre* ela e *com* ela no fim da manhã do que sabia no início, por melhor que entendesse a raiz do escândalo e as conquistas duradouras de seu legado textual. Para de fato responder à resposta da gata à sua presença, seria necessário que ele juntasse aquele cânone filosófico falho, mas rico em conteúdo, ao arriscado projeto de perguntar com o que aquela gata se importava naquela manhã, o que aquelas posturas corporais e enredamentos visuais poderiam significar e a que poderiam convidar, assim como ler o que as pessoas que estudam gatos têm a dizer e mergulhar nos conhecimentos em desenvolvimento da semiótica comportamental tanto de gato-gato como de gato-humano quando as espécies se encontram. Em vez disso, ele se concentrou na vergonha de estar nu diante da gata. A vergonha se sobrepôs à curiosidade, o que não pega bem em uma *autre-mondialisation*. Sabendo que no olhar da gata estava "uma existência rebelde a todo conceito", Derrida não continuou "como se nunca tivesse sido visto", nunca abordado, o que foi a gafe fundamental que ele destrinchou de sua tradição canônica.[37] Ao contrário de Emmanuel Lévinas, Derrida, para seu crédito, reconheceu em sua pequena gata "a alteridade absoluta do próximo".[38] Além disso, em vez de uma cena primeva do Homem

---

37 Ibid., pp. 26, 33.

38 Ibid., p. 28. Lévinas conta, de modo comovente, a estória do cão errante Bobby, que saudava os prisioneiros judeus de guerra quando estes voltavam todos os dias de um campo alemão de trabalhos forçados, restituindo-lhes o conhecimento de sua humanidade: "Para ele, não havia dúvida de que éramos homens [...]. Esse cão foi o último kantiano na Alemanha nazista, sem o cérebro necessário para universalizar máximas e pulsões"; Emmanuel Lévinas, "The Name of a Dog, or Natural Rights", in *Difficult Freedom: Essays on Judaism* [1963], trad. Sean Hand. Baltimore: Johns Hopkins University Press, 1990, p. 153. Assim, Bobby foi deixado do outro lado de uma Grande Divisão, mesmo por um homem tão sensível quanto Lévinas a respeito do serviço prestado pelo olhar desse cão. Meu ensaio favorito de estudos animais e filosofia sobre a questão de Bobby e se um animal tem "um rosto", no sentido de Lévinas, é "Lost Dog", de H. Peter Steeves, in Catherine Rainwater e Mary Pollock (orgs.), *Figuring Animals: Essays on Animal Images in Art, Literature, Philosophy, and Popular Culture*. New York: Palgrave Macmillan, 2005, pp. 21–35. Ver também H. Peter Steeves, *The Things Themselves: Phenomenology and the Return to the Everyday*. Albany: State University of New York Press, 2006. Para uma explicação completa das muitas maneiras pelas quais o cão Bobby "traça e retraça os limites oposicionais que configuram o humano e os animais", ver David L. Clark, "On Being 'the Last Kantian in Nazi Germany': Dwelling with Animals after Lévinas", in Jennifer Ham e Matthew Senior (orgs.), *Animal Acts*. New York: Routledge,

confrontando o Animal, Derrida nos deu a provocação de um olhar historicamente localizado. Ainda assim, a vergonha não é uma resposta adequada à nossa herança de histórias multiespécies, mesmo em sua forma mais brutal. Ainda que a gata não tenha se tornado um símbolo de todos os gatos, a vergonha do homem nu rapidamente se tornou uma figura para a vergonha da filosofia diante de todos os animais. Essa figura gerou um importante ensaio. "O animal nos olha, e estamos nus diante dele. E pensar começa talvez aí."[39]

Mas, o que quer que a gata estivesse fazendo, a plena nudez frontal humana masculina de Derrida diante de um Outro, que era de tal interesse em sua tradição filosófica, não tinha a menor importância para ela, exceto como a distração que impediu seu humano de dar ou receber uma saudação educada corriqueira. Estou pronta a crer que ele sabia como cumprimentar a gata e começava todas as manhãs com uma dança educada e mutuamente responsiva; mas, mesmo que assim fosse, esse consciencioso encontro corporificado não motivou sua filosofia em público. É uma pena.

Em busca de ajuda, recorro a alguém que aprendeu a devolver o olhar, bem como a reconhecer que foi olhada, como prática de trabalho central para sua ciência. Responder era respeitar; a prática de devir-com tece novamente as fibras do ser da cientista. Barbara Smuts é hoje uma bioantropóloga na Universidade de Michigan, mas, como estudante de pós-graduação da Universidade de Stanford em 1975, ela foi para a reserva de Gombe Stream, na Tanzânia, para estudar chimpanzés. Depois de ser sequestrada e resgatada na turbulenta política humana nacionalista e anticolonial daquela área do mundo em meados dos anos 1970, ela acabou estudando babuínos no Quênia durante o doutorado.[40] Cerca de 135 babuínos, chamados de Tropa dos

---

1997, p. 70. Sobre Derrida e outros no cânone filosófico europeu acerca de animais, ver Matthew Calarco, *Zoographies: The Question of the Animal from Heidegger to Derrida*. New York: Columbia University Press, 2008.

39 J. Derrida, *O animal que logo sou (a seguir)*, op. cit., p. 57.

40 O livro baseado nessa pesquisa e em outras posteriores é: Barbara Smuts, *Sex and Friendship in Baboons*. Cambridge, Harvard University Press, 1985. Escrevi sobre Smuts em *Primate Visions: Gender, Race and Nature in the World of Modern Science*. New York: Routledge, 1989, pp. 168–69, 176–79, 371–76. Ver também Shirley Strum, *Almost Human: A Journey into the World of Baboons*. New York: Random House, 1987. Quando escrevi *Primate Visions*, acho que falhei com a obrigação da curiosidade, da mesma forma que sugiro que Derrida o fez. Eu estava tão empenhada nas consequências da herança filosófica, literária e política ocidental do modo de escrever sobre animais – especialmente sobre outros primatas no chamado terceiro mundo em um

Penhascos de Eburru, viviam ao redor de um afloramento rochoso do vale do Rift, perto do lago Naivasha. Em um maravilhoso eufemismo, Smuts escreve: "No início de meu estudo, os babuínos e eu definitivamente não nos víamos olhos nos olhos".[41]

Ela queria chegar o mais perto possível dos babuínos para coletar dados que respondessem às suas perguntas de pesquisa; os macacos queriam se afastar ao máximo do eu ameaçador dela. Treinada nas convenções da ciência objetiva, Smuts tinha sido aconselhada a ser o mais neutra possível, a ser como uma rocha, a não estar disponível, para que os babuínos pudessem seguir com sua vida na natureza como se a humanidade coletora de dados não estivesse presente. Bons cientistas eram aqueles que, aprendendo a ser invisíveis, podiam ver a cena da natureza de perto, como através de um buraco de fechadura. Os cientistas podiam consultar, mas não ser consultados. As pessoas podiam

---

período de rápida descolonização e rearranjos de gênero –, que quase perdi a prática radical de muitos dos biólogos e antropólogos, tanto mulheres como homens, que me ajudaram com o livro, qual seja, sua incansável curiosidade em relação aos animais e seus enlaces para encontrar maneiras de se envolver *com* esses diversos animais no sentido de uma prática científica rigorosa, e não de uma fantasia romântica. Muitos de meus informantes em *Primate Visions* de fato se preocuparam mais com quem eram os animais; sua prática radical foi uma recusa eloquente da premissa de que o estudo próprio da humanidade é o homem. Também eu, muitas vezes, confundi as expressões convencionais da filosofia e da história da ciência usadas pela maioria dos "meus" cientistas com uma descrição do que eles faziam. Eles tendiam a interpretar erroneamente meu modo de compreender como as práticas narrativas funcionam na ciência, como os fatos e a ficção se moldam uns aos outros, e consideravam que se tratava de uma redução de sua ciência duramente obtida à narração subjetiva. Acho que precisávamos uns dos outros, mas tínhamos pouca ideia de como responder. Smuts e outras pessoas, como Alison Jolly, Linda Fedigan, Shirley Strum e Thelma Rowell, continuaram a se engajar comigo na época e mais tarde com um modo de atenção que eu chamo de suspeita generosa e que considero uma das mais importantes virtudes epistemológicas das espécies companheiras. Pelo tipo de respeito que identifico como suspeita generosa mútua, desenvolvemos amizades pelas quais sou extremamente grata. Ver S. Strum e L. M. Fedigan (orgs.), *Primate Encounters*. Chicago: University of Chicago Press, 2000. Se eu soubesse, em 1980, como cultivar a curiosidade que gostaria de ver em Derrida, teria passado muito mais tempo em risco no campo com os cientistas, os macacos e os grandes primatas, e não na ilusão fácil de que tal trabalho etnográfico daria a verdade sobre pessoas ou animais, ao contrário de entrevistas e análises documentais enganadoras, mas como um emaranhado formador-de-sujeito que requer uma resposta que não se pode saber com antecedência. Eu sabia então que também me importava com os animais de verdade, mas não sabia como devolver o olhar nem que me faltava o hábito.

41 B. Smuts, "Encounters with Animal Minds". *Journal of Consciousness Studies*, v. 8, n. 5–7, 2001, p. 295.

perguntar se os babuínos eram ou não sujeitos sociais, ou perguntar qualquer outra coisa, sem qualquer risco ontológico para elas mesmas – exceto, talvez, o de serem mordidas por um babuíno irritado ou contrair uma terrível infecção parasitária – nem para as epistemologias dominantes de sua cultura acerca do que é chamado de natureza e cultura.

Junto com outros primatologistas que falam, ou escrevem em revistas especializadas, sobre como os animais chegam a aceitar a presença de cientistas em campo, Smuts reconheceu que os babuínos não se impressionavam com sua atitude de pedra. Eles a olhavam com frequência e, quanto mais ela ignorava seus olhares, menos satisfeitos pareciam. O progresso no que os cientistas chamam de "habituação" dos animais à pretensa não presença do ser humano foi dolorosamente lento. Parecia que a cientista supostamente neutra era invisível a uma única criatura, ela mesma. Ignorar as pistas sociais está longe de ser um comportamento social neutro. Imagino os babuínos vendo alguém, não algo, fora da categoria e se perguntando se aquele ser era ou não educável segundo os padrões de um convidado cordial. Os macacos, em resumo, investigavam se a mulher era um sujeito social tão bom quanto um babuíno habitual, com quem se podia descobrir como levar relações adiante, fossem elas hostis, neutras ou amigáveis. A pergunta não era "os babuínos são sujeitos sociais?", mas "o ser humano é?". Não "os babuínos têm rosto?", mas "as pessoas têm?".

Smuts começou a ajustar o que fazia – e quem era – de acordo com a semiótica social dos babuínos dirigida tanto a ela quanto uns aos outros:

> Eu [...] no processo de ganhar sua confiança, mudei quase tudo em mim, incluindo a maneira como andava e sentava, a maneira de levar meu corpo e a maneira como usava meus olhos e voz. Estava aprendendo um modo totalmente novo de estar no mundo – o modo do babuíno [...]. Estava respondendo aos sinais que os babuínos usavam para indicar suas emoções, motivações e intenções uns aos outros e estava gradualmente aprendendo a enviar esses sinais de volta para eles. Como resultado, em vez de me evitarem quando me aproximava demais, eles começaram a me lançar olhares feios muito deliberados, o que fazia com que me afastasse. Isso pode soar como uma pequena mudança, mas na verdade sinalizou uma mudança profunda, de ser tratada como um *objeto* que suscitava uma resposta unilateral (evitável) a ser reconhecida como um *sujeito* com quem eles podiam se comunicar.[42]

---

42 Ibid.

Na linguagem filosófica, o ser humano adquiriu um rosto. O resultado foi que os babuínos a tratavam cada vez mais como um ser social confiável, que se afastava quando lhe diziam para fazê-lo e em torno de quem poderia ser seguro continuar a vida de macaco sem muito alarido por causa de sua presença.

Tendo conquistado o *status* de conhecida casual instruída e às vezes até mesmo de amiga íntima dos babuínos, Smuts pôde coletar dados e obter um título de doutora. Ela não mudou suas questões para estudar as interações babuínos-humanos; contudo, somente por meio do reconhecimento mútuo, ser humano e babuínos puderam seguir com sua vida. Se realmente quisesse estudar outra coisa que não fosse o modo como os seres humanos estão no meio do caminho, se estivesse realmente interessada naqueles babuínos, Smuts precisava entrar em uma relação de resposta e simultaneidade, e não fugir dela. "Ao reconhecer a presença de um babuíno, exprimi respeito e, ao responder das maneiras que aprendi com eles, deixei os babuínos saberem que minhas intenções eram benignas e que eu presumia que eles também não me queriam mal. Uma vez que isso foi claramente estabelecido em ambas as direções, pudemos relaxar na companhia uns dos outros."[43]

Ao escrever sobre essas apresentações às delicadezas sociais dos babuínos, Smuts disse: "Os babuínos permaneceram eles mesmos, fazendo o que sempre fizeram no mundo em que sempre viveram".[44] Em outras palavras, sua linguagem deixa os babuínos na natureza, onde a mudança envolve apenas o tempo da evolução, e talvez a crise ecológica, assim como o ser humano na história, onde todos os outros tipos de tempo entram em jogo. Aqui é onde penso que Derrida e Smuts precisam um do outro. Ou talvez seja apenas minha monomania colocar babuínos e humanos juntos em histórias situadas, naturezasculturas situadas, nas quais todos os atores se tornam quem são *na dança da relação*, não do zero, não *ex nihilo*, mas preenchidos pelos padrões de suas heranças às vezes unidas, às vezes separadas, tanto anteriores como laterais a *esse* encontro. Todos os dançarinos são refeitos através dos padrões que encenam. As temporalidades das espécies companheiras compreendem todas as possibilidades ativadas no devir-com, incluindo as escalas heterogêneas do tempo evolutivo para todos, bem como os muitos outros ritmos do processo coligado. Se soubermos como olhar, penso que veremos que os babuí-

---

43 Ibid., p. 297.
44 Ibid., p. 295.

nos dos penhascos de Eburru também foram refeitos, de maneira babuína, por terem enredado seu olhar no olhar daquela jovem fêmea humana com prancheta. As relações são os menores padrões possíveis para análise;[45] os parceiros e atores são seus produtos em constante continuidade. É tudo extremamente prosaico, implacavelmente mundano e exatamente como os mundos vêm a ser.[46]

A própria Smuts sustenta uma teoria muito parecida com essa em "Embodied Communication in Nonhuman Animals" [Comunicação corporificada em animais não humanos], uma retomada, em 2006, de seu estudo sobre os babuínos dos penhascos de Eburru e a elaboração de respostas negociadas contínua e diariamente entre ela e seu cão Bahati.[47] Nesse estudo, Smuts fica impressionada com as frequentes encenações de breves rituais de saudação entre seres que se conhecem bem, tais como babuínos da mesma tropa e ela e Bahati. Entre babuínos, tanto amigos como não amigos se cumprimentam o tempo todo, e quem eles são está em constante devir nesses rituais. Os rituais de saudação são flexíveis e dinâmicos, reordenando ritmo e elementos dentro do repertório que os parceiros já compartilham ou podem remendar juntos. Smuts define um ritual de saudação como um tipo de comunicação corporificada que se dá em padronizações emaranhadas, semióticas, sobrepostas e somáticas ao longo do tempo, e não como sinais discretos e denotativos emitidos por indivíduos. Uma comunicação corporificada é mais como uma dança do que como uma palavra. O fluxo de corpos significativos emaranhados no tempo – quer estes sejam erráticos e nervosos ou flamejantes e fluentes, quer os parceiros se movam em harmonia ou penosamente fora de sincronia ou algo totalmente diferente – consiste na comunicação sobre a relação,

---

45 Não escrevi "menores unidades possíveis de análise" porque a palavra *unidade* nos induz erroneamente a pensar que existe um átomo final composto de relações diferenciais internas, o que é uma premissa da autopoiese e de outras teorias da forma orgânica, discutidas abaixo. Vejo apenas tartarugas preênseis até o fim, para cima e para baixo.

46 Sobre a força criativa do prosaico, a proximidade das coisas em muitos registros, a concatenação de circunstâncias empíricas específicas, o reconhecimento errôneo da experiência quando se agarra a uma ideia da experiência antes de tê-la vivido e como diferentes ordens de coisas se mantêm juntas ao mesmo tempo, ver Gillian Goslinga, *The Ethnography of a South Indian God: Virgin Birth, Spirit Possession, and the Prose of the Modern World*. Tese de doutorado, Universidade da Califórnia em Santa Cruz, 2006.

47 B. Smuts, "Embodied Communication in Nonhuman Animals", in Alan Fogel, Barbara King e Stuart Shanker, *Human Development in the 21st Century: Visionary Ideas from Systems Scientists*. Cambridge: Cambridge University Press, 2008.

na própria relação e nos meios de remodelar a relação e, logo, aqueles que a encenam.[48] Gregory Bateson diria que isso é fundamentalmente a comunicação não linguística mamífera humana e não humana, isto é, a comunicação sobre a relação e os meios material-semióticos de se relacionar.[49] Como diz Smuts: "Mudanças nas saudações *são* uma mudança na relação".[50] Ela vai mais longe: "Com a linguagem, é possível mentir e dizer que gostamos de alguém quando não gostamos. Entretanto, se essas especulações estiverem corretas, corpos que interagem em proximidade tendem a dizer a verdade".[51]

Essa é uma definição muito interessante de verdade, enraizada na dança material-semiótica, na qual todos os parceiros têm rosto, mas ninguém confia em nomes. Esse tipo de verdade não cabe facilmente em nenhuma das categorias herdadas de humano ou não humano, natureza ou cultura. Gosto de pensar que se trata de um tesouro para a caça de Derrida à compreensão da "ausência do nome de outra maneira que uma privação".[52] Suspeito que essa seja uma das coisas que eu e meus colegas competidores do esporte canino-humano chamado *agility* queremos dizer quando falamos que nossos cães são "honestos". Estou certa de que não estamos nos referindo aos cansados argumentos filosóficos e linguísticos sobre se os cães são ou não capazes de mentir e, se assim for, de mentir sobre mentir. A verdade ou honestidade da comunicação não linguística corporificada depende de devolver o olhar e cumprimentar outros significativos, uma e outra vez. Essa verdade ou honestidade não é um tipo fantástico de autenticidade natural, sem tropos, de que só os animais são capazes, enquanto os humanos são definidos pela feliz falha de mentir denotativamente e saber disso. Ao contrário, esse modo de dizer a verdade tem a ver com a dança natural-cultural coconstitutiva, sustentando a estima e a consideração daqueles que nos olham de volta reciprocamente. Sempre aos tropeços, esse tipo de verdade tem um futuro multiespécies. *Respecere*.

---

48 Quando alguém vai mal em um percurso de *agility*, ouço meus companheiros esportistas dizerem das pessoas caninas e humanas: "Parece que eles nunca se conheceram; ela deveria se apresentar a seu cão". Um bom percurso pode ser pensado como um ritual prolongado de saudação.

49 Gregory Bateson, *Steps to an Ecology of Mind*. Chicago: University of Chicago Press, 1972, pp. 367–70.

50 B. Smuts, "Embodied Communication in Nonhuman Animals", op. cit., p. 6.

51 Ibid., p. 7.

52 J. Derrida, *O animal que logo sou (a seguir)*, op. cit., p. 89.

DEVIR-ANIMAL OU COLOCAR A VIGÉSIMA TERCEIRA TIGELA?

A dança do devir-com, que consiste em nos tornarmos mutuamente disponíveis, não tem nada a ver com a versão de alcateia fantasiosa do "devir-animal" figurada na famosa seção de *Mil platôs* de Gilles Deleuze e Félix Guattari "1730: Devir-intenso, devir-animal, devir-imperceptível".[53] Lobos mundanos, prosaicos, vivos não têm nada a ver com esse tipo de alcateia, como veremos no final destas apresentações, quando cães, lobos e pessoas se tornarem disponíveis uns aos outros em mundificações arriscadas. Mas, primeiro, quero explicar por que a escrita em que esperava encontrar aliados para as tarefas das espécies companheiras me fez chegar o mais perto possível de anunciar: "Senhoras e senhores, eis o inimigo!".

Quero me demorar um pouco em "Devir-intenso, devir-animal, devir-imperceptível" porque há nisso muito trabalho com a intenção de superar a Grande Divisão entre humanos e outras criaturas para encontrar as ricas multiplicidades e topologias de um mundo conectado de modo heterogêneo e não teleológico. Quero entender por que Deleuze e Guattari aqui me deixam tão irritada quando o que queremos parece tão similar. Apesar de tudo que amo em outras obras de Deleuze, nessa encontro pouco mais que o desdém dos dois escritores por tudo o que é mundano e corriqueiro, assim como a profunda ausência de curiosidade em relação a animais atuais ou respeito por eles, embora inúmeras referências a diversos animais sejam invocadas a figurar no projeto antiedipiano e anticapitalista dos autores. Decididamente, a gatinha real de Derrida não é convidada para esse encontro. Nenhum animal terrestre olharia duas vezes para esses autores, pelo menos não em seu traje textual no capítulo em questão.

---

53 Gilles Deleuze e Félix Guattari, "1730. Devir-intenso, devir-animal, devir-imperceptível" [1980], trad. Suely Rolnik, in *Mil platôs: Capitalismo e esquizofrenia*, v. 4. São Paulo: Ed. 34, 2005. Estou brincando com as conotações da comunicação vegetal de "*truck*" [caminhão] e a versão de Deleuze e Guattari do chamado selvagem de uma alcateia. O site The Word Detective me ensinou que "o sentido arcaico de '*truck*' remete a 'negócios, comunicações, barganha ou comércio' e é ouvido hoje com mais frequência na expressão '*have no truck to do with*' [não ter nada a ver com]. A forma original do verbo inglês '*to truck*' apareceu no século XIII e queria dizer 'trocar ou permutar'. Um dos usos remanescentes desse sentido de '*truck*' está na expressão '*truck farm*', que significa 'legumes produzidos para o mercado'". Veremos em um instante o que a produção para pequenos mercados tem a ver com o estabelecimento de uma vigésima terceira tigela e com meu sentido de devir com outros significativos.

Mil platôs é uma parte do trabalho contínuo dos escritores contra o sujeito edípico monomaníaco, ciclópico e individuado, que é fascinado pelo papai e letal na cultura, na política e na filosofia. O pensamento patrilinear, que enxerga o mundo todo como uma árvore de filiações governada por genealogia e identidade, faz guerra contra o pensamento rizomático, aberto a devires não hierárquicos e a contágios. Até aí tudo bem. Deleuze e Guattari esboçam uma rápida história das ideias europeias a partir da história natural do século XVIII (relações reconhecidas por meio de proporcionalidade e semelhança, série e estrutura), através do evolucionismo (relações ordenadas por descendência e filiação), até os devires (relações modeladas por "feitiçaria" ou aliança). "O devir é sempre de uma ordem outra que a da filiação. Ele é da ordem da aliança."[54] O normal e o anormal são a regra do evolucionismo; a anomalia, que está fora das regras, é liberada nas linhas de fuga dos devires. "Unidades molares" devem dar lugar a "multiplicidades moleculares". "O anômalo não é nem indivíduo nem espécie, ele abriga apenas afectos [...] infecção, horror [...] um fenômeno de borda."[55] E então "opomos a epidemia à filiação, o contágio à hereditariedade, o povoamento por contágio à reprodução sexuada, à produção sexual. Os bandos, humanos e animais, proliferam com os contágios, as epidemias, os campos de batalha e as catástrofes [...] Nós só dizemos, portanto, que os animais são matilhas e que as matilhas se formam, se desenvolvem e se transformam por contágio [...] Por toda parte onde há multiplicidade, você encontrará também um indivíduo excepcional, e é com ele que terá que fazer aliança para devir-animal".[56] Essa é uma filosofia do sublime, não do terreno, não da lama; devir-animal não é uma *autre-mondialisation*.

Em uma passagem anterior de *Mil platôs*, Deleuze e Guattari fizeram uma crítica esperta e malvada à análise de Freud sobre o famoso caso do Homem dos Lobos, na qual a oposição entre cão e lobo me deu a chave de como a teia associativa de devir-animal anômalo de Deleuze e Guattari se alimenta de uma série de dicotomias primárias figuradas pela oposição entre selvagem e doméstico. "Naquele dia o Homem dos lobos saiu do divã particularmente cansado. Ele sabia que Freud tinha o talento de tangenciar a verdade, passando ao lado, para, depois, preencher o vazio com associações. Ele sabia que Freud não conhecia nada sobre lobos nem tampouco sobre ânus. Freud compreendia somente

---

54 Ibid., p. 19.
55 Ibid., p. 27.
56 Ibid., pp. 22–25.

o que era um cachorro e a cauda de um cachorro."[57] Esse escárnio é o primeiro de uma multidão de oposições entre cão e lobo em *Mil platôs* que, reunidos, são um sintoma de como não levar os animais terrestres – selvagens ou domésticos – a sério. Em homenagem aos famosos chows--chows irascíveis de Freud, que sem dúvida dormiam no chão durante as sessões do Homem dos Lobos, eu me preparo para seguir em frente por meio do estudo do pôster "Year of the Dog" [Ano do cachorro], de 2006, do artista David Goines: um dos chows-chows mais deslumbrantes que já vi. Indiferentes aos encantos de uma língua azul-púrpura, Deleuze e Guattari sabiam como bater no psicanalista onde doeria, mas não tinham olhos para a curva elegante da cauda de um bom chow--chow, muito menos a coragem de olhar um cão desses nos olhos.

Contudo, a oposição lobo/cão não é engraçada. Deleuze e Guattari exprimem horror pelos "animais individuados, familiares familiais, sentimentais, os animais edipianos, de historinha",[58] que convidam apenas à regressão.[59] Todos os animais dignos são um bando; os outros ou são animais de estimação da burguesia ou animais do Estado simbo-

---

57 G. Deleuze e F. Guattari, "Um só ou vários lobos?" [1980], trad. Aurélio Guerra Neto, in *Mil platôs: Capitalismo e esquizofrenia*, v. 1. São Paulo: Ed. 34, 2007, pp. 39–40.

58 G. Deleuze e F. Guattari, "1730. Devir-intenso, devir-animal, devir-imperceptível", op. cit., p. 21.

59 Steve Baker tem muito mais apreço do que eu pela obra de Deleuze e Guattari sobre o devir-animal, mas também se irrita com o tratamento conferido por eles a cães e gatos de estimação; *The Postmodern Animal*. London: Reaktion Books, 2000. Por mais que eu me importe tanto com os cães e gatos literários quanto com os de carne, o seu bem-estar não é a minha preocupação principal no que diz respeito ao devir-animal de Deleuze e Guattari. Acho que Baker deixa escapar a náusea sistemática que Deleuze e Guattari emanam no capítulo diante de tudo que é cotidiano, o que fica especialmente evidente nos contrastes figurativos lobo/cão, mas não se reduz a isso. Multiplicidades, metamorfoses e linhas de fuga não capturadas em fixidades edípicas e capitalistas não devem ser autorizadas a funcionar dessa forma. Às vezes, os esforços hercúleos necessários para esquivar-se das várias versões do humanismo nos catapultam em linhas de fuga empíricas próprias apenas aos deuses anômalos em seu pior momento. Prefiro ficar com os emaranhados eivados de relações chamados comumente de "indivíduos", cujos fios pegajosos são atados em espaços e tempos prolíficos a outros agenciamentos, alguns reconhecíveis como indivíduos ou pessoas (humanos e não humanos) e outros definitivamente não. Os indivíduos de fato importam, e não são o único tipo de agenciamento em jogo, mesmo neles mesmos. Se alguém é "acusado" de "humanismo acrítico" ou seu equivalente animal toda vez que se preocupa com o sofrimento ou as capacidades de seres vivos reais, então me sinto na presença coerciva da Única Fé Verdadeira, pós-moderna ou não, e corro como o diabo da cruz. É claro que devo a Deleuze e Guattari, entre outros, pela capacidade de pensar em "agenciamentos".

lizando algum tipo de mito divino.[60] O bando, ou animais de puro-afecto, são intensivos, e não extensivos, moleculares e excepcionais, e não mesquinhos e molares – alcateias sublimes, em suma. Não creio que seja necessário comentar que não aprenderemos nada sobre lobos reais em tudo isso. Eu sei que Deleuze e Guattari se propuseram a escrever não um tratado biológico, mas um tratado filosófico, psicanalítico e literário que exige hábitos de leitura diferentes para o jogo sempre não mimético da vida e da narrativa. Mas nenhuma estratégia de leitura pode silenciar o escárnio pelo caseiro e pelo corriqueiro nesse livro. É possível deixar para trás as armadilhas da singularidade e da identidade sem a lubrificação do êxtase sublime que beira o afeto intensivo do Manifesto Futurista de 1909. Deleuze e Guattari continuam, "*Todos aqueles que amam os gatos, os cachorros, são idiotas*".[61] Não creio que Deleuze esteja pensando, aqui, no idiota de Dostoiévski, que desacelera as coisas e a quem Deleuze ama. Deleuze e Guattari continuam: Freud conhece apenas "o cão de casinha, o au-au do psicanalista". Nunca me senti tão leal a Freud. Deleuze e Guattari vão ainda mais longe em seu desprezo pelo cotidiano, pelo ordinário e pelo afetivo em nome do sublime. O Único, aquele em pacto com um demônio, a anomalia do feiticeiro, é tanto

---

60 Injustamente, já que Deleuze e Guattari não poderiam ter conhecido a maioria dessas coisas no final dos anos 1970 na França ou alhures, penso em cães de terapia treinados que trabalham para inserir crianças autistas em um mundo social onde até mesmo o toque humano pode se tornar menos aterrorizante, ou cães de estimação que visitam idosos para interessá-los de novo em uma vida mais ampla, ou cães que acompanham adolescentes com paralisia cerebral grave em cadeiras de rodas, ajudando-os em tarefas práticas cotidianas, como abrir portas, e mais ainda em interações sociais com outros humanos. Penso em todas as conversas entre humanos que, enquanto observam seus companheiros caninos em um parque comum para cães, são levados a um mundo cívico e artístico maior, assim como a trocas a respeito de saquinhos de cocô e dietas caninas. Não se trata de devir-animal, mas sim de um devir-com corriqueiro, cotidiano, que não me parece muito edipiano. Tanto as reivindicações sobre individuação limitada quanto aquelas sobre regressão valem sempre uma checagem empírica; os cães reais estão prontos a atender. O modo como as relações de construção-de-mundo de fato se desenvolvem entre um ser humano e um cão é o tema da pesquisa etnológica e etnográfica iniciada por Adrian Franklin na Tasmânia. Ver A. Franklin, Michael Emmison, D. Haraway e Max Travers, "Investigating the Therapeutic Benefits of Companion Animals". *Qualitative Sociology Review*, v. 3, n. 1, 2007. Franklin também é experiente em relação a como os animais, incluindo os cães (nesse caso, os dingos), aparecem em perturbadores nacionalismos coloniais e pós-coloniais. Ver A. Franklin, *Animal Nation: The True Story of Animals and Australia*. Sydney: New South Wales Press, 2006.

61 G. Deleuze e F. Guattari, "1730. Devir-intenso, devir-animal, devir-imperceptível", op. cit., p. 21; itálico do original.

bando quanto o leviatã de Ahab em *Moby Dick*, o excepcional, não no sentido de um animal competente e habilidoso formando uma teia no aberto com outros, mas no sentido do que é sem características e sem ternura.[62] Do ponto de vista dos mundos animais que habito, não se trata de uma boa corrida, mas de uma *bad trip*. Assim como os Beatles, preciso de um pouco mais do que isso de ajuda dos meus amigos.

Cachorrinhos domésticos e as pessoas que os amam são a derradeira figura de abjeção de Deleuze e Guattari, especialmente se essas pessoas são mulheres idosas, o próprio arquétipo do sentimental.

> Para Ahab, Moby Dick não é como o gatinho ou o cachorrinho de uma velha que o cobre de atenções e o paparica. Para Lawrence, o devir-tartaruga no qual ele entra não tem nada a ver com uma relação sentimental e doméstica [...]. Mas, justamente, recrimina-se a Lawrence: "Suas tartarugas não são reais!". E ele responde: É possível, mas meu devir o é [...], inclusive e sobretudo se vocês não podem julgá-lo, porque vocês são cachorrinhos domésticos.[63]

"Meu devir" parece terrivelmente importante em uma teoria oposta às restrições da individuação e do sujeito. A velha, a fêmea, o pequeno, a amante de cães e gatos: são quem e o que deve ser vomitado por aqueles que devirão-animal. Apesar da competição acirrada, não tenho certeza de encontrar na filosofia uma exibição mais clara de misoginia, medo do envelhecimento, falta de curiosidade em relação aos animais e horror à ordinariedade da carne, aqui coberta pelo álibi de um projeto antiedipiano e anticapitalista. Foi preciso um pouco de coragem a Deleuze e Guattari para escreverem sobre devir-mulher apenas algumas páginas depois![64] É quase o suficiente para me fazer

---

62 Ibid., p. 27.
63 Ibid., p. 26.
64 Ibid., pp. 66–88. As passagens sobre devir-mulher e devir-criança em *Mil platôs* têm sido objeto de muitos comentários, tanto pelo modo como Deleuze e Guattari abraçam o feminino-fora-do-confinamento quanto pela inadequação dessa postura. Por mais involuntárias que sejam, as conotações primitivistas e raciais do livro também foram notadas. Em meus momentos mais calmos, entendo o que Deleuze e Guattari realizam, bem como o fato de que esse livro não pode contribuir para um feminismo não edipiano e antirracista. Rosi Braidotti é minha guia para um aprendizado frutífero com Deleuze (que escreveu muito mais do que *Mil platôs*) e, a meu ver, oferece muito mais para uma *autre-mondialisation*. Ver Rosi Braidotti, *Transpositions: On Nomadic Ethics*. Cambridge: Polity, 2006. Para um livro maravilhoso parcialmente moldado pela sensibilidade de Deleuze em *Diferença*

sair e arrumar um poodle toy para ser meu próximo companheiro de *agility*; eu conheço um notável que vem treinando com sua humana para a Copa do Mundo. Isso *é* excepcional.

É um alívio retornar de minhas fantasias pessoais de devir-intensa, nas competições da Copa do Mundo de *agility*, para a lama e o lodo do meu próprio mundo, onde minha alma biológica viaja com aquela loba educada por cientistas e encontrada perto da beira da floresta. No mínimo, tantas formas de parentesco não arbóreas podem ser encontradas nesses fluidos viscosos nem-sempre-salubres quanto entre as anomalias rizomáticas de Deleuze e Guattari. Brincando na lama, posso até mesmo apreciar um bocado de *Mil platôs*. Espécies companheiras estão familiarizadas com figuras de parentes e tipo estranhamente moldados, nas quais a descendência arbórea chegou tarde ao jogo dos corpos e, ao mesmo tempo, nunca se encarrega exclusivamente da ação material-semiótica. Em sua controversa teoria *Acquiring Genomes* [Adquirindo genomas], Lynn Margulis e seu filho e colaborador, Dorion Sagan, me dão a carne e as figuras de que as espécies companheiras precisam para entender seus comensais.[65]

Ao ler Margulis ao longo dos anos, fico com a sensação de que ela acredita que tudo o que é interessante na Terra aconteceu entre as bactérias, sendo todo o resto apenas elaboração, inclusive as alcateias, certamente. As bactérias passam os genes de um lado para o outro o tempo todo e não resultam em espécies bem-delimitadas, dando ao taxonomista ou um momento de êxtase ou uma dor de cabeça. "A força criativa da simbiose produziu células eucarióticas a partir de bactérias. Por isso, todos os organismos maiores – protistas, fungos, animais e plantas – originaram-se simbiogeneticamente. Mas a criação da novidade por meio da simbiose não terminou com a evolução das primeiras células nucleadas. A simbiose ainda está por toda a parte."[66] Margulis e Sagan dão como exemplos os recifes de corais do Pacífico, lulas e seus simbiontes luminescentes, liquens da Nova Inglaterra, vacas leiteiras e mirmecófitas da Nova Guiné, entre outros. A estória básica é simples: formas de vida cada vez mais complexas

---

e repetição (trad. Luiz Orlandi e Roberto Machado. São Paulo: Paz e Terra, 2018), ver Kathleen Stewart, *Ordinary Affects* (Durham: Duke University Press, 2007), que conta de forma sutil os bastidores históricos das forças emergentes a que chamamos coisas, como o neoliberalismo e o capitalismo de consumo avançado.

65 Lynn Margulis e Dorion Sagan, *Acquiring Genomes: A Theory of the Origins of Species*. New York: Basic Books, 2002.

66 Ibid., pp. 55–56.

são o resultado contínuo de atos cada vez mais intrincados e multidirecionais de associação de e com outras formas de vida. Para sobreviver, criaturas comem criaturas, mas só conseguem se digerir parcialmente. Muita indigestão, para não mencionar excreção, é o resultado natural, que em parte é veículo para novos tipos de padronizações complexas de uns e muitos em associação emaranhada. E algumas dessas indigestões e esvaziamentos são apenas lembretes ácidos da mortalidade tornada vívida na experiência da dor e do colapso sistêmico, desde os mais baixos entre nós até os mais eminentes. Organismos são ecossistemas de genomas, consórcios, comunidades, jantares semidigeridos, formações mortais de fronteiras. Até mesmo cachorrinhos pequenos e velhinhas gordas nas ruas da cidade são formações de fronteira; estudá-los "ecologicamente" mostraria isso.

Comer uns aos outros e desenvolver indigestão é só um tipo de prática de fusão transformadora; criaturas vivas formam consórcios em uma miscelânea barroca de inter e intra-ações. Margulis e Sagan dizem isso de modo mais eloquente quando escrevem que ser um organismo é ser fruto da "cooptação de estranhos, do envolvimento e da dobra de outros em genomas cada vez mais complexos e miscigenados [...]. A aquisição do outro reprodutivo, do micróbio e do genoma, não é um mero espetáculo paralelo. Atração, junção, fusão, incorporação, coabitação, recombinação – tanto permanentes como cíclicas – e outras formas de acoplamentos proibidos são as principais fontes da variação que falta em Darwin".[67] Sim-bio-gênese quer dizer emparelhamento até o fim. A forma e a temporalidade da vida na Terra são mais como um consórcio de cristais líquidos dobrando-se sobre si mesmos continuamente do que como uma árvore bem ramificada. As identidades corriqueiras emergem e são devidamente apreciadas, mas permanecem sempre uma teia relacional aberta para passados, presentes e futuros não euclidianos. O corriqueiro é uma dança de lama com multiparceiros que emerge de espécies emaranhadas e nelas. São tartarugas até o fim; os parceiros não preexistem à sua intra-ação constitutiva em cada camada dobrada de tempo e espaço.[68] Esses são os contágios e as infecções que ferem o narcisismo

---

67 Ibid., p. 205.

68 Quem sabe se o "devir-tartaruga" de Lawrence mencionado em *Mil platôs* (op. cit., p. 26) tinha alguma relação com as muitas versões da "estória das tartarugas até o fim"! Para rastrear as abordagens tanto dos positivistas como dos interpretativistas da narrativa sobre a regressão infinita não teleológica – o mundo repousa sobre um elefante que descansa sobre uma tartaruga que descansa sobre outra

primário de quem ainda sonha com a excepcionalidade humana. São também os remendos coletivos que dão sentido ao devir-com das espécies companheiras nas naturezasculturas. *Cum panis*, comensais, olhar e olhar de volta, envolver-se: esses são os xis da minha questão.

Um aspecto da exposição de Margulis e Sagan parece de digestão desnecessariamente difícil para as espécies companheiras, entretanto, e uma teoria mais facilmente assimilável está sendo cozida. Em oposição a várias teorias mecanicistas sobre o organismo, Margulis há muito está comprometida com a noção de autopoiese. Autopoiese é autoprodução, na qual as entidades que se mantêm a si mesmas (dentre as quais a menor unidade biológica é uma célula viva) se desenvolvem e sustentam sua própria forma, aproveitando os fluxos circundantes de matéria e energia.[69] Nesse caso, acho que Margulis se sairia melhor com Deleuze e Guattari, cujo mundo não foi construído sobre unidades complexas de diferenciação autorreferencial ou sobre sistemas de Gaia, cibernéticos ou de outro tipo, mas sobre um tipo diferente de "tartarugas até o fim", figurando alteridades implacáveis atadas a entidades nunca totalmente delimitadas ou totalmente autorreferenciais. Fui instruída pela crítica do biólogo do desenvolvi-

---

tartaruga e assim por diante até o fim –, ver en.wikipedia.org/wiki/Turtles_all_the_way_down. Stephen Hawking, Clifford Geertz, Gregory Bateson e Bertrand Russell se engajaram todos no ato de remoldar esse conto quase hindu. Isabelle Stengers conta uma estória de "tartarugas até o fim" envolvendo William James, Copérnico e uma arguta senhora de idade em *Power and Invention: Situating Science*, trad. Paul Bains. Minneapolis: University of Minnesota Press, 1981, pp. 61–62. Ver também Yair Neuman, "Turtles All the Way Down: Outlines for a Dynamic Theory of Epistemology", *Systems Research and Behavioral Science*, v. 20, n. 6, 2002, pp. 521–30. Na p. 521, Neuman resume: "O problema mais sério que a pesquisa epistemológica enfrenta é como estabelecer bases sólidas para a epistemologia dentro de um sistema recursivo de conhecimento". O objetivo do artigo é responder o problema apresentando alguns contornos para uma teoria dinâmica da epistemologia. Essa teoria sugere que a unidade inabalável mais básica da epistemologia é um processo de diferenciação, que por sua vez é uma atividade autorreferencial. O artigo desenvolve essa tese e ilustra sua relevância ao resolver o problema da incorporação na epistemologia genética de Piaget". A parte autorreferencial é o problema. Eu quero uma expressão para ambos-e: "auto-alter-referencial" até o fim.

69 "'Autopoiese', literalmente 'autoprodução', refere-se à automanutenção química das células vivas. Nenhum objeto material menos complexo do que uma célula pode se sustentar e a seus próprios limites com uma identidade que o distinga do resto da natureza. As entidades autopoiéticas vivas mantêm ativamente sua forma e muitas vezes mudam de forma (elas 'se desenvolvem'), mas sempre através do fluxo de matéria e energia"; L. Margulis e D. Sagan, *Acquiring Genomes*, op. cit., p. 40. O alvo dos autores era a ideia de que um vírus, ou um gene, seria uma "unidade de vida".

mento Scott Gilbert à autopoiese, direcionada à ênfase desta em sistemas de autoconstrução e automanutenção, fechados a não ser para fluxos nutricionais de matéria e energia. Gilbert enfatiza que nada se faz a si mesmo no mundo biológico, antes a indução recíproca dentro das criaturas sempre-em-processo e entre elas ramifica-se através do espaço e do tempo, tanto nas grandes como nas pequenas escalas em cascatas de inter e intra-ação. Em embriologia, Gilbert chama isso de "epigênese interespécie".[70] Ele escreve: "Acredito que as ideias de Lynn [Margulis] e as minhas são muito parecidas; é só que ela se concentrava em adultos e eu quero estender o conceito (pois penso que a ciência permite que ele seja totalmente estendido) aos embriões. Acredito que a coconstrução *embrionária* dos corpos físicos tem muito mais implicações porque significa que nós 'jamais' fomos indivíduos". Como Margulis e Sagan, Gilbert sublinha que a célula (e não

---

70 Para a crítica de Scott F. Gilbert à autopoise, ver "The Genome in Its Ecological Context: Philosophical Perspectives on Interspecies Epigenesis". *Annals of the New York Academy of Sciences*, v. 981, 2002. Ver também Scott F. Gilbert, John Opitz e Rudolf Raff, "Resynthesizing Evolutionary and Developmental Biology". *Developmental Biology*, v. 173, n. 2, 1996, p. 368. Para indução recíproca, ver o capítulo 8 deste volume, "Treinar na zona de contato".

Para que quem está lendo não pense que "tartarugas até o fim" é excessivamente mitológico ou literário, Gilbert me indicou o Turtle Epibiont Project, em Yale. Gilbert escreve: "Curiosamente, a ideia de que as tartarugas carregam o mundo é um tema encontrado em várias culturas. E, ainda que talvez não possam carregar um universo, as tartarugas carregam consideráveis ecossistemas nas costas"; e-mail de Gilbert para Haraway, 24 ago. 2006.

No que diz respeito à relevância dessa discussão para os fenômenos da imunologia, ver D. Haraway, "A biopolítica dos corpos pós-modernos: Determinações do eu no discurso do sistema imunitário" [1991], in Maria Manuel Baptista (org.), *Género e performance: Textos essenciais*, v. 1. Coimbra: Grácio, 2018. Para uma atualização, ver Thomas Pradeu e Edgardo D. Carosella, "The Self Model and the Conception of Biological Identity in Immunology". *Biology and Philosophy*, v. 21, n. 2, mar. 2006, pp. 235–52. Na p. 235, Pradeu e Carosella resumem: "O modelo self / non-self, proposto pela primeira vez por F. M. Burnet, tem dominado a imunologia há sessenta anos. De acordo com esse modelo, qualquer elemento estranho desencadeará uma reação imunológica em um organismo, enquanto elementos endógenos não induzirão, em circunstâncias normais, uma reação imunológica. Neste artigo, mostramos que o modelo self / non-self não é mais uma explicação apropriada dos dados experimentais em imunologia e que essa inadequação pode estar enraizada em uma concepção metafísica excessivamente forte da identidade biológica. Sugerimos que uma outra hipótese, baseada na noção de continuidade, descreve melhor os fenômenos imunológicos. Finalmente, ressaltamos o mapeamento entre essa deflação metafísica do self para a continuidade na imunologia e o debate filosófico entre substancialismo e empirismo sobre identidade".

o genoma) é a menor unidade de estrutura e função no mundo biológico, argumentando que "o campo morfogenético pode ser visto como uma grande unidade de mudança ontogenética e evolucionária".[71]

Em minha leitura, a abordagem de Gilbert não é a de uma teoria holística de sistemas no sentido a que Margulis e Sagan se inclinam, e seus argumentos de "tartarugas até o fim" fractais não postulam uma unidade autorreferencial de diferenciação. Uma unidade desse tipo trai a pilha de tartarugas, seja para cima ou para baixo. O engenheiro de software Rusten Hogness sugere que o termo *tartarugando até o fim* pode exprimir melhor o tipo de recursividade de Gilbert.[72] Eu acho que, para Gilbert, o substantivo *diferenciação* é permanentemente um verbo, no qual laços mortais de diferença parcialmente estruturada estão em jogo. Em minha opinião, a simbiogênese de Margulis e Sagan não é realmente compatível com sua teoria da autopoiese, e a alternativa não é uma teoria mecanicista aditiva, mas uma diferenciação ainda mais profunda.[73] Um detalhe especial é que Gilbert e seus alunos trabalham literalmente com embriogenia de tartarugas, estudando as induções e migrações celulares que resultam no plastrão da tartaruga, situado na superfície de seu ventre. Camadas de tartaruga, de fato.

Tudo isso nos leva à prática da etóloga Thelma Rowell de colocar uma vigésima terceira tigela no pátio de sua fazenda em Lancashire sendo que ela tem apenas vinte e duas ovelhas para alimentar. Suas ovelhas-de-soay mastigam grama nas encostas durante a maior parte do dia, formando seus próprios grupos sociais sem muita interferência. Tal contenção é um ato revolucionário entre a maioria dos

---

71 E-mail de Scott Gilbert para D. Haraway, 23 ago. 2006.

72 Comunicação pessoal, 23 ago. 2006.

73 Inspirado por pensadores da segunda geração da cibernética, como Humberto Maturana e Francisco Varela, Cary Wolfe retrabalha a autopoiese para que ela não signifique "sistemas auto-organizadores", principal queixa que eu e Gilbert temos. Nada se "auto-organiza". O desenvolvimento da comunicação não representacionalista de Wolfe está próximo ao que quero dizer com espécies companheiras envolvidas em tartarugar até o fim. A palavra *autopoiese* não é o problema principal, embora eu prefira abandoná-la porque não acho que seus significados possam ser torcidos o suficiente. Aquilo em que Wolfe e eu insistimos é em encontrar uma linguagem para as ligações paradoxais e indispensáveis de abertura e fechamento, chamadas por Wolfe de "abertura do fechamento" repetidas vezes. Ver C. Wolfe, "In the Shadow of Wittgenstein's Lion", in C. Wolfe (org.), *Zoontologies*. Minneapolis: University of Minnesota Press, 2003, especialmente as pp. 33–48. Meus agradecimentos a Wolfe por insistir nessa questão em seu e-mail de 12 de setembro de 2006. Em *Meeting the Universe Halfway* (op. cit.), o realismo agencial, os fenômenos e a intra-ação de Karen Barad fornecem outra linguagem teórica vital para a conversa.

criadores de ovelhas, que roubam praticamente todas as decisões das ovelhas até que raças inteiras possam muito bem ter perdido a capacidade de encontrar seu caminho na vida sem a arrogante supervisão humana. As ovelhas empoderadas de Rowell, pertencentes a uma raça dita primitiva, recalcitrante à padronização industrial da carne e à ruína comportamental, têm se engajado em muitas de suas questões, sobretudo lhe contando que mesmo as ovelhas domesticadas têm uma vida social e habilidades tão complexas quanto as dos babuínos e outros macacos que ela estudou durante décadas. Provavelmente descendentes de uma população de ovelhas ferais que se acredita terem sido introduzidas na ilha de Soay, no arquipélago de St. Kilda, em algum momento da Idade do Bronze, as ovelhas-de-soay hoje suscitam a atenção de sociedades de raças raras no Reino Unido e nos Estados Unidos.[74]

Concentrados em assuntos de peso, tais como taxas de conversão alimentar, cientistas que estudam ovelhas com ênfase no agronegócio escandalizaram-se e rejeitaram os primeiros artigos de Rowell sobre grupos ferais de ovinos quando ela os enviou (os manuscritos, não os ovinos) para publicação. Mas os bons cientistas têm uma forma de minimizar o preconceito mordiscando-o por meio de perguntas transformadas e dados adoráveis, que funcionam ao menos às vezes.[75] As

---

74 As soay estão listadas no Rare Breeds Survival Trust [Fundo de Sobrevivência de Raças Raras] do Reino Unido, e St. Kilda é um Patrimônio Mundial "misto" da Unesco, reconhecido por sua importância tanto natural como cultural. A fibra de lã soay entra nos circuitos de fiação e tecelagem mediados pela internet, e a carne de soay é valorizada nas práticas agropastoris locais e globais. Um curtume vende peles de soay orgânicas certificadas, também pela internet. Cerca de mil ovelhas-de-soay em St. Kilda contribuíram com amostras de DNA para um importante banco de dados. Desde os anos 1950, uma população "não manejada" de soays, translocada para a ilha de Hirta, onde as pessoas não vivem mais, tem sido objeto de extensa investigação ecológica, comportamental, genética e evolutiva. Arqueólogos rastreiam os resíduos químicos dos antigos curtumes e coletam DNA das peles de soay. Desde o turismo, passando pelo agropastoralismo moderno e pela oposição à agricultura industrial até a genômica comparativa, tudo isso é tecnocultura em ação. Ver soayandboreraysheepsociety.org; kilda.org.uk; T. H. Clutton Brock e J. Pemberton, *Soay Sheep*. Cambridge: Cambridge University Press, 2004.

75 Thelma Rowell e C. A. Rowell, "The Social Organization of Feral *Ovis aries* Ram Groups in the Pre-rut Period". *Ethology*, v. 95, n. 3, 1993. Esses grupos de ovelhas não eram suas amadas soays atuais, mas criaturas texanas robustas encontradas antes de ela se aposentar da Universidade da Califórnia em Berkeley e retornar a Lancashire. Notem que o artigo não foi publicado em uma revista de ovelhas, mas em uma grande revista de zoologia biocomportamental, na qual as comparações com macacos, ainda que surpreendentes, eram prática científica normal, e não evidência de desordem

ovelhas de colina scottish blackface, vizinhos ovinos numericamente dominantes de Rowell em Lancashire, e a raça de planície dorset down, em sua maioria nos montes ingleses [*English downs*], parecem ter esquecido como atestar uma grande parte da competência ovina. Eles e seus equivalentes ao redor do mundo são a sorte de ovinos mais familiares aos peritos em ovelhas que fazem pareceres a periódicos – pelo menos os periódicos em que as ovelhas normalmente aparecem, ou seja, *não* as revistas de ecologia comportamental, biologia integrativa ou evolução, nos quais as espécies não domésticas parecem ser os sujeitos "naturais" de atenção. Mas, no contexto das práticas pecuárias e agrícolas que levaram ao agronegócio global de hoje, talvez raramente seja feita uma pergunta interessante a essas máquinas ovinas "domésticas" de comer. Não sendo trazidas ao aberto com sua gente e, portanto, sem nenhuma experiência em se tornarem conjuntamente disponíveis, essas ovelhas não "devêm com" um cientista curioso.

Há uma qualidade que literalmente nos desarma na consideração de Rowell e suas criaturas. Rowell leva suas competentes ovelhas para o pátio na maioria dos dias para poder lhes fazer mais algumas perguntas enquanto elas lancham. Lá, as vinte e duas ovelhas encontram vinte e três tigelas espaçadas ao redor do quintal. Essa vigésima terceira tigela caseira é o espaço aberto,[76] o espaço do que ainda não é e pode ou não vir a ser; é uma disponibilidade para eventos; é um pedido às ovelhas e aos cientistas para que sejam espertos em suas trocas, tornando possível que algo inesperado aconteça. Rowell pratica a virtude da polidez mundana – uma arte que não é particularmente gentil – com seus colegas e suas ovelhas, assim como fazia com seus sujeitos primatas. "Uma pesquisa interessante é a pesquisa sobre as condições que tornam algo interessante."[77] Ter sempre uma tigela que

---

mental. Ver T. Rowell, "A Few Peculiar Primates", S. Strum e L. Fedigan (orgs.), *Primate Encounters*. Chicago: University of Chicago Press, 2000, para uma discussão da história do estudo do que Rowell chama, na p. 69, de "espécies divertidas e briguentas", tais como as pessoas e muitos outros primatas. Evidências recentes de soays ferais indicam que elas podem moldar seus padrões de pastagem em função das densidades sazonais de parasitas que ficam à espera em altos tufos de grama. Os grandes predadores não são os únicos que contam na evolução do comportamento. Michael R. Hutchings et al., "Grazing Decisions of Soay Sheep, *Ovis aries*, on St Kilda: A Consequence of Parasite Distribution?". *Oikos*, v. 96, n. 2, 2002, p. 235.

76 Significados divergentes do conceito de "aberto" na filosofia heideggeriana e depois dela aparecem no capítulo 8 deste volume, "Treinar na zona de contato".

77 V. Despret, "Sheep Do Have Opinions", in B. Latour e P. Weibel (orgs.), *Making Things Public*, op. cit., p. 363. Devo muito à entrevista que Despret fez com Rowell

não esteja ocupada proporciona um lugar a mais para qualquer ovelha deslocada por uma companheira socialmente assertiva. A abordagem de Rowell é enganosamente simples. A competição é tão fácil de ver; o ato de comer é tão prontamente observado e de um interesse que consome tanto os agricultores. O que mais poderia estar acontecendo? Aquilo que não é tão fácil de aprender a ver pode ser o que é da maior importância para as ovelhas em seus atos diários e sua história evolutiva? Será que pensar novamente sobre a história da predação e as predileções inteligentes das presas nos dirá algo surpreendente e importante sobre os mundos ovinos, mesmo nas encostas de Lancashire ou em ilhas na costa da Escócia, onde um lobo não é visto há séculos?

Sempre alerta à complexidade em seus detalhes em vez de aos grandes pronunciamentos, Rowell periodicamente desconcertava seus colegas humanos quando estudava macacos, a começar por seus relatos dos anos 1960 sobre babuínos da floresta em Uganda, os quais não agiam de acordo com o suposto roteiro de sua espécie.[78] Rowell está entre as pessoas mais satisfatoriamente opinativas, empiricamente fundamentadas, teoricamente sagazes, despretensiosas e implacavelmente anti-ideológicas que já conheci. Deixando de lado seu interesse apaixonado por suas ovelhas, ver seu amor notório por seus tempes-

---

e à sua interpretação do trabalho da bióloga em termos de "disponibilizar", da "virtude da polidez" e do papel da vigésima terceira tigela. Agradeço a María Puig de la Bellacasa por trazer o DVD da pesquisa feita por Didier Demorcy e Vinciane Despret, *Thelma Rowell's Non-sheepish Sheep*, ao meu seminário de pós-graduação de inverno em 2006. Despret, Isabelle Stengers, Bruno Latour, Thelma Rowell e Sarah Franklin impregnam minha escrita aqui e em outros lugares. Com Sarah Franklin, visitei a fazenda de Rowell em março de 2003 e tive o privilégio de conhecer suas ovelhas e perus e de conversar com ela e Sarah sobre mundos de animais e pessoas. Para muito mais sobre ovelhas mundanas na vida britânica e transnacional e sobre tecnociência, ver S. Franklin, *Dolly Mixtures*. Durham: Duke University Press, 2007. María Puig de la Bellacasa, ex-aluna de doutorado de Stengers, foi pós-doutoranda visitante na Universidade da Califórinia em Santa Cruz entre 2005 e 2007. No seminário de pós-graduação de inverno em 2006, sobre estudos animais / *science studies* / teoria feminista, Maria e outros colegas e estudantes de pós-graduação ajudaram a moldar meu pensamento sobre cosmopolítica, a vigésima terceira tigela, o aberto e espécies companheiras. Agradeço a todos aqueles que frequentaram meus seminários de estudos animais nos últimos anos e que se encontram neste livro.

78 T. Rowell, "Forest Living Baboons in Uganda" [1966]. *Journal of Zoology*, v. 149, n. 3, 2009. Ver também id., *The Social Behaviour of Monkeys*. Harmondsworth: Penguin, 1972. Um pouco para seu horror, esse pequeno livro se tornou muito popular entre as feministas dos anos 1970 e 1980, incluindo eu, que tinham rancor contra as explicações em termos de dominação e hierarquia masculinas sobre tudo que dizia respeito aos primatas. D. Haraway, *Primate Visions*, op. cit., pp. 124, 127, 292–93, 420–21.

tuosos perus adolescentes na fazenda de Lancashire em 2003, a quem ela de modo pouco convincente ameaçou de abate prematuro por seus delitos,[79] mostrou-me muito sobre como ela trata tanto os colegas humanos incautos quanto os animais opiniosos que estudou ao longo

---

79 Na gestão de sua fazenda, Rowell acompanha qualquer decisão sobre matar um animal, para fins de comida ou outros, com arranjos para que o abate seja feito em sua terra de modo a minimizar o trauma. Portanto, seus animais devem permanecer dentro de uma partilha informal e não podem ser vendidos comercialmente. Se algum animal for comercializado, a responsabilidade inclui condições que vão desde a criação até a refeição, os sapatos ou o suéter humanos, incluindo a viagem e o abate dos animais. No contexto do trabalho de manutenção de valiosos meios de vida humano-animais em termos contemporâneos, o Rare Breeds Survival Trust tenta, imperfeitamente, operacionalizar essas responsabilidades no Reino Unido. Mudanças legais para permitir a venda de carne quando o animal de trabalho tiver sido abatido no local onde vivia, em vez de limitar a carne abatida em casa a circuitos não comerciais, são cruciais para o bem-estar animal e ambiental em qualquer ecologia na qual se coma carne. Nos Estados Unidos, tem crescido um movimento para desenvolver e legalizar unidades móveis de abate com inspetores certificados. Tais práticas deveriam ser obrigatórias, e não apenas permitidas. Duas consequências seriam não mais limitar tal carne aos mercados de luxo, tornando-a a norma para todos; portanto, reduzir drasticamente o consumo de carne, já que práticas responsáveis são incompatíveis com o abate em escala industrial. As mudanças naturaisculturais inerentes a esses dois pontos são imensas. Atualmente, uma unidade móvel pode matar cerca de 1.200 vacas por ano e serve, na melhor das hipóteses, a pequenos criadores de nichos de mercado. Uma empresa de abate industrial mata um número maior do que esse de grandes animais por dia, com consequências previsíveis para a brutalização humana e não humana e para a degradação ambiental. Classe, raça e bem-estar regional estão em jogo aqui para as pessoas; viver e morrer com menos sofrimento estão em jogo para os animais de trabalho que produzem carne, couro e fibras. Sobre o trabalho sério de reforma das práticas de abate e bem-estar animal industrial em geral, ver o site de Temple Grandin: grandin.com. Seus designs de sistemas de abate industrial menos terríveis, com auditoria obrigatória para a redução real do estresse animal, são bem conhecidos.

Menos conhecida é sua tese de doutorado de 1989 na Universidade de Illinois, focada na outra ponta do processo de produção, ou seja, no enriquecimento ambiental para leitões de modo que o desenvolvimento neural e o comportamento destes possa ser mais normal; grandin.com/references/diss.intro.html.

As condições reais ainda "normais" para os porcos estão descritas e documentadas em foodprint.org/reports: "Os porcos de criação nascem em pequenas celas que limitam a mobilidade da porca a ponto de ela não poder se virar. Enquanto sua mãe deita [*sic*] imóvel, incapaz de fazer um ninho ou de separar a si e à sua prole das próprias fezes, os leitões são confinados juntos na gaiola, proibidos de correr, pular e brincar, que seriam suas tendências naturais. Uma vez separados da mãe, os porcos são confinados juntos em celas de concreto sem cama nem terra que possam fuçar. Em tais condições, os porcos ficam inquietos e frequentemente recorrem a morder a cauda de outros porcos como uma expressão de estresse. Em vez de

da vida. Como Vinciane Despret enfatiza em seu estudo, Rowell coloca a questão do coletivo em relação tanto às ovelhas quanto às pessoas: "Preferimos viver com ovelhas previsíveis ou com ovelhas que nos surpreendem e que trazem acréscimos à nossa definição do que significa 'ser social'?".[80] Essa é uma pergunta mundana fundamental, ou o que a colega de Despret, Isabelle Stengers, poderia chamar de uma interrogação cosmopolítica, na qual "cosmos [...] designa o desconhecido que constitui esses mundos múltiplos, divergentes, articulações das quais eles poderiam se tornar capazes, contra a tentação de uma paz que se pretenderia final".[81] Ao almoçar com Rowell, aos seus cerca de 65 anos, e seu querido cão idoso, que não é pastor, na cozinha de sua casa, entre artigos científicos e livros heterogêneos, meu potencial eu etnográfico teve a distinta impressão de que a regressão edípica não estava no cardápio em meio a essas espécies companheiras. Auuu!

—

simplesmente dar palha para os porcos brincarem, muitos operadores de fazendas de fábrica cortam a cauda de seus porcos em resposta a esse comportamento".

Quatro empresas controlam 64% da produção de carne suína nos Estados Unidos. Para uma análise de dar calafrios sobre a indústria suinícola, ver os estudos científicos e etnográficos da tese de doutorado de Dawn Coppin, *Capitalist Pigs: Large-Scale Swine Facilities and the Mutual Construction of Nature and Society*. Departamento de Sociologia, Universidade de Illinois, 2002. Ver id., "Foucauldian Hog Futures: The Birth of Mega-hog Farms". *The Sociological Quarterly*, v. 44, n. 4, 2003. O trabalho de Coppin é radical de muitos modos, particularmente em sua insistência para engajar os animais na pesquisa e na análise como atores. Unindo pesquisa e prática com vistas à mudança estrutural, Coppin foi diretora-executiva do Homeless Garden Project em Santa Cruz e pesquisadora visitante da Universidade da Califórnia em Berkeley. Em 2006, os eleitores do Arizona (64%) aprovaram com uma vitória esmagadora a Humane Treatment of Farm Animals Act [Lei de Tratamento Humano dos Animais de Fazenda], que proíbe o confinamento de bezerros em celas de vitela e o de porcas reprodutoras em celas de gestação, ambas práticas já proibidas em toda a União Europeia, mas que são a norma nos Estados Unidos.

Ver também Jonathan Burt, "Conflicts around Slaughter in Modernity", in The Animal Studies Group, *Killing Animals*. Urbana / Chicago: University of Illinois Press, 2006. Em seguida, ver o filme de Hugh Dorigo sobre agricultura industrial, *Beyond Closed Doors*. Sandgrain Films, 2006.

80 V. Despret, "Sheep Do Have Opinions", op. cit., p. 367.

81 I. Stengers, "A proposição cosmopolítica", trad. Raquel Camargo e Stelio Marras. *Revista do Instituto de Estudos Brasileiros*, n. 69, p. 442–64, abr. 2018, p. 447. Ver também I. Stengers, *Cosmopolitiques*, 2 v. Paris: La Découverte, 2003; originalmente em 7 v., Paris: La Découverte, 1997. A cosmopolítica de Stengers será introduzida de maneira mais aprofundada no capítulo 3 deste volume, "Compartilhar o sofrimento".

HISTÓRIAS VIVAS NA ZONA DE CONTATO: TRILHAS DE LOBO

Quem e o que eu toco quando toco minha cadela? Como o devir-com é uma prática de devir-mundano? Quando as espécies se encontram, a questão de como herdar histórias é premente, e o que está em jogo é como nos entendemos. Como entro em devir com cães, sou atraída pelos nós multiespécies aos quais eles estão atados e que reatam por sua ação recíproca.

Minha premissa é que o toque ramifica e molda a prestação de contas. Prestar contas, cuidar, ser afetado e entrar na responsabilidade não são abstrações éticas; essas coisas mundanas e prosaicas são o resultado de nos envolvermos uns com os outros.[82] O toque não torna alguém pequeno; salpica os parceiros com locais de vínculo para a mundificação. Tocar, considerar, devolver o olhar, devir-com... tudo isso nos torna responsáveis pelas maneiras imprevisíveis nas quais os mundos tomam forma. No toque e no olhar, os parceiros, querendo ou não, estão na lama miscigenada que infunde nosso corpo com tudo o que trouxe esse contato à existência. O toque e o olhar têm consequências. Assim, minhas apresentações neste capítulo terminam em três nós de espécies companheiras enredadas: lobos, cães, seres humanos, e mais – em três lugares onde uma *autre-mondialisation* está em jogo: a África do Sul, as Colinas de Golã, na Síria, e a região rural dos Alpes franceses.

No parque de cães sem coleira que eu frequento em Santa Cruz, na Califórnia, as pessoas ocasionalmente se vangloriam de que seus vira-latas tipo pastores, de porte grande e orelhas pontudas, são "meio lobos". Às vezes os humanos afirmam que sabem disso com certeza, mas com mais frequência se satisfazem com um relato que faz seus cães parecerem especiais, próximos de seus próprios eus selvagens. Acho as especulações genealógicas altamente improváveis na maioria dos casos, em parte porque não é fácil ter à mão um lobo reprodutor com quem um cão disposto acasale, em parte por causa do mesmo agnosticismo com o qual eu e a maioria de meus informantes da cachorrolândia saudamos a identificação de qualquer cão de pelagem preta de grande porte e proveniência incerta como sendo "meio labrador". Ainda assim, sei que os híbridos de cão e lobo existem bem

---

82 No que concerne ao prosaico e aos efeitos que decorrem da contiguidade contingente, ver G. Goslinga, "The Ethnography of a South Indian God", op. cit.

amplamente, e o fato de meus cães brincarem com alguns daqueles que reivindicam essa identidade me amarrou em uma teia de cuidados. Cuidar significa tornar-se sujeito à inquietante obrigação da curiosidade, o que requer saber mais ao fim do dia do que no início. Aprender alguma coisa sobre a biologia comportamental dos híbridos de cão e lobo parecia o mínimo necessário. Um dos lugares a que isso me levou, por meio de um artigo de Robyn Dixon no *Los Angeles Times* de 17 de outubro de 2004, "Orphaned Wolves Face Grim Future" [Lobos órfãos enfrentam um futuro sombrio], foi ao Tsitsikamma Wolf Sanctuary [Santuário de Lobos Tsitsikamma], na costa sul da África do Sul, perto da cidade de Storms River.[83]

Durante o *apartheid*, em experimentos quase secretos, cientistas a serviço do Estado branco importaram lobos cinzentos da América do Norte com a intenção de produzir um cão de ataque com a inteligência, resistência e senso de olfato de um lobo para rastrear "insurgentes" nas ásperas áreas de fronteira. Mas os cientistas de dispositivos de segurança da Roodeplaat Breeding Enterprises descobriram, para sua consternação, que os híbridos de cão e lobo são cães de ataque particularmente mal treinados, não por causa da agressividade ou da imprevisibilidade (ambos problemas de muitos dos híbridos discutidos na literatura geral), mas porque, além de serem difíceis de treinar, os cães-lobos costumam deixar a tomada de decisão para seus líderes humanos de alcateia, fracassando em assumir a liderança quando ordenados a fazê-lo em contrainsurgências ou patrulhas policiais. Membros de uma espécie ameaçada em grande parte de sua antiga área na América do Norte, eles se tornaram imigrantes fracassados de sangue misto no Estado do *apartheid* decidido a impor a pureza racial.

Após o fim do *apartheid*, tanto os lobos quanto os híbridos tornaram-se novamente significantes de segurança, pois, temendo por sua proteção pessoal diante dos discursos ainda crescentes e racializados sobre a criminalidade desenfreada na África do Sul, pessoas se engajaram em um intenso comércio de animais mediado por jornais e pela internet. O resultado previsível são milhares de animais incapazes de serem "repatriados" para seu continente de origem. Tanto epidemiológica quanto geneticamente "impuros", esses canídeos entram na categoria cultural dos "sem-teto" descartáveis ou, em termos ecológicos, "sem-nicho". O novo Estado não dá a mínima para o

---

83 Para o artigo de Dixon de 7 de novembro de 2004 sobre híbridos de cão e lobo na África do Sul, ver wolfsongalaska.org/chorus/node/222.

que acontece com essas ferramentas animadas de um antigo regime racista. Operando com fundos privados de doadores ricos e da classe média, a maioria brancos, uma organização de resgate e santuário do tipo que é mundialmente familiar às pessoas cachorreiras faz o que pode. Esse não é um processo honrado de reconciliação e verdade que tenta encontrar uma obrigação socialmente reconhecida àqueles não humanos forçados a devir-com em um dispositivo científico racial estatal. As práticas do santuário são obras de caridade privadas dirigidas a não humanos que muitas pessoas acreditam que estariam melhor mortos (eutanasiados? Existe algum tipo de "boa morte" aqui?) em uma nação na qual a miséria econômica humana ignorada permanece imensa. Além disso, os santuários com pouco dinheiro aceitam apenas "lobos puros" – embora provavelmente apenas cerca de duzentos canídeos pudessem ter passado nesse teste na África do Sul em 2004 – e não têm recursos para as possíveis dezenas de milhares de híbridos que enfrentam, como destacava o título do artigo no jornal, um "futuro sombrio".

Então, o que eu e outros que tocamos e somos tocados por essa estória herdamos? Que histórias devemos viver? Uma pequena lista inclui os discursos raciais endêmicos da história tanto da biologia quanto da nação; a colisão de mundos de espécies ameaçadas de extinção, com seus dispositivos de conservação e mundos discursivos de segurança, com seus dispositivos terroristas e de criminalidade; as vidas e mortes reais de seres humanos diferentemente situados e de animais moldados por esses nós; as narrativas populares e profissionais conflituosas acerca de lobos e cães e suas consequências para quem vive e quem morre e de que maneira; as histórias comoldadas das organizações de bem-estar social humano e de bem-estar animal; os dispositivos de financiamento saturados-de-classe dos mundos animal-humanos privados e públicos; o desenvolvimento das categorias para conter aqueles, humanos e não humanos, que são descartáveis e matáveis; o laço inextricável entre a América do Norte e a África do Sul em todas essas questões; e as estórias e práticas reais que continuam a produzir híbridos de cão e lobo em nós não habitáveis, mesmo em uma praia para cães em Santa Cruz, na Califórnia. A curiosidade nos leva à lama grossa, mas acredito que é esse modo de "devolver o olhar" e "devir-com-companheiros" que pode importar para tornar as *autre-mondialisations* mais possíveis.

Dirigir-se para as Colinas de Golã depois de correr com os lobos na África do Sul dificilmente é relaxante. Um dos últimos nós de espécies companheiras em que imaginei viver seria esse que, em 2004, apresentava caubóis israelenses em território sírio ocupado, montando cavalos de *kibutzim* para administrar seu gado ao estilo europeu entre as ruínas de vilarejos sírios e bases militares. Tudo o que tenho é um instantâneo, um artigo de jornal no meio de uma história complexa, sangrenta e trágica.[84] Esse instantâneo foi suficiente para remodelar meu sentido do tato enquanto brincava com meus cães. O primeiro *kibutz* com criação de gado foi fundado pouco depois de 1967; em 2004, cerca de 17 mil israelenses em 33 assentamentos de vários tipos detinham o território, com sua remoção dependendo de um tratado de paz sempre-adiado com a Síria. Aprendendo suas novas habilidades no trabalho, os criadores neófitos compartilham a terra com os militares israelenses e seus tanques. Os campos minados ainda constituem perigos para gado, cavalos e pessoas, e a prática de tiro compete com o pasto por espaço. O gado é protegido contra os engenhosos lobos sírios, e contra o próprio povo sírio que periodicamente o repatria, por cães guardiões de gado (CGGs) grandes e brancos, especificamente cães akbash. A Turquia, de fato, desempenha um papel estranho no Oriente Médio! Com os cães em serviço, os criadores não atiram nos lobos. Nada foi dito no artigo do *Times* sobre se atiravam nos "ladrões de gado" sírios. O gado de que os israelenses se apoderaram após a expulsão dos aldeões sírios era pequeno, rijo, capaz no mesmo sentido que as ovelhas desembaraçadas de Rowell e resistente às doenças transmitidas por carrapatos locais. O gado europeu que foi importado para substituir os bichos sírios supostamente não modernos não é nada disso. Os criadores israelenses trou-

---

84 James Bennet, "Hoofbeats and Tank Tracks Share Golan Range", *The New York Times*, 17 jan. 2004. O tom leve do texto é difícil de ler agora, quando guerra após guerra despedaçam e ameaçam despedaçar a tudo e todos sem fim, e é difícil até mesmo imaginar o que poderia ser a cosmopolítica agora nessa terra. Para um poema em prosa não publicado sobre três árabes desarmados que foram mortos pelo exército israelense quando tentavam roubar gado em 1968, ver: bjpa.org/content/upload/bjpa/coll/Collins%20The%20Golan%20Heights%201968.pdf. Para uma estória da presença bíblica do gado naquela terra, ver bibleplaces.com/golanheights/; esse tipo de estória molda as reivindicações atuais de pertencimento. Para a ideia sionista "do povo de Israel retornando a Golã" (que *não* é a única posição sustentada por israelenses), ver golan.org.il/. Para caminhadas nas Colinas de Golã, ver alltrails.com/fr/israel/golan-heights. Para um esboço da complexa situação nas Colinas de Golã após a Guerra do Líbano de 2006, ver Scott Wilson, "Golan Heights Land, Lifestyle Lure Settlers: Lebanon War Revive Dispute over Territory". *Washington Post*, 30 out. 2006. Anexadas em 1981, as Colinas de Golã fornecem cerca de um terço da água de Israel. Wilson conta que, em 2006 "a população de aproximadamente 7 mil árabes que permaneceu após a guerra em 1967 cresceu para cerca de 20 mil. A maioria recusou a cidadania. Aqueles que aceitaram são ostracizados até hoje nas quatro cidades insulares das montanhas onde se concentra a população drusa".

xeram os cães guardiões para sua criação nos anos 1990 em resposta ao grande número de lobos cinzentos, cujo número nas Colinas de Golã cresceu significativamente depois que a derrota da Síria em 1967 reduziu a pressão da caça dos aldeões árabes sobre eles.

Os cães akbash foram o toque prosaico que fez com que a estória no jornal despertasse mais do que interesse passageiro pela imensa tela de tensas naturezasculturas e guerras no Oriente Médio. Eu era uma espécie de "madrinha-humana" de Willem, um cão-da-montanha-dos-pireneus guardador de gado que trabalhava nas terras da Califórnia que minha família possui com uma amiga. Willem, sua humana Susan e sua criadora, além de colegas dela que são ativistas de saúde e genética na cachorrolândia, foram informantes importantes deste livro. As pessoas de Willem, ligadas a cães guardiões de gado, participam astutamente nas naturezasculturas cão-lobo-criador-herbívoro-ambientalista-caçador calorosamente disputadas na região das Montanhas Rochosas do norte dos Estados Unidos contemporâneo. Willem e minha cadela Cayenne brincaram quando filhotes e acrescentaram alegria ao estoque do mundo.[85] Tudo isso é bastante pequeno e nada excepcional – nenhuma "linha de fuga" para deleitar Deleuze e Guattari aqui. Mas foi o suficiente para despertar em mim, e talvez em nós, a curiosidade em relação à política naturalcultural de lobos, cães, gado, carrapatos, patógenos, tanques, campos minados, soldados, aldeões deslocados, ladrões de gado e colonos que se tornaram criadores ao estilo caubói em mais um pedaço de terra transformada em fronteira por guerra, expulsão, ocupação, pela história dos genocídios e pela ramificação da insegurança por todo o lado. Não há um final feliz a oferecer, nenhuma conclusão para esse emaranhado contínuo, apenas um lembrete afiado de que, em qualquer lugar para onde se olhe realmente, cães e lobos vivos atuais estão esperando para guiar humanos adentro de mundificações disputadas: "Nós a encontramos na beira da cidade; foi criada por lobos". Como sua prima imigrante-da-floresta, essa loba usava uma mochila de comunicação que não era estranha ao desenvolvimento da tecnologia militar destinada a comando, controle, comunicação e inteligência.

---

85 Quando primeiro escrevi esse parágrafo, Willem, de sete anos, vivia com uma perna traseira amputada em decorrência de um câncer ósseo, e metástases haviam recentemente aparecido em seus pulmões. Naquele dia, no início de novembro, ele tinha olhos brilhantes e enérgicos, se bem que um pouco de falta de ar, e foi dar uma caminhada fácil com Rusten ou comigo quando terminamos o trabalho do dia. Este capítulo é dedicado a ele e a sua humana, Susan. As contiguidades do prosaico, de fato. Willem morreu pouco antes do dia de Ação de Graças, em 2006.

É claro que, na primeira década do novo milênio, esse tipo de mochila de telecomunicações poderia ser um equipamento comum para quem caminha durante o dia nas montanhas, e é aí que essas apresentações terminarão, mas com a palavra impressa em vez de um sistema GPS pessoal que situe o caminhante. Em 2005, a primatologista Alison Jolly, sabendo de minhas paixões por cães guardiões de gado, enviou-me um folheto que ela havia pegado em sua caminhada pelos Alpes franceses naquele verão com sua família. O folheto estava em italiano, francês e inglês, já se distinguindo dos guias de passeios de montanha monolíngues estadunidenses nada hospitaleiros. As trilhas transnacionais através dos Alpes e os caminhantes internacionais, de férias e urbanos, esperados nas trilhas estavam vividamente presentes. Na capa se via um cão-da-montanha-dos-pireneus CGG, alerta e calmo, cercado pelo seguinte texto: "Aviso importante a caminhantes e montanhistas" (ou, no lado oposto, *Promeneurs, Randonneurs* etc.): "No decorrer de sua caminhada, vocês poderão encontrar cães de guarda locais. Eles são grandes cães brancos cuja tarefa é guardar os rebanhos".

Estamos no meio de economias pastoris-turísticas reinventadas que ligam nichos de mercado de humanos viajando a pé, carne e fibras, que, de modo complexo, são tanto locais quanto globais, projetos de restauração ecológica e de cultura patrimonial da União Europeia, pastores, rebanhos, cães, lobos, ursos e linces. O retorno de predadores anteriormente extirpados a partes de suas antigas áreas de atuação é uma grande estória de política e biologia transnacionais ambientais. Alguns dos animais foram deliberadamente reintroduzidos após intensos programas de criação em cativeiro ou transplantados de países menos desenvolvidos da antiga esfera soviética, onde extinções indicativas de progresso por vezes não foram tão longe como na Europa ocidental. Alguns predadores restabeleceram populações por conta própria quando as pessoas começaram a capturar e matar os reintroduzidos com menos frequência. Os lobos recém-acolhidos nos Alpes franceses parecem ser descendentes de canídeos oportunistas que se desviam da duvidosamente progressista Itália, que nunca acabou completamente com seus lobos. Os lobos deram aos CGGs o emprego de dissuadir lobos (e turistas) de atacar os rebanhos dos pastores. Após a quase destruição dos grandes pireneus durante as duas guerras mundiais e o colapso econômico pastoril nas regiões bascas, a raça canina veio para os Alpes, partindo das montanhas que lhe deram o nome, graças ao resgate conduzido por amantes da raça pura canina, especialmente através das práticas de coleção a que se dedicavam mulheres ricas na Inglaterra e no leste dos Estados

Unidos. Os amantes franceses de cães aprenderam parte do que precisavam saber sobre a reintrodução de seus cães no trabalho de guarda com as pessoas ligadas aos CGG dos Estados Unidos, as quais haviam colocado cães em fazendas nos estados do oeste em décadas recentes e se comunicavam com seus pares europeus.

Os nós das economias e ecologias tecnoculturais pastoris-turísticas reinventadas estão em toda a América do Norte também, levantando as questões mais básicas de quem pertence a que lugar e do que florescer significa para quem. Seguir os cães e seus herbívoros e pessoas a fim de responder a essas perguntas me liga repetidamente à criação, à agricultura e à alimentação. Em princípio, se não sempre na ação pessoal e coletiva, é fácil saber que a pecuária industrial e suas ciências e políticas devem ser desfeitas. Mas e depois disso, o quê? Como a segurança alimentar para todos (não apenas para os ricos, que podem esquecer o quão importante é a alimentação barata e abundante) e a coflorescência multiespécies podem estar ligadas na prática? Como a lembrança da conquista dos estados ocidentais pelos colonos anglo-saxões e suas plantas e animais pode se tornar parte da solução, e não mais uma ocasião para o *frisson* agradável e individualizante da culpa? Há muito trabalho colaborativo e inventivo em curso atualmente no que diz respeito a essas questões, caso levemos o tato a sério. Tanto os projetos alimentares comunitários veganos como os não veganos, com uma análise local e translocal, deixaram claras as ligações entre condições de trabalho seguras e justas para pessoas, animais agrícolas física e comportamentalmente saudáveis, pesquisas genéticas e de outros tipos voltadas para a saúde e a diversidade, segurança alimentar urbana e rural e um melhor hábitat para a vida selvagem.[86] Nenhuma unidade fácil é encon-

---

86 Confiram a Food Alliance, fundada em 1997 como uma colaboração entre a Universidade Estadual de Washington, a Universidade Estadual do Oregon e o Departamento de Agricultura do Estado de Washington (foodalliance.org). Explorem o projeto de rotulagem "Certified Humane" (certifiedhumane.org) e leiam "Humane Treatment of Farm Animals Can Improve the Quality of the Meat We Eat". *San Francisco Chronicle*, 27 set. 2006. Em seguida, entrem no site da Community Food Security Coalition (foodsecurity.org) para uma visão interseccional de análises e ações de raça, classe, gênero e – em forma embrionária – espécies. Em seguida, vão até a American Livestock Breeds Conservancy (livestockconservancy.org) e às redes da National Campaign for Sustainable Agriculture (sustainableagriculture.net). A California Food and Justice Coalition afirma de forma proeminente em seus princípios-chave que "a produção, a distribuição e o preparo de alimentos devem ser saudáveis e humanitários para todos os seres humanos, animais e ecossistemas". Palavras corajosas, e um trabalho para toda a vida. Não tão finalmente, confiram a InterTribal Bison Cooperative, que une 51 povos indígenas americanos em torno da restauração da agricultura e do bem-estar

trada nesses assuntos, e nenhuma resposta fará com que nos sintamos bem por muito tempo. Mas esses não são os objetivos das espécies companheiras. Ao contrário, existem muito mais locais de vínculo para participação na busca de "outros mundos" mais habitáveis (*autres-mondialisations*) dentro da complexidade terrestre do que alguém poderia sequer imaginar quando faz carinho pela primeira vez em um cão.

Os tipos de relatos que essas apresentações realizam emaranham uma multidão variada de espécies diferentemente situadas, incluindo paisagens, animais, plantas, microrganismos, pessoas e tecnologias. Às vezes, uma apresentação educada reúne dois seres quase-individuados, talvez mesmo com nomes impressos em grandes jornais, cujas histórias podem lembrar narrativas confortáveis de sujeitos em encontro, dois a dois. Mais frequentemente, as configurações das criaturas têm outros padrões mais reminiscentes de um jogo de cama de gato, do tipo dado como garantido por bons ecologistas, estrategistas militares, economistas políticos e etnógrafos. Sejam tomados dois a dois ou emaranhado por emaranhado, os locais de vínculo necessários para o encontro das espécies refazem tudo o que tocam. O objetivo não é celebrar a complexidade, mas devir-mundano e responder. Considerando metáforas ainda vivas para esta obra, John Law e Annemarie Mol me ajudam a pensar: "Multiplicidade, oscilação, mediação, heterogeneidade material, performatividade, interferência [...] não há lugar de descanso em um mundo múltiplo e parcialmente conectado".[87]

Meu argumento é simples: mais uma vez, estamos em um nó de espécies comoldando-se umas às outras em camadas de complexidade recíproca até o fim. Resposta e respeito só possíveis apenas nesses nós, com animais e pessoas reais devolvendo o olhar uns para os

---

das terras indígenas, seus organismos e seus povos (itbcbuffalonation.org) [N. T.: Hoje chamada InterTribal Buffalo Council, reúne 69 povos indígenas em 2022]. Há também muitas perspectivas veganas sobre segurança alimentar e justiça, por exemplo o rastreamento da vegan.org, a Humane Society of the United States e, é claro, People for the Ethical Treatment of Animals (Peta). Termino esta lista, no entanto, não com minha inimiga às vezes aliada Peta, mas com colegas de luta veganos – isto é, a vegana antirracista, antissexista, orientada para a justiça, focada em animais C. Adams, *Neither Man nor Beast*, op. cit., e sua congênere britânica Lynda Birke, *Feminism, Animals and Science*. Buckingham / Philadelphia: Open University Press, 1994.

87 John Law e Annemarie Mol, "Complexities: An Introduction", in J. Law e A. Mol (orgs.), *Complexities: Social Studies of Knowledge Practices*. Durham: Duke University Press, 2002, p. 20. Para uma bela análise da inadequação dos modelos humanistas e personalistas para os encontros humano-animais mundanos, ver Charis Thompson, "When Elephants Stand for Competing Philosophies of Nature: Amboseli National Park, Kenya", in J. Law e A. Mol (orgs.), *Complexities*, op. cit.

outros, pegajosos em todas as suas histórias embaralhadas. A apreciação da complexidade é, naturalmente, bem-vinda. Mas é necessário ainda mais. Imaginar o que poderia ser esse mais é o trabalho de espécies companheiras situadas. É uma questão de cosmopolítica, de aprender a ser "polido" em relação responsável aos sempre assimétricos viver e morrer, nutrir e matar. E assim termino com a severa injunção do folheto turístico alpino ao caminhante para que "mantenha seu melhor comportamento no campo", ou "*sorveguate il vostro comportamento*", seguido de instruções específicas sobre o que o comportamento educado em relação aos cães trabalhadores e rebanhos implica. Um detalhe prosaico: o exercício de boas maneiras faz dos *animais trabalhadores competentes* aqueles a quem *as pessoas* precisam aprender a reconhecer.[88] Aqueles com rosto não eram todos humanos.

E se o filósofo respondesse?

---

88 Talvez aqui, em uma nota no encerramento das apresentações, seja o lugar para lembrar que é mais provável que o comportamento aparentemente amigável e curioso de lobos selvagens dirigidos às pessoas seja a exploração de um possível almoço lupino do que uma carinhosa brincadeira interespécies. Espécies companheiras, *cum panis*, partir o pão, comer e ser comido, o fim do excepcionalismo humano: isso, e não o naturalismo romântico, é o que importa ser lembrado. O especialista em vida selvagem Valerius Geist explicou aos caçadores das montanhas Rochosas do norte dos Estados Unidos que, à medida que a população de lobos aumentar para números bem acima daqueles aos quais o extermínio ativo a havia reduzido e as populações herbívoras se ajustarem para níveis menores devido à pressão renovada dos predadores, os competentes e oportunistas canídeos norte-americanos começarão a agir mais como os lobos russos do que como remanescentes de uma espécie em vias de desaparição em meio a um excesso gustativo. Ou seja, eles começarão a checar e então a espreitar e ocasionalmente atacar humanos e seus animais. Valerius Geist, "An Important Warning about 'Tame' Wolves". *Conservation Connection*, v. 10, Foundation for North American Wild Sheep, 2006. Agradeço a Gary Lease pelo artigo e pelas muitas conversas generosas sobre caça, cães e preservação.

Mike Peters, *Mother Goose and Grimm*. © Grimmy, Inc., 2004.

2. CÃES DE VALOR AGREGADO E CAPITAL VIVO

Marx dissecou a forma-mercadoria no par valor de troca e valor de uso. Mas o que acontece quando a mercadoria morta-viva, mas sempre gerativa, torna-se o pedaço de propriedade canina viva, respirante, dotada de direitos, dormindo em minha cama, oferecendo *swabs* bucais para um projeto de genoma ou recebendo um microchip de identificação legível por computador implantado sob a pele do pescoço antes de o abrigo canino local permitir que meu vizinho adote o novo membro de sua família? *Canis lupus familiaris*, de fato; o familiar é sempre onde o inquietante espreita. Além do mais, o inquietante é onde o valor se torna carne novamente, apesar de todas as desmaterializações e objetificações inerentes à avaliação de mercado.

Marx sempre entendeu que o valor de uso e o valor de troca eram nomes para relações; essa foi precisamente a percepção que levou, sob a camada de aparências de equivalências de mercado, ao complicado domínio da extração, da acumulação e da exploração humana. Transformar o mundo inteiro em mercadoria para troca é central ao processo. De fato, refazer o mundo para que novas oportunidades de produção e circulação de mercadorias sejam sempre geradas é o objetivo desse jogo. Esse é o jogo que absorve a força viva do trabalho humano sem piedade. Na própria linguagem animada e precisa de Marx, que ainda causa apoplexia nos apologistas do capitalismo, o capital vem ao mundo "escorrendo por todos os poros sangue e sujeira da cabeça aos pés".[1]

E se, contudo, a força de trabalho *humana* acabar sendo apenas uma parte da estória do capital vivo? De todos os filósofos, Marx entendeu a sensibilidade relacional e pensou profundamente o metabolismo entre os seres humanos e o resto do mundo ativado pelo trabalho vivo. Ao lê-lo, porém, no fim das contas ele não foi capaz de

---

1 Karl Marx, *O capital: Crítica da economia política*, livro I: *O processo de produção do capital*, tomo 2, trad. Regis Barbosa e Flávio R. Kothe. São Paulo: Nova Cultural, 1996, p. 379.

escapar à teleologia humana daquele trabalho – a feitura do próprio homem. No fim das contas, nenhuma espécie companheira, indução recíproca ou epigenética multiespécies está em sua estória.[2] Mas e se as mercadorias de interesse para aqueles que vivem no regime do Capital Vivo não puderem ser compreendidas dentro das categorias do natural e do social que Marx chegou tão perto de reelaborar, mas, no fim, sob a pressão do excepcionalismo humano, foi incapaz? Essas não são questões novas, mas proponho abordá-las através de relações inerentes a realizações canino-humanas hoje nos Estados Unidos que levantam problemas não associados normalmente ao termo *biocapital*, ainda que lhe sejam cruciais.

Não nos faltam provas de que a clássica mercantilização raivosa passa bem nos mundos caninos tecnocientificamente exuberantes loucos por consumo nos Estados Unidos. Darei a meus leitores muitos pacotes de fatos tranquilizadores sobre esse ponto, suficientes para criar todo o ultraje moral de que nós de esquerda parecemos precisar para o café da manhã e todos os desejos resistentes ao juízo de que nós analistas culturais parecemos desfrutar ainda mais. Entretanto, se um equivalente de Marx estivesse escrevendo o livro I de *O biocapital* hoje, na medida em que os cães nos Estados Unidos são ao mesmo tempo mercadorias e consumidores de mercadorias, o analista teria de examinar uma estrutura tripartite: valor de uso, valor de troca e valor de encontro, sem o problemático consolo do excepcionalismo humano.[3] O valor de encontro transespécies diz respeito a relações

---

2 Marx chegou o mais próximo disso em sua obra inicial, por vezes lírica, "*Ad* Feuerbach (1845)", in K. Marx e Friedrich Engels, *A ideologia alemã*, trad. Rubens Enderle, Nélio Schneider e Luciano Cavini Martorano. São Paulo: Boitempo, 2007; e, de 1844, em os *Manuscritos econômico-filosóficos*, trad. Jesus Ranieri. São Paulo: Boitempo, 2004. Ele está no seu ponto mais "humanista" e no limite de algo mais nessas obras, nas quais corpos com mentes em inter e intra-ação estão por toda parte. Sigo a análise sutil de Alexis Shotwell sobre a quase fuga de Marx do excepcionalismo, implícita em suas discussões sobre como a força de trabalho torna-se mercadoria, sensibilidade, estética e espécie humana. Alexis Shotwell, *Implicit Understanding and Political Transformation*. Tese de doutorado, Departamento de História da Consciência, Universidade da Califórnia em Santa Cruz, 2006, pp. 111–21.

3 Um esforço interdisciplinar inicial de escrever o livro marxista ausente encontra-se em Sarah Franklin e Margaret Lock (orgs.), *Remaking Life & Death: Toward an Anthropology of the Biosciences*. Santa Fe / Oxford: School of American Research Press / James Currey, 2003. Então veio a seguinte lista abreviada, mas crucial, que retiro do seminário de pós-graduação de inverno em 2007 chamado "Bio[X]: Wealth, Power, Materiality, and Sociality in the World of Biotechnology" [Bio[X]: Riqueza, poder, materialidade e socialidade no mundo da biotecnologia]: Kaushik

entre um conjunto variado de seres vivos, e nele o comércio e a consciência, a evolução e a bioengenharia, a ética e as utilidades estão todos em jogo. Estou especialmente interessada aqui nos "encontros" que envolvem, de um modo não trivial, mas difícil-de-caracterizar, *sujeitos* de diferentes espécies biológicas. Meu objetivo é dar um pequeno passo na caracterização dessas relações no contexto historicamente específico do capital vivo. Eu gostaria de atar meu equivalente-Marx aos nós de valor para as espécies companheiras, principalmente para os cães e as pessoas na tecnocultura capitalista do início do século XXI, na qual a percepção de que ser um humano situado é ser moldado por e com animais familiares pode aprofundar nossas habilidades de compreender os encontros de valor agregado.

Sunder Rajan, *Biocapital: The Constitution of Postgenomic Life*. Durham: Duke University Press, 2006; Jerry Mander e Victoria Tauli-Corpuz (orgs.), *Paradigm Wars: Indigenous People's Resistance to Globalization*. Berkeley / Los Angeles: University of California Press, 2006; Marilyn Strathern, *Kinship, Law and the Unexpected: Relatives Are Always a Surprise*. New York: Cambridge University Press, 2005; Catherine Waldby e Robert Mitchell, *Tissue Economies: Blood, Organs, and Cell Lines in Late Capitalism*. Durham: Duke University Press, 2006; Achille Mbembe, *On the Postcolony*. Berkeley / Los Angeles: University of California Press, 2001; S. Franklin, *Dolly Mixtures*. Durham: Duke University Press, 2007; Adriana Petryna, Andrew Lakoff e Arthur Kleinman (orgs.), *Global Pharmaceuticals: Ethics, Markets, Practices*. Durham: Duke University Press, 2006. O curso cresceu parcialmente da ideia de pensar em termos de uma "figura", no sentido estabelecido no capítulo 1, "Quando as espécies se encontram: Apresentações". Considerem uma equação integral múltipla fictícia que é um tropo defeituoso e uma piada séria em um esforço para imaginar a que uma teoria "interseccional" se assemelharia em Biópolis. Pensem nesse formalismo como a matemática da FC.

$$\int_{\alpha}^{\Omega} \text{Bio}\,[X]n = \int\int\int\int\ldots\int\int \text{Bio}\,(X_1, X_2, X_3, X_4,\ldots, X_n, t)\, dX_1\, dX_2\, dX_3\, dX_4\ldots dX_n\, dt = \text{Biópolis}$$

X_1 = riqueza, X_2 = poder, X_3 = socialidade, X_4 = materialidade, X_n = ??
α (alfa) = bíos de Aristóteles & Agamben
Ω (ômega) = Zoé (vida nua)
t = tempo

Biópolis é um volume *n*-dimensional, um "espaço de nicho", uma fundação privada comprometida com a biocracia "global é local" e um centro internacional de pesquisa e desenvolvimento de ciências biomédicas localizado em Singapura (en.wikipedia.org/wiki/Biopolis). Como se resolveria tal equação?

VALORAR CÃES: MERCADOS E MERCADORIAS

Como um programa de TV dos anos 1950, os mundos dos animais de companhia têm tudo a ver com a família. Se as famílias burguesas europeias e americanas foram parte dos produtos da acumulação de capital do século XIX, a família humano-animal de companhia é um indicador-chave para as práticas atuais do capital vivo. Aquela família do século XIX inventou a guarda de animais de estimação pela classe média, mas que pálida sombra em comparação aos feitos de hoje! Parentesco e marca estão ligados em uma associação produtiva como nunca estiveram antes. Em 2006, cerca de 69 milhões de lares nos Estados Unidos (63% de todos os lares) tinham animais de estimação, dando casas a cerca de 73,9 milhões de cães, 90,5 milhões de gatos, 16,6 milhões de pássaros, entre muitas outras criaturas.[4] Como um relatório online em 2004 sobre o mercado de alimentos e suprimentos para animais de estimação da MindBranch, Inc., afirmou: "No passado, as pessoas podiam dizer que seu animal de estimação era 'como um membro da família', mas entre 1998–2003 essa atitude se fortaleceu, pelo menos em termos do dinheiro gasto em alimentos com ingredientes de qualidade, brinquedos, suprimentos, serviços e cuidados com a saúde".[5] Os hábitos de consumo das famílias há muito

---

4 Esses são números da American Pet Products Association [Associação Americana de Produtos para Animais de Estimação] (Appa), retirados da amostra grátis online referente a *2005–2006 Appa National Pet Owners Survey*, disponível para compra por não afiliados da Appa por 595 dólares. Ver americanpetproducts.org. A exposição anual da Appa, a Global Pet Expo, maior feira comercial da indústria, abre verdadeiramente os olhos de qualquer romântico ainda adormecido no que diz respeito à cultura de mercadorias ligadas a animais de estimação. Ela não á acessível ao público em geral, somente a varejistas, distribuidores, compradores de massa e "outros profissionais qualificados". Ao não desembolsar 595 dólares pela pesquisa com proprietários de animais de estimação, perdi minha chance de obter informações detalhadas sobre onde os cães de estimação estadunidenses são mantidos durante o dia e à noite, as visitas de banho e tosa e os métodos de banho e tosa utilizados, os métodos para prender cães no carro, os tipos de comida e o tamanho da ração comprados, o número de guloseimas dadas, os tipos de coleira ou de peitoral utilizados, os tipos de tigelas de comida utilizados, as fontes de informação consultadas, os livros e vídeos comprados sobre o assunto, os itens de cuidados canino comprados nos últimos doze meses, os presentes temáticos comprados, as festas para cães, os sentimentos expressos sobre os benefícios e as desvantagens de possuir cães e muito mais – tudo duplicado para cada espécie comum de animal de estimação. Na prática da acumulação de capital por meio da vida de animais de companhia, não se deixa muito ao acaso.

5 "The US Pet Food and Supplies Market", abr. 2004; marketresearch.com.

tempo têm sido o lócus dos esforços da teoria crítica para compreender a formação de categorias que moldam os seres sociais (tais como gênero, raça e classe). Os padrões de parentesco das espécies companheiras no que diz respeito ao consumismo deveriam ser um lugar rico para se chegar às relações que moldam os sujeitos emergentes nas naturezasculturas do capital vivo, os quais não são todos pessoas. Com as mutações apropriadas, as categorias clássicas, como gênero, raça e classe, dificilmente desaparecem deste mundo – longe disso; mas as categorias emergentes mais interessantes da relacionalidade terão de adquirir alguns nomes novos, e não apenas para cães e gatos.

A indústria global de animais de companhia é grande, e os Estados Unidos são um dos principais atores. Sei disso porque tenho cães e gatos que vivem no estilo em que eu e toda a minha geração pós-Lassie fomos doutrinadas. Contudo, como qualquer acadêmica, tentei arranjar algumas cifras difíceis para acompanhar os próximos exemplos. A Business Communications Company publica anualmente uma análise das oportunidades e segmentos de mercado, da fortuna de empresas, das taxas de expansão ou contração e outros dados caros ao coração dos investidores. Assim, para o primeiro rascunho deste capítulo, tentei consultar *The Pet Industry: Food, Accessories, Health Products and Services* referente a 2004 online. De fato, eu poderia ter baixado qualquer um dos sedutores capítulos, mas todos eles são fechados; portanto, espreitar é pagar. Obter acesso ao pacote completo teria me custado mais de 5 mil dólares, uma bela prova por si só do que afirmei na primeira frase deste parágrafo. Uma fonte alternativa de dados, a Global Information, Inc. (que se descreve como "portal de pesquisa de mercados verticais" online), oferece atualizações 24 horas por dia, cinco dias por semana, de previsões, ações, pesquisa e desenvolvimento, vendas e marketing e análise competitiva para comerciantes do setor de animais de estimação. Ignore esses serviços por sua conta e risco.

No final, contentei-me com os petiscos de dados estatísticos da Business Communications e com os resumos gratuitos do site da American Pet Products Association, Inc.[6] Somente nos Estados Unidos, em 2006, os donos de animais de estimação gastaram cerca de 38,4 bilhões de dólares com animais de companhia, em comparação com 21 bilhões de dólares em 1996 (dólares constantes). O valor global para alimentos e produtos de cuidado para animais de estimação em 2002 foi de 46 bilhões de dólares, o que representa um aumento per-

---

6 Ver americanpetproducts.org/press_industrytrends.asp.

centual de 8% ajustado pela inflação durante o período 1998–2002. A taxa de crescimento ajustada pela inflação para 2003 foi, por si só, de 3,4%, impulsionada, segundo nos dizem, pela demanda dos proprietários de animais de estimação por alimentos e suprimentos premium.

Consideremos apenas os alimentos para animais de estimação. O ICON Group International publicou um relatório de mercado mundial em fevereiro de 2004. O relatório foi escrito para "planejadores estratégicos, executivos internacionais e gestores de importação / exportação preocupados com o mercado de alimentos para cães e gatos destinados à venda no varejo". O argumento era que, "com a globalização do mercado, os gestores não podem mais se contentar com uma visão local". Assim, o relatório prestou especial atenção a quais países fornecem alimentos para cães e gatos destinados à venda no varejo, qual o valor em dólar das importações, qual é a participação de mercado de cada país, quais países são os maiores compradores, como os mercados regionais estão evoluindo e como os gestores podem priorizar suas estratégias de marketing. Mais de 150 países foram analisados, e o relatório deixa claro que seus números são estimativas de potencial que podem ser drasticamente alteradas por coisas como "doença da vaca louca, febre aftosa, embargos comerciais, disputas trabalhistas, conflitos militares, atentados terroristas e outros eventos que certamente afetarão os fluxos comerciais reais".[7] Pois é. No entanto, o relatório negligenciou o fato óbvio subjacente: a ração industrial para animais de estimação é um forte elo na cadeia multiespécies da agricultura industrial global.

A edição dominical do *New York Times* em 30 de novembro de 2003 é minha fonte para o valor de 12,5 bilhões de dólares referente ao mercado de alimentos destinados a animais de estimação nos Estados Unidos (15 bilhões em 2006). Eu não sabia como pensar o tamanho dessa soma até ler outra estória do *New York Times* (de 2 de dezembro de 2003), a qual me dizia que, naquele ano, o mercado de estatinas para baixar o colesterol humano valia 12,5 bilhões para a indústria farmacêutica. Quanto

---

7 "The World Market for Dog and Cat Food for Retail Sale: A 2005 Global Trade Perspective", ICON Group International, fev. 2004. Um breve resumo, gratuito, em formato pdf, está disponível online na MindBranch, Inc. Para saber mais, é preciso pagar. Conseguir meus fatos comerciais limitados para este capítulo custou apenas inscrever meu número de telefone em um formulário online e, em seguida, um ou dois telefonemas publicitários – bem mais fáceis de resistir do que os novos cookies de fígado do Trader Joe's. Devo a Joe Dumit a reflexão sobre o direito (ou obrigação) à saúde e à alimentação como remédios.

controle de lipídios de sangue humano equivale a quantos jantares de cães? Eu jogaria fora meu Lipitor antes de racionar o que sirvo a meus cães e gatos. Marx nos explicou como a natureza puramente objetiva do valor de troca evita os problemas decorrentes de tais comparações do valor de uso. Ele também nos mostrou como coisas como estatinas e comida premium para cães se tornam necessidades corporais historicamente situadas. Para o meu gosto, ele não chegou nem perto de prestar atenção suficiente a *quais* corpos necessitados, na teia multiespécies, ligam o trabalho de abate, as gaiolas de frango, o jantar dos animais de estimação, a medicina humana e muito mais.

De agora em diante não posso mais esquecer essas coisas enquanto decido como avaliar tanto a última comida para cães oferecida pelo mercado especializado, que presumidamente maximiza o desempenho esportivo de minha cadela em provas de *agility*, quanto a diferença entre as necessidades nutricionais dela e as de meu cachorro mais velho, mas ainda ativo. Uma grande e crescente porção de produtos alimentícios para animais de estimação se dirige a condições específicas, tais como a saúde das articulações e do trato urinário, o controle do tártaro, a obesidade, exigências fisiológicas, necessidades relacionadas à idade e assim por diante. É impossível ir a um campeonato de *agility* com minha cadela sem tropeçar em folhetos e estandes de alimentos naturais, alimentos cientificamente formulados, alimentos que melhoram o funcionamento imunológico, alimentos que contêm ingredientes caseiros, alimentos para cães veganos, alimentos orgânicos crus que não agradariam nada aos veganos, alimentos fortificados com cenouras liofilizadas, comedouros automáticos para ajudar cães que passam muito tempo sozinhos e assim por diante. De fato, as dietas são como remédios nessa ecologia nutricional, e a criação de demanda por "tratamento" é crucial para o sucesso no mercado. Além das dietas, eu me sinto obrigada a investigar e comprar todos os suplementos apropriados que se encontram na oscilante linha entre alimentos e medicamentos (sulfato de condroitina e sulfato de glucosamina ou óleo de linhaça rico em ácido graxo ômega-3, por exemplo). Os cães na tecnocultura capitalista adquiriram o "direito à saúde", e as implicações econômicas (bem como legais) são legião.

A comida não é a estória toda. A Business Communications Company enfatizou o crescimento que ocorre em todos os segmentos da indústria de animais de companhia, com ricas oportunidades para os atores existentes e os novos competidores. A saúde é um componente gigantesco dessa versão canina diversificada de capital vivo. Os veterinários de pequenos animais estão bem cientes desse fato, pois lutam para incorporar os mais recentes (e muito caros) equipamentos de diagnóstico e tratamento em pequenos consultórios e clínicas a fim de se manterem competitivos. Um estudo especial feito em 1998 revelou que a renda dos veterinários não estava crescendo no ritmo de profissionais do mesmo nível porque eles não sabiam como ajustar seus preços aos serviços em rápida expansão que rotineiramente ofereciam.[8] As faturas de cartão de crédito da minha família me mostram que pelo menos uma das clínicas veterinárias que frequentamos não tem esse problema. Em 2006, as pessoas nos Estados Unidos gastaram cerca de 9,4 bilhões de dólares em cuidados veterinários com animais de estimação. Para verificar, recorri ao "World Animal Health Markets to 2010", um relatório que traça o perfil dos mercados de saúde animal em quinze países, representando 80% da participação mundial. Conclusão: nas regiões prósperas do globo, o mercado de saúde animal está robusto e em crescimento.

Consideremos alguns números e estórias. Mary Battiata escreveu um artigo para o *Washington Post* em agosto de 2004; nele, relatou sua busca por um diagnóstico para um velho membro de sua família, seu amado vira-lata, Bear, que apresentou sintomas neurológicos preocupantes. Depois de a primeira visita ao veterinário ter custado 900 dólares, ela começou a entender a situação. Ela foi encaminhada ao Centro de Imagens de Animais de Estimação de Washington, D.C., para uma ressonância magnética. Ou melhor, Bear foi encaminhado, e sua tutora-dona, Mary, lutou contra os dilemas éticos, políticos, afetivos e econômicos. Como o humano de um animal companheiro faz julgamentos sobre o momento certo para deixar seu cão morrer ou, de fato, para matar seu cão? Quantos cuidados são demais? A questão é a qualidade de vida? O dinheiro? A dor? De quem? Pagar 1.400 dólares por uma ressonância magnética para Bear aumenta a injustiça mundial, ou a comparação entre quanto custa fazer funcionar escolas públicas decentes ou recuperar pântanos e quanto custa o diagnóstico e tratamento de Bear é a comparação errada? E a comparação entre pessoas que amam seus parentes animais de estimação e podem pagar uma ressonância magnética e pessoas que amam seus parentes animais de estimação e não podem pagar exames veteri-

---

8 Mary Battiata, "Whose Life Is It, Anyway?". *Washington Post*, 2 ago. 2004, nos conta que uma educação veterinária de quatro anos nos Estados Unidos custa cerca de 200 mil dólares. A instalação de uma pequena clínica veterinária começa com cerca de 500 mil dólares. Battiata cita o estudo de 1998 da estrutura de preços veterinários e salários atrasados feito pela empresa de consultoria KPMG.

nários anuais, bons treinamentos, os mais recentes produtos contra carrapatos e pulgas nem, muito menos, cuidados hospitalares (agora disponíveis em alguns lugares para cães e gatos)? Quais são as comparações certas no regime do capital vivo?

Outros tratamentos de alto nível hoje disponíveis para animais de estimação incluem transplantes renais, quimioterapia para câncer e cirurgias de substituição de articulações por próteses de titânio. A Universidade da Califórnia em Davis abriu recentemente um hospital de tratamento e pesquisa de ponta para animais de companhia com o tipo de tratamento de câncer esperado nos melhores centros médicos humanos. Novas drogas veterinárias – e drogas humanas redirecionadas para animais de companhia – enfatizam o alívio da dor e a modificação do comportamento, questões que dificilmente aparecem no radar das pessoas ligadas a "lassies", mas que hoje envolvem dinheiro a sério e sérios dilemas éticos. Além disso, estudantes de veterinária hoje fazem cursos sobre o vínculo humano-animal, e essa região diversificadora da economia familiar afetiva é tão ricamente mercantilizada e socialmente estratificada quanto qualquer outra prática de fazer-família, por exemplo a reprodução assistida para fazer bebês e pais humanos.[9]

O seguro de saúde para animais de estimação tornou-se comum, assim como o seguro de responsabilidade civil para veterinários, em parte alimentado pelo sucesso, nos tribunais, da argumentação de que os animais de estimação não podem ser avaliados como propriedade comum. O "valor de substituição" para um cão de companhia não é o preço de mercado do animal. O cão tampouco se iguala a uma criança ou a um pai idoso. Caso isto nos tenha escapado em todos os outros aspectos da vida diária, os esforços tanto para estabelecer danos monetários quanto para pagar as contas dos nossos companheiros nos dizem que *pai-filho*, *tutor-pupilo* e *dono-propriedade* são péssimos termos para os tipos de relações multiespécies que emergem entre nós. As categorias precisam de uma renovação.

Além dos veterinários, outros tipos de profissionais de saúde surgiram para atender às necessidades dos animais de companhia. Minha parceira esportiva, a pastora-australiana Cayenne, recebe regularmente ajustes profissionais de Ziji Scott, uma quiroprática de animais certificada e com mãos mágicas. Ninguém poderia me convencer de que essa prática reflete a decadência burguesa às custas de minhas

---

9 C. Thompson, *Making Parents: The Ontological Choreography of Reproductive Technologies*. Cambridge: MIT Press, 2005. Ver também D. Haraway, *O manifesto das espécies companheiras*, op. cit.

outras obrigações. Algumas relações são jogos de soma zero e outras não. Mas um fato central molda toda a questão: o direito à saúde e as práticas de fazer-família são fortemente capitalizados e estratificados, tanto para os cães bem como para seus humanos.

Para além dos domínios dos serviços médicos, da nutrição ou das ofertas pedagógicas para cães, a cultura canina de consumo de outro tipo parece verdadeiramente ilimitada. Considerem pacotes de férias, viagens de aventura, experiências de acampamento, cruzeiros, roupas de festa, brinquedos de todos os tipos, serviços de creche, camas de grife e outros móveis adaptados a animais, sacos de dormir para cães, tendas e mochilas especiais, bem como publicações sobre todos os itens acima. Em 24 de setembro de 2004, o *New York Times* veiculou anúncios para produtos caninos nos quais figuravam uma capa de chuva de 225 dólares e uma coleira de grife a 114 dólares. Cães em miniatura tratados como acessórios de moda dos ricos e famosos são um assunto comum nos jornais e uma preocupação séria para aqueles que pensam que esses cães têm necessidades caninas.[10] A American Kennel and Boarding Association [Associação Americana de Canis e Hospedagem] noticiou em 2006 que o crescimento significativo da indústria se deve aos alojamentos de alto nível para animais de estimação, como o novo hotel Wag, de São Francisco, que cobra 85 dólares por noite e oferece massagem, tratamentos faciais e piscinas. Webcams que permitem a humanos em viagem verem seus animais de estimação em tempo real nas áreas de lazer comunitário são padrão no Fog City Dogs Lodge de São Francisco, de preço médio 40 dólares a noite.[11] Para aqueles cujas preferências de mercadorias são mais intelectuais, vejam a cultura livresca de animais de companhia. Além de um enorme mercado de livros de espécies companheiras em categorias que vão da antropologia à zoologia, abarcando todo o alfabeto no meio, duas novas revistas de grande público sustentam meu argumento. *The Bark* é uma revista bem-humorada de Berkeley, na Cali-

---

10 Ver, por exemplo, Ruth La Ferla, "Woman's Best Friend, or Accessory?". *The New York Times*, 7 dez. 2006.

11 Justin Berton, "Hotels for the Canine Carriage Trade". *San Francisco Chronicle*, 13 nov. 2006. Em todos os exemplos discutidos, a comercialização foi inteiramente direcionada às ideias/fantasias de seres humanos abastados e deu pouca atenção a coisas como avaliações biocomportamentais sobre como cães e outras espécies poderiam se sair melhor em ambientes desconhecidos. Pagar por "férias de treinamento" poderia contribuir muito mais para aumentar a paz civil, por exemplo, do que pagar por suítes com mobília humanesca cujas cores combinam e programas de TV do Animal Planet.

fórnia, sobre literatura, artes e cultura canina que eu leio avidamente, e não só porque publicou uma crítica favorável ao meu *Manifesto das espécies companheiras*. A Costa Leste finalmente assumiu suas responsabilidades nesse segmento de mercado, e assim, com artigos sobre como ganhar uma batalha de custódia canina e onde encontrar os dez melhores lugares para passear com seu cão em Manhattan, a *New York Dog* estreou em novembro-dezembro de 2004 com o objetivo de rivalizar com a *Vogue* e com a *Cosmopolitan* por valores sofisticados.[12] E tudo isso dificilmente se aproxima dos mercados de mídia cruciais no que se trata de caçar com cães, praticar esportes canino-humanos, trabalhar com cães em busca e resgate voluntário e muito mais. Parece-me que, na cachorrolândia, é fácil demais esquecer que a resistência ao excepcionalismo humano *exige* resistir à humanização de nossos parceiros. Os portadores de direitos peludos, fartos do mercado, merecem descanso.

Chega, ou melhor, quase chega; afinal de contas, nos mercados de capital vivo, os cães de "valor agregado" não são apenas coconsumidores familiares (ou colegas de trabalho – sobre esse assunto, vocês devem pular para a próxima seção deste capítulo). Na carne e no signo, os cães *são* mercadorias, e mercadorias de um tipo central para a história do capitalismo, especialmente do agronegócio tecnocientificamente saturado. Aqui, considerarei apenas os cães de "raça pura" registrados dos clubes cinófilos, mesmo que esses certamente não sejam os caninos que venham primeiro à mente em conexão com o termo *agronegócio*, não importa o quanto cães com pedigree nos reenviem às inovações econômicas e culturais cruciais do século XIX enraizadas no corpo biossocial. Em *Bred for Perfection* [Procriado para a perfeição], Margaret Derry explica que a manutenção de dados públicos de linhagem (o pedigree por escrito, padronizado e garantido) é a inovação que fomentou o comércio internacional tanto de animais de rebanho, por exemplo bovinos e ovinos, como de animais ornamentais, por exemplo cães e galinhas de exposição.[13] E, eu poderia acrescentar, animais que produziram linhagens de raça e de família. A pureza de descendência registrada institucionalmente, enfatizada na endogamia e nas linhagens masculinas, tornando o trabalho reprodutivo das fêmeas praticamente invisível, foi a ques-

---

12 Brian Lavery, "For Dogs in New York, a Glossy Look at Life". *The New York Times*, 16 ago. 2004.

13 Margaret E. Derry, *Bred for Perfection: Shorthorn Cattle, Collies and Arabian Horses since 1800*. Baltimore: Johns Hopkins University Press, 2003.

tão. O Estado, as corporações privadas, as instituições de pesquisa e as associações, todos desempenharam seu papel em práticas móveis para controlar a reprodução animal a partir de bolsões de memória e esforços locais tanto das elites quanto dos trabalhadores na direção dos mercados nacionais e internacionais racionalizados vinculados a registros. O sistema de criação que evoluiu com o sistema de manutenção de dados foi chamado de procriação científica, e, de inúmeras maneiras, esse sistema de papel-mais-carne está por trás das histórias da eugenia e da genética, bem como de outras ciências (e políticas) de reprodução animal e humana.

As raças de cães, não de vários tipos diferenciados e estabilizados, mas as raças com pedigree por escrito, foram um dos resultados. Em todos os continentes, os cães com essas credenciais podiam ser vendidos a preços muito bons, bem como fomentar práticas de invenção de patrimônio, elaboração e manutenção de padrões, desenvolvimento de contratos de venda, comercialização de plasma germinativo, vigilância sanitária e ativismo, inovação em tecnologia reprodutiva e compromisso apaixonado de indivíduos, grupos e até mesmo nações inteiras.[14]

---

14 Por seu lugar em nacionalismos complexos e discursos de identidade étnica, considerem o cão-de-ursos-da-carélia [karjalankarhukoira], o suomen-pystyykorva (spitz finlandês), o norsk elghund grå (elkhound norueguês), o kelef k'naani (cão-de-canaã), o dingo australiano (uma palavra aborígene eora), o islandsk farehond (pastor-islandês), o jindo-coreano e os japoneses shiba inu, hokkaido inu, shikoku inu, kai inu e kishu inu – e eu mal comecei. Para comparar as histórias fascinantes, os discursos e as políticas naturaisculturais em que os cães-de-canaã e os dingos figuram, seria necessário outro livro. Os dois tipos de cães buscam comida e caçam nas chamadas categorias de cães párias ou primitivos, criadas para a padronização globalizada das associações de raça. Os cães reconstituídos ou reinventados das elites de caça do feudalismo europeu também são uma estória contemporânea fascinante. Vale conferir a estória do lebrel irlandês a esse respeito, completa com a origem celta da raça no século I a.C. juntamente com os detalhes da "recuperação" do cão no século XIX, possibilitada pelo capitão escocês George Augustus Graham, que criava cães chamados de lebréis irlandeses, os quais ainda viviam na Irlanda com borzois, lebréis escoceses e dogues alemães. Os detalhes popularmente recitados da artesania do são-bernardo parecem nunca poluir a estória de origem pura da nobreza antiga ou perturbar os guardiões dos livros fechados dos garanhões nas associações de raça. *Valor agregado* parece ser o termo certo para essas operações de criação!

Provavelmente a coleção mundialmente mais importante de arte indígena do sudoeste americano, incluindo tecelagem, cerâmica, bonecas kachina e muito mais, está alojada na School of American Research em Santa Fé [hoje School for Advanced Research], no Novo México, em requintados edifícios de adobe encomendados por duas forasteiras ricas e excêntricas de origem nova-iorquina, Ame-

A proliferação de raças de cães e sua entrada em todas as classes sociais e regiões geográficas do mundo são parte da estória. Muitas raças foram produzidas especificamente para o mercado de animais de estimação, algumas bastante novas, como o cruzamento de borzois e whippets de pelo longo para a produção do cão de caça chamado silken windhound. Testemunhemos a explosão atual de raças toy e em miniatura como acessórios de moda (e, com demasiada frequência, como desastres médicos). Ou a popularidade dos cachorros produzidos em fábricas de filhotes, conhecidas como *puppy mills*, apenas porque carregam um pedigree de raça pura atestado pelo American Kennel Club (AKC) [Clube Cinófilo Americano]. Ou, enquanto me afasto do ultraje em direção aos casos de amor, sou lembrada tanto das pessoas cachorreiras informadas, talentosas e autocríticas que conheci nos mundos dos cães de alto desempenho e nas exposições caninas como de seus belos e brilhantes cães. E de meus cães, incluindo Roland, aquele com o registro fraudulento (seu pai era um chow-chow) de pastor-australiano do AKC, adquirido para ele poder jogar *agility* na caixa de areia da associação, desde que fosse reprodutivamente esterilizado.

—

lia Elizabeth e Martha Root White. Nessa propriedade acidentada e bela, entre os anos 1920 e a Segunda Guerra Mundial, as irmãs também criaram muitos dos mais famosos lebréis irlandeses do início da raça nos Estados Unidos. O terreno e os edifícios servem agora como um importante centro de pesquisa antropológica e de conferências. Os lebréis irlandeses do canil Rathmullan estão enterrados em um pequeno cemitério na propriedade, marcando o valor agregado do encontro entre riqueza, gênero e tradição estetizada e reinventada em cães e seres humanos, coleção de artefatos indígenas em larga escala pertencente a pessoas brancas, filantropia, ativismo em favor dos direitos por terra e saúde dos povos Pueblo, patrocínio de artes da Europa, dos Estados Unidos e de povos indígenas, bem como bolsas de estudo que atravessam gerações, fomentando parte da melhor antropologia feita no século XXI em todas as suas subáreas. Quando visitei os túmulos dos cães na School of American Research em 2000, depois de escrever as primeiras versões de "Cloning Mutts, Saving Tigers" [Clonar vira-latas, salvar tigres] para a oficina "New Ways of Living and Dying" [Novas formas de viver e morrer], de Sarah Franklin e Margaret Lock, os ossos dos lebréis irlandeses das White pareciam ancestrais euroamericanos carnudos e carregados de fantasia nesse complexo emaranhado colonial e nacional. Ver Gregor Stark e E. Catherine Rayne, *El Delirio: The Santa Fe World of Elizabeth White*. Santa Fe: School of American Research Press, 1998. Para fotografias das pessoas, da propriedade e dos cães (incluindo uma recriação feita pelas irmãs White de um grupo de caça do século XVI com lebréis irlandeses para um festival de Santa Fé), assim como para uma descrição detalhada das inúmeras práticas que sustentaram esses cães de exposição de classe alta, ver Arthur F. Jones, "Erin's Famous Hound Finding Greater Glory at Rathmullan". *American Kennel Gazette*, v. 51, n. 5, 1934.

Mas ele é mesmo reprodutivamente silenciado? O que acontece quando o pedigree, ou a falta dele, encontra uma placa de Petri? Consideremos a técnica Dolly tão perspicazmente descrita por Sarah Franklin em *Dolly Mixtures*. Dolly, a ovelha de pedigree, pode ter sido o primeiro mamífero fruto da clonagem de transferência nuclear de células somáticas, mas ela estava à frente de um crescente desfile de criaturas. Ao rastrear os muitos fios biossociais na genealogia de Dolly em todos os continentes, mercados, espécies, ciências e narrativas, Franklin argumenta que as formas emergentes de devir-carnal estão no coração do biocapital, tanto como mercadorias quanto como modos de produção.[15] Franklin afirma que a riqueza ligada à procriação foi o novo tipo crucial de riqueza reprodutiva no final dos séculos XVIII e XIX, e o controle sobre a reprodução (ou a geração por outros meios) de plantas e animais (e, em graus variados, de pessoas) é fundamental para as promessas e ameaças do biocapital contemporâneo. O tráfego de pessoas e animais entre a agricultura industrializada e a medicina científica é especialmente denso em misturas e transbordamentos Dolly. As inovações e controvérsias atuais na pesquisa e na terapia com células-tronco, assim como a clonagem reprodutiva, estão no centro da ação transnacional e transespecífica.

As células-tronco e os cães nos levam inevitavelmente a Hwang Woo-Suk e à Universidade Nacional de Seul. O escândalo internacional em torno dos anúncios feitos por Hwang na revista *Science* em 2004 e 2005 de que teria alcançado o Graal biomédico globalizado dos clones de células-tronco embrionárias humanas e a subsequente revelação, em dezembro de 2005, de fabricação de dados, violação bioética da doação de óvulos e possível desfalque têm bastidores mais autenticamente caninos que só fazem sentido à luz de *Dolly Mixtures*. Nos Estados Unidos, o bastante midiatizado Missyplicity Project, de clonagem de cães, foi direcionado ao comércio de mercadorias afetivas envolvendo animais de estimação.[16] Nem tão conhecidos são os

---

15 S. Franklin, *Dolly Mixtures*, op. cit.

16 D. Haraway, "Cloning Mutts, Saving Tigers: Ethical Emergents in Technocultural Dog Worlds", in S. Franklin e M. Lock (orgs.), *Remaking Life & Death*, op. cit., discutido também no capítulo 5, "Clonar vira-latas, salvar tigres", deste volume. Os laboratórios corporativos privados Genetic Savings & Clone, Inc., nos quais o jamais bem-sucedido Missyplicity Project encontrou descanso eterno depois que os pesquisadores da Universidade A&M [Agricultura e Mecânica] do Texas perderam o ânimo, fecharam em outubro de 2006, deixando seu banco de tecidos congelados de animais de companhia para a empresa de clonagem de gado ViaGen. A Genetic Savings & Clone chegou a anunciar, em 2004, o nascimento de dois gatos

esforços de clonagem biomédica de Hwang e seus nove associados sul-coreanos, além de Gerald Schatten, um pesquisador de células--tronco da Universidade de Pittsburgh, que anunciaram ao mundo Snuppy, um filhote de galgo afegão clonado com a técnica Dolly, em agosto de 2015.[17] Snuppy é uma junção biotecnológica do núcleo que o constituiu, e seu nome vem de S(eoul) N(ational) U(niversity) e (pu) ppy. A carreira de pesquisa de Hwang deve ser entendida no contexto da pesquisa de animais para o agronegócio que se transferiu para a biomedicina humana. Sua cátedra está no Departamento de Teriogenologia e Biotecnologia da Faculdade de Medicina Veterinária da Universidade Nacional de Seul. Antes de Snuppy, Hwang relatou êxito na clonagem de uma vaca leiteira em 1999 e foi amplamente considerado como um líder mundial na área. Muito sobre sua dramática ascensão e queda não está claro, mas o que está é a espessa viagem interespecífica entre a pesquisa do agronegócio e a biomedicina humana, muitas vezes obscurecida nos Estados Unidos, nos debates "éticos" sobre as tecnologias de células-tronco humanas e as terapias imaginadas ou maravilhas reprodutivas.

—

vivos clonados e montou o Nine Lives Extravaganza, primeiro serviço comercial de clonagem de gatos do mundo, com um preço anunciado de 23 mil dólares, mais impostos sobre vendas, em fevereiro de 2006. CopyCat, um dos gatinhos de 2004, custou 50 dólares. Nenhuma sequência chamada "Dois pelo preço de um" se seguiu. O presidente da Humane Society of the United States ficou visivelmente extasiado ao saber do fim da Genetic Savings & Clone; ele foi citado pelo serviço de notícias Reuters em 13 de outubro de 2006 ao chamar o fracasso do negócio de "um fiasco espetacular", à luz dos recursos necessários para lidar com a superpopulação de animais de estimação. Verdade seja dita, essa também é a minha reação. Acabei de ler no jornal a lista mensal de cães e gatos que precisam de um lar em minha pequena cidade.

17 Woo Suk Hwang et al., "Dogs Cloned from Adult Somatic Cells". *Nature*, v. 436, n. 641, 4 ago. 2005. A tecnologia empregada foi a transferência nuclear de células somáticas – a técnica Dolly. Em vista dos dados falsos sobre clones de células tronco embrionárias humanas (hESC), a autenticidade de Snuppy foi questionada, mas ele foi anunciado como um clone definitivo de Tel, o doador de DNA, e como um grande avanço na pesquisa de células-tronco por pesquisadores independentes em janeiro de 2006. Para uma iniciação nessa estória, ver en.wikipedia.org/wiki/Snuppy. Mais de mil embriões de cães foram implantados em 123 cadelas diferentes, produzindo três gestações e um cão vivo. As dificuldades especiais envolvidas na clonagem de cães, em comparação com outros animais, estão detalhadas em Gina Kolata, "Beating Hurdles, Scientists Clone a Dog for a First". *The New York Times*, 4 ago. 2005. Na controvérsia hESC, Hwang ainda tem apoiadores na Coreia do Sul, e muitos cientistas em outros lugares reconhecem as extraordinárias pressões competitivas internacionais em jogo por toda a área.

Serviços caros de criopreservação de cães nos Estados Unidos, colaborações entre universidades e empresas privadas para pesquisas de clonagem canina voltadas para o mercado de animais de estimação e esforços nacionais por parte da Coreia para chegar à liderança em uma grande área de pesquisa biomédica não são as únicas árias nessa ópera do capital vivo. Contudo, mesmo que o congelamento das células de Roland, meu vira-lata certificado pela AKC, com a finalidade de produzir um clone nuclear só possa acontecer sobre os cadáveres de toda a minha família poliespecífica e polissexual, esses transbordamentos de Dolly, especialmente Snuppy, sugerem a pista certa para a próxima seção de "Cães de valor agregado e capital vivo".

VALORAR CÃES: TECNOLOGIAS, TRABALHADORES, CONHECIMENTOS

Referindo-se a propagandas de venda de cachorros pastores para trabalho, Donald McCaig, criador de ovelhas da Virgínia e escritor astuto da história e do estado atual dos border collies de rebanho na Grã-Bretanha e nos Estados Unidos, observou que, em termos de categoria, os cães se situam em algum lugar entre gado e colegas de trabalho para os pastores humanos.[18] Esses cães não são animais de estimação nem membros da família, embora ainda sejam mercadorias. Os cães de trabalho são ferramentas que fazem parte do capital social da fazenda e são trabalhadores que produzem mais-valia ao dar mais do que recebem em um sistema econômico movido pelo mercado. Eu acho que isso é mais do que uma analogia, mas não é uma identidade. Os cães de trabalho produzem e se reproduzem, e em nenhum dos processos eles são suas próprias criaturas "autodeterminadas" em relação ao capital vivo, mesmo que o alistamento de sua cooperação ativa (autodeterminada) seja essencial para seus trabalhos produtivos e reprodutivos. Mas eles não são escravizados humanos nem trabalhadores assalariados, e seria um grave erro teorizar seu trabalho dentro dessas estruturas. Eles são patas, não mãos. Vejamos se podemos classificar as implicações da diferença, mesmo apesar da homologia evolutiva dos membros anteriores.

---

18 Da postagem de McCaig na CANGEN-L, lista de discussão Canine Genetics Discussion Group Listserv, em torno de 2000. Para entender o trabalho de border collies e a forma como são vistos por sua gente, ver Donald McCaig, *Nop's Trials*. Guilford: Lyons Press, 1984. *Nop's Hope*. Guilford: Lyons Press, 1998; *Eminent Dogs, Dangerous Men*. Guilford: Lyons Press, 1998.

Para tanto, recorro aos argumentos de Edmund Russell sobre a história evolutiva da tecnologia em sua introdução à obra *Industrializing Organisms*.[19] Longe de manter os seres orgânicos e as tecnologias artefatuais separados, situando uns na natureza e os outros na sociedade, Russell adota a posição dos estudos científicos e tecnológicos recentes que insistem na coprodução de naturezas e culturas e na interpenetração de corpos e tecnologias. Ele define organismos moldados para o desempenho funcional no mundo humano como biotecnologias – "artefatos biológicos moldados por humanos para servir a fins humanos".[20] Ele passa a distinguir as macrobiotecnologias, como organismos inteiros, das microbiotecnologias, como as células e moléculas que chamam toda a atenção para si como se fossem a própria biotecnologia na imprensa científica e de negócios atual.

Nesse sentido, os cães deliberadamente selecionados e aprimorados por suas capacidades de trabalho, como os pastores, são biotecnologias em um sistema de agricultura de mercado que hoje se tornou o agronegócio contemporâneo de capital intensivo por meio de uma série de processos e agenciamentos não lineares. Russell se interessa por como os modos pelos quais os seres humanos moldaram a evolução transformaram tanto eles mesmos quanto outras espécies. As estreitas caixas de natureza e sociedade não permitem uma investigação muito séria sobre essa questão. Os principais esforços de Russell estão direcionados à análise de organismos enquanto tecnologias, e ele olha para as biotecnologias como fábricas, trabalhadores e produtos. Mesmo que Russell confira quase toda a agência aos seres humanos – os quais, eu admito, desenvolvem os planos deliberados para mudar as coisas –, acho seu enquadramento rico por avaliar os cães como biotecnologias, trabalhadores e agentes de produção de conhecimento tecnocientífico no regime do capital vivo.

Além de criaturas do passado, como cães turnspit[21] ou cães de puxar carroças, cães tomados em sua totalidade são simultaneamente biotecno-

---

19 Edmund Russell, "The Garden in the Machine: Toward an Evolutionary History of Technology", in Susan R. Schrepfer e Philip Scranton (orgs.), *Industrializing Organisms: Introducing Evolutionary History*. New York: Routledge, 2004.

20 Ibid., p. 1.

21 Os cães "giradores-de-espeto", de porte médio, corpo comprido e pernas curtas, eram usados na cozinha, onde passavam horas a fio correndo em uma roda como a de hamsters, a qual, ligada a um espeto por meio de polias, fazia a carne girar em cima do fogo. Há muitas anedotas publicadas sobre seu semblante infeliz e o modo como tentavam fugir à simples menção da palavra *roda*. A raça desapareceu na era vitoriana. Resta um espécime empalhado no Abergavenny Museum, em Abergavenny, no Reino Unido. [N. T.]

logias e trabalhadores em vários tipos de realidades material-semióticas contemporâneas. Os cães de rebanho ainda estão trabalhando em fazendas e ranchos com fins lucrativos (ou, mais provavelmente, com perda de dinheiro), embora a perda de empregos tenha sido aguda. Seu trabalho em provas com ovelhas é robusto, mas localizado na zona entre o trabalho e o esporte, assim como o trabalho da maioria dos cães de trenó. Cães de guarda de gado têm oportunidades de trabalho em expansão em áreas de criação de ovelhas nos Alpes franceses e nos Pireneus por causa da reintrodução de predadores do patrimônio ligado ao ecoturismo (lobos, ursos e linces), bem como em fazendas estadunidenses que não têm mais autorização para usar veneno a fim de controlar predadores. Os cães têm empregos estatais e empregos franqueados a fornecedores privados, atuando na segurança dos aeroportos, como farejadores de drogas e bombas e agentes de limpeza de pombos nas pistas.

O popular programa de televisão *Dogs with Jobs* [Cães com empregos], que utiliza como ícone visual um anúncio de emprego da seção de classificados do jornal, é um bom lugar para se atualizar em relação a cães enquanto trabalhadores. A maioria dos cães parece fazer trabalho voluntário não remunerado, mas não todos. Os empregos incluem avisar sobre crises epiléticas, detectar câncer, orientar pessoas cegas, servir como auxiliares para pessoas surdas e cadeirantes e como auxiliares psicoterapêuticos para crianças e adultos traumatizados, visitar idosos, ajudar em resgates em ambientes extremos e muito mais. Os cães podem ser e são estudados e procriados especificamente de modo a aprimorar sua prontidão para aprender e realizar esses tipos de trabalho. Para todos esses empregos, cães e pessoas devem treinar juntos de maneira que ambos se transformem. Mas voltarei a isso depois.

Partes de cães (ou de cães inteiros ou de bases materiais que não sejam carbono, nitrogênio e água) podem ter mais trabalho no capital vivo do que cães tomados em sua totalidade. Considerem, para além do caso das células-tronco de Snuppy, os projetos de genoma canino. Genomas caninos arquivados são repositórios úteis para a pesquisa de desenvolvimento de produtos por empresas farmacêuticas veterinárias e de interesses biomédicos humanos, bem como para a pesquisa de – os olhos dos pesquisadores brilham – genética comportamental.[22] Essa não é uma biotecnologia "normal". O sequenciamento e o

---

22 Para a história dos cães como objetos de pesquisa genética comportamental, ver J. P. Scott e J. L. Fuller, *Genetics and the Social Behavior of the Dog*, op. cit; Diane Paul, "The Rockefeller Foundation and the Origin of Behavior Genetics", op. cit.; Haraway, "For the Love of a Good Dog: Webs of Action in the World of Dog Genetics", op. cit.

banco de dados do genoma canino completo tornaram-se uma prioridade em junho de 2003 pelo National Human Genome Research Institute (NHGRI) [Instituto Nacional de Pesquisa do Genoma Humano] dos Estados Unidos. Com base em um poodle, a primeira sequência aproximada do genoma de um cão, cerca de 75% completa, foi publicada naquele ano. O primeiro esboço completo do genoma canino foi publicado e depositado em um banco de dados público gratuito para pesquisadores biomédicos e veterinários em julho de 2004. Em maio de 2005, foi lançada uma sequência 99% completa do genoma de um boxer chamado Tasha, com comparações com dez outros tipos de cães. Cães pertencentes a pesquisadores, membros de associações de raça e de canis em cursos de veterinária forneceram amostras de DNA. A equipe que produziu esse esboço, no processo de desenvolvimento de procedimentos que poderiam acelerar o depósito de muito mais genomas de mamíferos, foi liderada por Kerstin Lindblad-Toh, do Broad Institute do MIT e de Harvard, bem como da Agencourt Bioscience Corporation. Parte da rede de pesquisa de sequenciamento do genoma humano em larga escala do NHGRI, o Broad Institute recebeu uma subvenção de 30 milhões de dólares para o trabalho. Esses são os

---

As esperanças iniciais para o primeiro projeto de genoma canino dos Estados Unidos, liderado por Jasper Rine e Elaine Ostrander, incluíam conectar genes e comportamentos caninos utilizando cruzamentos de cães de raça pura identificados por diferentes especializações comportamentais, tais como terras-novas e border collies. Alguns dos talentosos frutos dessas estranhas cruzas praticam *agility* nos mesmos campeonatos que eu e Cayenne frequentamos. As ideias sobre genética comportamental em alguns dos primeiros pronunciamentos do projeto de genoma canino foram tratadas como piada pelas pessoas ligadas a cães e também por outros biólogos por causa de formulações simplistas do que diferentes tipos de cães fazem e de como os "genes" podem "codificar" "comportamentos", formulações que são mais raras no curso pós-genômico. Conferir "Finding the Genes That Determine Canine Behavior" (bordercollie.org/health/breeding/genes/) para uma explicação às pessoas cachorreiras sobre o que era o projeto de genoma canino. A pesquisa em genética comportamental não é necessariamente simplista ou sem importância para as pessoas ou outras espécies. Entretanto, a ideologia antiquada disfarçada de pesquisa tem um grande papel na história – e provavelmente no futuro – dessa área. Ostrander concentrou-se principalmente na genômica comparativa do câncer em cães e humanos no Fred Hutchinson Cancer Research Center, em Seattle. Em 2004, o National Human Genome Research Institute (NHGRI) nomeou-a como a nova chefe de sua divisão de pesquisa interna de genética, um dos sete ramos da divisão de pesquisa interna. Em relação à psicofarmacogenética, a genética comparativa comportamental continua sendo um compromisso de pesquisa de longo prazo no NHGRI.

arranjos público-privados típicos da microbiotecnologia nos Estados Unidos e, com variações, internacionais.[23]

Além disso, uma vez publicado o genoma, o Centro de Genética Veterinária, na Escola de Medicina Veterinária da Universidade da Califórnia, solicitou que pessoas cachorreiras e associações contribuíssem para um repositório completo de muitas das diferentes raças de cães a fim de atender às necessidades de diferentes domínios do reino canino. O objetivo era ampliar o banco de dados de DNA, que contava com a amostragem do legado genético de cem raças, para mais de quatrocentas populações caninas internacionais. Muitos projetos de pesquisa envolvendo genes, órgãos, doenças e moléculas caninas poderiam ser usados para questões caninas, assim como para consultas comparativas para humanos. As partes de cães são reagentes (trabalhadoras), ferramentas e produtos, assim como os cães tomados em sua totalidade estão em tipos macrobiotecnológicos de conhecimento e projetos de produção.

Os cães são trabalhadores valiosos na tecnocultura ainda em outro sentido. Em laboratórios, eles trabalham como modelos de pesquisa tanto para suas próprias condições como para as humanas, especialmente para doenças que poderiam ser "fechadas" para a produção de mercadorias médicas, inclusive tipos de serviços antes desconhecidos que atendam a necessidades recém-articuladas. Isso, evidentemente, é o que seus genomas arquivados estão fazendo, mas eu quero olhar mais de perto para outro modo desse trabalho médico canino científico no contexto do capital vivo. Stephen Pemberton estuda como cães que sofrem de hemofilia tornaram-se pacientes-modelo, bem como substitutos e tecnologias para o estudo de uma doença humana, ao longo dos anos, começando no final da década de 1940 no laboratório de Kenneth Brinkhous, na Universidade da Carolina do Norte em Chapel Hill. Foi essa pesquisa que tornou a hemofilia humana uma doença controlável nos anos 1970, com a disponibilização de fatores de coagulação padronizados.[24]

Cães que sangram não apareceram simplesmente na porta dos laboratórios como modelos prontos e ferramentas maquínicas para

---

23 Kerstin Lindblad-Toh et al., "Genome Sequence, Comparative Analysis, and Haplotype Structure of the Domestic Dog". *Nature*, v. 438, 2005. Elaine Ostrander foi uma das muitas coautoras proeminentes (e não tão proeminentes) desse trabalho. Vários laboratórios internacionais também tinham projetos de mapeamento genético canino de vários tipos, datados dos anos 1990.

24 Stephen Pemberton, "Canine Technologies, Model Patients: The Historical Production of Hemophiliac Dogs in American Biomedicine", in S. Schrepfer e P. Scranton (orgs.), *Industrializing Organisms*, op. cit.

fazer coisas para os humanos. O portador de hemofilia canino foi produzido mediante estratégias de representação, práticas de tratamento de cães, procriação e seleção, caracterização bioquímica, desenvolvimento de novos dispositivos de medição, bem como união semiótica e material da hemofilia com outros distúrbios de deficiência metabólica (especialmente diabetes e anemia perniciosa, ambas tratáveis por meio da administração de algo funcionalmente ausente no paciente, ambas doenças em cuja pesquisa os cães desempenharam um grande papel, com uma recompensa crucial na forma de técnicas e dispositivos para trabalhar com órgãos e tecidos caninos). O principal problema que Brinkhous enfrentou em seu laboratório quando trouxe filhotes machos de setter irlandês que mostraram as chagas de sangramento nas articulações e cavidades do corpo foi mantê-los vivos. Os filhotes tinham de se tornar pacientes se quisessem se tornar tecnologias e modelos. Toda a organização trabalhista do laboratório orientava-se para a prioridade de tratar os cachorros antes de qualquer outra coisa. Um cão que sangrava recebia transfusões e cuidados de apoio. Os membros da equipe do laboratório não funcionariam como pesquisadores se não funcionassem como cuidadores. Os cães não poderiam trabalhar como modelos se não trabalhassem como pacientes. Assim, o laboratório tornou-se um microcosmo clínico para seus objetos de pesquisa como parte essencial da revolução do século passado na biomedicina experimental. Como disse Pemberton: "Não podemos entender como os cientistas disciplinam seus organismos experimentais sem entender também como esses organismos disciplinam os cientistas, forçando-os a se preocupar".[25]

No final do século XX, medicamentos desenvolvidos para pessoas (e certamente testados em roedores) passaram a ser agentes de alívio para cães também, em um tipo de transfusão entre pacientes interespécies. Esse tipo de cenário cão-enquanto-paciente é parte da minha própria narrativa de origem como adulta na cachorrolândia. Minha narrativa de infância de classe média teve mais a ver com o confinamento dos *commons* civis multiespécies por meio de leis que obrigavam o uso de coleiras nos anos 1950 do que com a biomedicina. No fim de seu décimo sexto e último ano de vida, minha vira-lata meio labradora Sojourner (cachorrinha que era uma fonte de graça, vinda de um criador irresponsável de fundo de quintal, a quem demos o nome de uma grande libertadora humana) e eu começamos a frequentar uma clínica veterinária

---

25 Ibid., p. 205.

em Santa Cruz. Eu tinha lido Michel Foucault e sabia tudo sobre biopoder e os poderes proliferativos dos discursos biológicos. Eu sabia que o poder moderno era produtivo acima de tudo. Sabia como era importante ter um corpo bombeado, acariciado e gerido pelos dispositivos da medicina, da psicologia e da pedagogia. Sabia que os sujeitos modernos tinham tais corpos e que os ricos os conseguiam antes das classes trabalhadoras. Estava preparada para estender meus privilégios clínicos a qualquer ser senciente e a alguns insensíveis. Havia lido *O nascimento da clínica* e *História da sexualidade* e havia escrito sobre a tecnobiopolítica dos ciborgues. Senti que não podia ser surpreendida por nada. Mas eu estava errada. O chauvinismo da própria espécie de Foucault me enganara ao me fazer esquecer que os cães também poderiam viver nos domínios do tecnobiopoder. *O nascimento do canil* poderia ser o livro que eu precisava escrever, imaginei. *Quando as espécies se encontram* é a progenitura mutante daquele momento.

Ao mesmo tempo que Sojourner e eu esperávamos para sermos vistas por seu veterinário, um adorável galgo afegão se exibia no balcão enquanto sua humana discutia os tratamentos recomendados. O cão tinha um problema difícil – ele se automutilava obsessivamente quando sua humana estava fora de casa ganhando a vida ou dedicada a atividades não caninas menos justificáveis durante várias horas por dia. O cão atormentado tinha uma ferida aberta e feia na perna. O veterinário recomendou que o cão tomasse Prozac. Eu tinha lido *Listening to Prozac* [Escutar o Prozac][26] e sabia que essa era a droga que prometia, ou ameaçava, dar a seu receptor um novo eu no lugar do antigo cinzento, depressivo e obsessivo, tendo se mostrado muito lucrativa para os ramos não farmacêuticos das profissões psicológicas. Durante anos, eu havia insistido que cães e pessoas eram muito parecidos e que outros animais tinham mente complexa e vida social, assim como fisiologia e genoma em grande parte compartilhados com humanos. Por que ouvir que um cachorro deveria tomar Prozac alterou meu senso de realidade de um modo capaz de me fazer ver o que antes estava escondido? Certamente Saulo, a caminho de Damasco, obteve mais de sua revelação do que uma receita de Prozac para o jumento de seu próximo!

A humana do galgo estava tão desconcertada quanto eu. Ela preferiu colocar um grande cone, chamado de colar elizabetano, ao redor da cabeça de seu cão, para que ele não conseguisse alcançar o local

—

26 Peter Kramer, *Listening to Prozac*. New York: Penguin, 1993.

favorito de lambida por onde sugava a própria infelicidade. Fiquei ainda mais chocada com essa escolha; fervi internamente: "Você não pode arrumar mais tempo para se exercitar e brincar com seu cão e resolver esse problema sem química nem restrições?". Permaneci surda à explicação defensiva da humana para o veterinário, a quem dizia que seu seguro de saúde cobria seu próprio Prozac, mas as pílulas eram caras demais para seu cão. Na verdade, eu estava presa nos mecanismos de proliferação do discurso para os quais Foucault deveria ter me preparado. Drogas, restrições, exercícios, reeducação, horários alterados, busca de socialização imprópria para o cão, escrutínio do histórico genético deste em busca de evidências de obsessões familiares caninas, questionamento sobre abuso psicológico ou físico, busca por um criador antiético que produz cães consanguíneos sem se importar com o temperamento, descoberta de um bom brinquedo que ocuparia a atenção do cão quando a humana estivesse ausente, acusações sobre vidas humanas viciadas em trabalho e repletas de estresse em desacordo com os ritmos mais naturais dos cães com demandas incessantes por atenção humana: todos esses movimentos e outros mais encheram minha mente neoesclarecida.

Eu estava no caminho da relação canino-humana plenamente corporificada, moderna e de valor agregado. Não poderia haver fim na busca por maneiras de aliviar o sofrimento psicofisiológico dos cães e, mais ainda, de ajudá-los a atingir seu potencial canino completo. Além disso, estou convencida de que essa é realmente a obrigação ética do humano que vive com um animal companheiro em circunstâncias de fartura, as chamadas circunstâncias do primeiro mundo. Não devo mais me deixar surpreender porque um cão possa precisar de Prozac e deva tomá-lo – ou algum de seus derivados, ainda a serem patenteados.

O cuidado com os cães experimentais enquanto pacientes tem assumido significado e ambiguidades intensificados na biopolítica do século XXI. Uma das principais causas de morte de cães e pessoas mais velhos é o câncer. Graças à pós-genômica comparativa que enlaça humanos e cães como nunca antes, o National Cancer Institute [Instituto Nacional do Câncer] criou um consórcio de mais de uma dúzia de hospitais de ensino veterinário em 2006 para realizar testes de medicamentos em cães de estimação que vivem em lares, de modo a verificar possíveis benefícios no combate às neoplasias que eles compartilham com humanos. Um grupo paralelo sem fins lucrativos coletará amostras de tecidos e DNA desses cães de estimação para identificar genes associados ao câncer em cães e pessoas. Os cães companheiros serão pacientes de clínica, e não cachorros de laboratório vivendo em canil, o que possivelmente aliviará o fardo de alguns destes últimos, e subvenções e empresas pagarão pelos medicamentos experimentais. Os cães podem se beneficiar dos medicamentos, mas eles os obterão com padrões de segurança mais baixos do que os exigidos para testes em humanos. É esse o sentido, afinal, de alistar cães em testes de última geração do National Cancer Institute. Os proprietários de animais de estimação teriam de pagar por coisas como biópsias e imagiologia, que podem ser muito caras. Os pesquisadores não são responsáveis nem pelo controle dos direitos dos animais nem pelo ônus financeiro de cuidar de cães de laboratório, incluindo o pagamento de ressonâncias magnéticas.[27] Os donos e tutores de animais de estimação terão o poder de suspender o tratamento experimental com base em sua percepção sobre a experiência de seus cães. Esse sistema de testes de drogas me parece superior ao atual, pois coloca o fardo do sofrimento (e a oportunidade de participar da pesquisa científica) naqueles indivíduos específicos, humanos e cães, que podem colher o benefício do alívio. Além disso, a experimentação acontecerá muito mais abertamente do que seria possível ou desejável com animais de laboratório, talvez encorajando uma maior profundidade de pensamento e de sentimento por parte de uma população humana diversificada de proprietários de animais de estimação, assim como de clínicos e cientistas.

O que eu acho preocupante aqui é um éthos crescente que sujeita os cães de estimação à mesma busca por "curas" suportada pelos pacientes humanos, em vez da continuidade do trabalho já existente, da melhora dos padrões atuais na prática veterinária para reduzir o fardo do câncer e do oferecimento de cuidados de apoio guiados por critérios de qualidade de vida, e não pelo objetivo de prolongar ao máximo a vida. A quimioterapia que os cães recebem hoje raramente visa eliminar o câncer e, em consequência, eles geralmente não experimentam o terrível enjoo da toxicidade de medicamentos que a maioria das pessoas, pelo menos nos Estados Unidos, parece se sentir obrigada a aceitar. Por quanto tempo essa abordagem veterinária moderada da doença canina, e a aceitação da morte como profundamente triste e dura, mas também normal, pode perdurar diante do poder da medicina comparativa pós-genômica e sua biopolítica afetiva e comercial associada?

—

27 Ver Andrew Pollack, "In Trial for New Cancer Drugs, Family Pets Are Benefiting, Too". *The New York Times*, 24 nov. 2006.

Então, os cães se tornaram pacientes, trabalhadores, tecnologias e membros da família por sua ação, se não por escolha, em indústrias muito grandes e sistemas de troca de capital vivo: (1) alimentos, produtos e serviços para animais de estimação; (2) agronegócio; e (3) biomedicina científica. Os papéis dos cães têm sido multifacetados, e eles não têm sido matéria-prima passiva para a ação de outros. Além disso, os cães não têm sido animais imutáveis, confinados à ordem supostamente a-histórica da natureza. Nem as pessoas emergiram inalteradas das interações. As relações são constitutivas; cães e pessoas emergem como seres históricos, como sujeitos e objetos uns para os outros, precisamente através dos verbos de sua relação. Pessoas e cães emergem como parceiros mutuamente adaptados nas naturezasculturas do capital vivo. É hora de pensar mais sobre o valor de encontro.

VALORAR CÃES: ENCONTROS

Ao considerar o valor dos encontros, por que não começar com as prisões, já que temos percorrido outras grandes indústrias do capital vivo, e essa é imensa? Há muitos lugares a que podemos ir – cães aterrorizando pessoas detidas no Iraque, por exemplo, onde os encontros que moldaram inimigos, torturadores e cães de ataque fizeram uso dos significados sociais de todos os "parceiros" para produzir um valor definido no capital vivo. Os dispositivos internacionais de direitos humanos (e onde estavam os protestos por direitos animais nesse caso?); as franquias privadas que realizam funções de interrogatório; e as economias morais, psicológicas e financeiras das guerras imperialistas contemporâneas: quem poderia negar que tudo isso está no coração do empreendimento e do investimento? Ou poderíamos viajar para a prisão de alta segurança, de alta tecnologia e destruidora de almas de Pelican Bay, na Califórnia, para rastrear a produção de cachorros de ataque, a cultura de luta canina e as operações realizadas por gangues arianas dentro da instituição, resultando no ataque fatal de uma jovem mulher por um cão no corredor de seu apartamento em São Francisco e no clamor pela exclusão de cães do espaço público em geral (mas não dos corredores de apartamentos).[28]

---

28 Essa estória horrível pode ser rastreada em: Southern Poverty Law Center, "Woman's Death Exposes Seamy Prison Scam". *Intelligence Report*, 8 maio 2001. No ano em que Diane Whipple morreu despedaçada por dois grandes cães do tipo mastim em um prédio de apartamentos em São Francisco, a incidência e a severidade das

Todos esses encontros canino-humanos na prisão dependem de apresentações face a face de seres vivos geradores de significados interespecíficos; isto é, o poder dos encontros de aterrorizar e alcançar o núcleo de todos os parceiros para produzir tanto cães condenados à eutanásia ao término de sua utilidade quanto pessoas aptas a levar adiante o lucrativo empreendimento do complexo carcerário-industrial, como detentos, advogados e guardas. No entanto, quero pensar em encontros canino-humanos capazes de comoldar os atores em outro contexto penitenciário, um que me faça prestar um tipo de atenção diferente ao estar face a face interespecificamente e, assim, encontrar valor. Portanto, vamos ao canal de televisão Animal Planet novamente, dessa vez para assistir a *Cell Dogs*. Se os cães se tornaram tecnologias e pacientes no mundo da hemofilia, então eles se tornaram terapeutas, companheiros, estudantes e detentos no mundo das celas prisionais. Está tudo na descrição do emprego.[29]

A cada semana, o Animal Planet se concentra em um projeto diferente de trabalho prisional que tem reabilitado detentos ao lhes ensinar a

---

mordeduras de cães em todos os lugares públicos de São Francisco foram significativamente menores, como resultado de programas eficazes de educação pública. Isso não impediu que o público exigisse a remoção de cães de áreas públicas ou a restrição ampla de sua liberdade após o caso. Cerca de vinte mortes humanas relacionadas a mordeduras de cães ocorrem por ano nos Estados Unidos para uma população canina de mais de 70 milhões. Essas estatísticas não justificam nenhuma das mortes, mas dão uma noção do tamanho do problema. Ver Janis Bradley, *Dog Bites: Problems and Solutions*. Baltimore: Animals and Society Institute, 2006.

29 Ver também Andrea Neal, "Trained Dogs Transforming Lives: A Service Program to Benefit People with Disabilities Is Also Helping U.S. Prison Inmates Develop a Purpose for Their Lives". *Saturday Evening Post*, 1 set. 2005. Canine Support Teams [Equipes de Apoio Canino] é o projeto da California Institution for Women [Instituição da Califórnia para Mulheres]. A Pocahontas Correctional Unit [Unidade Correcional Pocahontas] em Chesterfield, Virgínia, é uma instalação feminina que treina as detentas nos cuidados de banho e tosa de cães. As suposições de gênero parecem bem cuidadas aqui. O Second Chance Prison Canine Program [Programa Prisional Canino Segunda Chance] em Tucson, Arizona, é "um grupo de defensores de pessoas com deficiência, detentos e bem-estar animal no Arizona [que] coordena um programa de parceria de animais de estimação na prisão para tratar de questões comuns a esses três grupos". Para uma lista parcial de programas de treinamento de cães em prisões, que inclui instituições com projetos de treinamento de cães e gatos de rua, assim como de cães para pessoas com deficiência, visitar coyotecommunications.com/dogs/prisondogs.html. Ver Tami Harbolt e Tamara H. Ward, "Teaming Incarcerated Youth with Shelter Dogs for a Second Chance". *Society & Animals*, v. 9, n. 2, 2001. Canadá e Austrália também possuem ações desse tipo. Os programas de TV do Animal Planet analisados neste capítulo foram veiculados pela primeira vez em 2004.

reabilitar os modos de cachorros com o objetivo de colocá-los em várias ocupações fora da prisão. A semiótica narrativa e visual é fascinante. Primeiro, os cães que entram têm de ser transformados em presos que precisam de pedagogia caso queiram levar uma vida produtiva do lado de fora. Os cortes rápidos mostram portas de celas que se fecham atrás dos cães, cada um dos quais é, então, designado a um detento-professor aprendiz, para viver na mesma cela com esse indivíduo humano preso pela duração de sua relação conjunta subjetivo-transformadora. Os treinadores de cães ensinam os prisioneiros a ensinar aos cães obediência básica para sua colocação como animais de estimação membros de família e, às vezes, habilidades de ordem superior para sua colocação como cães de assistência ou cães de terapia. A tela mostra os cães encarcerados preparando-se para a vida do lado de fora ao se tornarem sujeitos dispostos, ativos, capazes de alcançar a obediência. Os cachorros são obviamente substitutos e modelos dos detentos no próprio ato de se tornarem estudantes dos prisioneiros e companheiros de cela.

As tecnologias de treinamento animal são cruciais para os programas de cão de cela. Essas tecnologias incluem os discursos pós-behavioristas e o equipamento dos chamados métodos de treino positivos (não diferente de muitas das pedagogias em prática nas escolas contemporâneas e nos centros de aconselhamento de crianças); algumas tecnologias mais antigas de estilo militar, métodos Koehler de treinamento baseados em coerção e punição escancaradas; e os dispositivos e hábitos mentais e corporais cruciais para criar membros de família e companheiros de cela felizes em um espaço exíguo. Outro sentido de tecnologia também está operando aqui: em seu próprio corpo pessoal, cães e pessoas são tecnologias de liberdade uns para os outros. Eles são as ferramentas maquínicas uns dos outros para criar outros eus. O encontro face a face é o modo pelo qual essas máquinas moem a alma umas das outras com novos limites de tolerância.

Os caninos devem ser sujeitos modernos em muitos sentidos para que o programa de cães de cela funcione. Os cães tanto exigem uma disciplina não violenta, não opcional e, finalmente, autorrecompensadora a partir da autoridade legítima quanto são modelo dela. Cães e pessoas são modelos de obediência não violenta, não opcional e autorrecompensadora a uma autoridade que cada um deve conquistar em relação ao outro. Esse é o caminho para a liberdade e para o trabalho do lado de fora – também para a sobrevivência. Que a morte aguarde o cão que falha é um *leitmotiv* em muitos dos programas, e a lição para seus professores não é sutil. O tráfego entre desempenho e modelação é denso tanto para os humanos quanto para os cães, que são professores e alunos, corpos dóceis e almas abertas uns para os outros. A vida e a morte são as apostas no complexo penitenciário-industrial. O discurso sobre a reforma prisional nunca foi tão transparente. *Arbeit macht frei*.

Sair da prisão por meio da autotransformação mútua entre cães e pessoas é o tema constante. Os seres humanos devem ficar para trás até terminar suas penas (algumas perpétuas); no entanto, quando seus cães são bem-sucedidos cidadãos caninos que trabalham fora, os detentos humanos saem da prisão em dois sentidos. Primeiro, através de seus cães estudantes, os condenados se entregam a outra pessoa humana, a alguém livre, a alguém de fora, e assim provam a liberdade e o autorrespeito tanto por procuração como em sua presença *substancial* na carne do cão e do ser humano. Em segundo lugar, eles demonstram seu próprio estatuto reformado enquanto sujeitos obedientes e trabalhadores a quem a liberdade pode ser confiada em uma sociedade dividida entre o lado de fora e o lado de dentro. Parte da prova de valor é o ato de rendição dos detentos humanos em benefício de outro, seu companheiro e parceiro de cela com quem eles viveram durante semanas ou meses na única relação fisicamente íntima, comovente, face a face que lhes foi permitida. As cenas de graduação, que envolvem os detentos humanos sacrificando-se ao entregar seus companheiros íntimos a outros para que eles alcancem uma vida melhor para ambos, são sempre intensamente emotivas. Desafio vocês a serem cínicos, mesmo que todas as facas do discurso crítico estejam em suas mãos. Talvez não seja tudo "*Arbeit macht frei*" aqui, mas algo mais como "o toque torna possível". Já que não posso estar fora da ideologia, vou adotar essa, face a face e de olhos abertos. A retórica que conecta as categorias dos oprimidos nesses programas não é sutil (prisioneiros, animais, pessoas com deficiência, mulheres na cadeia, homens negros, errantes etc.); todos pertencem a categorias que discursivamente necessitam de muito mais do que treino visando a remediações. No entanto, esses projetos têm potencial para muitos outros emaranhamentos promissores que questionem os termos desses tropos e as condições daqueles que devem vivê-los.

Talvez fosse possível repensar e reequipar os cães de cela de modo a fazer sua mágica a fim de construir sujeitos para um mundo não tão ferozmente dividido em lado de fora e lado de dentro. Marx entendeu a análise da forma-mercadoria como valor de troca e valor de uso enquanto uma prática crucial para os projetos de liberdade. Talvez, se levarmos a sério o valor como o eixo subanalisado do capital vivo e de suas "biotecnologias em circulação" – na forma de mercadorias, consumidores, modelos, tecnologias, trabalhadores, parentes e conhecimento –, possamos ver como algo mais do que a reprodução do mesmo e sua exploração lógico-carnal mortífera pode estar acontecendo no que eu chamo de "fazer companheiros".

Em *Making Parents: The Ontological Choreography of Reproductive Technologies* [Fazer mães e pais: A coreografia ontológica das tecnologias reprodutivas], Charis Thompson compara e contrasta a produção capitalista com aquilo que ela chama de "modo biomédico de reprodução", que considero o núcleo do regime do capital vivo. Thompson estuda a fabricação de pais e filhos através das tecnologias de fabricação de sujeitos e objetos da reprodução biomedicamente assistida, uma área muito viva de investimentos contemporâneos de tipo corpóreo, narrativo, desejante, moral, epistemológico, institucional e financeiro. Thompson está muito atenta aos processos clássicos de produção, investimento, mercadorização e assim por diante em práticas contemporâneas de reprodução humana assistida nos Estados Unidos. Mas ela é inflexível em sua convicção de que a *finalidade* das práticas faz a diferença, ou seja, de que o objetivo é fazer pais ao fazer bebês vivos. Os três livros de *O capital* não trataram desse tópico. O livro I de *O biocapital* deve fazer isso.

Em duas colunas, Thompson apresenta as seguintes listas, que pego emprestadas, abrevio e uso sem moderação:[30]

Produção	Reprodução
Alienada do próprio trabalho	Alienada de partes do próprio corpo
Capital acumulado	Capital promissório
Eficiência / produtividade	Sucesso / reprodutividade
Curso de vida finito e filiação linear	Perda da finitude/linearidade no curso de vida e na filiação
Essencialismo de tipos naturais / construção social de tipos sociais	Naturalização estratégica / socialização de todos os tipos

Na prática, pais-em-feitura procuram, suportam, elaboram e narram de forma seletiva várias objetificações e mercadorizações de partes de seu corpo. As mulheres fazem isso muito mais do que os homens, por causa das realidades carnais da concepção assistida e da gesta-

30 C. Thompson, *Making Parents*, op. cit., figura 8.1

ção. Muitas formas de estratificação social e injustiça estão em jogo, mas com frequência não são do tipo encontrado por quem busca sua dose de indignação sempre que sente o cheiro da mercadorização de seres humanos ou de partes humanas. Apropriadamente designados, os bebês vivos deixam os pais vivos satisfeitos com suas objetificações. Outros atores nesse modo de reprodução podem ser tornados invisíveis a fim de se garantir seu estatuto como não parentes e como reprodutivamente impotentes. A sedução do parentesco é a regra desse jogo promissório de reprodução.

Interessa-me quando os seres que fazem parentes não são todos humanos e pais ou filhos literais não são a questão. As espécies companheiras são a questão. Elas são a promessa, o processo e o produto. Esses assuntos são mundanos, e este capítulo está repleto de exemplos. Acrescentem-se a eles muitas outras proliferações de relacionalidades naturalsociais e mundos de espécies companheiras que ligam humanos e animais em uma miríade de maneiras no regime do capital vivo. Nada disso é inocente, sem sangue ou impróprio em uma investigação crítica séria. Mas nada disso pode ser abordado se a realidade histórica carnal da criação de sujeitos face a face, corpo a corpo, fazedora interespecífica de sujeitos for negada ou esquecida na doutrina humanista que sustenta que somente humanos podem ser verdadeiros sujeitos com histórias reais. Mas o que significam *sujeito* ou *história* quando as regras são alteradas dessa forma? Não vamos muito longe com as categorias geralmente utilizadas pelos discursos sobre direitos animais, em que os animais terminam sendo dependentes permanentes ("humanos menores"), totalmente naturais ("não humanos") ou exatamente o mesmo ("humanos peludos").

As categorias para sujeitos são parte do problema. Destaquei a criação de parentes e a afiliação familiar, mas rejeitei todos os nomes de parentes humanos para esses cães, especialmente o nome "filhos". Enfatizei os cães enquanto trabalhadores e mercadorias, mas rejeitei as analogias de trabalho assalariado, escravidão, dependência por menoridade e propriedade não viva. Insisti que cães são feitos para serem modelos e tecnologias, pacientes e reformadores, consumidores e riqueza procriadora, mas me faltam maneiras de especificar esses assuntos em termos não humanistas nos quais a diferença específica seja pelo menos tão crucial quanto as continuidades e as semelhanças entre os tipos.

O biocapital, livro I, não pode ser escrito apenas com cães e pessoas. Encaro meu desapontamento com esse triste fato ao me regozijar com o trabalho de meus companheiros de estudos animais (e outras criatu-

McRatoeira.
© Dan Piraro, 2004.

ras) e de analistas de capital vivo entre os mundos da vida e das disciplinas.[31] Acima de tudo, estou convencida de que são os encontros reais que fazem os seres; essa é a coreografia ontológica que me conta sobre os cães de valor agregado nos mundos da vida do biocapital.

—

31 Por exemplo, além dos textos já citados na nota 3 deste capítulo, pp. 70–71, ver Cori Hayden, *When Nature Goes Public: The Making and Unmaking of Bioprospecting in Mexico*. Princeton: Princeton University Press, 2003; Stefan Helmreich, "Trees and Seas of Information: Alien Kinship and the Biopolitics of Gene Transfer in Marine Biology and Biotechnology". *American Ethnologist*, v. 30, n. 3, 2003; Kimberly TallBear, *Native American DNA*. Tese de doutorado, Universidade da Califórnia em Santa Cruz, 2005; Eric Hirsch e M. Strathern (orgs.), *Transactions and Creations: Property Debates and the Stimulus of Melanesia*. Oxford: Berghahn, 2005. Uso a expressão idiomática *critter* [aqui traduzida como *criatura*] para dar conta de uma multidão variada de seres vivos, que incluem micróbios, fungos, humanos, plantas, animais, ciborgues e alienígenas. Criaturas são relacionalmente emaranhadas em vez de taxonomicamente puras. Rezo para que todas as conotações residuais de *criação* tenham sido silenciados na *criatura* demótica. Não daria certo se as "tartarugas até o fim" ficassem sobrecarregadas com a origem e o telos de um deus pai.

3.
COMPARTILHAR O SOFRIMENTO: RELAÇÕES INSTRUMENTAIS ENTRE ANIMAIS DE LABORATÓRIO E SUA GENTE

Ao ler o romance para jovens adultos *A Girl Named Disaster* [Uma garota chamada Desastre], de Nancy Farmer, fui capturada pela estória da relação entre um homem vapostori africano idoso e os porquinhos-da-índia dos quais ele cuidava em uma pequena estação científica no Zimbábue por volta dos anos 1980. Utilizados em pesquisa sobre a doença do sono, os roedores de laboratório estavam no centro de um nó que enlaçava moscas tsé-tsé, tripanossomos, gado e pessoas. Durante sua jornada de trabalho, os porquinhos-da-índia eram mantidos em pequenas cestas apertadas enquanto gaiolas de arame cheias de moscas picadoras eram colocadas sobre eles, que tinham os pelos raspados e a pele coberta com venenos que poderiam adoecer os insetos infratores com seus parasitas protozoários. As moscas se empanturravam com o sangue dos porquinhos-da-índia. Uma adolescente Xona chamada Nhamo, novata nas práticas de ciência, observava.

> "É cruel", concordou Baba Joseph, "mas um dia as coisas que aprendemos evitarão que nosso gado morra." Ele enfiou o próprio braço em uma gaiola de moscas tsé-tsé. Nhamo cobriu a boca para não gritar. As moscas pousaram sobre a pele do velho e começaram a inchar. "Faço isso para aprender o que os porquinhos-da-índia estão sofrendo", explicou ele. "Causar dor é cruel, mas, se eu compartilhar dela, talvez Deus me perdoe."[1]

—

1 Nancy Farmer, *A Girl Named Disaster*. New York: Orchard Books, 1996. Rejeitando qualquer tipo de tratamento médico para si mesmos, os vapostoris aderem a uma igreja cristã africana independente fundada em 1932 por Johane Maranke. Na África subsaariana, em 2006, além de outros mamíferos, cerca de 300 mil a 500 mil

Baba Joseph me parece oferecer uma percepção profunda sobre como pensar o trabalho dos animais e de sua gente nas práticas científicas, especialmente em laboratórios experimentais. A ciência experimental que utiliza animais e habita este capítulo consiste em grande parte de pesquisa médica e veterinária na qual os animais carregam doenças de interesse para as pessoas. Uma grande parte da ciência experimental que utiliza animais não é desse tipo e, para mim, a pesquisa biológica mais interessante, dentro e fora dos laboratórios, não se importa tanto com a espécie humana. A ideia de que "o estudo próprio do homem é a humanidade" é risível entre a maioria dos biólogos que conheço, cuja curiosidade na verdade se dirige e se vincula a outras criaturas. A curiosidade, e não apenas o benefício funcional, pode autorizar o risco da "ação cruel". Baba Joseph, no entanto, está preocupado com o gado doente, com os porquinhos-da-índia coagidos e com o pessoal deles.

O cuidador de animais não está envolvido na heroicidade da autoexperimentação (um tropo comum nas histórias da medicina tropical),[2] mas na obrigação prática e moral de mitigar o sofrimento entre os mortais – não apenas os humanos mortais – onde for possível e de compartilhar as condições de trabalho, incluindo o sofrimento, dos atores de laboratório mais vulneráveis. O braço picado de Baba Joseph não é fruto da fantasia heroica de pôr fim a todo sofrimento ou não o causar mais, e sim o resultado de permanecer em risco e solidário diante de relações instrumentais que não foram rejeitadas. Usar um organismo-modelo em um experimento é uma necessidade comum na pesquisa. A necessidade e as justificativas, por mais fortes que sejam, não evitam as obrigações do cuidado e do compartilhamento da dor. De que outra forma a necessidade e a justiça (justificação) poderiam ser avaliadas em um mundo mortal onde a aquisição de conhecimento nunca é inocente? Existem, é claro, mais padrões de avaliação do que esse, porém esquecer o critério de compartilhar a dor para aprender o que é o sofrimento dos animais e o que fazer a esse respeito não é mais tolerável, se é que algum dia foi.

—

pessoas estavam infectadas pela doença do sono, e cerca de 40 mil seres humanos morrem a cada ano. A epidemia atual data de 1970, depois que as medidas de rastreio e a vigilância efetivas contra surtos anteriores foram afrouxadas. Ver: en.wikipedia.org/wiki/Sleeping _sickness.

2 Ver Rebecca M. Herzig, *Suffering for Science: Reason and Sacrifice in Modern America*. New Brunswick: Rutgers University Press, 2005.

COMPARTILHAMENTO E RESPOSTA

É importante que as "condições compartilhadas de trabalho" em um laboratório experimental nos façam entender que entidades com fronteiras totalmente asseguradas chamadas de indivíduos possessivos (imaginados como humanos ou animais) são as unidades erradas para se considerar o que está acontecendo.[3] Isso não significa que um animal em particular não importe, mas que essa importância está sempre em conexões que exigem e possibilitam resposta, e não em cálculos ou ranqueamentos. A resposta, naturalmente, cresce com a capacidade de responder, ou seja, com a responsabilidade. Uma capacidade desse tipo só pode ser moldada em e para relações multidirecionais, nas quais há sempre mais de uma entidade responsiva em processo de devir. Isso significa que os seres humanos não são os únicos dotados de responsabilidade e a ela obrigados; os animais, enquanto trabalhadores de laboratórios, animais em todos os seus mundos, possuem respons-abilidade no mesmo sentido que as pessoas; isto é, a responsabilidade é uma relação que se tece em intra-ação através da qual entidades, sujeitos e objetos, vêm a ser.[4] Pessoas e animais em laboratórios são tanto sujeitos como objetos uns para os outros em intra-ação contínua. Caso essa estrutura de relação material-semiótica se rompa ou caso não lhe seja permitido emergir, nada mais resta além de objetificação e opressão. As partes em intra-ação não admitem cálculos taxonômicos pré-definidos; os respondentes são coconstituídos ao responder e não têm, antecipadamente, uma lista de verificação de propriedades que pertença a cada um. Além disso, não se deve esperar que a capacidade de responder, e assim ser responsável, assuma formas e texturas simétricas para todas as partes. A resposta não pode emergir dentro de relações de autossimilaridade.

O cálculo, tal como uma comparação de risco-benefício medida por classificação taxonômica, é suficiente dentro de relações de autossimilaridade limitada, como o humanismo e sua descendência. Como a resposta não possui nenhuma lista de verificação, ela

---

3 A exposição clássica é de C. B. Macpherson, *The Political Theory of Possessive Individualism*. London: Oxford University Press, 1962.

4 K. Barad, *Meeting the Universe Halfway*, op. cit. Durante muitos anos e em várias publicações, a autora elaborou a poderosa teoria feminista da intra-ação e do realismo agencial. Ela e eu estamos em firme solidariedade ao pensar que essa teoria se aplica extremamente bem aos animais emaranhados nas relações da prática científica.

é sempre mais arriscada. Se um laboratório experimental se torna apenas cenário de cálculo em relação a animais ou pessoas, ele deve ser fechado. Minimizar a crueldade, embora necessário, não é suficiente; a responsabilidade exige mais do que isso. Defendo que as relações instrumentais entre pessoas e animais não são em si a raiz da transformação de animais (ou de pessoas) em coisas mortas, em máquinas cujas *reações* são de interesse, mas que não têm *presença*, não têm um *rosto*, que exigiria reconhecimento, cuidado e dor compartilhada. A intra-ação instrumental em si não é o inimigo; de fato, defenderei a seguir que o trabalho, o uso e a instrumentalidade são intrínsecos ao ser e ao devir corporalmente enredados, terrenamente mortais. Relações unidirecionais de uso, regidas por práticas de cálculo e autocerteza de hierarquia, são uma questão bem outra. Tal cálculo autossatisfeito é animado pelo dualismo primário que analisa o corpo de um modo e a mente de outro. Esse dualismo deveria ter definhado há muito tempo à luz das críticas feministas e de muitas outras, mas o fantástico binarismo mente / corpo provou ser notavelmente resiliente. O fracasso, ou mesmo a recusa, de se confrontar com os animais, creio, é uma das razões.

Estamos no meio de existências enredadas, de múltiplos seres em relação, deste animal, desta criança doente, desta aldeia, destes rebanhos, destes laboratórios, destes bairros de uma cidade, destas indústrias e economias, destas ecologias que ligam naturezas e culturas sem fim. Essa é uma tapeçaria ramificadora de ser / devir compartilhados entre criaturas (incluindo humanos) na qual viver bem, florescer e ser "bem-educado" (na relação política / ética / certa) significa permanecer dentro de uma materialidade semiótica compartilhada, que inclui o sofrimento inerente a relações instrumentais desiguais e ontologicamente múltiplas. Nesse sentido, a pesquisa experimental com animais é, ou pode ser, necessária, boa de fato, mas não pode nunca "legitimar" uma relação com o sofrimento de maneiras puramente regulatórias ou desengajadas e não afetadas. A questão interessante, então, torna-se: que aspecto assumiria uma "partilha responsável do sofrimento" em práticas historicamente situadas?

O sentido de partilha que busco pensar é tanto epistemológico quanto prático.[5] Não é o caso de ser um substituto para o substituto

---

5 Meu pensamento sobre o que compartilhar o sofrimento pode significar foi em parte trabalhado mediante um extenso diálogo por e-mail, em julho de 2006, com o acadêmico e escritor australiano Thom van Dooren sobre o mundo das sementes na agricultura tecnocientífica. Em 3 de julho de 2003, van Dooren escre-

ou de tomar o lugar do "outro" que sofre que precisamos considerar. Não precisamos de uma versão Nova Era daquela fácil e falsa afirmação "Eu sinto sua dor". Às vezes, talvez, "tomar o lugar da vítima" é um tipo de ação eticamente necessária, mas não creio que isso seja compartilhar; além disso, aqueles que sofrem, inclusive animais, não são necessariamente vítimas. O que acontece se não considerarmos nem tratarmos os animais de laboratório como vítimas ou como outros para o ser humano, tampouco nos relacionarmos com seu sofrimento e morte como sacrifício? O que acontece se os animais de experimentação não forem substitutos mecânicos, e sim parceiros significantemente não livres, cujas diferenças e semelhanças em relação aos seres humanos, uns aos outros e a outros organismos sejam cruciais para o trabalho do laboratório e, de fato, parcialmente construídas pelo trabalho do laboratório? O que acontece se os animais de trabalho forem outros significativos com os quais estamos em relacionamento consequente em um mundo irredutível de diferenças parciais corporificadas e vividas, ao invés do Outro através do abismo do Um?

Além disso, o que significa aqui "não livre" no que concerne aos animais que estão em relação instrumental com as pessoas? Onde está nosso Marx zoológico quando precisamos dele? Animais de laboratório não são "não livres" em sentido abstrato e transcendental. De fato, eles possuem muitos graus de liberdade em um sentido mais mundano, que inclui a impossibilidade de os experimen-

---

veu: "Alguns sofrimentos parecem beneficiar apenas grupos muito específicos de forma bastante superficial. Ver como isso se passa exige que habitemos os tipos de espaços compartilhados de que você está falando. Mas tudo isso é 'compartilhamento epistemológico', e não faço ideia de como compartilhar de uma maneira mais concreta, embaralhada e, creio, mais significativa. Isso também é importante, penso eu, para entendermos o que está acontecendo nas relações humanas em nível global, nas quais todos nós estamos definitivamente implicados no sofrimento de inúmeros humanos (por exemplo, na forma como nosso estilo de vida se torna possível pelo deles) e também na agricultura industrial. Essas 'criaturas' (para pegar emprestado outro de seus termos) todas sofrem por nós também – de uma forma ou de outra. Como podemos habitar de fato um espaço de sofrimento compartilhado com eles, e com que finalidade? Especialmente quando tanto desse sofrimento parece completamente injustificado e evitável. Em suma, não tenho certeza de estar realmente entendendo [...]. Não tenho certeza de quanto a solidariedade e a partilha valem, a menos que eu esteja disposto a tomar o lugar deles. O que suscita um monte de perguntas sobre por que não posso trocar de lugar com eles, por que, por exemplo, é 'permitido' que algumas criaturas (até mesmo alguns humanos) sofram e outras não".

tos funcionarem caso animais e outros organismos não cooperem. Gosto da metáfora "graus de liberdade"; existem realmente espaços não preenchidos; algo fora do cálculo ainda pode acontecer. Mesmo a pecuária industrial têm de enfrentar o desastre da recusa das galinhas ou dos porcos em viver quando sua cooperação é totalmente desconsiderada pelo excesso de arrogância da engenharia humana. Mas esse é um padrão muito baixo para se pensar em liberdade animal nas relações instrumentais.

TRABALHO E DESIGUALDADE

O Marx em minha alma continua a me fazer voltar à categoria de trabalho, incluindo o exame das práticas reais de extração de valor dos trabalhadores. Suspeito que poderíamos alimentar melhor a responsabilidade com e por outros animais ao explorar mais a categoria de trabalho do que a categoria de direitos, com sua inevitável preocupação a respeito de similaridade, analogia, cálculo e filiação honorária na abstração ampliada do Humano. Considerar os animais como sistemas de produção e tecnologias não é nenhuma novidade.[6] Levar os animais a sério como trabalhadores sem o conforto das estruturas humanistas para pessoas ou animais talvez seja novidade e possa ajudar a deter as máquinas assassinas.[7] O sussurro pós-humanista em meu ouvido me lembra que os animais trabalham em laboratórios, mas não sob condições elaboradas ou consentidas por eles, e que o humanismo marxista não ajuda a pensar esse problema mais do que outros tipos de fórmulas humanistas, nem para pessoas nem

—

6 Ver S. Schrepfer e P. Scranton (orgs.), *Industrializing Organisms*, op. cit. Karen Rader, *Making Mice: Standardizing Animals for American Biomedical Research, 1900–1955*. Princeton: Princeton University Press, 2004, é indispensável para entender como os sentidos econômico, científico, cultural e institucional de *natural* e *artificial* são negociados na formação de organismos de experimentação fundamentais.

7 Nos anos 1970 e 1980, ao colocar em primeiro plano o que mulheres diferentemente situadas fazem que não poderia contar como trabalho na análise marxista clássica, as feministas marxistas enfrentaram uma tarefa parcialmente análoga, na qual a figura do trabalhador masculino e de sua família remete à relação estrutural dos seres humanos e seus animais. A questão foi transfigurada fundamentalmente em Nancy Hartsock, "The Femininist Standpoint: Developing the Ground for a Specifically Feminist Historical Materialism", in Sandra Harding e Merill Hintikka (orgs.), *Discovering Reality*. Dordrecht: Reidel, 1983, pp. 283, 310. Levar a sério o trabalho sensível de animais diferentemente situados pode ser mais fácil para as feministas hoje por causa dessa história.

para outros animais. Acima de tudo, a feminista marxista que habita minha história e comunidade me lembra que a liberdade não pode ser definida como o oposto da necessidade a não ser que se repudie o corpo com mente em toda a sua espessura, com todas as consequências vis de tal repúdio que recaem sobre aqueles para quem o impedimento corporal foi designado, como as mulheres, os colonizados e toda a lista de "outros" que não podem viver sob a ilusão de que a liberdade só vem quando o trabalho e a necessidade são terceirizados. As relações instrumentais têm de ser reavaliadas, repensadas, vividas de outra forma.

As feministas marxistas, no entanto, não lideraram movimentos para estar face a face com os animais; elas tendiam a ficar muito satisfeitas com as categorias de sociedade, cultura e humanidade e a desconfiar muito de natureza, biologia e relações humanas coconstitutivas com outras criaturas. As feministas marxistas e seus irmãos tendem ambos a reservar a categoria de trabalho (e de desejo e sexualidade, se não de sexo) para as pessoas. Outras feministas, entretanto, tomaram a dianteira há muitos anos na coabitação séria e no entendimento da Terra com os animais – ou, como Val Plumwood chamou a vasta heterogeneidade de presenças para além dos seres humanos, "terroutros".[8] Essas teóricas feministas prestaram atenção a animais viscosos, peludos, escamosos e carnudos de grande variedade (assim como a outros organismos), não apenas literários, mitológicos, filosóficos e linguísticos, embora também tivessem muito a dizer sobre eles.[9] Eu me localizo no interior da obra dessas feministas, tendo sido

---

8 Val Plumwood, *Feminism and the Mastery of Nature*, London: Routledge, 1993; Greta Gaard (org.), *Ecofeminism: Women, Animals, Nature*. Philadelphia: Temple University Press, 1993. As feministas também têm defendido há tempos, com frequência e bem, o cuidado em todos os seus sentidos como uma prática central necessária. Para os escritos de jovens feministas do século XXI sobre cuidado, ver María Puig de la Bellacasa sobre "pensar com cuidado" no contexto do grupo feminista europeu "Nextgenderation". Ver nextgenderation.wordpress.com. Ver também a nota 20, p. 27, deste volume.

9 De muitos exemplos, considerar o tratamento sensível que Eileen Crist dá aos modos como a linguagem molda a compreensão e as relações dos escritores com os animais, incluindo os escritores de ciência. O trabalho de Crist é crucial para ver como funcionam a atribuição da ação consciente apenas aos seres humanos e a do comportamento irracional aos animais: *Images of Animals: Anthropomorphism and Animal Mind*. Philadelphia: Temple University Press, 1999. Sempre em sintonia com cães de carne e tinta, acho que o novo livro de Alice Kuzniar (*Melancholia's Dog*. Chicago: University of Chicago Press, 2006) é extraordinário. *Melancholia's Dog* é um livro arriscado e inapropriado; isto é, Kuzniar nos oferece uma obra extrema-

nutrida e instruída por ela, ainda que resista à tendência de condenar todas as relações instrumentais entre animais e pessoas como necessariamente envolvendo objetificação e opressão de um tipo semelhante às objetificações e opressões do sexismo, do colonialismo e do racismo. Penso que, diante das terríveis semelhanças, muita atenção se tem dado à crítica e pouca ao que mais acontece nas fabricações de mundo instrumentais humano-animais e ao que mais é necessário.[10]

Estar em uma relação na qual um usa o outro não é a definição de não liberdade e violação. Tais relações quase nunca são simétricas ("igualitárias" ou calculáveis). Ao contrário, relações de uso são exatamente aquilo que concerne às espécies companheiras: as ecologias dos outros significativos envolvem comensais à mesa, com indigestão e sem o conforto do propósito teleológico vindo de cima, de baixo, da frente ou de trás. Não se trata de nenhum tipo de reducionismo naturalista, mas de viver responsavelmente como seres mortais para quem morrer e matar não são opcionais ou passíveis de serem lavados como dinheiro roubado, o que cria lacunas intransponíveis nos caminhos

—

mente inteligente, intelectual e emocionalmente, que de fato leva a sério o que se passa afetivamente entre cães e pessoas. Afinada com a tristeza dos apegos inconfessos e repudiados que atravessam a diferença das espécies, Kuzniar se endereça a nós, seres humanos, que nos recusamos a entender que somos nós que devemos aprender a compreender – ou talvez apenas a perceber – a profundidade, a dificuldade e a urgência das relações canino-humanos, de modo que possamos finalmente aprender a falar propriamente sobre assuntos como a perda e a morte de animais de estimação, vulnerabilidade compartilhada e vergonha empática ressonante. *Melancholia's Dog* passeia amorosamente por obras de arte visuais e literárias a fim de tornar palpável a necessidade urgente de cultivar a prática do respeito articulado pelas complexidades de nossos apegos através dos limites da diferença de espécies. Inspirando-se em literatura, filosofia, psicanálise e cinema, Erica Fudge nos faz repensar fundamentalmente o que é a relação com os animais e o que ela poderia ser. E. Fudge, *Animal*. London: Reaktion Books, 2002. Toda a série da Reaktion Books sobre animais (*Dog*, *Cockroach*, *Crow*, *Oyster*, *Rat* e mais), organizada por Jonathan Burt, está repleta de intuições, materiais e análises notáveis.

10 Obras indispensáveis incluem: Carol Adams e Josephine Donovan (orgs.), *Animals and Women: Feminist Theoretical Explorations*. Durham: Duke University Press, 1995; id., *Neither Man nor Beast*, op. cit.; L. Birke, *Feminism, Animals, and Science*, op. cit.; e Mette Bryld e Nina Lykke, *Cosmodolphins: Feminist Cultural Studies of Technology, Animals, and the Sacred*. London: Zed Books, 2000. Adams prestou especial atenção às questões de racismo e aos bloqueios no caminho da solidariedade necessária para um trabalho feminista antirracista e pró-animal que seja eficaz. Ver também Linda Hogan, *Power*. New York: W. W. Norton, 1998; Ursula Le Guin, *Buffalo Gals and Other Animal Presences*. New York: New American Library, 1988; e A. Walker, "Am I Blue?", op. cit.

através dos quais os fluxos de valor podem ser rastreados. Os fluxos de valor podem ser rastreados, graças a Marx e seus herdeiros; mas a resposta tem de ser deslocada para um território sem pistas, onde não há sequer placas orientadoras diante de abismos inevitáveis.

Nada disso me permite esquecer que chamei os animais de laboratório de não livres em algum sentido que não se desfaz pela lembrança de que as relações de utilidade não são a fonte dessa atribuição. Baba Joseph não disse que a compreensão do sofrimento dos animais fazia desaparecer a crueldade de causar-lhes dor. Ele disse apenas que seu Deus "poderia perdoá-lo". Poderia. Quando digo "não livre", quero dizer que a dor real, física e mental, incluindo uma grande quantidade de matança, é muitas vezes causada diretamente pelo dispositivo instrumental, e a dor não é suportada simetricamente. Nem o sofrimento nem a morte *podem* ser suportados simetricamente, na maioria dos casos, não importa o quanto as pessoas se esforcem para responder. Para mim, isso não significa que as pessoas não possam jamais se envolver em práticas de laboratório experimentais que usam animais, inclusive causando dor e morte. Significa que essas práticas nunca devem deixar seus praticantes moralmente confortáveis, seguros de sua justeza. A categoria "culpado" também não se aplica, ainda que, com Baba Joseph, eu esteja convencida de que a palavra *crueldade* permanece apta.[11] A sensibilidade moral necessária aqui é impiedosamente mundana e não será abafada por cálculos sobre fins e meios. A moralidade necessária, a meu ver, diz respeito a cultivar uma capacidade radical de lembrar e sentir o que está acontecendo e de realizar o trabalho epistemológico, emocional e técnico de responder de modo prático diante da complexidade permanente não resolvida por hierarquias taxonômicas e sem garantias filosóficas ou religiosas humanistas. Graus de liberdade, de fato; o aberto não é confortável.

PARTILHA NÃO MIMÉTICA

Baba Joseph não trocou de lugar com os porquinhos-da-índia; em vez disso, ele tentou entender a dor deles da maneira mais literal. Há um elemento de mimese em suas ações que eu ratifico: sentir na carne

---

11 Como Katie King, que também ama Nancy Farmer, me escreveu sobre Baba Joseph: "Também estou interessada no que significa estar disposta a ser cruel porque isso importa"; e-mail, 11 jul. 2006.

o que os porquinhos-da-índia a seu cargo sentem.[12] Estou mais interessada, entretanto, em outro aspecto da prática de Baba Joseph, um elemento que chamarei de partilha não mimética. Ele suportava as picadas não para fazer as vezes de objeto experimental, mas para compreender a dor dos roedores, de modo a fazer o que podia a respeito, mesmo que fosse apenas servir como testemunha da necessidade de algo propriamente chamado perdão, mesmo nas instâncias mais completamente justificadas da imposição de sofrimento. Ele não renunciou a seu emprego (para assim morrer de fome? ou "apenas" perder seu *status* na comunidade?) nem tentou convencer Nhamo a não ajudar no laboratório do dr. van Heerden. Ele não "libertou" os porquinhos-da-índia nem se preocupou com as moscas. Joseph encorajou e satisfez a curiosidade de Nhamo no que diz respeito a animais de todos os tipos, dentro e fora do laboratório. Ainda assim, Joseph tinha seu Deus, de quem esperava perdão. O que pode significar ter necessidade de perdão quando Deus não é invocado e o sacrifício não é praticado? Minha suspeita é que o tipo de perdão que nós, companheiros mortais que vivemos com outros animais, esperamos é a graça mundana de nos abstermos da separação, da autocerteza e da inocência, mesmo em nossas práticas mais dignas de crédito que impõem uma vulnerabilidade desigual.

Em um ensaio chamado "FemaleMan©_Meets_OncoMouse™", confrontei-me com uma criatura de laboratório geneticamente modificada, patenteada sob o nome OncoMouse [OncoRato/a], cujo trabalho era servir como um modelo de câncer de mama para mulheres.

---

12 Baba Joseph não é um cientista de ponta, mas um cuidador de animais e assistente de pesquisa. Sua posição na hierarquia científica é semelhante àquela hoje mais frequente entre animais e pessoas nos laboratórios de pesquisa biomédica. Ao escrever sobre a tensão afetivo-cognitiva entre o sofrimento dos animais de laboratório e o das pessoas vivendo com HIV / aids, Eric Stanley me lembrou que os técnicos de laboratório mal remunerados e com poucos graus de liberdade em sua prática de trabalho são os humanos que estão mais frequentemente "na presença" dos animais que sofrem nas indústrias mecanizadas dos testes de drogas e em outras grandes pesquisas técnico-científicas. O que a partilha não mimética do sofrimento poderia significar se este capítulo enfatizasse a divisão do trabalho científico que afeta os animais em uma escala estranha às cenas hierárquicas, mas ainda face a face, do livro de Nancy Farmer? Ver Eric Stanley, *Queer Remains: Insurgent Feelings and the Aesthetics of Violence*. Dissertação de mestrado, Departamento de História da Consciência, Universidade da Califórnia em Santa Cruz, 2013. Jennifer Watanabe, pós-graduanda do Departamento de História da Consciência, também destacou essas questões em trabalhos de seminário baseados em sua atuação como técnica de laboratório em uma instalação de pesquisa de primatas da Califórnia.

Tocada por seu sofrimento e movida pela pintura de Lynn Randolph, *The Passion of OncoMouse* [A paixão de OncoRato/a], que mostra um camundongo quimérico com os seios de uma mulher branca e uma coroa de espinhos, dentro de uma câmara de observação multinacional que era um laboratório, eu argumentei:

> Sou irmanada com OncoMouse™ e, mais propriamente, macho ou fêmea, ela / ele é minha irmã [...]. Embora sua promessa seja decididamente secular, ela / ele é uma figura no sentido desenvolvido dentro do realismo cristão: ela / ele é nosso bode expiatório; ela / ele carrega nosso sofrimento; ela / ele significa e dramatiza nossa mortalidade de uma forma poderosa, historicamente específica, que promete um tipo de salvação secular culturalmente privilegiado – uma "cura para o câncer". Quer eu concorde ou não com sua existência e uso, ela / ele sofre física, repetida e profundamente para que eu e minhas irmãs possamos viver. No modo de vida experimental, ela / ele é o experimento [...]. Se não em meu próprio corpo, certamente no corpo de minhas amigas, algum dia estarei em grande dívida com OncoRato™ ou com sua parentela roedora posteriormente projetada. Então, quem é ela / ele?[13]

É tentador ver minha irmã OncoMouse™ como um sacrifício, e certamente o pouco secular teatro cristão do servo sofredor da ciência e a linguagem cotidiana do laboratório que fala em sacrifício de animais de experimentação convidam a esse pensamento. OncoMouse é definitivamente um modelo que substitui corpos experimentais humanos. Mas aquilo que a bióloga Barbara Smuts chama de copresença com os animais me impede de descansar facilmente com a linguagem do sacrifício.[14] Os animais nos laboratórios, incluindo os oncorratos, têm rostos; eles são alguém e alguma coisa, assim como nós humanos somos sujeitos e objetos o tempo todo. Estar em resposta a isso é reconhecer a copresença nas relações de uso e, portanto, lembrar que nenhum balancete de custos e benefícios será suficiente. Posso (ou não) ter boas razões para matar ou para fazer oncorratos, mas não tenho a majestade da Razão e o consolo do Sacrifício. Não tenho *razão suficiente*, apenas o risco de fazer algo cruel, porque também pode ser bom no contexto de *razões mundanas*. Além disso, essas razões

---

13 D. Haraway, "FemaleManÓ_MeetsOncoMouseÔ", in *Modest_Witness@Second_Millennium*, op. cit., p. 79.

14 B. Smuts, "Encounters with Animal Minds". *Journal of Consciousness Studies*, v. 8, n. 5–7, 2001.

mundanas são inextricavelmente afetivas e cognitivas, caso valham alguma coisa. A razão sentida não é razão suficiente, mas é o que nós mortais temos. A graça da razão sentida é que ela está sempre aberta à reconsideração com cuidado.

Estou tentando pensar sobre o que é exigido das pessoas que usam outros animais de forma desigual (em experiências, direta ou indiretamente, na vida diária, no fato de obterem conhecimento e alimentação graças ao trabalho sensível dos animais). Algumas relações instrumentais devem acabar, algumas devem ser cultivadas, mas nada disso sem resposta, isto é, deve haver consequências não mecânicas e moralmente alertas para todas as partes, humanas e não humanas, na relação de uso desigual. Não creio que algum dia chegaremos a um princípio geral do que significa compartilhar o sofrimento, mas ele deve ser material, prático e consequente, o tipo de engajamento que impede que a desigualdade se torne comum ou venha a ser considerada como obviamente correta. A desigualdade está nas práticas de trabalho precisas e *mutáveis* do laboratório, não em alguma excelência transcendente do Humano sobre o Animal, que pode então ser morto sem levar a uma acusação de assassinato. Nem a pura luz do sacrifício nem a visão noturna do poder de dominação iluminam as relações envolvidas.

A desigualdade no laboratório não é, em suma, de um tipo humanista, seja ele religioso ou secular, mas de um tipo implacavelmente histórico e contingente, que nunca cala o murmúrio da multiplicidade não teleológica e não hierárquica que é o mundo. As questões que, portanto, me interessam são: como as práticas de trabalho multiespécies do laboratório podem ser menos mortais, menos dolorosas e mais livres para todos os trabalhadores? Como a responsabilidade pode ser praticada entre os terráqueos? O problema não é o trabalho como tal, que sempre supõe relações instrumentais; são as questões sempre prementes do sofrimento e da morte não simétricos. E do bem-estar não mimético.

MATAR

Jacques Derrida tem estado à espreita nesta reflexão há um bocado de tempo, e é hora de convidá-lo a entrar diretamente. Em particular, Derrida lembra a seus leitores, eloquente e incansavelmente, que a responsabilidade nunca é calculável. Não há fórmula para a resposta; precisamente, responder não é meramente reagir com um cálculo fixo próprio a máquinas, à lógica e – como a maior parte da filosofia ocidental tem insistido – a animais. Segundo a linhagem dos filósofos ocidentais com e contra os quais Derrida lutou toda sua vida, somente o Humano pode responder; os animais reagem. O Animal está para sempre posicionado do outro lado de uma lacuna intransponível, uma lacuna que reassegura ao Humano sua excelência por meio do empobrecimento ontológico de um mundo da vida que não pode ser seu próprio fim nem conhecer sua própria condição. Seguindo Lévinas na subjetividade do refém, Derrida lembra que nessa lacuna jaz a lógica do sacrifício, dentro da qual não há responsabilidade para com o mundo vivo que não seja humano.[15]

Dentro da lógica do sacrifício, somente os seres humanos podem ser assassinados. Os seres humanos podem e devem responder uns aos outros e talvez evitar a crueldade deliberada contra outros seres vivos, quando conveniente, a fim de evitar prejudicar sua própria humanidade, o que é o melhor esforço escandaloso de Kant sobre o assunto, ou, na melhor das hipóteses, reconhecer que outros animais sentem

—

15 J. Derrida (com Jean-Luc Nancy), "'É preciso comer bem' ou o cálculo do sujeito" [1988], trad. Denise Dardeau e Carla Rodrigues. *Revista Latinoamericana del Colegio Internacional de Filosofía*, n. 3, 2018. *Sacrifício* é uma palavra comum com muitos significados, que não estão todos contidos nas análises de Derrida, mas seu tratamento da lógica do sacrifício em linhagens judaicas e cristãs, incluindo seus herdeiros e irmãos seculares na história da filosofia, é importante. Para uma decepção crítica com os esforços de Derrida em "É preciso comer bem", ver David Wood, "Comment ne pas manger: Deconstruction and Humanism", in H. P. Steeves (org.), *Animal Others: On Ethics, Ontology and Animal Life*. Albany: State University of New York Press, 1999. Para leituras e extensões detalhadas e astutas dos extraordinários escritos de Derrida sobre questões animais em filosofia, ver C. Wolfe, *Animal Rites*, op. cit., especialmente o capítulo sobre o fracasso dos discursos de direitos, "Old Orders for New: Ecology, Animal Rights, and the Poverty of Humanism", e o ensaio sobre Derrida e Lévinas (entre outros), "In the Shadow of Wittgenstein's Lion: Language, Ethics, and the Question of the Animal". Para outro modo firmemente argumentado de insistir sobre a multiplicidade irredutível dos animais e as relações históricas contingentes que os humanos mantêm com eles, ver Barbara Herrnstein Smith, "Animal Relatives, Difficult Relations". *diferences*, v. 15, n. 1, 2004. Infelizmente, é pouco provável que filósofos como Derrida leiam, citem ou reconheçam como filosofia a abundante literatura feminista indicada em minhas notas anteriores. Quanto a isso, culpo menos o "filosofema" do Animal e mais o do Homem e suas práticas de citação ciclópicas incuriosas! As obras feministas foram muitas vezes pioneiras e também as menos suscetíveis de cair nas armadilhas de não reconhecer os animais como singulares, mesmo que também tenhamos sido capturadas pelas redes do humanismo e precisemos do tipo de pensamento que Derrida e Gayatri Spivak praticam.

dor, mesmo que não possam responder nem, por direito próprio, obrigar a uma resposta. Todos os seres vivos, exceto o Homem, podem ser mortos, mas não assassinados. Tornar o Homem meramente matável é o cúmulo do ultraje moral; de fato, é essa a definição de genocídio. A reação concerne e se dirige ao não livre; a resposta concerne e se dirige ao aberto.[16] Tudo menos o Homem vive no reino da reação e, assim, do cálculo; um tanto de dor animal, outro tanto de bem humano, some uma coisa à outra, mate tantos animais, chame isso de sacrifício. Faça o mesmo com pessoas, e elas perdem sua humanidade. Uma grande parte da história demonstra como tudo isso funciona; basta conferir a última lista de genocídios em andamento. Ou ver as listas dos corredores da morte nas prisões estadunidenses.

Derrida entendeu que essa estrutura, essa lógica do sacrifício e essa posse exclusiva da capacidade de resposta é o que produz o Animal, chamando essa produção de criminosa, um crime contra seres que nomeamos animais. "A confusão de todos os viventes não humanos dentro da categoria comum e geral de animal não é apenas uma falta contra a exigência de pensamento, a vigilância ou a lucidez, a autoridade da experiência, é também um crime: não um crime contra a animalidade, justamente, mas um primeiro crime contra os animais, contra animais."[17] Tal criminalidade assume uma força histórica especial em vista da violência imensa e sistematizada contra animais que merece o nome de "exterminismo". Como Derrida propõe, "Ninguém hoje em dia pode negar esse evento, ou seja, as proporções *sem precedentes* desse assujeitamento do animal. [...] Todo mundo sabe que terríveis e insuportáveis quadros uma pintura realista poderia fazer da violência industrial, mecânica, química, hormonal, genética, à qual o homem submete há dois séculos a vida animal". Todos podem saber, mas não há nem de longe indigestão suficiente.[18]

—

16 Esse tipo de "aberto" é elucidado pela leitura de Heidegger feita por Agamben. Agamben é muito bom em explicar como a "máquina antropológica" funciona na filosofia. A meu ver, não obstante o conceito de vida nua (*zoé*), ele não ajuda em nada a descobrir como chegar a outro tipo de abertura, do tipo que podem discernir feministas e outros que nunca tiveram como ponto de partida o *Dasein* de Heidegger, ligado ao tédio profundo. Giorgio Agamben, *O aberto: O homem e o animal*, trad. Pedro Mendes. Rio de Janeiro: Civilização Brasileira, 2013.

17 J. Derrida, *O animal que logo sou (a seguir)*, op. cit., p. 88. Ver também id., "Et si l'animal répondait?", op. cit.

18 J. Derrida, *O animal que logo sou (a seguir)*, op. cit., pp. 51, 53. Para arte gráfica vívida justamente sobre essas questões, ver Sue Coe, *Pit's Letter*. New York: Four Walls Eight Windows, 2000, e graphicwitness.org/coe/coebio.htm. Coe trabalha

Dentro da lógica do sacrifício que atravessa todas as versões do humanismo religioso ou secular, os animais são sacrificados precisamente porque podem ser mortos e depois ingeridos simbólica e materialmente em atos absolvidos da acusação de canibalismo ou fratricídio pela lógica de sub-rogação e substituição. (Derrida entendeu que o patricídio e o fratricídio são os únicos assassinatos reais na lógica do humanismo; todos os outros seres assassinados a cujo caso a lei é aplicada são contemplados por cortesia.) O substituto, o bode expiatório, não é o Homem, mas o Animal.[19] O sacrifício funciona; há todo um mundo daqueles que podem ser mortos, porque afinal são apenas alguma coisa, não alguém, suficientemente próximos do "ser" para funcionarem como um modelo, substituto, suficientemente autossi-

—

dentro de uma estrutura de direitos animais e proibição crítica intransigente de comer animais ou usá-los em experimentação. Seu testemunho é radical. Considero seu trabalho visual convincente, mas suas formulações políticas e filosóficas bem menos. Estendendo-se à crítica do especismo, a lógica do humanismo e dos direitos está em toda parte, e a substância da ação moral são a denúncia, a proibição e o resgate, de tal forma que, dentro das relações instrumentais, os animais podem apenas ser vítimas. Ainda assim, suas imagens têm a força das visões de William Blake e Pieter Bruegel, e eu preciso de seus olhos inflamados para queimar meu conhecimento do inferno – um inferno pelo qual meu mundo, eu incluída, é responsável.

As estatísticas de animais mortos no mundo inteiro por pessoas para uso em quase todos os aspectos da vida humana são verdadeiramente assombrosas (facilmente disponíveis – chequem na internet), e o crescimento dessa matança no século passado é, literalmente, impensável, se não incontável. O crescimento assombroso da população humana nesse mesmo período é parte da razão, mas não uma explicação suficiente para a escala da matança de animais. Os anúncios de um novo livro importante afirmam apenas que matar é a forma mais comum de interação de humanos com animais. Ver The Animal Studies Group, *Killing Animals*, op. cit. Qualquer um que observe a matança de galinhas e de outras aves devido à ameaça da propagação de gripe aviária para pessoas não tem como duvidar de tais alegações. Não levar toda essa matança a sério é não ser uma pessoa séria no mundo. *Como* levá-la a sério está longe de ser óbvio.

19 Que Jesus tenha sido um sacrifício é intrínseco ao santo escândalo da Boa Nova. Ao contrário do primeiro Isaac, a quem foi fornecido um animal substituto no momento certo, o Filho do Homem realizou seu próprio sacrifício, o que agradou a seu Pai. O bom dos cristãos que levam essa Estória a sério é que eles entendem que, de repente, o Homem está sujeito a um assassinato que não é assassinato. Jesus é um bode expiatório para terminar com todos os outros sub-rogados, e essa refeição tem sido um banquete já há dois milhares de anos. Esse é de fato um grande problema para a lei. Não é de admirar que o secularismo nunca satisfaça os consumidores desse arruinamento de categorias e sacrifício infinitamente repetido. Minha alma feminista pagã, junto de minha ética de trabalho multiespécies, acha que podemos fazer melhor do que o Filho carnal do Homem ou seus irmãos seculares mais etéreos.

milares e, portanto, alimentos nutritivos, mas não suficientemente próximos para compelir a uma resposta. Não o Mesmo, mas Diferente; não Um, mas Outro. Derrida repudia essa armadilha com todo o considerável poder técnico da desconstrução e toda a sensibilidade moral de um homem que é afetado pela mortalidade compartilhada. Julgando que o crime que consiste na postulação do Animal é mais que uma besteira (uma *bêtise*), Derrida vai bem além: "este gesto me parece constitutivo da filosofia mesmo, do filosofema enquanto tal".[20]

Derrida argumenta que o problema não consiste em os seres humanos negarem algo a outras criaturas – seja a linguagem, o conhecimento da morte ou qualquer que seja o sinal teórico-empírico popular do Grande Abismo no momento –, mas sim a arrogância, desafiadora da morte, em atribuir qualidades magníficas ao Humano. "E distinguir uma resposta de uma reação."[21] Considerando como um dado a irredutível multiplicidade dos seres vivos, *Homo sapiens* e outras espécies, que estão emaranhados juntos, sugiro que essa questão de discernimento gira em torno dos dilemas não resolvidos do ato de matar e das relações de uso.

Tenho receio de começar a escrever o que venho pensando sobre tudo isso, porque posso compreendê-lo mal – emocional, intelectual e moralmente –, e a questão é consequente. Continuarei de forma hesitante. Sugiro que é um erro separar os seres do mundo entre aqueles que podem ser mortos e aqueles que não podem, bem como um erro fingir que é possível viver fora do ato de matar. O mesmo tipo de erro viu liberdade apenas na ausência do trabalho e da necessidade, isto é, trata-se do erro de esquecer as ecologias de todos os seres mortais, que vivem no uso, e por meio do uso, dos corpos uns dos outros. Isso não significa dizer que a natureza é vermelha nas presas e garras[22] e que, portanto, vale tudo. A falácia naturalista é o passo em falso da imagem especular do humanismo transcendental. Penso que aquilo que eu e minha gente precisamos deixar para trás se quisermos aprender a deter o exterminismo e o genocídio, seja por meio da participação direta ou do benefício indireto e da aquiescência, é o mandamento "Não matarás". O problema não é descobrir a quem se aplica tal mandamento, de modo que a matança do "outro" possa continuar

---

20 J. Derrida, *O animal que logo sou (a seguir)*, op. cit., p. 76.

21 Ibid., p. 24.

22 Referência ao canto 56 do poema "In memoriam A.H.H." (1850), de Alfred Tennyson: "*Nature, red in tooth and claw*". Em língua inglesa, usa-se a expressão com o sentido de que na natureza vige a lei do mais forte. [N. T.]

como de costume e atingir proporções históricas sem precedentes. O problema é aprender a viver de forma responsável dentro da necessidade multíplice e do trabalho de matar, de modo a estar no aberto, em busca da capacidade de responder em implacável contingência histórica, não teleológica e multiespécies. Talvez o mandamento devesse ser: "Não tornarás matável".

O problema de fato é compreender que os seres humanos não se livram da necessidade de matar outros significativos, que estão eles mesmos respondendo, não apenas reagindo. Na linguagem laboral, os animais são sujeitos de trabalho, não apenas objetos trabalhados. Por mais que tentemos nos distanciar, não há nenhuma maneira de viver que não seja ao mesmo tempo, para alguém, não para alguma coisa, uma forma de morrer diferentemente. Os veganos se saem tão bem quanto qualquer outra pessoa, e seu trabalho para evitar comer ou usar quaisquer produtos de origem animal levaria a maioria dos animais domésticos ao estatuto de coleções de patrimônio protegido ou ao simples extermínio como tipos e indivíduos. Não discordo de que o vegetarianismo, o veganismo e a oposição à experimentação com animais sencientes podem ser posições feministas poderosas; discordo de que elas sejam Doxa Feminista. Além disso, acho que o feminismo fora da lógica do sacrifício tem de descobrir como honrar o trabalho emaranhado de humanos e animais juntos na ciência e em muitos outros domínios, incluindo a criação de animais até a mesa. Não é matar que nos leva ao exterminismo, mas tornar os seres matáveis. Baba Joseph entendeu que os porquinhos-da-índia não eram matáveis; ele tinha a obrigação de responder.

Penso que foi exatamente isso que David Lurie, o professor de meia-idade especialista em poesia e assediador sexual, entendeu em *Desonra*, de J. M. Coetzee. Trabalhando com uma veterinária que cumpria seu dever com um número incalculável de animais errantes e doentes ao matá-los em sua clínica, Lurie leva o cão a quem tinha se ligado para a eutanásia no final do romance. Ele poderia ter adiado a morte daquele único cão. Aquele cão único importava. Ele não sacrificou aquele cão; ele assumiu a responsabilidade de matar sem, talvez pela primeira vez em sua vida, ir embora. Ele não se confortou com a linguagem da morte humanizada; no final, ele foi mais honesto e capaz de amor do que isso. Essa incalculável resposta moral é o que, para mim, distingue David Lurie, em *Desonra*, de Elizabeth Costello, em *A vida dos animais*, para quem os animais de fato existentes não parecem presentes. Elizabeth Costello, a conferencista fictícia das Tanner Lectures em *A vida dos animais*, de Coetzee, habita uma linguagem radical de direitos animais. Armada de um compromisso feroz com a razão soberana, ela não hesita diante de nenhuma das reivindicações universais desse discurso e abraça todo o seu poder para nomear a atrocidade extrema. Ela pratica o método iluminista da história comparativa a fim de consertar a terrível igualdade do abate. Comer carne é como o Holocausto; comer carne é o Holocausto. O que Elizabeth Costello faria se estivesse no lugar de Bev Shaw, a cuidadora voluntária de animais em *Desonra*, cujo serviço diário do amor é escoltar um grande número de cães e gatos abandonados para o consolo da morte? Talvez não haja consolo para esses animais, apenas morte. O que Costello faria no lugar de Lucy Lurie, de *Desonra*, cuja vida face a face com uma vizinhança de cães e humanos na África do Sul pós-*apartheid* interrompe o poder categórico das palavras no meio de um enunciado? Ou mesmo de David Lurie, o desonrado pai de Lucy, que por sua vez habita um discurso de desejo pelo menos tão feroz e autêntico quanto o discurso de sofrimento universal de obliteração da diferença de Elizabeth Costello? Como os implacáveis sofrimento e dilemas morais face a face, historicamente situados e que derrotam a linguagem em *Desonra* se encontram com as exigências morais amplamente genéricas e moralmente categorizadas de *A vida dos animais*? E quem vive e quem morre – animais e humanos – nas formas tão diferentes de herdar as histórias de atrocidade que Coetzee propõe nas práticas de investigação moral desses romances?[23]

---

23 J. M. Coetzee, *Desonra* [1999], trad. José Rubens Siqueira. São Paulo: Companhia das Letras, 2000; id., *A vida dos animais* [1999], trad. José Rubens Siqueira. São Paulo: Companhia das Letras, 2002. Barbara Smuts fez uma reclamação semelhante contra a ausência de criaturas reais em *A vida dos animais*. Ver B. Smuts, "Reflexões", in J. M. Coetzee, *A vida dos animais*, op. cit., pp. 128–45. Cary Wolfe escreve sobre David Lurie e Elizabeth Costello em "Exposures", a introdução de Stanley Cavell et al., *Philosophy & Animal Life*. New York: Columbia University Press, 2009. A personagem fictícia Elizabeth Costello tem uma relação muito mais complexa com a adequação do discurso dos direitos e com a razão em J. M. Coetzee, *Elizabeth Costello* [2003], trad. José Rubens Siqueira. São Paulo: Companhia das Letras, 2004, quando enfrenta o fracasso da linguagem do tipo que atinge o interior e rearranja as próprias entranhas. Não obstante, as Tanner Lectures representam uma abordagem comum, poderosa e, a meu ver, poderosamente errada para os nós da matança animal e humana e da matabilidade. Não é que as matanças nazistas de judeus e outras e o abate em massa de animais na indústria da carne não tenham nenhuma relação; é que a analogia que culmina na equação pode embotar nossa atenção à diferença e à multiplicidade irredutíveis, bem como às suas exigências. Diferentes atrocidades merecem seus próprios termos, mesmo que não haja palavras para o que fazemos.

Sugiro que aquilo que resulta da visão feminista que considera corpos com mentes historicamente situados como o local não apenas do primeiro nascimento (materno) mas também da vida plena e de todos os seus projetos, fracassados e realizados, é que os seres humanos devem aprender a matar com responsabilidade. E a serem mortos com responsabilidade, ansiando pela capacidade de responder e de reconhecer a resposta, sempre com razões, mas sabendo que nunca haverá razão suficiente. Nunca poderemos passar sem técnica, sem cálculo, sem razões, mas essas práticas jamais nos levarão até aquele tipo de aberto no qual a responsabilidade multiespécies está em jogo. Para esse aberto, não deixaremos de requerer um perdão que não podemos exigir. Não acho que possamos alimentar o viver até que nos tornemos melhores em enfrentar o matar. Mas também até que nos tornemos melhores em morrer em vez de matar. Às vezes uma "cura" para o que quer que nos mate não é razão o bastante para manter em funcionamento as máquinas de matar na escala a que nós (quem?) nos acostumamos.

CUIDAR

É sempre revigorante voltar ao laboratório após uma visita aos grandes filósofos e aos lugares horríveis em que se entra por causa deles. Deixem-me revisitar os caninos portadores de hemofilia do capítulo 2, "Cães de valor agregado e capital vivo". Lá vimos como cães que sofrem de hemofilia se tornaram pacientes-modelo, bem como substitutos e tecnologias para o estudo de uma doença humana, ao longo de anos, começando no final da década de 1940 no laboratório de Kenneth Brinkhous na Universidade da Carolina do Norte em Chapel Hill.[24] Compartilhar o sofrimento dos cães, ou o dos participantes nos experimentos de hoje, não seria imitar aquilo por que os caninos passam em uma espécie de fantasia masoquista heroica, mas sim fazer o *trabalho* de prestar atenção e garantir que o sofrimento seja mínimo, necessário e consequente. Se alguma dessas garantias for considerada impossível – o que é sempre um juízo arriscado feito com base em razões, mas sem a garantia de Razão –, então o trabalho responsável é fazer com que o empreendimento pare. Romper com a lógica sacrificial que analisa quem é matável e quem não é pode perfeitamente bem levar a muito mais mudanças

---

24 Stephen Pemberton, "Canine Technologies, Model Patients: The Historical Production of Hemophiliac Dogs in American Biomedicine", in S. Schrepfer e P. Scranton (orgs.), *Industrializing Organisms*, op. cit.

do que práticas de analogia, extensão de direitos, denúncia e proibição. Alguns exemplos poderiam incluir a garantia de que os experimentos sejam bem planejados e executados; a tomada de tempo necessário para que a prática de cuidados se estenda a todas as pessoas e organismos no laboratório e nos mundos alcançados pelo laboratório, mesmo que os resultados apareçam de forma mais lenta, os experimentos encareçam ou as carreiras não avancem tão facilmente; e a prática das habilidades cívicas de engajamento político e presença cultural nesse tipo de questões, incluindo as habilidades de responder, não de reagir, ao discurso daqueles que não concedem bondade nem necessidade às suas práticas científicas. Nada disso faz com que a palavra *crueldade* desapareça; não estou defendendo uma limpeza da alma por meio de um reformismo higiênico. Estou defendendo o entendimento de que os seres heterogêneos terrestres estão juntos nessa teia para todo o sempre, e ninguém chega a ser Homem.

Se a bióloga molecular de plantas Martha Crouch estava certa ao dizer que alguns dos prazeres da ciência de laboratório que tendem a tornar os praticantes menos capazes de se engajar em uma cosmopolítica plena vêm de uma pré-adolescência semelhante à de Peter Pan, na qual nunca é preciso se envolver de fato com toda a materialidade semiótica de suas práticas científicas,[25] então talvez compartilhar o sofrimento diga respeito a crescer para fazer o tipo de trabalho demorado, caro e árduo, assim como brincar, de ficar com todas as complexidades de todos os atores, mesmo sabendo que nunca será inteiramente possível, inteiramente calculável. Ficar com as complexidades não significa não agir, não fazer pesquisas, não se envolver em algumas, na verdade muitas, relações instrumentais desiguais; significa aprender a viver e pensar na abertura prática para a dor e a morte compartilhadas e aprender o que viver e pensar assim ensinam.

O sentido de cosmopolítica que me inspira é o de Isabelle Stengers. Ela invocou o idiota deleuziano, aquele que soube ralentar as coisas, parar a corrida em direção ao consenso, ou a um novo dogmatismo, ou à denúncia, de modo a abrir caminho para um mundo comum. Stengers insiste que não podemos denunciar o mundo em nome de um mundo ideal. Idiotas sabem disso. Para Stengers, o cosmos é o desconhecido possível construído por múltiplas e diversas entidades. Cheio da promessa de articulações que diversos seres poderiam fazer mais cedo ou mais tarde, o cosmos é o oposto de um lugar de paz transcendente.

—

25 D. Haraway, *Modest_Witness@Second_Millennium*, op. cit., pp. 110–12.

A proposição cosmopolítica de Stengers, no espírito do anarquismo comunitário feminista e na linguagem da filosofia de Whitehead, é a de que as decisões devem ter lugar de alguma forma na presença de quem suportará suas consequências. Tornar concreto esse "de alguma forma" é o trabalho da prática de combinações astuciosas. Stengers é formada em química, e as combinações astuciosas são seu *métier*. Obter "na presença de" exige trabalho, invenção especulativa e riscos ontológicos. Ninguém sabe como fazer isso antes de se reunir em composição.[26]

Para os cães portadores de hemofilia de meados do século XX, o trabalho fisiológico exigia o trabalho de resposta das pessoas humanas do laboratório, que consistia em cuidar dos cães como pacientes em detalhes minuciosos antes de lhes endereçar questões como objetos experimentais. É evidente que a pesquisa teria falhado de outra forma, mas isso não é tudo – ou não deveria ser tudo quando as consequências da partilha do sofrimento de forma não mimética se tornam mais claras. Por exemplo, que tipos de arranjos no laboratório minimizariam o número de cães necessários? Quais tornariam a vida dos cães tão completa quanto possível? Quais os envolveriam, como corpos com mentes, em relações de resposta? Como conseguir financiamento para ter um/a especialista biocomportamental na equipe do laboratório, treinando tanto animais quanto pessoas de laboratório, de todos os níveis, desde os pesquisadores principais até os funcionários das salas de animais?[27]

---

26 I. Stengers, "A proposição cosmopolítica", trad. Raquel Camargo e Stelio Marras. *Revista do Instituto de Estudos Brasileiros*, n. 69, abr. 2018. Ver também suas *Cosmopolitiques* em dois volumes. Stenger mantém um rico e profundo diálogo com Bruno Latour sobre cosmopolítica. Ver B. Latour, *Políticas da natureza*, op. cit.

27 O treinamento de animais de uma enorme variedade de espécies, de polvos a gorilas, para cooperar ativamente com pessoas em protocolos científicos e de criação, bem como o treinamento de cuidadores humanos para proporcionar enriquecimento comportamental inovador para os animais a seu cargo, é uma prática crescente. Animais treinados estão sujeitos a menos coerção, seja de tipo físico ou farmacêutico. Esses animais são mais calmos, mais interessados nas coisas, mais capazes de tentar algo novo em sua vida, mais responsivos. Pesquisas científicas anteriores, assim como finalmente dar um pouco de ouvidos a pessoas que trabalham bem com animais no entretenimento e no esporte, produziram novos conhecimentos que, por sua vez, alteram as possibilidades morais e as obrigações nas relações instrumentais, como aquelas nos laboratórios de experimentação com animais. A experimentação animal, nesse caso a psicologia comportamental e comparativa, produziu conhecimento crucial para transformar as condições de trabalho de pessoas e animais na experimentação animal. Responder também significa aprender a saber mais; aprender a aprender não é algo que só os animais em condicionamento operante fazem. Aprender a aprender leva a descobrir como coabitar um mundo multiespécies moldado por cascatas de confiança conquistada. O treinamento envolve uma relação

Como envolver humanos portadores de hemofilia ou humanos que cuidam de pessoas portadoras de hemofilia nos cuidados de cães? Como perguntar, na prática real, sem conhecer a resposta por meio de um cálculo de quanta dor importa e quem a sente, se esses tipos de experimentos sequer merecem florescer? Se não, o sofrimento de quem, então, requererá o trabalho prático de compartilhamento não mimético? Tudo

—

assimétrica entre parceiros responsivos. Obter a atenção um do outro é o cerne da relação. A Animal Behavioral Management Alliance [Aliança de Manejo Comportamental Animal], fundada em 2000, é a associação profissional focada exclusivamente em treinar animais, em sua maioria os assim chamados exóticos, que vivem em mundos humanamente estruturados, para melhorar a vida das criaturas. Um bom relato jornalístico de como as pessoas aprendem a melhorar a vida de animais, em sua maioria "não domésticos", que trabalham em uma variedade de empregos, em tudo, desde nas exposições de zoológico, na TV e no cinema, até nos laboratórios de pesquisa, encontra-se em Amy Sutherland, *Kicked, Bitten, and Scratched: Life and Lessons at the World's Premier School of Exotic Animals*. New York: Viking, 2006.

Os cientistas experimentais de laboratório mais cedo ou mais tarde entendem a questão. Em 23 de setembro de 2006, um artigo de Andy Coghlan intitulado "Animal Welfare: See Things from Their Perspective" (*New Scientist*, 20 set. 2006) informou sobre uma conferência na Royal Society, em Londres, cujo foco eram os modos como os animais interpretam o mundo, incluindo as implicações para o tratamento de animais que trabalham em pesquisa científica. Coghlan escreve que "o Institute for Laboratory Animal Research [Instituto para Pesquisa de Animais em Laboratório] está realizando a primeira pesquisa aprofundada do país [Reino Unido] sobre estresse e distresse em animais de laboratório". A meta é desenvolver um conjunto de medições objetivas de distresse e bem-estar em várias espécies, de modo que os cuidados possam ser mais apropriados e desvinculados de narrativas e suposições comuns não verificadas por dados. A Royal Society foi o cenário dos relatórios de Robert Boyle sobre as leis dos gases na Inglaterra do século XVII; talvez possamos esperar um impacto revolucionário semelhante a partir dos relatórios de 2006. Como saber se um cão ou um rato está sofrendo? Uma resposta objetiva a esse tipo de pergunta pode de fato ser encontrada se alguém (a) for curioso e (b) também se importar. Instrumentos comuns e falíveis, tais como avaliações psicométricas no contexto da medicina comparativa, são convenientes bombas de ar no século XXI, contornando as teologias dos debates sobre a senciência animal e confrontando o esvaziamento do coração e da mente nas práticas industriais animais atuais na ciência e em outros lugares. Para um bom exemplo da ciência ainda falha, mas ainda assim mais atenta ao bem-estar dos cães em experimentação, ver Robert Hubrecht e Brewhouse Hill, "Comfortable Quarters for Dogs in Research Institutions", 2004. Para uma denúncia de pelo menos algumas condições reais de cães em pesquisa, aqueles que tiveram o azar de cair nas mandíbulas da Unidade Beagle da Huntington Life Sciences no Reino Unido, pelo menos entre 1996 e 2006, ver "Inside Huntingdon Life Sciences": shacjustice.com/files/Reports/Inside%20HLS%20Report.pdf. As filmagens dessa denúncia foram exibidas em 2005 na emissora de TV britânica Channel 4, desencadeando uma grande campanha antivivissecção. Hubrecht trabalha arduamente para eliminar práticas

isso faz parte de meu próprio cenário imaginado, claro, mas estou tentando especular sobre como seria o compartilhamento caso fosse incorporado em qualquer decisão a respeito do uso de outro ser senciente na qual o poder e o benefício desiguais são (ou deveriam ser) inegáveis e não inocentes nem transparentes.

A filósofa e psicóloga belga Vinciane Despret argumentou que "articular corpos a outros corpos" é sempre uma questão política. O mesmo deve ser dito sobre a desarticulação de corpos para rearticular outros corpos. Despret reformulou os modos de pensar a domesticação entre pessoas e animais.[28] Meu estudo habita um dos principais locais onde os animais domésticos e suas pessoas se encontram: o laboratório experimental. Fiz viagens paralelas ao curral e ao matadouro de animais agrícolas, impelida pelo gado na estória de Baba Joseph, pelos animais amados e cultivados intensamente por Nhamo e seu povo, pelos animais que as moscas tsé-tsé e seus tripanossomos usam cruelmente e pelos animais transformados em máquinas eficientes de fazer carne, saudáveis o suficiente e sem parasitas nos campos de morte do agronegócio industrial. A linguagem do compartilhamento e do trabalho não mimético não vai ser adequada, tenho certeza, mesmo que faça parte de um conjunto de ferramentas necessárias. Quando nossos soporíficos humanistas ou religiosos não nos satisfazem mais, precisamos de uma gama rica de maneiras que tornem vívidas e práticas as necessidades material-ético-político-epistemológicas que devem ser vividas e desenvolvidas em relações desiguais e instrumentais que ligam animais humanos e não humanos na pesquisa, bem como em outros tipos de atividades. A aprendizagem do ser humano em compartilhar de forma não mimética a dor de outros animais é, a meu ver, uma obrigação ética, um problema prático e uma abertura ontológica. Compartilhar a dor promete desvelamento, promete devir. A capacidade de resposta ainda pode ser reconhecida e nutrida nesta Terra.

---

como as da Huntingdon Life Sciences (HLS). Ele ganhou o Prêmio GlaxoSmithKline de Bem-Estar Animal de Laboratório em 2004. Se ao menos meu ceticismo sobre a misericórdia da indústria farmacêutica pudesse ser posto de lado… Mas a extensão e o poder de Hubrecht e de outros que elevam os padrões de cuidado são reais e importantes. Para a abordagem de uma organização de pesquisa médica de animais na prática experimental, ver Understanding Animal Research: understandinganimalresearch.org.uk. A associação informa que havia cerca de 3 milhões de procedimentos científicos utilizando animais no Reino Unido em 2005.

28 Vinciane Despret, "The Body We Care For: Figures of Anthropo-zoo-genesis". *Body and Society*, v. 10, n. 2–3, 2004.

Termino na companhia de outra autora cuja escrita prende, Hélène Cixous, que se lembra de como falhou com seu cão de infância ao cometer uma traição abjeta. Muitos anos mais tarde, ela sabia apenas que o amava, sabia apenas como amá-lo, reconhecia apenas como ele amava. Mordida com força no pé por seu cão enlouquecido, Fips, que tinha sido levado à insanidade da dentada pelas pedradas atiradas contra a casa da família em Argel após a Segunda Guerra Mundial, Cixous, aos doze anos e sujeita, como toda a sua família, à dor insuportável da morte de seu pai e ao repúdio reservado aos forasteiros considerados bodes expiatórios pelos árabes colonizados ao seu redor, não pôde enfrentar o terrível destino de seu cão. Nenhuma complexidade da história vivida salvou sua família do rótulo de judeus franceses duplamente odiados. A família Cixous, assim como os árabes colonizados, foi tornada categoricamente matável. Nenhuma graça de final feliz salvou Fips das consequências. O cão encoleirado, aparentemente imaginando que a garota Hélène fosse pisar nele, atacou seu pé, segurando-o com a mandíbula, apesar da pancadas desesperadas da menina para fazê-lo soltar; depois disso, Cixous não pôde mais encarar Fips. O cão, doente e negligenciado, morreu na companhia de seu irmão; Hélène não estava lá. Adulta, Cixous aprendeu a contar a estória de Jó, o cão.

> A estória termina em tragédia [...]. Eu queria que ele me amasse de uma certa maneira e não de outra [...]. Mas, se me dissessem que eu queria um escravo, teria respondido indignada que só queria o puro cão ideal de que tinha ouvido falar. Ele me amava como um animal e longe de meu ideal [...]. Tenho sua raiva pintada em meu pé esquerdo e em minhas mãos [...]. Eu não joguei luz em sua obscuridade. Não murmurei para ele as palavras que todos os animais entendem [...]. Mas ele tinha carrapatos, grandes como grãos-de-bico [...]. Eles o comeram vivo, aquelas invenções bebedoras de sangue criadas para matar uma vítima totalmente impedida de escapar, aquelas provas da existência do diabo, vampiros suaves que se riem da falta de mãos do cão, elas o sugam até a morte, Fips sente a vida fluir para sua tribo de estômagos e sem chance de combate [...]. Eu não o acompanhei. Um medo imundo de ver morrer alguém que eu não amava com força suficiente, e, como eu não daria minha vida por ele, não podia mais compartilhar sua morte.[29]

---

29 Hélène Cixous, "Stigmata, or Job the Dog", in *Stigmata: Escaping Texts*. New York: Routledge, 1998. Sou grata a Adam Reef por me passar o ensaio de Cixous e por sua dor e seu cuidado evidentes ao lê-lo.

Minha estória termina onde começou, com os dilemas colocados por insetos sugadores de sangue, quando a lógica do sacrifício não faz sentido e a esperança de perdão depende do aprendizado de um amor que foge do cálculo, mas requer a invenção do pensamento especulativo e a prática da lembrança, da rearticulação de corpos entre si. Não um amor ideal, não um amor obediente, mas um amor que pode até mesmo reconhecer a multíplice insubmissão dos insetos. E o gosto do sangue.

CODA: REARTICULAÇÃO

Escrevi "Compartilhar o sofrimento" com uma consciência aguda de que algumas semanas depois faria a palestra de abertura do congresso Kindred Spirits [Espíritos em afinidade], no qual a maioria dos palestrantes e participantes seriam veganos, ativistas de animais e outras pessoas atenciosas, incluindo alguns biólogos desconfiados da maioria das pesquisas em laboratório com animais.[30] Eu não planejava apresentar este artigo lá, mas, para ser capaz de dizer qualquer coisa de boa-fé naquela conferência, precisaria escrever publicamente sobre questões difíceis, em resposta àquela comunidade e com ela. Falar sobre a realização de pesquisas de campo responsivas ou treinamento de cães e cavalos, embora sério e importante, não bastaria para cumprir minha obrigação diante das pessoas ou dos animais. Pertenço à comunidade de espíritos em afinidade de animais humanos e não humanos de muitas das mesmas maneiras como fiz parte do mundo ecofeminista, em resposta ao qual escrevi o "Manifesto ciborgue" em 1985. Também fiz e faço parte da comunidade de ciências biológicas experimentais, à qual aquele texto ciborgue foi igualmente dirigido.

Minha amiga e colega Sharon Ghamari-Tabrizi leu o manuscrito de "Compartilhar o sofrimento" e me forçou a enfrentar, como ela disse, "o caso mais difícil para a teoria da copresença e da resposta":

---

30 Alyce Miller, acadêmica da área de literatura, escritora e advogada de bem-estar animal da Universidade de Indiana, organizou a conferência Kindred Spirits (em Bloomington, Indiana, entre 7 e 9 de setembro de 2009) para reunir diversos estudiosos, artistas e ativistas fora da contenda dos direitos animais *versus* bem-estar animal. As excelentes apresentações, bem como a presença atenciosa e cheia de princípios dos participantes, continuam a ressoar em minha mente e em meu coração.

É muito mais fácil fazer uso de uma noção de relacionalidade transespécies em estudos de campo nos quais o cientista / conhecedor pode ficar no hábitat do animal. Mas a questão se torna mais difícil quando o local é totalmente construído por humanos, onde o laboratório é um ambiente total. No laboratório, a relação não é apenas desigual e assimétrica; ela é totalmente enquadrada e justificada, legitimada e significativa dentro dos materiais racionalistas do humanismo moderno nascente. Por quê? Porque está condicionada à capacidade humana de capturar, reproduzir, manipular e obrigar os animais a viverem, comportarem-se e morrerem dentro de seu dispositivo. Como isso tem sido justificado? Pelo poder humano sobre o animal. Justificado no passado pelo direito divino e pela hierarquia da dominação ou pelo brilho da razão humana a respeito da predação humana necessária sobre outros seres.

Assim, se você abandonar o humanismo em favor do pós-humanismo, do a-humanismo, do não humanismo dos filósofos do processo, dos fenomenólogos, de Derrida e Whitehead, eu ainda quero saber como especificamente as práticas experimentais de laboratório serão feitas e justificadas. Esses detalhes, essas práticas mundanas, são o lugar onde a política da ciência por vir é elaborada.

O que estou tentando dizer, Donna, é que o caso mais difícil de todos será discutido nos detalhes reais de proibição e licença, assim como nos detalhes da prática nos procedimentos dentro do laboratório durante os experimentos.

Quero saber o que você diria se alguém a acossasse e dissesse: desafio você a defender o abate de animais de laboratório em experimentos biomédicos. Não importa o quão cuidadosamente você os proteja de dores extraordinárias, no fim eles estão sujeitos à dor infligida por você para os bens sociais de: busca do conhecimento em si mesmo ou aplicações para fins humanos. Você fez isso. Você matou os animais. Defenda-se.

O que você responde então?[31]

Eu escrevi de volta:

Sim, todos os cálculos ainda se aplicam; sim, vou defender a matança de animais por razões e em condições material-semióticas detalhadas que julgo toleráveis devido a um cálculo por um bem maior. E, não, isso nunca é suficiente. Recuso a escolha entre "direitos animais inviolá-

---

31 E-mail de Sharon Ghamari-Tabrizi para D. Haraway, 15 jul. 2006.

veis" e "o bem humano é mais importante". Ambos procedem como se o cálculo resolvesse o dilema, e tudo o que eu ou nós tivéssemos de fazer fosse escolher. Também nunca considerei isso suficiente na política do aborto. Como não aprendemos a moldar bem o discurso público em disputas legais e populares, nós feministas não tivemos muito o que fazer além de usar a linguagem da escolha racional, como se isso resolvesse nossa *política pró-vida, mas não o faz, e sabemos disso. Nos termos de Susan Harding, nós, feministas que protegemos o acesso ao aborto, nós que matamos dessa forma, precisamos aprender a dar voz mais uma vez à vida e à morte em nossos termos e a não aceitar a dicotomia racionalista que rege a maioria das disputas éticas.*[32]

O cálculo também exige outra série de perguntas, as quais as feministas que lutam com decisões sobre o aborto também conhecem intimamente: *para quem, para quê* e *por quem* um cálculo de custo-benefício deve ser feito, já que em todos esses casos difíceis está sempre em jogo mais de um ser emaranhado? Quando questionei o biólogo Marc Bekoff em uma sessão na conferência Kindred Spirits, ele declarou categoricamente que sua pergunta decisiva era: "A pesquisa beneficia os animais?". À luz da história da redução dos animais de laboratório a ferramentas maquínicas e produtos para a indústria farmacêutica (o complexo industrial de pesquisa técnico-científica farmacêutica), o agronegócio, cosméticos, performances artísticas e muito mais, essa pergunta tem força especial. *Não* fazer essa pergunta a sério está, ou deveria estar, fora de cogitação na prática científica.

A prática de manter animais não humanos no centro da atenção é necessária, mas insuficiente, tanto porque outros bens morais e ontológicos competem nesse tipo de quadro de custo-benefício como, mais importante, porque a mundanidade das espécies companheiras funciona de outra forma. Uma questão como a de Bekoff não é um absoluto moral, mas uma prática necessária, mortal, de concentração em uma história situada de espírito entorpecido. Essa prática não reduz a força da pergunta, mas a localiza na Terra, em lugares reais, nos quais o julgamento e a ação estão em jogo. Além disso, animais individuais, humanos e não humanos, são, eles mesmos, agenciamentos emaranhados de relações atadas em muitas escalas e tempos com outros agenciamentos, orgânicos ou não. Criaturas individua-

---

32 Susan Harding, "'GetReligion': L'évolution de la droite religieuse aux États-Unis". *Terrain*, n. 51, 2008.

das importam; elas são nós mortais e carnais, não unidades últimas do ser. Tipos importam; eles também são nós mortais e carnais, não unidades tipológicas do ser. Indivíduos e tipos, em qualquer escala de tempo e espaço, não são totalidades autopoiéticas; são aberturas e fechamentos pegajosos e dinâmicos em um jogo finito, mortal, mundificador e ontológico.

Formas de viver e morrer importam: quais práticas historicamente situadas de vida e morte multiespécies devem florescer? Não existe um lado de fora a partir do qual responder a essa pergunta imperiosa; devemos dar as melhores respostas que chegarmos a conhecer sobre como articular e agir, sem o truque do deus da autocerteza. Mundos de espécies companheiras são tartarugas até o fim. Longe de reduzir tudo a uma sopa de complexidade pós- (ou pré-) moderna em que qualquer coisa acaba sendo permitida, as abordagens de espécies companheiras *devem* de fato se engajar na cosmopolítica, articulando corpos a alguns corpos e não a outros, nutrindo alguns mundos e não outros, e suportando as consequências mortais. Respeitar é *respecere* – olhar de volta, considerar, compreender que o encontro com o olhar do outro é uma condição de se ter rosto. Tudo isso é o que estou chamando de "compartilhar o sofrimento". Não é um mero jogo, mas antes o que Charis Thompson chama de coreografia ontológica.[33]

Eu ajo; não escondo os cálculos que motivam minha ação. Não estou desse modo quite com minhas dívidas, e trata-se de bem mais do que apenas dívidas. Não estou quite com a respons-abilidade, que exige cálculos, mas não termina quando a melhor análise de custo-benefício do dia é feita nem quando os melhores regulamentos de bem-estar animal são seguidos à risca. Cálculos – razões – são obrigatórios e radicalmente insuficientes para a mundanidade das espécies companheiras. O espaço aberto por palavras como *perdão* e *crueldade* permanece, embora eu conceda que conotações religiosas excessivamente maduras impregnem essas palavras com um mau cheiro, por isso precisamos de outras palavras também. Temos razões, mas não razões suficientes. Recusar-se a engajar-se em práticas para obter boas razões (nesse caso particular, recusar-se a fazer ciência experimental de laboratório) não é apenas estúpido mas também criminoso. Nem os defensores de que o "maior bem humano supera a dor animal" nem aqueles proponentes de que os "animais sencientes são sempre fins em si mesmos e, por isso, não podem ser usados dessa forma" veem que a pretensão de ter Razões

---

33 C. Thompson, *Making Parents*, op. cit.

Suficientes é uma fantasia perigosa enraizada nos dualismos e concretudes mal colocados do humanismo religioso e secular.

Obviamente, tentar descobrir quem fica abaixo do radar da senciência e, assim, se torna matável enquanto construímos casas de repouso para macacos é também uma caricatura embaraçosa do que deve ser feito. Temos muito bem a obrigação de tornar a vida desses primatas de laboratório a mais plena possível (aumentem os impostos para cobrir os custos!) e de tirá-los das situações em que imperdoavelmente os colocamos. As ciências biocomportamentais comparativas avançadas, dentro e fora dos laboratórios, assim como a reflexão e a ação éticas e políticas afetivas, nos dizem que nenhuma condição é suficientemente boa para que se continue permitindo muitos dos tipos de experimentos e práticas de cativeiro com numerosos animais, não apenas primatas. Notem, acho que sabemos disso hoje, pelo menos em grande parte, *por causa* da pesquisa. Mas, mais uma vez, esses cálculos – necessários, obrigatórios e que fundamentam a ação em voz alta e em público – não são suficientes.

Agora, como abordar essa respons-abilidade (que é sempre experimentada na companhia de outros significativos, nesse caso os animais)? Como você diz, Sharon, a questão não jaz nos Princípios e Universais Éticos, mas em práticas e políticas imaginativas do tipo que rearticulam as relações entre mentes e corpos, nesse caso das criaturas e das pessoas ligadas a elas no laboratório, assim como dos aparatos científicos. Por exemplo, que tal instituir mudanças nos cronogramas diários do laboratório para que até mesmo ratos ou camundongos possam aprender a fazer coisas novas que tornem sua vida mais interessante? (Um treinador para melhorar a vida das cobaias é algo pequeno, mas relevante.) Afinal de contas, no mundo da biotecnologia, os roedores suportam o fardo do aumento dos procedimentos invasivos no mundo inteiro.[34]

—

34 Uma medida aproximada desse aumento do uso de roedores é a importância de camundongos com genes nocauteados. Genômica comparativa é a regra do jogo. Várias nações têm grandes projetos novos para produzir dezenas de milhares de nocautes, ou seja, cepas de camundongos com genes bloqueados. Por exemplo, os Institutos Nacionais de Saúde dos Estados Unidos anunciaram o Knockout Mouse Project para produzir 10 mil novos mutantes; a Europa e o Canadá estão atrás de outros 30 mil. A China pretende produzir 100 mil mutantes diferentes em 20 mil linhagens de camundongos, cada uma com um gene diferente nocauteado. A revista *Science* estima que esse esforço internacional é o maior desde o Projeto Genoma Humano. O objetivo é ter um nocaute para cada gene de camundongo e torná-los disponíveis publicamente. Os camundongos mutantes produzidos em massa são as ferramentas maquínicas para o estudo comparativo da função do

Paralelamente à instalação de boas creches para crianças humanas ligadas aos laboratórios, eu adoraria ver muitas vagas de emprego para bons treinadores de animais e especialistas em enriquecimento ambiental. Imagino o pessoal de laboratório tendo de passar por testes de proficiência em treinamento de métodos positivos e de ecologia comportamental orientados ao laboratório para as espécies com as quais trabalha, a fim de manter o emprego ou obter aprovação para suas pesquisas. As pessoas envolvidas com a experimentação teriam de passar em tais testes pelas mesmas razões que os patrões e trabalhadores hoje em dia têm de aprender que o assédio sexual é real (mesmo que os dispositivos regulatórios muitas vezes pareçam uma caricatura do que as feministas pretendiam); ou seja, a menos que sejam treinadas, as pessoas, como outros animais, continuam a ver e fazer o que já sabem ver e fazer, e isso não é bom o suficiente.

É claro, imaginar que reformas resolverão a questão é um fracasso do pensamento afetivo e efetivo e uma negação da responsabilidade.

—

gene. A catalogação, distribuição e propriedade intelectual são apenas alguns dos assuntos que estão sendo totalmente discutidos. Ver David Grimm, "A Mouse for Every Gene". *Science*, v. 312, 30 jun. 2006. O bem-estar dos camundongos não é mencionado em parte alguma. Como poderia sê-lo, quando seu estatuto enquanto animais se perde em retóricas como a seguinte: "Como um grupo, os projetos de nocaute estão tentando criar algo semelhante à superloja internacional Ikea, na qual em uma única viagem os clientes podem comprar uma casa cheia de móveis fáceis de montar a preços razoáveis [...]. Alguma montagem seria necessária: transformar esses embriões congelados em camundongos vivos. [...] Um tal recurso seria muito diferente do comércio atual de camundongos, que se assemelha mais à compra de móveis de vizinhos"; ibid., p. 1863. Eu não me oponho à pesquisa invasiva cuidadosamente considerada com camundongos. Minha questão não é essa, mas sim como se envolver em tais práticas face a face, dentro do nó mortal do devir com outros animais. Acho coletivamente psicótico e altamente funcional lidar com retórica e outras práticas de pesquisa como se os camundongos fossem apenas ferramentas ou produtos, e não também criaturas companheiras sencientes. É muito difícil se segurar no e / ambos. Perder a pegada sobre e / ambos significa cair no abismo intransponível entre a racionalidade instrumental autossatisfeita, por um lado, e talvez o igualmente autossatisfeito discurso do direito à vida, por outro. O problema para as espécies companheiras, eu defendo, não é como se satisfazer, mas como lidar com a indigestão. A mesma edição da *Science*, algumas páginas antes da estória sobre camundongos nocauteados, trazia um texto sobre comportamento animal intitulado "Signs of Empathy in Mice" [Sinais de empatia em camundongos]. Poderia ser melhor se perguntar se muitas pessoas mostram tais sinais em suas relações com camundongos. Talvez genes humanos que carreguem essas capacidades tenham sido nocauteados por gatos pesquisadores alienígenas em uma época anterior. Ver também L. Birke, "Who – or What – Is the Laboratory Rat (and Mouse)?". *Society and Animals*, v. 11, n. 3, 2003.

Novas aberturas surgirão por causa de mudanças nas práticas, e o aberto é uma questão de resposta. Acho que isso de fato acontece o tempo todo com bons experimentadores e suas criaturas. Durante a maior parte deste capítulo, concentrei-me em relações instrumentais, desiguais e científicas entre vertebrados humanos e não humanos, estes com cérebros consideráveis que as pessoas identificam como sendo parecidos com os seus em aspectos vitais. Entretanto, a grande maioria dos animais não é assim; o cuidado não mimético e a alteridade significativa são minhas iscas para tentar pensar e sentir de modo mais adequado; e o florescimento multiespécies requer uma robusta sensibilidade não antropomórfica que deve prestar contas pelas diferenças irredutíveis.

Em uma banca de doutorado com minha colega Vicki Pearse, zoóloga marinha de invertebrados, aprendi como ela procura maneiras de deixar seus espécimes de coral-sol mais confortáveis no laboratório, descobrindo de quais comprimentos de onda e períodos de luz eles gostam. Obter bons dados é importante para ela, assim como fazer animais felizes, ou seja, o bem-estar *animal* real no laboratório.[35] Inspirada por Pearse, pedi a alguns de meus amigos biólogos que trabalham com invertebrados que me contassem estórias sobre as práticas de cuidados que são centrais para seu trabalho como cientistas. Escrevi:

Você tem um exemplo de sua própria prática, ou daquela de alguém próximo a você, de como o bem-estar dos animais, sempre importante para bons dados, é claro, mas não só para isso, importa na vida cotidiana do laboratório? Quero argumentar que esse cuidado não se dá apesar dos experimentos que também podem envolver matança e/ou dor, mas é intrínseco ao complexo sentimento de responsabilidade (e parentesco mundano não antropomórfico) que muitos pesquisadores sentem por seus animais. Como você faz seus animais felizes no laboratório (e vice-versa)? Como os bons zoólogos aprendem a ver quando os

---

35 Pearse é pesquisadora do Instituto de Ciências Marinhas na Universidade da Califórnia em Santa Cruz, editora da renomada revista *Invertebrate Biology* e coautora do clássico *Animals without Backbones: An Introduction to the Invertebrates*, com Ralph Buchsbaum et al., 3. ed. Chicago: University of Chicago Press, 1987. Pearse generosamente ajuda os estudantes de pós-graduação em *science studies* de História da Consciência com os aspectos de zoologia marinha de suas teses e dissertações. Ver Eva Shawn Hayward, *Envisioning Invertebrates: Immersion, Inhabitation, and Intimacy as Modes of Encounter in Marine TechnoArt*. Texto de qualificação, Departamento de História da Consciência, Universidade da Califórnia em Santa Cruz, 2003.

animais não estão florescendo? As estórias interessantes estão mais nos detalhes do que nos grandes princípios!

Michael Hadfield, professor de zoologia na Universidade do Havaí e diretor do Laboratório Marinho de Kewalo (Centro de Pesquisa de Biociências do Pacífico), respondeu:

Suas perguntas me fazem pensar muito mais no meu trabalho com os caracóis das árvores do Havaí do que em nossas pequenas feras no laboratório marinho. Tenho dado muito duro para proporcionar ambientes de laboratório que se aproximam o máximo possível de um ambiente de campo para esses caracóis ameaçados de extinção. Para tanto, compramos "câmaras ambientais" caras, nas quais podemos estabelecer o regime da duração dos dias e da temperatura-umidade que se aproximem o máximo possível dos hábitats de campo dos caracóis. Também tentamos fornecer um mundo de folhas e o fungo que eles raspam das folhas em abundância. Mais importante ainda, fornecemos tudo isso em um mundo livre de predadores, para "salvá-los" dos alienígenas [espécies que foram introduzidas e são altamente destrutivas, tais como caracóis predadores e ratos][36] que os estão devorando nas montanhas. Eu também acho os caramujos bonitos e seus filhotes "fofinhos", mas isso não é muito científico, não é mesmo? Por muitas razões – para não falar do seu estatuto de espécie protegida – trabalhamos duro para evitar ferir ou matar qualquer um dos caracóis no laboratório. Eu realmente quero ver essas espécies persistirem no mundo, e o que fazemos no laboratório é a única maneira que conheço para fazer isso acontecer, no momento. Agora estamos cuidando de mais de 1.500 caracóis das árvores no laboratório, com grandes despesas e esforço pessoal, com o objetivo de evitar ainda mais extinções do que as que já ocorreram. Grande parte desse trabalho consiste em manter os caracóis tão saudáveis e "naturais" quanto possível ("naturais" porque eles devem um dia voltar para a natureza – e sobreviver lá). Se isso é "mantê-los felizes", então é nossa força motriz.

Como vemos (presumindo que somos "bons zoólogos") que nossos animais não estão florescendo? Ah, bem, geralmente é quando eles morrem. Caracóis e minhocas não emitem gritos de angústia nem mostram, tipicamente, sinais de doença por muito tempo antes de morrerem. Quanto aos caracóis das árvores, observo com muito cuidado as

36 Colchetes da autora. [N. E.]

tendências demográficas em cada terrário (nós os recenseamos pelo menos quinzenalmente) para averiguar se há nascimentos, se as taxas de mortalidade são maiores do que as de natalidade etc. Ao primeiro sinal de que há algo errado, obrigo a equipe do laboratório a parar imediatamente e rever cada passo do regime de manutenção-cultura. Muitas vezes temos de verificar toda uma câmara ambiental (mais de dez terrários diferentes, com várias espécies) para ver se algo está errado com o ambiente inteiro. E tomamos providências imediatas para remediar situações, mesmo quando não as entendemos completamente. Por exemplo, concluí recentemente que meu grupo de laboratório estava enchendo demais os terrários com ramos frondosos de árvores ōhi'a *em cada sessão de limpeza/mudança. Eles haviam inferido que, uma vez que a comida dos caracóis é o fungo que cresce nas folhas, quanto mais folhas houvesse, melhor. Expliquei que os caracóis precisavam de mais fluxo de ar através dos terrários e que suas atividades eram fortemente reguladas pela luz, pouca da qual chegava ao centro dos terrários por causa das folhas esmagadas. Então, consertamos isso e agora estamos procurando o próximo problema e seu "remédio".*[37]

Scott Gilbert, em cujo trabalho tenho me inspirado constantemente há muitos anos, também me deu uma estória enraizada em sua investigação experimental, com seus alunos de graduação do Swarthmore College, sobre a origem embrionária do plastrão da tartaruga a partir de células da crista neural:

Normalmente não permito que meus alunos matem nenhum animal. Esse sempre foi um dos meus trabalhos. Não me importo particularmente em dissecar embriões de tartaruga extraídos de suas gemas e entregá-los em solução de paraformaldeído 4%. Eu provavelmente toleraria um dia inteiro fazendo isso mais do que despachar uma tartaruga adulta ou recém-nascida. Não conheço nenhuma estória tão provocativa como a que você mencionou a respeito do homem que teve seu braço picado por moscas tsé-tsé. O fundador deste departamento, Joseph Leidy, era uma pessoa notável, e corre a lenda de que ele teria

---

37 E-mail de Michael Hadfield para D. Haraway, 2 ago. 2006. Sobre a pesquisa com caracóis, ver Michael G. Hadfield, Brenden S. Holland, e Kevin J. Olival, "Contributions of *ex situ* Propagation and Molecular Genetics to Conservation of Hawaiian Tree Snails", in Malcolm Gordon e Soraya M. Bartol (orgs.), *Experimental Approaches to Conservation Biology*. Berkeley/Los Angeles: University of California Press, 2002.

caminhado da Filadélfia até Swarthmore por ter esquecido de pedir a um estudante para alimentar os sapos e lagartos.[38]

Eu gosto da linguagem da "política" tal como é usada por Despret, Latour e Stengers, que vejo relacionada a *pólis* e a *polidez*: boas maneiras (*politesse*), responder *a* e *com*. Hadfield, Gilbert e Pearse são "polidos"; sua prática é aquela biológica cosmopolítica de articular corpos a outros corpos com cuidado para que outros significativos possam florescer. Seu trabalho está imerso nas minúcias cotidianas de vida e morte dos animais (e dos estudantes e pós-doutorandos) de que eles cuidam, com quem e de quem aprendem. Desconfio da assimilação desse trabalho à categoria de "bioética", mas tampouco estou pronta para ceder a palavra *ética* ao inimigo. É minha antiga recusa em desistir daquilo que as pessoas dizem que não posso ter, como o *ciborgue*. Eu não me esquivo da decisão de matar animais pelas melhores razões que me convencem nem me esquivo do que é preciso para formular essas melhores razões. Só estou dizendo que isso não acaba com a questão, mas a abre. Talvez isso seja tudo que *não humanismo* signifique. Mas nesse pequeno "tudo" jaz a recusa permanente da inocência e da autossatisfação diante das próprias razões, bem como o convite para especular, imaginar, sentir, construir algo melhor. Essa é a mundificação FC que sempre me atraiu. É uma mundificação verdadeira.

De fato, nas mãos de Stengers, Whitehead fala de abstrações como iscas quando nossas abstrações anteriores tiverem falhado.[39] Amar nossas abstrações me parece realmente importante; entender que elas falham mesmo quando as elaboramos com amor faz parte da respons-abilidade. As abstrações, que exigem nossos melhores cálculos, matemática e razões, são construídas para serem decomponíveis, de modo que invenção, especulação e proposição mais ricas – mundificação – possam continuar. Uma proposição whiteheadiana, diz Stengers, é um risco, uma abertura para o que ainda não é. Uma proposição é também uma abertura para devir com aqueles com quem ainda não somos. Coloquem isso no dilema resultante de matar organismos experimentais ou animais para carne, e o chamado "ético" ou "político"

---

38 E-mail de Scott Gilbert para D. Haraway, 9 ago. 2006.

39 I. Stengers, *Penser avec Whitehead*. Paris: Gallimard, 2002. Ver a resenha de B. Latour sobre o livro: "What Is Given in Experience?". *boundary 2*, v. 32, n. 1, fev. 2005. A. N. Whitehead, *A ciência e o mundo moderno*, op. cit.; *Processo e realidade: Ensaio de cosmologia* [1929], trad. Maria Teresa Teixeira. Lisboa: Centro de Filosofia da Universidade de Lisboa, 2010; *Modes of Thought*. New York: Macmillan, 1938.

obrigatório consiste em reimaginarmos, especularmos novamente, permanecermos abertos, porque estamos (razoavelmente, se construirmos boas abstrações; pessimamente, se formos preguiçosos, inabilidosos ou desonestos) matando alguém, não apenas alguma coisa.

Estamos face a face, na companhia de outros significativos, espécies companheiras umas para as outras. Isso não é romântico nem idealista, mas mundano e consequente nas pequenas coisas que fazem vidas. Em vez de acabarmos quando dizemos que essa ciência experimental é boa, inclusive a do tipo que mata animais quando necessário e de acordo com os mais altos padrões que coletivamente sabemos como colocar em jogo, nossa dívida está apenas se abrindo para a especulação e, portanto, para mundificação material possível, afetiva, prática, na situação concreta e detalhada *daqui*, nesta tradição de pesquisa, não em todos os lugares o tempo todo. Esse "aqui" pode ser bastante grande, mesmo global, se as abstrações forem realmente bem construídas e cheias de ganchos para conexões. Talvez a mundificação FC[40] – ficção especulativa e fato especulativo – seja a linguagem de que eu preciso em vez de *perdão* e *crueldade*. Talvez até mesmo Baba Joseph e Cixous pensem assim, ainda que provavelmente não seja o caso dos carrapatos e das moscas tsé-tsé. Talvez, melhor ainda, no laboratório e no campo, os caracóis das árvores do Havaí possam realmente ter uma chance de viver naturalmente porque um zoólogo experimental de invertebrados cuidou de detalhes não antropomórficos, não miméticos e meticulosos.

—

40 No original, a sigla SF, traduzida aqui por FC, que num primeiro momento remete a *science fiction* / ficção científica, é uma figura usada por Haraway à qual ela acrescenta uma série de outros significados para dar conta de sua prática teórica tentacular. Um verdadeiro jogo de cama de gato (*string figures*) em que fato e fabulação são necessários, na mundificação FC cabem, além da ficção científica, o fato científico, a fabulação em contos, as figuras de corda e, por enquanto, fiquemos com isso. Para finalizar, por ora (*so far*), na língua inglesa cabem ainda a ficção especulativa [*speculative fiction*] e o fato especulativo [*speculative fact*] mencionados, bem como o feminismo especulativo e a fabulação especulativa (*speculative feminism*, *speculative fabulation*). [N. T.]

4.
VIDAS EXAMINADAS: PRÁTICAS DE AMOR E CONHECIMENTO NA CACHORROLÂNDIA DE RAÇA PURA

CURIOSIDADE E O AMOR DOS TIPOS

Preciso perguntar novamente: quem e o que eu toco quando toco meus cães? Como o devir-com é uma prática de devir-mundano? O que essas perguntas significam quando os nós emaranhados de espécies companheiras unem *tipos* de cães com suas pessoas *organizadas coletivamente* de modo tão feroz quanto cães individuais se entrelaçam com determinados humanos? Os tipos de espécies companheiras vêm em muitos sabores, mas neste capítulo preciso repartir o pão com um tipo de tipo particularmente contaminado e controverso – cães de "raça pura" institucionalizada, em especial os pastores-australianos nos Estados Unidos. Desde o início, minha convenção tipológica tomou posição na briga, porque não posso escrever sobre tipos de cães como *o* cão, *o* Pastor-Australiano, a única variedade a obter letras maiúsculas na linguagem da cachorrolândia de raça pura e em outros lugares, enquanto todos os plurais nominativos vão em minúsculas como coletivos (os pastores-australianos) ou recebem aspas irônicas quando se trata do nome de meros cães individuais, como em "Cayenne" em vez de Cayenne, enquanto eu sou Donna não marcada, habilitada por filiação honorária na categoria Homem a viver textualmente fora de aspas irônicas. Pequenos privilégios contam grandes estórias. Erros tipológicos sugerem novas visões. *Respecere*.

No início de tudo o que levou a este livro, eu tinha o coração puro, pelo menos em relação às raças de cães. Eu sabia que elas eram uma afetação, um abuso, uma abominação, a corporificação da animalização da eugenia racista, tudo o que representa o mau uso que as pessoas modernas fazem de outros seres sencientes para seus próprios fins instrumentais. Além disso, os chamados cães de raça pura adoecem o tempo todo, como era de se esperar com toda a manipulação genética. Muito ruim, em resumo. Vira-latas eram bons desde que esterilizados; treinados em um padrão inferior – para que o controle humano não desempenhe um papel muito grande – por métodos positivos; e sem coleira em todas as situações possíveis. Cães férteis de rua eram bons porque viviam no terceiro mundo ou seu equivalente moral e simbólico no humanismo canino, mas precisavam ser resgatados mesmo assim. Em casa, em minha bolha branca de classe média estadunidense progressista, eu era uma verdadeira seguidora da Igreja do Cão de Abrigo, aquela vítima e bode expiatório ideal e, portanto, único beneficiário apropriado do amor, do cuidado e do controle populacional. Sem mostrar clemência a ninguém no que diz respeito a nossas obrigações coletivas e pessoais para com os vira-latas e cães de abrigo, tornei-me uma apóstata. Estou promiscuamente atada tanto a meus antigos quanto a meus novos objetos de afeto, dois tipos de tipos, vira-latas e cães de raça pura. Duas coisas terríveis causaram esse estado não regenerado: fiquei curiosa e me apaixonei. Pior ainda, apaixonei-me tanto por tipos quanto por indivíduos. Parasitada por parafilias e epistemofilias, ponho-me a trabalhar.[1]

A pesquisa pode ser apaziguante em tais circunstâncias. Atormentada por questões sobre tipos de cães e, especialmente, por perguntas sobre as pessoas e os cães envolvidos no ativismo ligado à saúde e à genética dentro da biotecnologia naturalcultural, recomendaram-me que falasse com uma mulher em Fresno, na Califórnia, chamada C. A. Sharp, a qual, me asseguraram, era a diva da saúde genética canina na terra dos pastores-australianos. Tudo isso se encaixava muito bem em meu álibi de acadêmica de *science studies* e aparente antropóloga. Somou-se que, tentada ao exagero por causa do modesto sucesso de meu vira-lata Roland, cruza de pastor-australiano com chow-chow,

---

1 A piada talvez seja complicada, mas as parafilias, ou amores desviantes, são quase todo tipo de conexão libidinalmente investida conhecido pela psicanálise e pela sexologia desde Havelock Ellis, e eu ficaria desapontada se o amor canino não se encontrasse aí em algum lugar. Uma matéria de interesse para as feministas, a epistemofilia, ou o amor pelo conhecimento, tem tudo a ver com a penetração e a sondagem do corpo da mãe no desejo perverso do sujeito de conhecer suas origens. Não há nada de inocente nisso! A curiosidade está bem ali, com outros tipos de escavação na lama e sondagem – espeleologia, na verdade – de tubos e cavernas. A curiosidade não é uma boa virtude, mas tem o poder de derrotar as autocertezas favoritas de cada um.

no esporte de *agility* – uma atividade que meu marido, Rusten, e eu inocentemente começamos com nosso cachorro adotado de maneira politicamente correta, já adulto, para ajudá-lo a socializar e ganhar confiança com outros cães –, também me foi dito que Sharp, uma senhora dedicada a uma raça de pastores, embora tivesse a conformação como finalidade,[2] poderia me ajudar a encontrar uma grande promessa em *agility*, também conhecida como uma *high-drive*, procriada com propósito, uma atleta filhote. Meus informantes estavam certos; C.A. era tudo isso e muito mais. Ela não só me indicou os criadores de cães de raça que ajudaram a trazer Cayenne ao mundo; em 1998, Sharp e eu começamos uma colaboração e amizade na cachorrolândia que amarrou novos nós de espécies companheiras em meu coração e em minha mente. Em "Vidas examinadas", acompanharei as práticas de curiosidade e cuidado de Sharp ao longo de várias décadas para destrinchar como devir mundana pode funcionar quando tipos estão em jogo.

Primeiro, porém, preciso dizer como esse tipo material-semiótico chamado pastores-australianos veio a ser no mundo. Conhecer e viver com esses cães significa herdar todas as condições de sua possibilidade, tudo o que torna real a relação com tais seres, todas as preensões que nos constituem como espécies companheiras. Estar apaixonada significa ser mundana, estar em conexão com alteridades significativas e outros significantes, em muitas escalas, em camadas locais e globais, em teias ramificantes. Eu quero saber como viver com as histórias que estou vindo a conhecer. Uma vez que o toque se dá, as obrigações e as possibilidades de resposta mudam.

ESTÓRIAS DE RAÇA: PASTORES-AUSTRALIANOS

Se algo é certo sobre as origens dos pastores-australianos, é que ninguém sabe como o nome surgiu e ninguém conhece todos os tipos

---

2 Um show ou prova de conformação, ou ainda uma exposição de cães, consiste em um desfile nos quais estes são avaliados por juízes humanos de modo a aferir sua conformidade com o padrão escrito da raça. Esse tipo de prova é importante no mundo dos criadores na medida em que possíveis matrizes (mães) e padreadores (pais) são avaliados. Para os padrões em português, bem como informações a respeito de provas e muito mais, conferir o site da Confederação Brasileira de Cinofilia: cbkc.org. [N. T.]

de cães ligados à ancestralidade desses talentosos pastores. Talvez a coisa mais certa seja que os cães deveriam se chamar "cães de rancho do Oeste estadunidense". Não "americano", mas "estadunidense". Deixem-me explicar por que isso importa, especialmente já que a maioria dos antepassados (mas nem de longe todos) são provavelmente variedades de collies que emigraram com suas pessoas das Ilhas Britânicas para a Costa Leste da América do Norte a partir do início dos tempos coloniais. A Corrida do Ouro na Califórnia e o rescaldo da Guerra Civil são as chaves para minha estória nacional regional. Esses eventos épicos transformaram vastas faixas do Oeste da América do Norte em parte dos Estados Unidos. Não quero herdar essas histórias violentas enquanto Cayenne, Roland e eu completamos nossos percursos de *agility* e conduzimos nossos assuntos de família interespecífica. Mas, goste ou não, carne a carne e face a face, herdei essas histórias ao tocar meus cães, e minhas obrigações no mundo são diferentes por causa desse fato. É por isso que tenho de contar essas estórias – para desvendar a resposta pessoal e coletiva necessária agora, e não há séculos. Espécies companheiras não podem arcar com amnésia evolucionária, pessoal ou histórica. A amnésia corromperá o signo e a carne e tornará o amor mesquinho. Se eu contar a estória da Corrida do Ouro e da Guerra Civil, então talvez possa também lembrar de outras estórias sobre os cães e sua gente – estórias sobre imigração, mundos indígenas, trabalho, esperança, amor, brincadeira e a possibilidade de coabitação por meio da reconsideração da soberania e das naturezasculturas ecológico-desenvolvimentais.

As estórias românticas de origem dos pastores-australianos falam sobre pastores bascos de ovelhas no final do século XIX e início do XX trazendo consigo seus pequenos cães de pelagem merle na terceira classe de navios, enquanto se dirigiam aos ranchos da Califórnia e de Nevada para cuidar das ovelhas de um Oeste pastoral atemporal depois de terem pastoreado ovelhas na Austrália. "Na terceira classe" entrega o jogo; trabalhadores viajando na terceira classe não estavam em condição de levar seus cães para a Austrália ou para a Califórnia. Ademais, os bascos que imigraram para a Austrália não se tornaram pastores; tornaram-se trabalhadores de cana-de-açúcar; e não foram para aquela fronteira chamada *Down Under*[3] antes do século XX. Sem terem sido necessariamente pastores, os bascos chegaram à Califórnia, às vezes

---

3 Forma pela qual são chamadas a Austrália, a Nova Zelândia e demais ilhas do Pacífico por estarem, no mapa, "embaixo" dos demais países. [N. T.]

pela América do Sul e pelo México, no século XIX, com os milhões que cobiçavam ouro, e acabaram pastoreando ovelhas para alimentar outros garimpeiros decepcionados. Os bascos também abriram restaurantes populares, recheados de pratos com cordeiros, em Nevada, no que se tornou o sistema rodoviário interestadual após a Segunda Guerra Mundial. Eles adquiriram seus cães pastores entre aqueles que trabalhavam localmente; um lote misto, para dizer o mínimo.[4]

As missões espanholas favoreceram a coerção da criação de ovelhas para "civilizar" os indígenas, mas em sua história online dos pastores-australianos Linda Rorem observa que, nos anos 1840, o número de ovelhas no extremo Oeste havia diminuído muito (para não mencionar a redução de populações humanas decorrente da matança e do deslocamento dos povos nativos), e a economia pastoril estava em depressão.[5] As ovelhas das missões eram descendentes da churra de origem ibérica, que os espanhóis valorizavam por sua robustez, fecundidade e adaptabilidade. Originalmente acompanhando os conquistadores como fonte de alimento e fibras, a churra (chamada de churro pelos colonos anglo-americanos e mais tarde também pelos nativos americanos) eram a base dos ranchos e aldeias da Nova Espa-

---

4 Para uma visão ampla do surgimento de cães de trabalho de todos os tipos, ver Raymond Coppinger e Richard Schneider, "Evolution of Working Dogs", in James Serpell (org.), *The Domestic Dog: Its Evolution, Behaviour, and Interactions with People*. Cambridge: Cambridge University Press, 1995. Para o surgimento de animais de trabalho em geral, ver Juliet Clutton-Brock, *A Natural History of Domesticated Mammals*. Cambridge: Cambridge University Press, 1999. Para um estudo da força e da antiguidade dos laços afetivos e sociais canino-humanos sugeridos pela distribuição mundial de antigos cemitérios de cães, laços que o autor vê como definidores dos cães como uma espécie, ver Darcy F. Morey, "Burying Key Evidence: The Social Bond between Dogs and People". *Journal of Archaeological Science*, v. 33, n. 2, 2006. Sobre cães de trabalho, de companhia, de alimentação e outros nas Américas antes da chegada dos tipos caninos europeus, ver Marion Schwartz, *A History of Dogs in the Early Americas*. New Haven: Yale University Press, 1997. Sobre a importância dos animais nas colônias imperiais, ver Virginia Anderson, *Creatures of Empire*. New York: Oxford University Press, 2006.

5 Linda Rorem, "A View of Australian Shepherd History" [1987], in *Working Aussie Source*, 2010. O clássico, recentemente reeditado, sobre a interação de 10 mil anos entre ovelhas e seres humanos é Michael L. Ryder, *Sheep & Man*. London: Duckworth, 2007. Ryder publicou extensamente a partir de seu posto na Agricultural Research Council's Animal Breeding Research [Pesquisa de Procriação Animal do Conselho de Pesquisa Agrícola] em Edimburgo. Sarah Franklin, minha amiga e colega, que me pastoreia impiedosamente nas ecologias naturaisculturais ovino-canino-humanas, entrega uma mina de ouro de informações em *Dolly Mixtures*, op. cit.

nha no século XVII. Ao adquirir essas ovelhas para si mesmos, tanto por meio de assaltos como pelo comércio, outros povos indígenas as criaram por mais de trezentos anos para que se adaptassem às agrestes condições pastoris nativas. O churro tornou-se a famosa ovelha pueblo e navajo, cuja lã foi fiada e trançada nos magníficos tecidos dos indígenas do Sudoeste. Nas comunidades navajo, as ovelhas são principalmente propriedade de mulheres, e a tecelagem sempre foi trabalho feminino. Além disso, projetos esperançosos para reintegrar jovens Navajo do século XXI na comunidade ao unir o que se chama de moderno e tradicional dependem de uma cultura de ovelhas navajo-churro revigorada e cosmopolita. O gênero e a geração crescem com as fibras da pelagem e do músculo de um cordeiro.

Nos anos 1850, milhares de ovelhas churro foram levadas para o Oeste com a finalidade de abastecer a gente da Corrida do Ouro. O exército estadunidense abateu a maioria dos rebanhos navajo nos anos 1860 em retaliação à resistência indígena à conquista e ao confinamento na reserva do Bosque Redondo, e raças ovinas europeias "melhoradas", além da redução dos rebanhos, foram forçadas aos Navajo durante as primeiras décadas do século XX. Nos anos 1930, em resposta à seca, agentes do governo federal dos Estados Unidos foram de *hogan* em *hogan*[6] para atirar em porcentagens obrigatórias de ovelhas. Na frente dos lares humanos delas, os agentes mataram todas as ovelhas navajo-churro que encontraram sob a crença equivocada de que esses animais de aparência dura eram especialmente inúteis. Tanto no fato experimentado quanto no científico, os ovinos navajo-churro precisam de menos capim e água, prosperam com menos trabalho humano, produzem uma fibra de lã de maior qualidade e uma carne com maior teor de proteína e menos gordura do que as raças europeias, resultado do progresso, em condições naturaisculturais comparáveis. Mesmo no início do século XXI, os anciãos navajo são capazes de narrar em detalhes cada carneiro abatido. Poucos sobreviveram, e nos anos 1970 havia apenas cerca de 450 ovelhas desse tipo resistente na Diné Bikéyah, também conhecida como Nação Navajo. Na primeira década de 2000, o tipo de ovelhas, as pessoas comprometidas com elas e os modos de vida tradicionais-modernos que essas espécies companheiras tricotam juntas parecem ter uma chance de um futuro multiespécies no agropastoralismo tecnocultural e em seus projetos de coalizão e liberdade de muitos fios.

—

6 Habitação tradicional dos Navajo. [N. T.]

Meus colegas historiadores da Califórnia me dizem que encontram muito poucas menções a cães pastores associados às missões espanholas e ao trabalho indígena. No entanto, em algum momento os Navajo alistaram o trabalho de cães para suas ovelhas, principalmente para proteção contra predadores que certamente vinham do mesmo grupo heterogêneo de cães do Oeste, de linhagem tanto inglesa como ibérica e, pode-se imaginar, até mesmo de alguns cães de antes da Conquista,[7] que contribuíram para o surgimento dos pastores-australianos. Nunca padronizados em uma raça fechada e sempre abertos às contribuições de qualquer cão que se mostrasse útil aos Navajo, esses cães resistentes e diversificados ainda hoje trabalham para os Diné, protegendo suas ovelhas navajo-churro milagrosamente ainda-sobreviventes, mas em perigo de extinção, bem como seus rebanhos de ovelhas "melhoradas". Projetos de restauração e preservação envolvendo a raça de ovelhas navajo-churro fazem agora parte da biopolítica do Oeste e do Sudoeste, incluindo a comercialização online e de nicho local de sua carne e suas fibras, festivais cruciais tanto para o fortalecimento das comunidades indígenas quanto para o turismo transregional, laboratórios de procriação de ovinos raros, padrões oficiais de raças ovinas e bancos de dados genéticos (por exemplo, as coleções de material genético navajo-churro do National Center for Genetic Resources Preservation – NCGRP [Centro Nacional de Preservação de Recursos Genéticos] em Fort Collins, Colorado), ações culturais-políticas e projetos educacionais hispânicos e navajo, favorecimento de lhamas de guarda em detrimento de cães de guarda de gado, projetos de esterilização de cães excedentes da Nação Navajo e trabalho de restauração das pastagens naturais. Iniciado em 1977 por Lyle McNeal, um cientista anglo-americano especializado em animais que trabalha com a Nação Navajo, o Navajo Sheep Project visava "estabelecer um rebanho *navajo*-churro reprodutor, a partir do qual o gado é devolvido aos Navajo, a tecelões hispânicos e criadores de ovelhas. Reconhecendo a relação íntima

---

7 Estudos genéticos moleculares não mostram os segmentos de DNA mitocondrial ou nuclear em cães estadunidenses vivos que se esperaria encontrar na prole de cães pré-Conquista. Esses cães parecem ter sido mortos em massa ou morrido ou ambos com a chegada de cães europeus e de seu povo feroz com seus destrutivos animais domésticos para alimentação. Não sei se os cães navajo foram examinados especificamente com essa questão em mente. Mas ver Mark Derr, *Dog's Best Friend*. New York: Holt, 1997, pp. 12, 168–75, para a opinião de que alguns cães navajo se assemelham muito a variedades específicas de cães americanos pré-Conquista e para uma discussão sobre seu comportamento de guarda de rebanho sob os sistemas de pastoreio navajo.

entre ovelhas, lã, tecelagem, terra e culturas tradicionais, o projeto busca apoiar o agropastoralismo e criar um apoio econômico culturalmente relevante para a continuidade dessas culturas".[8] Em 1991, a Diné Bí' Íína (Modos de Vida Navajo) foi registrada como uma organização sem fins lucrativos no Arizona. "Diné Bí' Íína representa os Navajo Nation Sheep and Goat Producers [Produtores de Ovelhas e Cabras da Nação Navajo], fornecendo liderança, informações técnicas e assistência ao desenvolvimento econômico a indivíduos e famílias, além de apoiar os modos de vida tradicionais associadas à produção de ovelhas, lã e cabras. A organização procura restaurar o prestígio do pastoreio de ovelhas e promover a educação necessária para sua continuidade no mundo moderno."[9]

Essa estória me conta novamente que seguir os cães (e seus herbívoros) não pode deixar de tornar seus companheiros humanos de viagem mais mundanos, mais enredados nas teias da história que exigem resposta hoje. Do meu ponto de vista, a resposta deveria incluir, mas não se limitar a, apoiar o rancho agroecológico; opor-se ao sistema industrial de produção de carne e fibras; trabalhar pela diversidade genética e pela restauração ecológica de muitas espécies domésticas e selvagens; unir-se às lutas econômicas e políticas indígenas pela terra e pela biorriqueza; tornar-se mais inteligente em relação à complexa biopolítica da classes, nações e etnias humanas que estão emaranhadas com tipos, bem como com raças institucionalizadas de animais não humanos; e, não menos importante, agir nos níveis pessoal e coletivo para o bem-estar dos animais em suas relações com diversos povos contemporâneos. Alertada por essa lista de verificação mínima para resposta, retorno ao ramo da estória que levou aos pastores-australianos e a algumas das respostas enredadas na narrativa.

A descoberta do ouro mudou de modo radical e permanente a economia alimentar, o agenciamento de espécies, a política, as demografias humana e mais-que-humana e a ecologia naturalsocial da Califór-

---

8 Extraído de "The Navajo Sheep Project"; navajosheepproject.org. Ver também afs.okstate.edu/breeds/sheep/navajochurro e navajo-churrosheep.com. Para uma boa introdução à história dos tecidos navajo, ver Eulalie H. Bonar (org.), *Woven by the Grandmothers: Nineteenth-Century Navajo Textiles from the National Museum of the American Indian*. Washington, D.C.: Smithsonian Institution Press, 1996. Para argumentos astutos, engajados e comoventes a favor de contramodernidades necessárias nos mundos australianos e em outros lugares, ver Deborah Bird Rose, *Reports from a Wild Country: Ethics for Decolonisation*. Sydney: University of New South Wales Press, 2004.

9 Ver navajolifeway.org e navajosheepproject.org.

nia e de outras partes do Oeste estadunidense.[10] Grandes rebanhos de ovelhas foram transportados a partir da Costa Leste, por via marítima, dando a volta no Cabo Horn; do Meio Oeste e do Novo México, por via terrestre; e daquela outra colônia branca com uma forte economia pastoril orientada para o mercado, a Austrália.[11] O que a Corrida do Ouro começou o resultado da Guerra Civil terminou, com a redução militar e o confinamento dos indígenas do Oeste da América; as consolidações de terras expropriadas de mexicanos, californianos e indígenas; e o vasto influxo de colonos anglo-americanos (e um número significativo de afro-americanos, sempre entre parênteses).

Todas essas movimentações de ovelhas também significavam movimentações de seus cães de pastoreio. Eles não eram os cães guardiões das antigas ecologias e economias pastoris transumantes da Eurásia, com suas rotas de mercado estabelecidas, pastagens sazonais e ursos e lobos locais (que estavam, entretanto, altamente depauperados, especialmente onde o progresso se manteve). As colônias brancas na Austrália e nos Estados Unidos adotaram uma atitude ainda mais agressiva do que a de seus antepassados europeus em relação aos predadores não humanos, construindo cercas ao redor da maior parte de Queensland para manter dingos do lado de fora e capturando, envenenando e atirando em qualquer coisa com presas caninas consideráveis que se movesse nas terras do Oeste dos Estados Unidos.[12] As raças

---

10 Adoto a expressão "mais-que-humano" do antropólogo, filósofo e especialista em *science studies* australiano Thom van Dooren, que a usa em sua tese de doutorado *Seeding Property: Nature, Human/Plant Relations and the Production of Wealth*. Australian National University, 2007.

11 No comércio internacional, diferentes raças de ovelha criadas por sua carne e fibra têm sido há muito tempo importantes na história do capital, e a Austrália é um ator-chave. Jamais focado no bem-estar das ovelhas, o comércio só se tornou mais brutal com a agricultura industrial e permitiu tecnocientificamente a redução de animais a pouco mais do que bioprodutores de dinheiro. Os muitos milhões de ovelhas vivas enviadas anualmente por países como Austrália e Uruguai ao Oriente Médio e à Ásia para o Ramadã são apenas um exemplo; a taxa de mortalidade dessas ovelhas em trânsito tornou-se um escândalo internacional. As exportações do Reino Unido se destinam principalmente ao norte da Europa, especialmente à França. Para uma visão do inferno dos ovinos, ver Sue Coe e Judith Brody, *Sheep of Fools*. Seattle: Fantagraphics, 2005.

12 A. Franklin, em *Animal Nation*, op. cit., p. 157, observa que o dingo imigrante, com sua história de 4 mil anos na Austrália, é considerado responsável não apenas pelo extermínio do lobo-da-tasmânia na Austrália continental mas também, mais recentemente, por depredações na economia pastoril dos colonos brancos, resultando em uma cerca de 10 mil quilômetros que vai de Queensland até a Austrália meridional. Franklin conta sobre a ainda mais recente reabilitação econa-

guardiãs, como os grandes pireneus e os cães akbash, só apareceram na economia ovina do Oeste dos Estados Unidos depois que essas táticas de erradicação se tornaram ilegais, nos estranhos tempos de movimentos ambientais eficazes dos anos 1970 em diante, quando a colaboração de mulheres brancas um pouco loucas que viviam na terra dos cães guardiões de gado de raça pura começou a parecer racional pelo menos para alguns rancheiros viris de ambos os sexos. Mas essa é outra estória, mais lupina na natureza e nas consequências.

Os cães de pastoreio que acompanhavam tanto as ovelhas imigrantes da Costa Leste dos Estados Unidos como as da Austrália eram principalmente do tipo do velho collie de trabalho ou de pastores. Eram cães fortes, polivalentes, com um "olhar vago" e uma postura de trabalho ereta – diferentes dos border collies selecionados por seu trabalho com ovelhas, com olhar incisivo e postura rasteira –, dos quais derivam várias raças de clubes cinófilos. Entre os cães vindos da Austrália para o Oeste dos Estados Unidos estavam os "coulies alemães", frequentemente de pelagem merle, que se parecem muito com os pastores-australianos modernos. Eram cães de origem britânica, "collies" de pastoreio para todos os fins, chamados de alemães porque colonos alemães viviam em uma área da Austrália na qual tais cães eram comuns. Os cães que se parecem com os pastores-australianos contemporâneos podem ter ganhado seu nome cedo pela associação com bandos que chegavam em barcos de *Down Under*, quer viessem

---

cionalista do dingo como um símbolo da natureza selvagem nativa em importantes locais turísticos e de férias, como a Ilha Fraser. O American Kennel Club deu aos dingos seu *imprimatur* em 1993, designando-os uma raça de cão australiano. O dingo alcançou até mesmo a graça mista de tornar-se oficialmente ameaçado de extinção como resultado de seu cruzamento não abençoado com cães ferais comuns. Os lobos estadunidenses têm seguido um caminho semelhante: de pragas e assassinos considerados dignos de campanhas de extermínio efetivas e brutais de dar calafrios, com direito a caçadores de recompensas, até se tornarem membros da ecoelite da macrofauna supernativa e carismática. Ver Jody Emel, "Are You Man Enough, Big and Bad Enough? Wolf Eradication in the U.S.", in J. Wolch e J. Emel, *Animal Geographies*. London: Verso, 1998. As campanhas de extirpação pós-capitão Cook contra dingos contribuíram fortemente para a extinção de outras dezesseis espécies de mamíferos australianos ao remover seu predador de topo, liberando predadores europeus introduzidos, como as raposas, para se banquetearem de espécies terrestres do continente sul, como a lebre-wallaby-do-leste [*Lagorchestes leporides*], sem serem amolados. Ver *New Scientist*, 11 nov. 2006, p. 17. Para uma etnografia extraordinária que se concentra na importância dos dingos para os aborígenes do Território do Norte, ver D. B. Rose, *Dingo Makes Us Human*. Cambridge: Cambridge University Press, 1992.

ou não também nesses navios. Ou, associados a cães imigrantes posteriores, esses tipos podem ter adquirido o nome "pastor-australiano" bem mais tarde, na Primeira Guerra Mundial. Registros escritos são raros. E não houve um "raça pura" à vista por muito tempo.

Linhagens identificáveis, porém, estavam se desenvolvendo na Califórnia, em Washington, no Oregon, no Colorado e no Arizona pelos anos 1940. O Australian Shepherd Club of America [Clube dos Pastores-Australianos da América] reuniu-se pela primeira vez em Himmel Park, no Arizona, em 1957; constituindo-se de cerca de vinte pessoas, o novo clube pediu ao National Stock Dog Registry [Registro Nacional de Cães de Rebanho] para cuidar da raça. O registro não era comum até de meados para o final dos anos 1970.[13] A gama de tipos

---

13 Uma boa história da raça dos pastores-australianos, completa com ótimas fotos dos cães de rancho de estilo antigo e dos pastores ideais modificados "versáteis" do pós-guerra pode ser encontrada em dois anuários do Australian Shepherd Club of America: *Twenty Years of Progress: 1957–1977* e *Proving Versatility: 1978–1982*. Aquele Roland, a cruza de pastor e chow-chow que eu e Rusten adotamos, se parece com o pastor-australiano do velho estilo de pastoreio, o que contribui em muito para explicar por que ele recebeu "Indefinite Listing Privilege" do American Kennel Club como um pastor-australiano quando enviei sua foto. [N. T.: Um ILP significa que, embora não possa ser registrado, o cão é distinguível como membro de uma raça registrável do AKC e pode participar de competições e eventos.] Contei o que sabia com certeza de sua ascendência – nomeadamente, que sua mãe não registrada e inegavelmente pastora trabalhava com ovelhas e gado no Vale Central na Califórnia – e omiti mencionar a pelagem de chow-chow e a língua roxa de suas irmãs de ninhada. Uma vez que toda a ninhada teve a cauda mutilada ao estilo dos pastores-australianos e que ele foi castrado e, assim, impedido de poluir geneticamente mais linhagens de pastores nascidas no alto escalão, nosso Roland de cor castanho-merle teve uma chance. Embora castanho-merle seja um padrão desqualificante de cor e pelagem para os pastores do clube cinófilo no ringue de exibição, não costumava ser incomum. Além disso, Roland se saiu muito bem no teste de aptidão de pastoreio da American Herding Breeds Association, tendo recebido um certificado de qualificação, bem como um olhar de respeito e encorajamento para continuar seu treinamento de gado por parte de algumas pessoas sérias da área. Solicitei o registro de raça ao AKC por três razões: (1) para correr com ele nas provas de *agility* do AKC; (2) para protegê-lo da paranoia que envolve os chows-chows como "raça perigosa" se ele algum dia se metesse em problemas; e (3) para satisfazer meus sentimentos em relação à incongruência entre os patrimônios genéticos institucionalmente fechados e o talento para o pastoreio. Além disso, tenho uma visão um pouco mais positiva do que costumava ter sobre ao papel dos clubes cinófilos em manter vivo o valioso legado dos tipos de cães. Existem outras maneiras de nutrir, biológica e socialmente, tipos de cães em direção ao futuro, mas os clubes cinófilos são geralmente aquilo que temos no mundo industrial hoje. Além disso, muitas das pessoas que trabalham para os cães nesses clubes desfizeram completamente meus preconceitos. Escrevo agora sobre os documentos de Roland

ainda era ampla, e os estilos de cães estavam associados a famílias e ranchos específicos. Curiosamente, um artista de rodeio de Idaho chamado Jay Sisler fez parte da estória de moldar um tipo de cão em uma raça contemporânea, completa com seus clubes e regras. Ele começou a treinar dois filhotes inteligentes, Shorty e Stub, em 1949, em um rancho de Idaho, e posteriormente trabalhou com vários outros pastores-australianos e com um galgo inglês no salto em altura. Por mais de vinte anos, os "cães azuis" de Sisler se apresentaram em sua popular exibição de truques no rodeio.[14] Embora muitos de seus cães estejam por trás dos pedigrees dos pastores-australianos, ele se orgulhava de nunca ter tido um cão registrado. Sisler conhecia os pais da maioria dos cães, mas esse era o máximo de profundidade que a genealogia alcançava no início. Ele obteve seus cães de vários fazendeiros, e muitos desses pastores-australianos se tornaram a estirpe de fundação da raça. Dentre os 1.371 cães identificados dos 2.046 ancestrais que compõem o pedigree de 10 gerações de minha Cayenne, conto 7 cães Sisler em sua família. (Muitos com nomes como "Redding Ranch Dog" e "Blue Dog", 6.170 de mais de 1 milhão de ancestrais são conhecidos em sua árvore de 20 gerações; isso deixa algumas lacunas. A maioria dos pastores-australianos realmente antigos nunca foi registrada.)

Um treinador talentoso daqueles que Vicki Hearne teria adorado,[15] Sisler considerou Keno, que ele adquiriu por volta de 1945, como seu

---

porque esse cão extremamente doce está muito idoso para se meter em problemas demais, mesmo que queira. Além disso, a paternidade nunca é certa, uma matéria de alguma importância histórica. Essa é a dúvida que impulsionou guerras de sucessão nas quais o bastardo humano estava em jogo, e nos tempos atuais da tecnociência tal incerteza leva os clubes cinófilos a exigir o registro de DNA para verificação de parentesco de ninhadas. Empresas de biotecnologia na cachorrolândia brotaram para fornecer testes com um belo lucro. Sangue e genes produzem uma mistura inebriante, como toda teórica feminista antirracista sabe, esteja ela pensando em animais humanos ou não humanos.

14 Muito antes de os métodos de treinamento positivo se tornarem populares, Sisler treinava com panquecas e elogios; ele nunca ensinou cães usando guia. Ele e seu irmão procuravam, criavam e trabalhavam com bons cães de trabalho. Seus números com seus cães tornaram-se famosos nos Estados Unidos e no Canadá, e seus "cães azuis" atuaram nos filmes da Disney *Run, Appaloosa, Run* e *Stub: The Best Cowdog in the West*. Sisler morreu em 1995. Para mais informações, ver: worknaussies.tripod.com e workingaussiesource.com/?s=sisler. O Sisler Ranch [Rancho Sisler] estava no circuito agroturístico do Idaho Organic Exchange em 2004; esse rancho de gado pratica o plantio direto, o pastoreio rotativo, o controle biológico de ervas daninhas, a gestão de zonas ripárias, o uso de bacias de decantação e a filtragem vegetal.

15 Ver Vicki Hearne, *Adam's Task: Calling Animals by Name*. New York: Knopf, 1986, e seu romance, *The White German Shepherd*. New York: Atlantic Monthly Press,

primeiro cão realmente bom. Keno contribuiu com filhotes para o que se tornou a raça, mas o cão Sisler que causou maior impacto (em termos de porcentagem de ascendência por tentativa) para a população atual de pastores-australianos foi John, um cão com antecedentes desconhecidos que vagou um dia para o rancho Sisler e para os pedigrees escritos. Há muitas histórias de cães fundadores. Todos eles poderiam ser microcosmos para pensar em espécies companheiras e na invenção da tradição na carne, bem como no texto.

O clube de pastores-australianos, Australian Shepherd Club of America (Asca), redigiu um padrão preliminar em 1961 e um padrão oficial em 1977, tendo conseguido seu próprio registro como clube de raça em 1971. Organizado em 1969, o Asca Stock Dog Commitee [Comitê do Cão de Rebanho] organizou provas e títulos de pastoreio,

---

1988. Até sua morte, Hearne permaneceu amarga em relação aos "métodos positivos" de treinamento e aos petiscos de recompensa. Nesse caso particular, Hearne não teria aprovado a distribuição de panquecas feita por Sisler! Acho que ela era apegada às suas opiniões, fizesse chuva ou fizesse sol – mesmo que chovessem evidências – , e um gênio educado com e sobre os animais e suas relações com as pessoas. Hearne insistiu no direito e na necessidade de os cães trabalharem e serem respeitados por seu juízo e capacidade e, portanto, no seu direito a uma educação com critérios e consequências reais. Tudo isso significava que Hearne considerava os cães como seres sencientes, conscientes e com mentes que não são humanas. Seu melhor trabalho filosófico, em minha opinião, estabelece a partir desse ponto de vista os fundamentos de sua prática interespécies e aquela das outras pessoas que lidam com cachorros. Para argumentos de treinadores de cães na linguagem dos *science studies* sobre a intencionalidade e a habilidade dos cães de se engajarem em performances criativas e coordenadas com seres humanos e outros cães (nesse caso, no trabalho com cães de caça e pastoreio de ovelhas tanto em provas quanto em condições de fazenda), ver Graham Cox e Tony Ashford, "Riddle Me This: The Craft and Concept of Animal Mind". *Science, Technology, & Human Values*, v. 23, n. 4, 1998. Cox e Ashford enfatizam corretamente que o comportamento e as habilidades "domésticos" dos animais têm recebido muito menos atenção na pesquisa do que o comportamento animal tanto "na natureza" quanto no "laboratório"; ibid., p. 429. É impossível levar os animais "domésticos" a sério, especialmente os cães, dada sua história evolutiva com as pessoas, sem prestar atenção ao comportamento humano-animal coconstituído. Tenho mais simpatia que Hearne ou Cox e Ashford pela utilidade, em muitas situações de treinamento, das abordagens técnicas derivadas do behaviorismo como parte da educação de cães e pessoas, mas concordo que, sem um senso vívido de trabalho com *alguém*, não com *alguma coisa*, e portanto um compromisso prático com a competência cognitiva não humana corporificada, nada de muito interessante pode acontecer conjuntamente, porque o ser humano não estará preparado para responder. Teorizar e desenvolver a partir de realizações interespécies no contexto da prática testada são atividades produtoras-de-conhecimento que deveriam ser chamadas por aquilo que são – ciência (*Wissenschaft*).

e os cães de trabalho em ranchos iniciaram-se em uma considerável reeducação tendo as competições como objetivo.[16] Competições de

—

16 Comprometidos com o trabalho de cães de rebanho, as pessoas das provas de pastoreio são irritadiças, exigentes e orgulhosas por uma boa razão. Tema de uma rica cultura oral, as bem conhecidas linhagens competitivas de pastores-australianos de trabalho são o resultado de seleção e treinamento intensos. Para uma visão fascinante de abordagens bastante diferentes dos pastores que trabalham, acompanhe os sites slashv.com e hangintreecowdog.net.

Que um canil possa continuar a usar o nome "Hangin' Tree" [Árvore de Enforcamento] em 2006 mostra, sem que se precise fazer nenhum comentário, que há algo de horrível em relação a raça e classe em Salmon, Idaho, onde essa linhagem de pastores de trabalho foi desenvolvida – e bem mais além, bem no corpo de toda a minha nação multiespécies, onde, infelizmente, "hangin' tree" aparece por todo o pedigree. Presumo que a manutenção orgulhosa do nome por vários criadores hoje, e provavelmente seu uso inicial por aqueles que desenvolveram a linhagem, não carrega nenhuma ligação consciente com a "justiça" brutal do Oeste para o povo chinês, branco, negro e indígena nem com o linchamento de afro-americanos no Sul e em outros lugares. Entretanto, as ressonâncias das conotações de "Hangin' Tree" me acompanham seriamente quando toco minha cadela e os cães dos meus amigos. Minha parentela inclui cães *hangin' tree*. A memória – e a herança de suas consequências – irrompe através do toque. Ouço mais uma vez a gravação de "Strange Fruit" por Billie Holiday em 1939 e vejo as fotografias indeléveis das cenas de linchamento através dos Estados Unidos, mesmo quando me apaixono por um belo e talentoso filhote recém-chegado ao meu grupo de parentesco estendido de *agility*. Talvez seja bom também que o nome formal "Hangin' Tree" permaneça no pedigree escrito de milhares de cães sérios de trabalho, cujos ancestrais de fato fizeram parte da conquista anglo-saxônica do Oeste. O esquecimento não é um caminho para a resposta. Holiday cantou: *Here is the fruit for the crows to pluck / For the rain to gather, for the wind to suck / For the sun to rot, for the tree to drop / Here is a strange and bitter crop* [Eis aqui o fruto para que os corvos biquem / Para que a chuva enrugue, para que o vento sorva / Para que o sol esturrique, para que a árvore derrube / Eis aqui uma colheita estranha e amarga]. Para um resumo e uma foto, ver en.wikipedia.org/wiki/Strange_Fruit. Para uma análise crucial, ver A. Davis, *Blues Legacies and Black Feminism*. New York: Vintage, 1999.

Os canis sérios de trabalho e de provas colocam seus cães em casas esportivas nos subúrbios (e até mesmo em lares nos quais serão animais de estimação), mas com exigências consideráveis sobre o que os cães farão em *agility* ou no que quer que seja (o que muitas vezes é discriminado nos contratos de venda) e com grandes reservas a respeito de onde esses cães deveriam estar se pelo menos houvesse empregos reais de pastoreio o suficiente. A Fazenda Ad Astra é um bom exemplo de um canil de trabalho que também cria ovelhas e patos especiais para o esporte de competição. O bem-estar dos outros parceiros de cães e humanos no esporte – ovelhas, bovinos e patos – não é uma questão opcional para espécies companheiras sérias. O esporte é bom para os não carnívoros? A resposta não deve ser automática em função de uma ideologia preexistente, e sim uma provocação à pesquisa e à resposta no contexto de histórias mutantes. Essa abordagem é essencial para o meu sentido de "mundanidade".

Jay Sisler e alguns de seus parceiros caninos de rodeio.

conformação e outros eventos tornaram-se populares, e um número considerável entre as pessoas ligadas a pastores viu a afiliação ao AKC como o próximo passo. Outras pessoas ligadas a pastores-australianos viram o reconhecimento do AKC como o caminho para a perdição de qualquer raça de trabalho. As pessoas pró-AKC se separaram para fundar seu próprio clube, a United States Australian Shepherd Association (Usasa), que recebeu o reconhecimento total do AKC em 1993.

Surgiram assim todos os dispositivos biossociais das raças modernas, incluindo ativistas leigos competentes em saúde e genética; cientistas pesquisando doenças ligadas a genes comuns na raça e estabelecendo empresas para comercializar os produtos biomédicos veterinários resultantes; cientistas e empreendedores engajados em genômica comparativa, pós-genômica e pesquisa de células-tronco baseadas em sequências completas de DNA publicadas de uma gama crescente de espécies taxonômicas, bem como de entidades tais como raças distintas de cães; pequenos negócios dedicados a pastores-australianos; *performers* apaixonados por cães

Dogon Grit, de Beret, ao vencer o High in Sheep em 2002 na final dos cães de gado do Australian Shepherd Club of America em Bakersfield, Califórnia. Cortesia de Glo Photo e Gayle Oxford.

em *agility, flyball,*[17] na arte da obediência e na dança; competidores em provas de pastoreio vindos de ranchos ou aqueles que vêm dos subúrbios apenas nos fins de semana; trabalhadores de busca e resgate, tanto cães quanto humanos; cães de terapia e sua gente; empresas de detecção de cupins que empregam os pastores como cães farejadores; criadores empenhados em manter os versáteis e diversos cães pastores que herdaram; outros criadores enamorados

---

17 *Flyball* é um esporte canino de corrida de revezamento com obstáculos. O cão deve correr por uma pista de 15,5 metros, pulando quatro obstáculos de entre 20 e 40 centímetros de altura à distância de 3 metros um do outro. Ao final da pista, posiciona-se uma caixa com um pedal; o cão deve apertar o pedal, que libera uma bola de tênis, e voltar para a posição de largada, onde seu humano o aguarda. Correm quatro cães por equipe, e vence a mais veloz. [N. T.]

por cães de exposição de pelagem longa, lindos cães de exibição com talento para pastoreio não testado; fábricas de filhotes faturando em cima de uma raça popular sem se importar com o sofrimento de sua "reserva" canina reprodutiva ou de sua prole; abundantes criadores de fundo de quintal desprezados por todos acima, mas autojustificados pela fantasia (e às vezes pela realidade) de seus filhos testemunharem o "milagre do nascimento" apenas uma vez; e muito mais.

Os criadores de Cayenne, Gayle e Shannon Oxford, do Vale Central da Califórnia, são ativos tanto na Usasa quanto no Asca. Comprometidos com a criação e o treinamento de cães de rebanho e também com exibições de conformidade e *agility*, os Oxford me ensinaram sobre "o versátil pastor-australiano", um discurso que vejo como análogo ao do "propósito duplo" ou do "cão inteiro" da gente do cão-da-montanha--dos-pireneus. Essas expressões funcionam para evitar a divisão das raças em grupos de genes cada vez mais isolados, cada um dedicado ao objetivo limitado de um especialista, seja esporte, beleza ou outra coisa. O teste fundamental de um pastor-australiano, no entanto, continua sendo a habilidade de pastorear com destreza consumada. Se a "versatilidade" não começar por aí, a raça de trabalho não sobreviverá.

Esse fato concentra minha pergunta sobre como herdar a história do contato com esses cães e, assim, como moldar o devir com eles em um futuro potencialmente menos violento. Os cães de trabalho são o meio e a prole da conquista colonial, do comércio internacional de carne e fibras animais, das economias e ecologias dos ranchos do Oeste dos Estados Unidos, da resistência dos nativos americanos ao Exército dos Estados Unidos e das culturas esportivas e de entretenimento. Os cães que não trabalham são a prole de formações de classe, raça e gênero que estão enraizadas no mundo da exposição de conformação e na cultura afetiva de animais de estimação.[18] Além do mais: ninguém pode viver a sério com um cão de pastoreio (ou de caça) e permanecer acima dos debates sobre seus parceiros de trabalho, os herbívoros domésticos e selvagens produtores de carne e fibras. Viver em resposta a essas histórias não é uma questão de culpa e de suas não soluções exterminadoras resultantes, tais como encerrar toda criação de gado, incentivar apenas dietas veganas e trabalhar contra a criação deliberada de cães pastores, de estimação e de exposição.

---

18 Harriet Ritvo, *The Animal Estate*. Cambridge: Harvard University Press, 1987, é a primeira obra a ser consultada para entender como a cultura e a criação de animais para exposição são tecnologias de formação de classe, nação e gênero humanos.

Acredito que o veganismo ético, por exemplo, põe em prática uma verdade necessária, além de ser um testemunho crucial da extrema brutalidade em nossas relações "normais" com outros animais.[19] No entanto, também estou convencida de que o coflorescimento multiespécies requer verdades simultâneas e contraditórias se levarmos a sério *não* o mandamento que fundamenta o excepcionalismo humano, "Não matarás", e sim o mandamento que nos faz enfrentar os atos de nutrir e matar como parte inescapável dos emaranhamentos mortais das espécies companheiras, a saber, "Não tornarás matável". Não há nenhuma categoria que torne o ato de matar inocente; não há nenhuma categoria ou estratégia que retire alguém do ato de matar. Matar animais sencientes é matar alguém, não alguma coisa; saber isso não é o fim, mas o começo de uma séria prestação de contas dentro das complexidades mundanas. Enfrentar o ultraje do excepcionalismo humano exigirá, a meu ver, reduzir drasticamente as exigências humanas ao mundo mais-que-humano e também reduzir radicalmente o número de seres humanos (*não* por assassinato, genocídio, racismo, guerra, negligência, doença e fome – todos meios que as notícias diárias mostram serem comuns como grãos de areia em uma praia).

Enfrentar o ultraje do excepcionalismo humano também exige trabalhar para os emaranhamentos mortais de seres humanos e outros organismos de formas que sejam julgadas, sem garantias, como boas, ou seja, merecedoras de um futuro. Do ponto de vista das histórias situadas nos Estados Unidos, propus o agropastoralismo moderno ligado a lutas indígenas e outras, e também embutido na tecnocultura, como algo que considero bom, ou seja, que requer resposta, sentimento e trabalho. Exceto como criaturas de museu, resgate ou de novidade patrimonial, a maioria dos tipos (e indivíduos) de animais domésticos e suas formas de viver e morrer com pessoas desapareceriam, a menos que essa matéria difícil fosse abordada sem absolutos

---

19 Carol Adams, *The Pornography of Meat*. New York: Continuum, 2004, apresenta argumentos convincentes a favor do veganismo no contexto de uma crítica sofisticada e interseccional à conexão entre a brutalidade da indústria da carne com os animais e com as pessoas, especialmente as mulheres e, mais ainda, as mulheres racializadas. A ingestão "comum" de carne não é apenas cumplicidade, na opinião de Adams, mas ao mesmo tempo violência direta indesculpável contra os animais e participação na opressão violenta de classe de pessoas. Para acompanhar o que se torna alimento para pessoas tecnoculturais e para algumas das respostas necessárias, ver Michael Pollan, *O dilema do onívoro: Uma história natural de quatro refeições*, trad. Cláudio Figueiredo. Rio de Janeiro: Intrínseca, 2007.

C. A. Sharp e Sydney, seu pastor-australiano resgatado, em 2006. © Larry Green.

morais. Acho esse desaparecimento tão inaceitável quanto assassinato humano, genocídio, racismo e guerra. Os absolutos morais contribuem para o que chamo de exterminismo. Diante das estórias de origem duras e do emaranhamento irredutível, não devemos perder o controle e apagar a fonte de nossa bem merecida enfermidade, mas, em vez disso, aprofundar a responsabilidade de continuarmos juntos sem o sonho de paz passada, presente ou futura.

Isso é parte do que a filósofa Isabelle Stengers chama de cosmopolítica. Proibindo tanto o sonho (e o pesadelo) de uma solução final quanto a fantasia de uma comunicação transparente e inocente, a cosmopolítica é uma prática de prolongamento, de permanecer exposto a contingências, de enredar-se materialmente com o maior número possível de participantes misturados.[20] Sem querer denunciar o mundo

---

20 I. Stengers, "A proposição cosmopolítica", trad. Raquel Camargo e Stelio Marras. *Revista do Instituto de Estudos Brasileiros*, n. 69, abr. 2018, pp. 444–46.

atual em favor de um mundo ideal, as gentes de cães que admiro são aquelas que agem em teias de espécies companheiras com complexidade, cuidado e curiosidade. Para explorar melhor esse tipo de vida examinada, vou contar uma estória sobre uma notável mulher de cães que começou na cultura de conformação e de exposição de pastores-australianos, mas que serve a toda a comunidade da cachorrolândia através de seus conhecimentos de saúde e genética e por seu ativismo.

A PRESTAÇÃO DE CONTA DOS GENES: C. A. SHARP NA TERRA DOS PASTORES-AUSTRALIANOS

C. A. Sharp corporifica para mim a prática do amor por uma raça em sua complexidade histórica.[21] Evidente em seus exemplares da publica-

---

21 Agradeço a Sharp por duas extensas entrevistas formais, em Fresno, na Califórnia, nos dias 14 de março de 1999 e 7 de novembro de 2005, e pela permissão para citá-las. Desde o outono de 1998, Sharp tem generosamente compartilhado seus conhecimentos a respeito de pastores-australianos e trabalhado comigo por e-mails na lista de discussão CANGEN-L, dedicada à diversidade genética da população canina e a seu esgotamento; indo ver Cayenne e eu corrermos em provas de *agility*; em jantares no Vale Central da Califórnia; ao comparar notas sobre o curso online que ambas fizemos sobre genética canina na escola de veterinária da Universidade Cornell; através de seu trabalho no site do Australian Shepherd Health & Genetics Institute; por meio de suas publicações e manuscritos (que incluem algumas grandes estórias de amor vendidas sob um pseudônimo para revistas de mulheres não cinófilas). Sirvo como leitora de capítulos de seu livro em andamento sobre genética e saúde canina para criadores. Sharp me ajudou a encontrar o criador de Cayenne quando eu queria um filhote que provavelmente crescesse para se divertir e se destacar em *agility*. Tal cão teria mais probabilidade de vir ao mundo na cultura dos cães de rebanho do que na cultura de exposições de conformação. Muitos vira-latas também podem se tornar cães de *agility* dinamitados, mas os cães pastores de alta velocidade prevalecem.

Sharp também tem sido uma conselheira genética informal para mim e para Cayenne, encaminhando-nos para a pesquisadora do gene merle Sheila Schmutz. Ver: munster.sasktelwebsite.net/DogColor/dogcolorgenetics.html. Como era de esperar (já que eu conhecia muitos de seus parentes e mantive uma comunicação extensa com seus criadores escrupulosos e não dados a segredos), o DNA obtido pelo *swab* bucal de Cayenne mostrou que ela era heterozigota, não homozigota para merle (um padrão de distribuição de pigmento sobre a pelagem). Merle é um gene autossômico dominante que foi recentemente mapeado e caracterizado em nível molecular. Na forma homozigota, o merle resulta em uma incidência de quase 100% de surdez de origem neurológica ou defeitos visuais ou ambos. Em sua forma heterozigota, o merle não é conhecido por predispor a nenhuma deficiência sensorial. Cayenne é surda neurologicamente de um lado, uma condição

ção independente *Double Helix Network News* [Rede de Notícias Dupla Hélice] e no Australian Shepherd Health & Genetics Institute (Ashgi) [Instituto de Saúde e Genética dos Pastores-Australianos], que ela ajudou a fundar – para não mencionar a reflexão crítica sobre suas próprias práticas como criadora e o resgate e adoção de um pastorzinho muito pequeno, Sydney, após a morte do último cão de sua criação –, Sharp pratica um amor que busca conhecimento, nutre a curiosidade não dogmática e toma medidas para o bem-estar de cães e pessoas. O mundo de Sharp é um bom lugar para procurar gente que está sempre em processo de aprendizagem, porque devem isso a seus amados, tanto como tipos quanto como indivíduos.

A cena ativista canina, ou a cosmopolítica canina, também é um bom lugar para procurar exemplos de alguns dos principais temas dos estudos de ciência e tecnologia contemporâneos, entre os quais a confecção, o cuidado e a alimentação de "objetos epistêmicos", como o genoma canino ou a diversidade genética; a consolidação e o fortalecimento de fatos importantes para a saúde canina de comunidades estratificadas por hierarquias de estatuto científico; o poder dos objetos de fronteira, tais como genes de doenças capazes de ligar diversos mundos sociais, incluindo aqueles de proprietários de animais de estimação, criadores de clubes cinófilos, veterinários, ativistas de saúde leigos, empreendedores e pesquisadores de laboratório; a formação de comunidades online na cultura digital; e o desenvolvimento de registros de saúde abertos e bancos de dados que operacionalizam de forma complexa o significado de dispositivos de dados democráticos de espécies companheiras. O ativismo social multitarefas na tecnocultura caracteriza o trabalho de pessoas cachorreiras como Sharp, que estão em franca minoria em seus clubes de raça, mas desenvolvem redes robustas com o potencial de mudar o estado das coisas. Sua atividade multitarefas inclui ações como o desenvolvimento de sistemas de apoio ao luto, a aplicação por pares de novos padrões de comportamento ético, a criação de redes acima e abaixo do radar em mundos altamente generificados, o fomento a sofisticados conhecimentos científicos e médicos leigos, o malabarismo diante da ameaça de ações judiciais devido ao compartilhamento aberto de informações arriscadas, a realização de campanhas publicitárias, a arrecadação de

—

altamente incomum para um heterozigoto. Merle é um padrão de pelagem popular nos pastores-australianos e em várias outras raças. O acasalamento de merle com merle produz em média 25% homozigotos para M, por isso tais acasalamentos são amplamente consideradas antiéticos pela gente dos pastores-australianos.

dinheiro e a atuação como defensores da saúde canina na ciência de uma forma que se tornou familiar em grupos de defesa de pacientes em naturezasculturas biomédicas humanas.

Sharp começa sua própria estória de origem como criadora com uma memória traumática que ela mobiliza retoricamente para estabelecer as bases de uma comunidade de pastores-australianos melhor. Ela conta sobre o momento em que é confrontada, no consultório veterinário, com más notícias sobre a primeira cadela que esperava usar para procriar e ter uma ninhada toda sua. "Um ano e meio depois de obter minha primeira cadela pastora para exposição e reprodução, eu dei de cara com a realidade da doença genética canina."[22] Sua cadela Patte não conseguiu uma classificação de "boa" ou

---

22 C. A. Sharp, "The Biggest Problem". *Double Helix Network News*, v. 13, n. 3, 2000, p. 2. Antes de prosseguir, é importante notar que vira-latas e cães de rua também têm doenças genéticas. De fato, grandes populações mistas mostrarão toda a gama de tais condições em frequências variadas. A questão especial das raças puras é que elas são uma espécie de ilhas Galápagos do mundo canino produzidas institucionalmente, nas quais as populações são isoladas da exogamia e, assim, é provável que apenas um subconjunto de doenças ligadas a determinado gene canino apareça em alguma raça. No entanto, se uma intensa consanguinidade – incluindo a prática comum do *linebreeding* [acasalamento entre ancestrais] para concentrar a contribuição genética de cães altamente valorados – for a norma, ao longo das gerações (e isso pode acontecer rapidamente), genes específicos ligados a doenças ocorrerão muito mais comumente no estado homozigoto. Além disso, se determinados cães machos com aparência ou comportamento extremamente prezados gerarem um grande número de filhotes (a "síndrome do padreador popular"), os alelos desses cães se tornarão cada vez mais frequentes, com consequências tanto para traços indesejáveis como para aqueles procurados. As fêmeas não podem gerar nada perto do número de filhotes que os machos potencialmente podem, mas o uso excessivo de uma matriz também importa. Em geral, a diversidade genética da raça será reduzida, já que muito poucos cães contribuem com seus genes para as gerações seguintes e, além de uma maior incidência de doenças genéticas específicas, a vitalidade reduzida devido à homozigosidade excessiva pode tomar muitas formas, provavelmente em especial a disfunção imunológica. Tudo isso significa que uma forma importante de ativismo pela saúde da raça diz respeito tanto a aprender como evitar a duplicação de genes indesejáveis quanto a aprender como procriar para aumentar a diversidade genética ou pelo menos para mantê-la, em vez de esgotá-la. Cada raça terá diferentes doenças de interesse especial, mas a forma do problema e a resposta dos ativistas de saúde na tecnocultura são as mesmas. Ativistas de diferentes raças compartilham informações e estratégias uns com os outros. Os links no site do Australian Shepherd Health & Genetics Institute para grupos de saúde e genética de outras raças ilustram essa rede (ashgi.org). Muito ativismo genético de raças esbarra em crenças profundamente arraigadas herdadas de doutrinas do século XIX sobre sangue e excelência, que são incorporadas a práticas de mentoria face a face que reproduzem os criadores. Para um relato

melhor da Orthopedic Foundation for Animals (OFA), um *imprimatur* necessário para o uso responsável de um cão em um programa de reprodução.[23] Ingenuamente, Sharp telefonou para a criadora de

---

vívido de como esses discursos sobre pedigree operam em mundos de criação de cavalos, ver Rebecca Cassidy, *The Sport of Kings: Kinship, Class, and Thoroughbred Breeding in Newmarket*. Cambridge: Cambridge University Press, 2002.

23 Fundada em 1966 com foco na displasia de quadril canina, a OFA mantém bases de dados sobre numerosas doenças ortopédicas e genéticas que podem ser pesquisadas. A participação é voluntária, e as informações permanecem confidenciais a menos que o dono do cão expressamente as libere para o domínio público. Os clubes de raça e o AKC poderiam exigir tal participação para que qualquer pessoa registrasse seus cães, mas esse tipo de padrão obrigatório ainda não é aceitável nos Estados Unidos, onde teorias da conspiração acompanham qualquer infração de interesses individuais e comerciais (a menos que alguém seja rotulado como terrorista, caso em que qualquer tipo de infração parece estar liberada). Ver ofa.org. Desenvolver bancos de dados abertos nos quais todos os cães reprodutores e seus parentes próximos estejam incluídos tem sido um objetivo principal dos ativistas da saúde canina. O Canine Health Information Center (Chic) é uma base de dados centralizada patrocinada conjuntamente pela Canine Health Foundation, do AKC, e pela OFA. Os objetivos do Chic são "1) trabalhar com os clubes na identificação de questões de saúde para as quais deve ser estabelecido um sistema central de informações; 2) estabelecer e manter um sistema central de informações de saúde de forma a apoiar a pesquisa sobre doenças caninas e fornecer informações de saúde aos proprietários e criadores; 3) estabelecer critérios de diagnóstico cientificamente válidos para o aceite de informações no banco de dados; e 4) basear a disponibilidade de informações em cães individualmente identificados com o consentimento do proprietário". Uma vez que cada raça tem diferentes preocupações de saúde, o Chic trabalha com os clubes para estabelecer padrões específicos de raça que permitam se tornar uma raça inscrita no Chic. Por exemplo, para os pastores-australianos, os testes necessários são avaliações da OFA para displasia de quadril e cotovelo e avaliação da Canine Eye Registration Foundation para os olhos. Testes opcionais são recomendados para anomalia do olho do collie, tireoidite autoimune e resistência a múltiplas drogas. A incapacidade atual de testar o histórico genético para epilepsia é um dos principais problemas da raça.

Estabelecer a norma de participação universal apropriada é uma questão elusiva. Mesmo aqueles com as melhores intenções se confundem diante de listas cada vez maiores de doenças genéticas testáveis, e muitos testes de triagem de alta prioridade ainda não foram desenvolvidos; ademais, multiplicar testes genéticos não é mais uma panaceia para a paternidade canina responsável do que é para os seres humanos que se propõem a fazer bebês. Quais testes, em quais circunstâncias e a que custo são o material da cosmopolítica tecnocultural para pesquisadores, assim como para criadores e outras pessoas que amam cães. A comercialização do genoma, especialmente em diagnósticos e o mais rápido possível na indústria veterinária terapêutica, é tão evidente e problemática em mundos caninos abundantes como nos mundos humanos. O câncer é um ponto sensível nessas biopolíticas de espécies companheiras. O "gene para X" funciona como um fetiche poderoso.

Patte, que também era sua mentora em matéria de pastores-australianos. A mentora concordou imediatamente que Patte não deveria ser autorizada a ter a ninhada planejada. Mas, quando Sharp disse que ligaria para o dono do cão reprodutor e explicaria por que estava cancelando o acasalamento, a mentora capitalizou seu poder como amiga e professora e apelou para o sentimento de culpa de Sharp. A mentora disse a C. A. que, se ela contasse a alguém a verdadeira razão, mancharia a reputação de sua mentora como criadora, bem como a dos proprietários do futuro reprodutor. Essa última parte especialmente, Sharp me lembrou, colidiu contra toda a lógica, já que o candidato a pai não era aparentado de sua Patte, mas o estresse tem uma forma de anular a lógica. Devidamente intimidada, Sharp escreve sobre seu telefonema com o dono do cão padreador: "Eu não me recordo do que disse, mas sei que foi uma mentira [...] Me senti suja".[24] Desde então, a partir dessa experiência de vergonha, fortalecida por um conhecimento crescente de genética (e, eu acrescentaria, não por pouca coragem diante da retaliação), Sharp tornou-se uma defensora da saúde da raça e conselheira genética leiga.

Essa estória é uma narrativa clássica de conversão. É também um relato factual comovente de como a negação, a ignorância culpável, a intimidação com a finalidade de impor o silêncio e as mentiras diretas funcionam para prejudicar os cães que as pessoas afirmam amar. Sharp chamou esse complexo sugestivo de "síndrome de avestruz". Ela e as pessoas que chama de "os Incorrigíveis" constituem o fio condutor do resto da minha estória, fornecendo a fricção contra a qual um futuro mais progressivo de cães e de seres humanos coflorescentes pode ser imaginado e trazido à existência em alguns dos bairros tecnoculturais da Terra. Não é preciso dizer, mas, caso algum/a leitor/a pense que notar ou mobilizar uma forma narrativa, de alguma forma, tira algo da realidade do mundo, insisto que o significado coparido e a mundificação são companheiros de ninhada material-semióticos, ou seja, o estofo da realidade robusta, brincalhona, ousada e carnal.

Vou rastrear os modos de Sharp de viver e promover vidas examinadas através de três eventos transformativos e lendários: (1) o estabelecimento do fato do gene da anomalia do olho do collie (AOC) nos pastores-australianos no começo dos anos 1990;[25] (2) a reelaboração do

---

24 C. A. Sharp, "The Biggest Problem", op. cit., p. 2.

25 Começar com uma doença oftalmológica genética é algo sobredeterminado em meu conto de espécies companheiras. Sharp tem uma condição genética progressiva que lhe roubou grande parte da visão, o que praticamente não a impede de

eu mendeliano através do engajamento com o discurso da diversidade genética no final dos anos 1990; e (3) a construção de uma instituição coletiva durável, o Australian Shepherd Health & Genetics Institute, no começo dos anos 2000, apoiando assim a luta para derrotar os Incorrigíveis e a síndrome de avestruz mais uma vez, agora diante da epilepsia. O envolvimento de Sharp na determinação do modo de transmissão da AOC em sua raça mostra como a agência "leiga" pode funcionar em pesquisa e publicação "sacra" da genética canina. Essa é uma estória de como um fato é trazido à existência robusta e muda sua gente, um tópico favorito dos especialistas em *science studies*. A participação de Sharp na lista de discussão Canine Genetics Discussion Group Listserv, CANGEN-L, no final dos anos 1990 e início dos 2000, mapeia uma mudança em seu campo intelectual e moral, com uma ênfase mutante que passa dos genes ligados a doenças para a diversidade genética no contexto da atenção generalizada da virada do milênio a evolução, ecologia, biodiversidade e conservação. Por fim, seu trabalho para tornar o Ashgi uma realidade ilustra o poder da mídia digital aliada à antiquada rede de contatos, em sua maioria composta por mulheres, para construir comunidades tecnoculturais efetivas e afetivas.

Sharp começou a criar pastores-australianos nos final dos anos 1970 e serviu no comitê de genética do Asca do começo dos anos 1980 até 1986, quando a diretoria eliminou o comitê em uma ação controversa e mal explicada. No inverno de 1993, ela começou a escrever e distribuir a *Double Helix Network News*. A primeira edição da *DHNN* se descrevia como um empreendimento "caseiro". Por volta de 1999, cerca de 150 pessoas – em sua maioria criadores, alguns profissionais de pesquisa canina e um ou dois penetras como eu – assinávamos.[26] Ao aprender editoração eletrônica, Sharp enfatizou o trabalho em rede, o compartilhamento de informações, a educação mútua, os modos de lidar com a síndrome de avestruz entre os criadores no que dizia respeito a doenças genéticas e a prática do amor pela raça através da genética responsável.

---

participar de forma robusta na cultura online, viajar regularmente, falar em nome da pesquisa genética canina e atuar nesse contexto, mas a perda da visão pôs fim à sua criação de pastores-australianos para exposição.

26 Como a internet desempenha agora um papel tão dominante na comunicação e educação para a saúde genética canina, as assinaturas por correio em 2006 eram cerca de cem. Muitos dos principais artigos de Sharp estão no site da Ashgi. Ela ganhou três cobiçados prêmios por sua escrita sobre saúde canina: dois da Dog Writers Association of America (tanto pelo artigo "The Price of Popularity", de 1999, como pela própria *DHNN*) e o primeiro Golden Paw Award do AKC em 2003 por "The Rising Storm: What Breeders Need to Know about the Immune System".

Com um bacharelado em rádio, TV e cinema pela Universidade Estadual da Califórnia em Fresno e um emprego como contadora, Sharp nunca reivindicou o estatuto de membro da comunidade científica. Contudo, ela reivindica adequadamente o estatuto de especialista de um tipo profundo, e é considerada especialista tanto na comunidade de criadores quanto na comunidade científica profissional. Ela foi coautora de um artigo no começo dos anos 1990 com o oftalmologista veterinário L. F. Rubin sobre o modo de transmissão de uma doença ocular (AOC) nos pastores-australianos, engajou-se em pesquisa colaborativa acerca da relação da longevidade com coeficientes de consanguinidade entre os pastores-australianos com o dr. John Armstrong, da Universidade de Ottawa, nos anos 1990, e foi coautora de um artigo com Sheila Schmutz, da Universidade de Saskatchewan, que mapeou um gene candidato ao padrão de pelagem (KITLG) para o cromossomo canino 15 e excluiu a possibilidade de ele ser o gene merle. Ela tem funcionado como uma central para dados genéticos em sua raça; realizou análises de pedigree para condições específicas; ensinou aos criadores os rudimentos da genética mendeliana, molecular e populacional e os passos práticos que tanto os criadores de conformação quanto os de cães de trabalho podem e devem seguir para detectar e reduzir doenças genéticas em suas linhagens; e vinculou os pesquisadores com a comunidade leiga de cães para fazer avançar os objetivos de ambos. Sharp ocupa uma posição de mediação entre as comunidades de prática a partir de sua localização como ativista autodidata, experimentada de forma prática e perspicaz, disposta a exprimir opiniões controversas em mundos sociais interligados e capaz de fazê-lo.

O NASCIMENTO DE UM FATO

O interesse de Sharp pela base genética das doenças oculares data de 1975, quando sua primeira cadela ainda era filhote. Ela foi a um evento All Breed Fun Match [Desafio divertido para todas as raças] perto de Paso Robles e lá havia uma clínica oftalmológica. Sharp pediu informações, e sua cadela acabou sendo examinada. "Acabei me interessando e comecei a me educar."[27] Posteriormente, ela fez questão de manter em dia o exame oftalmológico de seus cães, o que

—

27 Citações sem referências provêm de minhas entrevistas gravadas com Sharp em 1999 e 2005.

significava ir anualmente a clínicas no clube local de cocker spaniels ou então transportar os cachorros a um oftalmologista veterinário que ficava a algumas horas de distância, em Stanford. Ela começou a ler sobre genética, orientada por Phil Wildhagen, ligado aos pastores-australianos e "que é, a propósito, realmente um gênio" (Sharp riu alegremente). Por volta de 1983, o comitê de genética do Asca lançou um chamado para que as pessoas auxiliassem na coleta de dados. "Uma coisa levou a outra, e eu entrei para o comitê."

Esse foi o período em que o comitê de genética estava deslocando sua atenção da cor da pelagem, que tinha sido de particular interesse durante os anos 1970, quando o que contava como pastor-australiano fora codificado no padrão escrito, para o tópico mais controverso da doença genética. Uma criadora deu ao comitê de genética dois filhotes de cachorro afetados pela anomalia do olho do collie, uma condição que os pastores supostamente não deveriam ter. Essa criadora também tornou público que seus cães tinham AOC e foi vilipendiada por sua revelação pelas pessoas ligadas a pastores-australianos aterrorizadas diante de uma má notícia dessas na raça. Sharp começou a escrever uma coluna regular no *Aussie Times* para o comitê de genética.[28]

A partir do par original doado, o comitê conduziu uma série de testes de acasalamento para determinar o modo de transmissão. Envolvendo algumas dezenas de cães e seus filhotes, esses acasalamentos foram conduzidos nos canis de dois membros do comitê, incluindo Sharp, às suas próprias custas, que chegaram a milhares de dólares. A maioria dos filhotes de teste afetados foram colocados em lares de animais de estimação, com o conselho de que fossem castrados. Alguns foram levados a uma universidade para pesquisa adicional. O comitê coletou dados de pedigree e fichas de exame da Canine Eye Registration Foundation (Cerf) [Fundação de Registro de Olhos Caninos] referentes a seus acasalamentos de teste e a cães trazidos à sua atenção por um número crescente de criadores de pastores-australianos interessados, tocados pela coluna do *Times* e pelo boca a boca. O padrão de transmissão indicava um gene autossômico recessivo. Agora era *tecnicamente* possível tomar medidas para reduzir a incidência da condição.[29] Mas a possibilidade *real* continuava sendo outra questão.

Primeiro, foram mais do que criadores de pastores-australianos que negaram a existência da AOC nos cães. Em termos simples, explicou

---

28 C. A. Sharp, "Collie Eye Anomaly in Australian shepherds", op. cit.

29 Em relação aos princípios que regem a procriação para testes e a análise de pedigree dos portadores de AOC, ver *DHNN*, verão-primavera 1993.

Sharp, "a anomalia do olho do collie nos pastores não era 'real' quando começamos a pesquisá-la". Por exemplo, Sharp levou um par de filhotes resultantes dos testes de acasalamento até uma clínica oftalmológica em uma exposição em Fresno apenas para ser informada pelo oftalmologista de que os pastores não apresentavam essa condição. Sharp conseguiu o exame mobilizando seu vocabulário técnico – uma atitude familiar para os ativistas leigos na defesa de saúde e genética. "A mãe deles tem um coloboma de disco óptico; [outro parente] tem hiperplasia coroidal; por favor, cheque estes cães [...]. Ele resmungou, resmungou e, então, examinou os cachorrinhos." Sharp se recordou de criadores de todo o país lhe contando sobre suas tentativas de obter conselhos genéticos de veterinários que lhes diziam para relaxar – pastores não têm AOC; não está na literatura. Finalmente, armada de "quase quarenta pedigrees com diferentes graus de familiaridade, mais os dados dos testes de acasalamento, fui em busca de um veterinário do American College of Veterinary Ophthalmologists [Colégio Americano de Oftalmologistas Veterinários] que pudesse estar interessado no que eu tinha em mãos".

Alguém com um talento natural para algo que os acadêmicos dos *science studies* precisaram de um golpe palaciano para estabelecer, Sharp enfatizou que não poderia tornar a AOC "real" por conta própria – "certamente não com um bacharelado em rádio, TV e cinema". Os dados tinham de ser publicados no lugar certo pela pessoa certa: "Não é recessivo até que alguém lá fora diga que é; depois é recessivo". "Lá fora" queria dizer dentro da ciência institucionalizada. Nenhum pesquisador de *science studies* se surpreende hoje com essa história social da verdade ou com o seu reconhecimento por uma perspicaz produtora de conhecimento "leigo" trabalhando dentro de uma cultura "sacra".

O popular mas controverso comitê de genética do Asca havia deixado de existir, então Sharp começou a procurar um colaborador para legitimar os dados e análises que ela já tinha. Conversou com vários cientistas que poderiam ajudá-la, mas eles tinham outras prioridades. Frustrada, Sharp se lembra de ter insistido: "Vejam bem, até que um de vocês escreva, não é real". Uma ação corretiva eficaz dependia da realidade do fato. A corrente finalmente levou ao dr. Lionel Rubin, da Universidade da Pensilvânia, que estava no processo de publicação de seu livro sobre doenças oculares hereditárias em cães.[30] O livro já estava na etapa das provas, portanto, a estória dos pastores

---

30 Lionel F. Rubin, *Inherited Eye Diseases in Purebred Dogs*. Baltimore: Williams & Wilkins, 1989.

não entrou nessa publicação. Sharp montou os dados, fez os gráficos genealógicos a partir dos cruzamentos do comitê e os entregou a Rubin, que contratou um analista profissional de pedigree para os gráficos finais. Desde o momento em que Rubin começou a trabalhar com Sharp, passaram-se dois até a publicação.[31] Finalmente, com um pedigree adequado, a AOC nos pastores-australianos como condição autossômica recessiva estava a caminho de se tornar um fato.

Mas a realidade do fato permaneceu tênue. Em nossa entrevista de 1999, Sharp observou que a demanda por experimentos replicados de maneira independente parece ter mantido o "fato" fora da seção dedicada aos pastores-australianos no manual do American College of Veterinary Ophthalmologists publicado depois de 1991. Ela destacou que era improvável uma pesquisa tão dispendiosa e eticamente grave sobre um grande animal de companhia ser replicada: "Não teria sido possível nem da primeira vez se nós aqui nas trincheiras não estivéssemos interessados o suficiente para reunir os dados". E argumentou: "Por que o American College of Veterinary Ophthalmologists não poderia dizer que era *provavelmente* recessivo?". Sharp acrescentou ainda: "Pelo menos quando alguém lá fora me pergunta agora, posso lhe enviar uma cópia do artigo". Por fim, a bíblia de George Padgett sobre os problemas caninos hereditários incluiu o fato que o trabalho em rede de Sharp tornou real.[32] Sharp havia consultado George Padgett, da Universidade Estadual de Michigan – uma importante instituição no dispositivo naturalcultural da genética canina –, quando projetou seu serviço de análise de pedigree e sistema de dados para criadores de pastores-australianos assim que a primeira fase da pesquisa indicou o modo de transmissão. Padgett confirmou que sua abordagem era cientificamente sólida, e Sharp colocou o serviço em prática cerca de um ano antes de iniciar a *Double Helix Network News* em 1993.

Sharp relatou com orgulho que o oftalmologista veterinário Greg Acland, de Cornell, lhe disse que o estudo da AOC em pastores-australianos forneceu um dos conjuntos de dados mais impressionantes sobre o modo de transmissão de um traço de um único gene em toda a literatura canina. O fato do gene recessivo da AOC tornou-se mais forte em uma robusta rede que incluiu Rubin, Padgett, Acland e as práticas leigas de especialista de Sharp. Esse é o estofo da objetividade como

---

31 Lionel Rubin, Betty Nelson e C. A. Sharp, "Collie Eye Anomaly in Australian Shepherd Dogs". *Progress in Veterinary & Comparative Ophtalmology*, v. 1, n. 2, 1991.
32 George A. Padgett, *Control of Canine Genetic Diseases*. New York: Howell Book House, 1998, pp. 194, 239.

uma conquista preciosa e situada.[33] É também o estofo da "ciência para as pessoas" – e para os cães. A genética mendeliana estava longe de ser uma ciência nova no fim do século XX, mas manter e ampliar seu aparato de produção de conhecimento ainda dá trabalho.

Contudo, fazer com que o fato se mantenha "dentro" da ciência oficial não era suficiente. Um local igualmente crucial para que esse fato se tornasse real e, portanto, potencialmente eficaz era dentro das comunidades de pastores-australianos. A negação aqui assume uma forma diferente daquela das comunidades científicas, portanto a retórica material-semiótica para persuadir o fato em direção à dura realidade deve ser diferente. Enquanto Sharp implementava seu serviço de análise de pedigree, um grupo de criadores comprometidos no Norte da Califórnia deu um passo extraordinário. Eles desenvolveram um programa de testes de reprodução e formulários para documentar os acasalamentos. E, mais importante, foram a público com seus resultados. "Como grupo, eles compraram um anúncio de página inteira na revista da raça [*Aussie Times*], admitindo que tinham reproduzido a AOC e listando os nomes de seus cães portadores. Em um anúncio posterior, contaram sobre os testes de reprodução que haviam feito para controlar sua própria criação."[34] Sua ação em grupo evitou o tipo de ataque que havia sido dirigido à doadora do primeiro par de filhotes afetados ao comitê de genética. Dessa vez, os Incorrigíveis foram relegados à obscuridade, e os testes dos criadores remodelaram o padrão explícito de prática da comunidade. O padrão pode não ser seguido sempre, mas a reversão entre o que é secreto e o que é público, em princípio, foi alcançada.

Um último elemento ajudou a estabilizar a AOC como um fato no mundo dos pastores-australianos: o apoio emocional às pessoas que encontram a doença em suas linhagens. Pessoas cachorreiras costumam ver qualquer "defeito" em seus cães como um defeito nelas mesmas. Sharp não poderia ser o apoio emocional no mundo da doença genética de pastores-australianos. "Quando as pessoas me ligam para falar sobre problemas genéticos em seus pastores-australianos, eu sou a 'especialista', não um espírito afim." Assim, Sharp pediu aos californianos do norte que haviam levado a público seus cães e o próprio nome para que funcionassem como um grupo de apoio ao qual ela

---

33 B. Latour, *Ciência em ação* [1987], trad. Ivone C. Benedetti. São Paulo: Unesp, 2012; D. Haraway, "Saberes localizados: A questão da ciência para o feminismo e o privilégio da perspectiva parcial" [1988], trad. Mariza Corrêa. *Cadernos Pagu*, n. 5, 2009.
34 C. A. Sharp, "Collie Eye Anomaly in Australian shepherds", op. cit.

pudesse indicar criadores literalmente em luto.[35] A biossocialidade está por toda a parte.[36]

À época de nossa primeira entrevista formal em 1999, Sharp recebeu muito menos relatos de AOC em pastores-australianos do que sete ou oito anos antes. A testagem de filhotes por meio da Canine Eye Registration Foundation (Cerf) [Fundação de Registro de Olhos Caninos] havia se tornado uma prática-padrão ética, e criadores sérios não reproduziam cães afetados. Os compradores de filhotes de tais criadores recebem uma cópia do relatório da Cerf junto com seu novo cão, bem como instruções estritas sobre a verificação anual dos olhos dos reprodutores se o novo filhote não vier com um contrato de castração. Fatos importam.[37]

No final de 2005, data de nossa segunda conversa formal, usando dados coletados principalmente de border collies e com a maior parte do dinheiro para pesquisa levantado pelo clube de border collies de trabalho, Gregory Acland, da Universidade Cornell, tinha encontrado o gene da AOC e comercializado um teste genético por meio de sua empresa, a OptiGen.[38] Apesar da insistência de Sharp na DHNN e em

---

35 "O 'grupo de apoio' da AOC, sempre informal, na verdade não existe mais. Ao longo dos anos, as pessoas foram se afastando da raça ou se dedicando a outras coisas, mas ajudou na época." E-mail de C. A. Sharp para D. Haraway, 13 abr. 1999.

36 Paul Rabinow, "Artificialidade e iluminismo: Da sociobiologia à biossociabilidade" [1992], trad. João Guilherme Biehl, in J. G. Biehl (org.), *Antropologia da razão: Ensaios de Paul Rabinow*. Rio de Janeiro: Relume Dumará, 1999.

37 Com cerca de 1% de pastores-australianos afetados pela AOC, os relatórios do Cerf no fim dos anos 1990 indicam que a frequência gênica foi bastante estável, com 10–15% dos pastores-australianos sendo prováveis portadores. E-mail de C. A. Sharp para D. Haraway, 13 abr. 1999.

38 O teste de AOC em 2006 custava em torno de 180 dólares, com descontos para ninhadas e compras online. Em 2005, uma revista online sobre cães publicou uma matéria sobre como um pesquisador do Baker Institute for Animal Health, de Cornell, que estava procurando amostras de sangue de cães para investigar os antecedentes genéticos do criptorquidismo tratou mal a chefe de uma organização de mídia canina que lhe pediu mais informações sobre seu estudo antes de promovê-lo em seu website, o que a organização havia previsto fazer. O fracasso completo do cientista em abordar qualquer pergunta elaborada de modo inteligente (a meu ver) pela organização canina ilustra um aspecto importante sobre como lidar com alguns cientistas-empreendedores, um assunto que pode moldar a participação – ou a falta dela – na pesquisa. Ver Barbara J. Andrews, "Missing Testicle DNA Study"; thedogplace.org/GENETICS/missing-testicle-cryptorchidism-study-058163-andrews.asp. Sem me dizer nomes de pessoas ou empresas, Sharp descreveu várias experiências em que foi ignorada e sujeita a desrespeito explícito ou inconsciente, apesar de suas credenciais e história. Mesmo veterinários

suas apresentações frequentes em exibições de pastores-australianos por todo o país,[39] a gente dos pastores-australianos falhou em parti-

—

praticantes com cães de clientes que podem ser utilizados para amostragem são ignorados por alguns cientistas inomináveis, a despeito de seus planos de negócios e ambiciosas empresas de biotecnologia. Esse tipo de fato explica por que os ativistas de saúde canina, em geral, e Sharp, em particular, trabalham tanto para construir laços entre os cientistas de laboratório e a gente comum de cães. Sharp também me relatou vários exemplos de cooperação e colaboração entre pesquisadores e pessoas cachorreiras. Sua relação de longo prazo com Sheila Schmutz é um desses exemplos. Em seu site, Schmutz credita Sharp por ajudá-la a obter amostras para sua pesquisa, e na *DHNN* Sharp explica e promove a pesquisa de Schmutz entre a gente dos pastores-australianos. Ver também S. Schmutz, Tom G. Berryere e C. A. Sharp, "KITLG Maps to Canine Chromosome 15 and is Excluded as a Candidate Gene for Merle in Dogs". *Animal Genetics*, v. 34, n. 1, 2003. Em 2006, o grupo de Keith Murphy na Universidade A&M do Texas relatou que a inserção de um retrotransposão em um gene chamado Silv é responsável pelo padrão merle.

39 Sharp é frequentemente convidada a fazer apresentações sobre genética e saúde para várias organizações de pastores-australianos, cobrando apenas as despesas diretas de viagem e uma doação para o Ashgi. A genética médica canina pode ser totalmente comercializada por empresas como OptiGen, VetGen e outras, mas os ativistas de saúde financiam seu trabalho para os cães em grande medida por conta própria. O mesmo padrão tem sido objeto de estudo nos sistemas de apoio à saúde humana e em organizações ativistas, por exemplo no que diz respeito à impressionante quantidade de tempo de voluntariado e de perícia requeridos dos pais de crianças autistas. Essa combinação de biomedicina bem capitalizada e com fins lucrativos com a necessidade de trabalho voluntário extenso e com conhecimento de causa é típica do capitalismo biomédico contemporâneo através da divisão entre espécies. Ver Chloe Silverman, "Interest Groups, Social Movements, or Corporations?: Strategies for Collective Action as Biological Citizens", in Kaushik Sunder Rajan (org.), *Lively Capital: Biotechnologies, Ethics, and Governance in Global Markets*. Durham: Duke University Press, 2012. A cidadania biológica é um conceito fundamental nos *science studies*. (Ver nota 57, pp. 185–86.) Sharp é bastante conhecedora da economia política da pesquisa genômica e pós-genômica. Como ela disse em nossa entrevista de 7 de novembro de 2005, "A sobrevivência na pesquisa costumava ser 'publique ou pereça'; agora é 'venda ou pereça'". Ela e outros ativistas dos cães também estão bem cientes de quanto a publicação do genoma canino completo no contexto da genômica médica comparativa deu um grande impulso às questões centradas na saúde canina, com sua utilidade para os cientistas interessados em doenças humanas e no acesso a esse tipo de infraestrutura e dinheiro. Depois que o National Human Genome Research Institute (NHGRI) fez do genoma canino uma prioridade, o progresso no sequenciamento e mapeamento foi rápido. Em 2003, foi publicado um rascunho baseado em um poodle e, em 2005, a boxer Tasha ficou famosa pela publicação, em um banco de dados público gratuito, de uma sequência 99% completa do DNA de seu genoma (com comparações de sequências de múltiplas regiões com dados de dez outros cães). Os cães de pesquisa vieram de clubes de raça e escolas de veterinária. Ver Kerstin Lindblad-Toh et al., "Genome Sequence, Comparative Analysis, and Haplotype Structure of the

cipar com números significativos no estudo de Cornell. Entretanto, um criador de pastores-australianos de espírito progressista, Cully Ray, fez uma doação substancial a Acland, e alguns espíritos determinados fizeram uma manobra para que pastores-australianos afetados pela AOC participassem da pesquisa, o que permitiu a Acland determinar que pastores-australianos e border collies (assim como os collies) compartilham o mesmo gene para a AOC e, portanto, podem usar o mesmo teste de DNA. Sharp me disse que uma corajosa dona de pastor-australiano ofereceu a Acland um filhote afetado pela AOC diante da reação negativa de seu criador, que se aproximava da perseguição. Os Incorrigíveis não são, ora, corrigíveis.

No entanto, por volta de 2006, a AOC não era mais, como antes, o problema genético significativo dos pastores-australianos, porque a detecção efetiva de cães e portadores afetados, seguida de ação, tornou-se comum como resultado do trabalho de ativistas de saúde comprometidos. É bom ter o teste de DNA, mas métodos mais tradicionais de detecção (um exame oftalmológico) e o uso da análise de pedigree para reduzir a chance de acasalamento entre portadores geriram a crise bastante bem. A condição havia se tornado comum devido ao uso excessivo de alguns padreadores populares nos anos 1980 que, por acaso, eram portadores do gene recessivo. O problema poderia se tornar comum novamente se um único padreador popular não detectado entrasse no *pool* genético. O conhecimento e a tecnologia agora existem, mas a saúde genética, assim como outros tipos de coflorescência canino-humanas, requerem o trabalho contínuo de vidas examinadas.[40]

RENASCER

O mundo dos genes ligados a doenças é, entretanto, apenas um componente da estória da genética canina, especialmente na era do discurso da biodiversidade. Melhorar e preservar a diversidade genética não são a mesma coisa que evitar e reduzir as doenças ligadas à genética. Os discursos se tocam em muitos lugares, mas suas divergências

---

Domestic Dog", *Nature*, v. 438, 2005. Numerosos autores e as principais instituições de pesquisa biotecnológica de grande escala apareceram na página de título, incluindo o Broad Institute, o NHGRI, a Universidade Harvard e o Instituto de Tecnologia de Massachusetts (MIT).

40 Ver C. A. Sharp, "Collie Eye Anomaly in Australian Shepherds", op. cit. Grande parte dos elementos de minha estória vêm desse artigo.

estão remodelando o mundo intelectual e moral de muitas pessoas cachorreiras. A estória de Sharp é instrutiva mais uma vez.

Em meados da década de 1990, Sharp participava de uma lista de discussão na internet chamado K_9GENES. Naquela lista, o dr. Robert Jay Russell, um geneticista popular, ativista de raças caninas raras e presidente do Coton de Tulear of America, criticou as práticas de criação que reduzem a diversidade genética em raças de cães e a estrutura do AKC, que sustenta tais práticas, embora o clube cinófilo financie a pesquisa de doenças genéticas e exija testes de paternidade baseados em DNA. As mensagens controversas de Russell foram bloqueadas da lista várias vezes, o que o levou a entrar com uma conta de e-mail diferente e revelar a censura.

Esses eventos levaram à fundação da lista de discussão sobre genética canina CANGEN-L, em 1997, moderada pelo dr. John Armstrong, da Universidade de Ottawa, para permitir a livre discussão sobre genética entre criadores e cientistas. Até sua morte em 2001, Armstrong também manteve o site Canine Diversity Project [Projeto Diversidade Canina],[41] onde se podia receber uma educação básica em genética populacional, ler sobre projetos de conservação de canídeos selvagens ameaçados de extinção, informar-se sobre posições de ativistas em operações de criação de cães fora dos clubes cinófilos e seguir links para assuntos relacionados. Conceitos como tamanho efetivo populacional, deriva genética e perda da diversidade genética estruturaram o terreno moral, emocional e intelectual.

CANGEN-L era um site impressionante, no qual se podia observar e interagir com outras pessoas cachorreiras que aprendiam como alterar seu pensamento e, possivelmente, suas ações em resposta umas às outras. A lista começou com trinta membros, e Armstrong esperava que chegasse a cem. Usando os servidores da Universidade de Ottawa, a CANGEN tinha trezentos assinantes na primavera de 2000. Controvérsias acirradas e fascinantes vieram à tona na CANGEN. Alguns participantes reclamavam que fios de discussão eram ignorados, e os criadores periodicamente expressavam a sensação de que eram tratados com desrespeito por alguns cientistas (e vice-versa), embora

---

41 Em 2007, o endereço do site Canine Diversity Project era canine-genetics.com. Após a morte de Armstrong, a lista de discussão mudou-se para o Yahoo. A lista ainda vale a pena, mas a época do entusiasmo juvenil de discussão, quando as experiências de conversão sobre diversidade estavam na ordem do dia, situa-se entre 1997 e a morte de Armstrong, em agosto de 2001. [N. E.: Atualmente, pode-se acessar dogenes.com/diverse.html.]

criadores e cientistas não fossem categorias mutuamente exclusivas na CANGEN. Assinantes, cientistas ou não, ocasionalmente deixavam a lista em um acesso de raiva ou por frustração. Alguns dogmáticos dedicados à Verdade tal como revelada a eles dominavam o centro das atenções de tempos em tempos.

Dito isso, em minha opinião, a CANGEN era um site extraordinário de discussão informada e democrática entre atores diversos. A descoberta, por meio da CANGEN, de minha própria ignorância enorme em relação a coisas como coeficiente de consanguinidade me levou a correr de volta para as anotações que fizera em disciplinas de pós-graduação sobre genética populacional teórica e a me inscrever no curso de genética canina online da escola de veterinária da Universidade Cornell, uma experiência que acabou abruptamente com meu desprezo elitista pelo ensino a distância.[42] Eu não era a única na CANGEN a entender repentinamente que precisava saber mais do que sabia se afirmava amar tipos de cães.

Sharp saudou o alto nível do discurso científico e a ênfase na genética evolutiva populacional na CANGEN. Ela se sentiu desafiada pelos argumentos estatísticos e quis explorar as consequências práticas do tipo de conselho sobre criação de cães que dava na DHNN. A partir da edição do verão de 1998, o boletim informativo mudou de direção. Ela começou com um artigo que explicava os efeitos da "síndrome do padreador popular" sobre a diversidade genética e deixou claro que *linebreeding* era uma forma de consanguinidade. Na edição de outono de 1998, ela analisou como a seleção severa contra genes ligados a doenças pode agravar o problema da perda da diversidade genética em uma população fechada. Ela citou com aprovação o sucesso do clube de basenjis em obter a autorização do AKC para a importação de cães nascidos na África fora do livro genealógico, um esforço desafiador, dada a resistência do AKC.

O artigo de Sharp na edição do inverno de 1999 da DHNN abria com uma citação de um companheiro da CANGEN que tinha sido especialmente franco, dr. Hellmuth Wachtel, colaborador independente do clube cinófilo da Áustria e membro do conselho científico do Zoológico Schönbrunn, de Viena. Sharp explicou o que eram carga genética, equivalentes letais, gargalos populacionais, deriva genética, coeficientes de consanguinidade e *pools* genéticos fragmentados. Na edi-

---

42 Infelizmente, o curso não é mais oferecido, mas ver o site do Departamento de Ciências Animais da Universidade Cornell em ansci.cornell.edu/cat/cg01/cg01.html.

ção da primavera de 1999 da DHNN, Sharp publicou "Speaking Heresy: A Dispassionate Consideration of Cross-Breeding" [Falando heresia: Uma consideração desapaixonada sobre cruzamento], um artigo com o qual ela esperava, em suas palavras, fazer "o material excretor atingir o aparelho circulatório". O amor pela raça é complicado.

A nova genética não é uma abstração nos mundos caninos, quer se considere a política de possuir marcadores de microssatélite, os detalhes de um teste genético comercial, o problema de financiar a pesquisa, as narrativas concorrentes de origem e comportamento, a dor de ver um cão sofrer de doenças genéticas, as controvérsias pessoais sentidas nos clubes de cães a respeito das práticas de criação ou os mundos sociais transversais que ligam diferentes tipos de especialização. Quando perguntei a Sharp o que ela pensava que criadores, geneticistas, escritores de revistas caninas e outros poderiam ter aprendido uns com os outros na CANGEN ou em outros lugares, ela se concentrou nas rápidas e profundas transformações na genética durante as últimas décadas. O crescimento de seu conhecimento genético, sugeriu ela, incluindo sua capacidade de lidar com todo o aparato da genética molecular, foi natural e contínuo – até que ela se conectou à CANGEN. "A única espécie de epifania pela qual passei foi quando entrei na CANGEN e comecei a ler todas as postagens dos profissionais [...]. Eu sabia que havia problemas com a consanguinidade, mas não tinha noção da totalidade do problema até que comecei a aprender sobre genética populacional." Naquele momento, as analogias com a politicamente preocupante conservação da vida selvagem e a perda da biodiversidade fizeram sentido – e ela fez a conexão entre seu trabalho com cães e seu voluntariado como docente no zoológico local, uma conexão que surgiu novamente em seus conflitos com defensores dos direitos animais que se opuseram, em uma votação, à iniciativa de reorganizar e reestruturar o zoológico de Fresno em 2005. A cidadania interespecífica amarra muitos nós, nenhum deles inocente. Renascer, de fato, mas em contínua complexidade, curiosidade e cuidado, não na graça.

EM FACE DA EPILEPSIA

Nos começo dos anos 2000, Sharp havia acumulado um vasto arquivo de informações sobre saúde, genética e pedigree da raça, tendo iniciado a oferta de uma variedade de serviços para pesquisadores, criadores e gente comum de pastores-australianos. O que aconteceria com seus dados se algo acontecesse a ela? Além disso, mais de uma vez ela havia sido ameaçada de processo por criadores mais preocupados com a reputação vitoriosa de seus canis na cultura das exposições do que com seus cães e a progênie destes ao longo das gerações futuras. Que os processos tivessem poucas chances de ser bem-sucedidos não a protegia do desastre financeiro pessoal de ter de se defender deles. Em minha experiência, sua discrição e prática de confidencialidade foram (e são) exemplares,[43] mas talvez não a protejam de Incorrigíveis bem financiados e mal-intencionados. Essa questão atinge o cerne da análise de pedigree e da acessibilidade do banco de dados. Além disso, suas redes haviam crescido para muito além da publicação caseira, dos testes pessoais de reprodução e das dimensões do comitê e do clube de raça nos primeiros anos, embora continue a ser marcante a qualidade face a face (e tela a tela de computador) do ativismo pela saúde canina.

Era hora de outra transformação, dessa vez em uma organização constituída, sem fins lucrativos, que funcionaria em cooperação com todos os clubes de raça de pastores-australianos, mas independentemente deles. O antigo colega e amigo de Sharp no comitê de DNA do Asca, Pete Adolphson, abordou-a com uma ideia semelhante, e eles decidiram trabalhar juntos para levar o plano a bom termo. Com um mestrado em zoologia, Adolphson tinha publicado sobre os efeitos da toxicologia aquática sobre a genética populacional. Sharp e Adolph-

---

43 Por exemplo, nas análises de pedigree de Sharp, na identificação de cães com problemas genéticos e na avaliação dos riscos de doença em um acasalamento planejado, ela nunca citou nomes sem a permissão por escrito do dono do cão afetado, do dono dos progenitores daquele cão ou de ambos. Ela não fará uma análise de pedigree para um acasalamento proposto a menos que ambos os pais sejam de propriedade da mesma pessoa, em parte para evitar "tiros no escuro" que poderiam causar danos deliberados ou inadvertidos aos criadores e em parte para se proteger de retaliação se um dos lados de um acasalamento proposto receber notícias piores do que o outro. Sharp enviou um e-mail em 20 de setembro de 2000 a um pequeno grupo de colegas e amigos pedindo ajuda para pensar sobre os riscos que ela poderia ou não correr ao compartilhar dados, quando seus compromissos com a abertura e sua recusa em ser intimidada a colocaram em dilemas éticos, legais e financeiros. Com informações fornecidas a ela por proprietários e criadores de pastores-australianos e material de bancos de dados abertos, quando disponíveis, ela rastreou cerca de duas dúzias de características e condições da raça em 2006 e pôde rastrear algumas outras de mais de duas décadas antes. Sem as estatísticas produzidas por um equivalente do Instituto Nacional de Saúde para cães (a produção e a organização de dados custam muito dinheiro), Sharp não tem um quadro completo, mas tem os melhores arquivos de saúde possíveis para pastores-australianos nas condições sociotécnicas atuais da cachorrolândia. A necessidade de um lar institucional para esses dados é patente.

son recrutaram outro ex-membro do comitê de DNA do Asca, George Johnson, um proprietário de longa data de pastores-australianos, criador ocasional com um doutorado em botânica pela Universidade Estadual da Carolina do Norte e que tinha publicado sobre a genética dos pastores-australianos na revista da raça, *Aussie Times*. Em 2001, o Australian Shepherd Health & Genetics Institute foi reconhecido nos Estados Unidos como uma organização federal 501(c)(3),[44] e em julho de 2002 Sharp e seus colegas anunciaram publicamente o nascimento de seu instituto. Com o trabalho voluntário de uma talentosa web designer profissional e criadora de pastores-australianos no Arizona chamada Claire Gustafson, o Ashgi estreou online como ashgi.org em janeiro de 2003. Sharp atua como presidenta. Juntando-se a ela e a Johnson depois que Adolphson deixou a diretoria, Kylie Munyard – então pós-doutoranda em análise genética agrícola na Universidade Murdoch e hoje professora assistente de genética molecular na Universidade Curtin, na Austrália, bem como competidora, junto com seu pastor-australiano, de *agility*, obediência e, mais recentemente, pastoreio – entrou para a diretoria. Com dois outros ativistas, Munyard estabeleceu o Registro de Saúde de Pastores-Australianos da Australásia, que infelizmente teve uma vida curta, mesmo tendo inspirado um projeto para um banco de dados internacional de saúde de pastores-australianos.

Desde o início, o Ashgi firmou parcerias com pesquisadores de genética canina em projetos que incluíram pesquisa sobre epilepsia, genética comportamental, genes resistentes a múltiplas drogas, cataratas e outros.[45] Incentivando as pessoas a doarem amostras, o Ashgi explica a pesquisa, espalha a palavra e ajuda os pesquisadores a se conectarem de forma significativa em seu trabalho com o mundo canino. O Ashgi mantém um arquivo extraordinário de documentos relevantes para a saúde e genética da raça, enriquecido pelo acervo de Betty Nelson, falecida amiga de Sharp, com quem ela havia feito os testes cruzados originais da AOC. Está em andamento uma pesquisa sobre câncer em toda a raça, bem como planos para desenvolver um banco de dados internacional de saúde online (o International Directory for Australian Shepherd Health – Idash [Diretório Internacional

---

44 501(c)(3) é um item da legislação tributária estadunidense que dispõe acerca de organizações com propósito religioso, de caridade, científico, literário ou educativo voltadas a testes ou segurança pública, prevenção de crueldade contra crianças, mulheres e animais, além de outros tipos, e são isentas de impostos.
45 Para pesquisa sobre genética comportamental, ver psych.ucsf.edu/k9behavioralgenetics.

de Saúde do Pastor-Australiano]), extraído de registros de saúde abertos existentes e submissões voluntárias de proprietários de pastores-australianos. O Idash informatizará a análise de pedigree de Sharp e a disponibilizará como um serviço pago do Ashgi.[46] Gestando a ideia do Idash já por cerca de um ano e, em seguida, impulsionada pelo Beacon, o site da organização de saúde dedicada aos bearded collies, Sharp estabeleceu em 2005, na conferência da Canine Health Foundation [Fundação de Saúde Canina], uma rede com ativistas de outras raças, especialmente bearded collies, boiadeiros-berneses e malamutes-do-alasca.[47] Cada projeto do Ashgi tem um comitê que trabalha duro em coordenação com Sharp. Cerca de uma dúzia de pessoas bastante ativas fazem o Ashgi funcionar; 90% delas são mulheres; 100% delas vivem profundamente entrelaçadas com cães individuais que lhes são queridos, assim como com a raça. Seu trabalho de amor desmoronaria sem uma comunicação constante mediada pela internet e sem uma considerável competência tecnocientífica tanto profissional quanto autodidata. Em meus termos, os ciborgues estão entre as espécies companheiras do Ashgi.

A criação de redes, a conexão do cuidado com o conhecimento e o compromisso coletivo são o que chamam minha atenção para o Ashgi. Ninguém poderia deixar de notar o trabalho voluntário e a competência no coração da prática do amor à raça. Três atividades tornam essa matéria vívida: o recurso "Pergunte a um especialista" do site, o programa para criadores "Dez passos para um pastor-australiano mais saudável" e o apoio de uma ampla gama de ações para lidar com a epilepsia na raça.

---

46 C. A. Sharp, "Ashgi: 5 Years of Dedication to Breed Health". *DHNN*, v. 14, n. 2, 2006. [N. E.: O Idash já está disponível online em: ashgi.org/idash-services.]

47 Com o objetivo de reunir organizações de saúde da raça e pesquisadores, as conferências da Canine Health Foundation são patrocinadas pelo AKC e pela Nestlé Purina PetCare. Pela *DHNN*, Sharp participou como membro da imprensa. Ela levou uma longa lista de ativistas e pesquisadores com os quais queria conversar. Em 2005, cerca de trezentas pessoas participaram da conferência em St. Louis, que se concentrou no genoma canino e no câncer. Ver *DHNN*, v. 13, n. 4, 2005. Tendo se correspondido por alguns anos, Sharp e a geneticista Sheila Schmutz se encontraram pessoalmente na primeira conferência da CHF. Hoje amiga e colaboradora, Schmutz também é leitora dos rascunhos do manuscrito do livro de Sharp sobre genética para criadores. Os contatos de Sharp com cientistas acontecem de várias maneiras, incluindo breves e-mails de apresentação e referências ao site do Ashgi. Essas apresentações frequentemente não obtêm resposta, mas algumas vezes se desenvolvem conexões produtivas. Sharp crê que educar os cientistas sobre as preocupações e culturas da gente dos cães de raça pura é um de seus papéis, de modo que as questões dos cães inteiros, como o luto por doenças genéticas, façam mais sentido no mundo dos laboratórios.

Durante anos, Sharp respondeu a uma avalanche de perguntas por e-mail sobre saúde e genética de pastores-australianos, mas com o Ashgi ela organizou um corpo de especialistas voluntários comprometidos com uma diversidade de experiências em relação à raça. Endereços de e-mail aparecem na página de cada assunto, bem como em vários outros lugares do site, para conectar as pessoas ao voluntário pertinente. Uma dessas voluntárias que doam sua competência gratuitamente é Kim Monti, química que, após desenvolver uma carreira na pesquisa de produtos de saúde animal, hoje é consultora de negócios. Há muito tempo ativa no trabalho de busca e resgate com seus cães, bem como no de conformação e obediência, Monti é uma criadora de pastores-australianos cujo canil, Foxwood, fica no Novo México.[48] Força motriz por trás do programa Dez Passos e sua presidenta, Monti também tem sido ativa no combate à incidência da epilepsia na raça. Os Dez Passos cresceram a partir de uma intensa discussão sobre a ética dos criadores no grupo de bate-papo online confidencial EpiGENES, cuja afiliação internacional representa uma variedade ampla de culturas de saúde em toda a raça.[49] Os participantes elaboraram inúmeros rascunhos antes de estabelecer uma lista de dez ações éticas que cada criador deve tomar para nutrir uma cultura de abertura em relação a problemas, apoio mútuo, exames de saúde e pesquisa direcionada. O tom e o conteúdo estão exemplificados nestes quatro compromissos: "Eu apoio

---

48 O site de seu canil é foxwoodkennel.com. Monti acasala seus cães raramente e com muito cuidado. O compromisso dos "Dez Passos" é proeminente em seu site. Ao praticar o que prega, ela lista os escores numéricos de uma longa lista de preocupações de saúde para uma procriação planejada. Os escores indicam uma gama de probabilidades de que dada dificuldade possa resultar da procriação. Longe de sugerir que a Foxwood cria cães insalubres, a prática de Monti operacionaliza honestidade e a percepção de que todos as criaturas biológicas são mortais. Nenhuma união de raça pura (e também nenhum acasalamento de vira-latas) pode reivindicar não ter potencial para problemas. A relutância de um criador em falar sobre qualquer problema no histórico de seus cães com potenciais compradores é uma boa indicação de que se trata de um criador antiético ou de uma fábrica de filhotes. Os potenciais compradores de filhotes de Monti podem ver os escores de probabilidade, bem como uma grande quantidade de outras informações sobre os cães, e encontrarão uma criadora disposta a responder abertamente a suas perguntas. Aqui não há síndrome de avestruz! Um exame de sites sobre cães de raça pura na internet mostrará rapidamente como esse grau de abertura é raro. Monti também trabalha duro para colocar seus cães em casas onde eles terão um verdadeiro emprego – busca e resgate, *agility*, pastoreio ou alguma outra coisa.

49 Ver Kim Monti, "Stylish Footwork: 10-Steps for Health". *DHNN*, v. 13, n. 2, 2005, para um relato da história dos Dez Passos.

a divulgação aberta de todas as questões de saúde que afetam os pastores-australianos, utilizando registros de saúde canina acessíveis ao público no país de minha residência sempre que possível"; "Eu não falo mal de nenhum criador nem programa de criação que tenha produzido pastores-australianos afetados"; "Eu apoio e auxilio compassivamente os proprietários de cães afetados ao coletar informações sobre as doenças genéticas que atingiram seus cães"; e "Antes de acasalar, todos os meus cães têm seu perfil genético realizado por um laboratório credenciado, e os resultados são tornados públicos, se tais serviços estiverem disponíveis em meu país ou antes que meus cães sejam exportados para um país que tenha perfil de DNA disponível".

Os criadores assumem o compromisso dos Dez Passos mediante um sistema de honra, é evidente. Nenhuma estrutura regulatória obrigatória apoia essas práticas nos clubes de raça ou em qualquer outro lugar, para o bem e para o mal. A existência de um conjunto tão claro de princípios pode ser uma ferramenta educacional poderosa e um potente instrumento de pressão entre pares. O compromisso é assumido na primeira pessoa do singular – "Eu" –, mas a declaração é fruto de ricos processos coletivos entre pessoas profundamente afetadas pelas questões, que veem a si mesmas como diretamente responsáveis por fazer mudanças positivas acontecerem. Em muitos sentidos, os Dez Passos são uma instância exemplar de bioética na tecnocultura canina transnacional. Por exemplo, o programa é simultaneamente uma resposta à genetização interespecífica da saúde e da doença, com suas pesquisas, testes e regimes terapêuticos baseados no mercado; um modelo de ação individual e coletiva responsável; um exemplo de ativismo social nas comunidades de mulheres; uma janela para a formação da ação política e científica em discursos e instrumentos éticos; um produto da criação de rede tela a tela, bem como face a face, na cultura digital; uma modelagem ativa dos termos de operação de objetos-chave emergentes da cultura digital, como bancos de dados abertos; e uma configuração fascinante de engajamento afetivo e epistemológico com tipos de cães, cães individuais e pessoas ligadas a cães.

Os Dez Passos surgiram de um grupo de bate-papo confidencial focado em epilepsia, EpiGENES. Por que a epilepsia é tão importante na cultura canina atual, inclusive no mundo dos pastores-australianos? Por que um grupo de bate-papo tinha de ser confidencial? Os cães de raça pura ficam mesmo doentes o tempo todo, tendo convulsões a cada instante? A resposta à última pergunta, no que concerne aos pastores-australianos, continua sendo "não"; pastores-australianos são uma raça geralmente saudável, com uma expectativa média de vida de mais de doze anos. *Mas* a incidência de doenças genéticas tem aumentado nas últimas décadas, e isso é desnecessário e imperdoável.[50] Não obstante, será que temos certeza de que a chamada epilepsia idiopática é definitivamente uma doença genética ou poderia tratar-se de um complexo de doenças? Qual é a incidência da epilepsia em pastores-australianos, e como isso mudou nos últimos vinte anos ou mais? O que seria necessário para saber a resposta a essas perguntas? Por que a epilepsia pode concentrar tanto do que está em jogo no tipo de vidas examinadas que C. A. Sharp tem trabalhado tanto para promover e praticar?

Nos anos 1980, dificilmente se ouvia falar de epilepsia entre os pastores-australianos, mas 25 anos depois essa é uma das duas doenças mais frequentes na raça, e negar sua hereditariedade se tornou muito difícil. Ela está muito presente em linhagens de exposição, e pelo menos duas outras linhagens também são afetadas.[51] A epilepsia surgiu pela primeira vez em óbvios focos familiares na progênie de pastores-australianos exportados para o Reino Unido no começo dos anos 1990, e os criadores britânicos reagiram com silêncio, coerção e ameaças aos que falaram. Os criadores estadunidenses tendem a não se interessar pelo cenário do Reino Unido, mas, quando os relatos do distúrbio nos cães estadunidenses se tornaram cada vez mais frequentes, muitos deles passaram a reagir da mesma forma que os criadores do Reino Unido. Fácil de não ser reconhecida, a epilepsia primária ou idiopática (hereditária) ainda era diagnosticada por meio da exclusão de outras causas em 2006. As convulsões podem ser causadas por muitas coisas; a causa da epilepsia herdada ainda não está associada a um gene ou genes mapeados (muito menos a regulação gênica ou padrões epigenéticos); a doença geralmente não se manifesta até a idade adulta bem consolidada, tornando difícil acasalar apenas não portadores; e viver com epilepsia é extremamente difícil para os cães, suas pessoas companheiras e seus criadores. Tudo isso escancara as portas para toda a panóplia de artimanhas dos Incorrigíveis e para a síndrome de avestruz associada. Como disse Sharp, "Um exemplo da síndrome de avestruz tornada maligna pode ser encon-

---

50 Ver C. A. Sharp, "The Dirty Dozen Plus a Few: Frequency of Hereditary Disease in Australian Shepherds". *DHNN*, v. 9, n. 3, 2001. O site do Ashgi fornece informações mais detalhadas sobre cada condição de interesse.

51 C. A. Sharp, "The Road to Hell: Epilepsy and the Australian Shepherd". *Australian Shepherd Journal*, v. 13, n. 4, 2003; ashgi.org/home-page/genetics-info/epilepsy-other-neurological-issues/epilepsy/the-road-to-hell.

trado na minha raça [...]. Há muitos avestruzes que têm ou produziram pastores-australianos epilépticos, mas os testes não são feitos, eles não vão cooperar com um projeto de pesquisa em andamento, o que 'realmente' aconteceu é que o cão bateu com a cabeça / ingeriu veneno de formiga / sofreu uma insolação e assim por diante. Aparentemente, esses cães batem com a cabeça, ingerem veneno ou se superaquecem a cada três ou quatro semanas".[52] A aposta é, portanto, muito alta para o desenvolvimento de um teste direto baseado no DNA, o fórceps mais poderoso disponível na tecnocultura para puxar cabeças de avestruz para o ar fresco em tais questões.

Quem leu este capítulo terá notado que o EpiGENES era um grupo de bate-papo confidencial, uma pista valiosa para se entender a natureza estigmatizante de doenças suspeitas de serem hereditárias.[53] Não é difícil encontrar evidências do estigma e da resposta agressiva dos Incorrigíveis. Sharp começou um poderoso artigo sobre epilepsia no *Australian Shepherd Journal* em 2003 com um horrível registro de convulsão de uma jovem cadela que teve de ser eutanasiada em 1993, seis meses após seu primeiro ataque epiléptico. A corajosa dona dessa cadela, Pat Culver, colocou um obituário na edição de setembro-outubro de 1994 do *Aussie Times*, dando seu nome de registro, a causa da morte e duas gerações de pedigree. Alguns criadores com cães intimamente relacionados explodiram e atacaram Culver; outras pessoas discutiram a necessidade de uma resposta positiva. Junto com Culver, Sharp e outra amante de pastores-australianos chamada Ann DeChant, que tinha produzido duas ninhadas com filhotes epilépticos (e desde então eliminara a epilepsia de seu programa de criação), tentaram mobilizar ações pela raça, mas Sharp me disse em

---

52 C. A. Sharp, "The Biggest Problem". *DHNN*, v. 8, n. 3, 2000, p. 4.

53 A epilepsia tem um longo histórico de doença estigmatizante entre os seres humanos também, assim como de condição cujos diagnóstico e interpretação são desenfreadamente variáveis. Para a história acadêmica clássica até a neurologia moderna, ver Owsei Temkin, *The Falling Sickness* [1945]. Baltimore: Johns Hopkins University Press, 1971. Se o leitor persistir no interesse pelo *Homo sapiens* diante da importância dos cães, ver também Fiorella Gurrieri e Romeo Carrozzo (orgs.), *American Journal of Medical Genetics: The Genetics of Epilepsy*, edição especial, v. 106, n. 2, 2001. A história da epilepsia entre artistas e outras pessoas excepcionais me faz especular se também há compensações para os cães em suas terríveis experiências com a doença. Igualmente, não posso deixar de me perguntar qual é a incidência da epilepsia entre os Incorrigíveis de Sharp na cachorrolândia. Eles são incapazes de empatia ou foram consumidos por ela?

nossa entrevista em novembro de 2005 que as pessoas estavam com medo, e a atenção se dispersou.

Os Incorrigíveis atacaram aqueles que falavam e continuaram a acasalar parentes de primeiro grau dos cães afetados sem dizer nada a ninguém. Além disso, essas pessoas atrasaram a resposta positiva ao sofrimento dos cães e de sua gente, recusando-se a dar amostras dos cães afetados e de seus parentes próximos aos dois programas de pesquisa então existentes, mesmo que esses projetos mantivessem todos os dados confidenciais. Na época de minha entrevista com Sharp em 2005, entretanto, as coisas tinham mudado por causa de um resoluto movimento de base de ativistas de pastores-australianos, que também estava sob a égide do Ashgi. Esse movimento de base é uma das razões pelas quais, na primavera de 2006, um teste de DNA específico para pelo menos uma versão de epilepsia em pastores-australianos parecia provável. (A genética da doença não é a mesma para todas as raças, e a transmissão de qualquer forma de epilepsia por um único gene é um fato frágil neste momento.)

Na Exposição Nacional de Especialidades de Pastores-Australianos em Bakersfield, Califórnia, em 2002, três mulheres do Arizona e Ann DeChant, do Michigan, todas as quais tinham produzido cães que desenvolveram epilepsia e estavam empenhadas em fazer algo a respeito, começaram a gestar um plano multifacetado e de longo alcance. A gangue do Arizona incluía Kristin Rush, que se tornou a presidenta do Australian Shepherd Genetic Epilepsy Network and Education Service (AussieGENES) [Serviço de Educação e Rede Voltado à Epilepsia Genética do Pastor-Australiano], o qual entrou na estrutura do Ashgi; Claire Gustafson, que foi a designer do site do Ashgi; e Kristina Churchill. Junto com Gustafson, Rush e Churchill, DeChant criou a EpiGENES em 2003, enquanto Gustafson e Heidi Mobley projetaram uma campanha publicitária sobre pastores-australianos a fim de chamar a atenção nos principais periódicos, com os anúncios trazendo a assinatura de pessoas que tinham produzido cães epilépticos e que se recusavam a ficar quietas por mais tempo. A ideia para a organização completa da AussieGENES veio do grupo de bate-papo EpiGENES. Sharp olhou, aplaudiu e ajudou como pôde, inclusive escrevendo "The Road to Hell" para a edição do *Australian Shepherd Journal*, que publicou os primeiros anúncios. Esse artigo atraiu a atenção e, em 2003, ganhando o prêmio Maxwell da Dog Writers Association of America [Associação Americana de Escritores sobre Cães]. Além disso, ambos os principais registros de raça, o Asca e a Usasa, subvencionaram parte das despesas das campanhas publicitárias. Houve até mesmo um desfile de veteranos e campeões na

Exposição Nacional de Especialidades de Pastores-Australianos de 2005, ocasião em que várias das pessoas que enviaram biografias de seus cães incluíram a informação de que parentes próximos tinham epilepsia. Até mesmo um dos cães detentores de título que caminhava orgulhosamente com sua humana foi listado como sofrendo de epilepsia. Sharp relatou que a multidão estava espantada, chocada e profundamente emocionada, e muitas pessoas se aproximavam da dona do cão afetado para agradecê-la por sua honestidade. A cultura da agressão estava definitivamente perdendo sua capacidade de silenciar e intimidar.

Os Incorrigíveis encontraram outra oponente formidável na dona do animal de estimação, Pam Douglas, em seu aflito cão Toby e na fundação beneficente que Douglas criou para aumentar a consciência pública sobre a epilepsia canina e desenvolver meios para combater a doença.[54] Douglas, uma advogada que havia trabalhado na Costa Leste e depois se mudara para a Califórnia, havia criado três filhos com seu marido, e eles se viram querendo outro membro para a família depois que seus descendentes humanos tinham saído do ninho. E, assim, depois de examinar todos os testes-padrão de saúde para olhos e quadris, compraram um filhote de pastor-australiano. O padreador do filhote vinha de um conceituado estabelecimento no "hall da fama" dos canis, com muitos vencedores em competições de conformação e versatilidade. Douglas e seu marido não queriam um cão de exposição nem um atleta; eles queriam um animal de estimação. Seu filhote, Toby, passou por uma série de dificuldades ligadas a diagnósticos errados a partir da idade de dez meses, culminando em uma aterrorizante crise epiléptica aos treze meses. O processo de diagnóstico e os esforços subsequentes para controlar a doença têm sido emocional e fisicamente dolorosos, tanto para os humanos quanto para o cão, sem mencionar os altos custos financeiros para os Douglas. Toby tem grandes dificuldades e um prognóstico conturbado, mas a boa notícia é que, com mais de quatro anos, Toby tem uma vida saudável, apesar de uma epilepsia muito séria e apenas parcialmente controlada, com efeitos debilitantes devidos tanto a convulsões como a medicamentos. A melhor notícia é que os membros de sua família são pastores humanos enérgicos e focados, que não serão intimidados.

---

54 Ver tobysfoundation.org/ads.html. O site permite o download de arquivos em formato PDF de todos os anúncios da Toby's Foundation. A história de Pam Douglas e Toby é contada por Stevens Parr, "The Face of Epilepsy: How One Pet Owner Is Staring It Down". *Australian Shepherd Journal*, set.-out. 2004. Agradeço a Douglas pela permissão para reimprimir o anúncio "The Face of Epilepsy" [A face da epilepsia].

Presumindo o melhor, uma Douglas ainda ingênua contactou o criador de Toby e o criador do padreador de Toby, depois que a epilepsia do pequeno ficou clara, e teve o que ela descreveu como uma longa série de conversas que não chegaram a lugar algum. O artigo do *Australian Shepherd Journal* sobre a história de Douglas contou que esses conhecidos criadores, com um belo site sobre cães de qualidade, que tinham todas as autorizações sanitárias padrão (um site que, até onde eu saiba, não foi atualizado desde abril de 2003 e recebeu mais de 20 mil visitantes únicos entre dezembro de 2002 e dezembro de 2006), não responderam a seus pedidos para contribuir com amostras de sangue de seus cães, que eram intimamente relacionados a Toby, para o programa de pesquisa de epilepsia genética canina da Universidade do Missouri.[55] Douglas se recusou a deixar por isso mesmo. Ela conversou longamente com Sharp, que a escutou e manifestou simpatia enquanto Douglas se educava sobre a ciência da epilepsia canina e a realidade de apoiar cães e pessoas ligadas a cães durante a doença. Ela publicou, então, um anúncio colorido nas duas principais revistas da raça de pastores-australianos em 2004, pedindo aos donos de parentes de Toby que contribuíssem com amostras de DNA para a Canine Epilepsy Network [Rede Canina de Epilepsia]. O anúncio foi chamado "A face da epilepsia". Os anúncios publicados pela Toby's Foundation são radicais na cachorrolândia. A clássica semiótica biográfica em primeira pessoa, com retrato, significantes materiais de família, *páthos* narrativo, apelos à ação, aliciamentos para a afirmação moderna de si através da participação em pesquisas científicas e genealogia registrada (mesmo que indicando doença genética) devem ser eficazes na cultura da classe média dos Estados Unidos. Eu, por exemplo, sou tocada por essas coisas e tenho orgulho disso. Contribuo para a Toby's Foundation e desejo que meus leitores também o façam. Observar como o trabalho material-semiótico é feito não o vicia ética nem politicamente, mas o localiza cultural e historicamente como trabalho no qual um juízo não redutor é possível.

Ninguém se apresentou com informações sobre qualquer um dos irmãos de Toby, mas um telefonema ligou Toby a Shadow, um pastor-australiano filhote que fora parido em 2000 no canil do padreador de Toby e tinha convulsões tão graves que precisou ser eutanasiado aos onze meses. Os humanos de Shadow, então, criaram um obituário para seu cão também, pedindo cooperação com a pesquisa por meio

---

55 Ibid., p. 17.

da amostra de sangue de cães afetados e seus parentes próximos. Incluir o maior número possível desses parentes nas amostras é crucial para o mapeamento de genes de interesse. A campanha publicitária tem sido bastante pública e eficaz. Os proprietários de animais de estimação, ou pelo menos Pam Douglas e suas redes em crescimento, fizeram seu poder ressoar no cenário da raça pura dos criadores, onde o mero comprador de animais de estimação pode se sentir totalmente em segundo plano.

Um dos laboratórios que procuravam o gene ou os genes responsáveis pela epilepsia hereditária em pastores-australianos, VetGen, desistiu em 2003,[56] enquanto o laboratório de Gary Johnson na Canine Epilepsy Network da Universidade do Missouri continuou suas pesquisas. AussieGENES, *DHNN*, Toby's Foundation e Ashgi fizeram do envio de amostras aos pesquisadores uma alta prioridade. Em 2003, o ano do nascimento de Toby, a Canine Epilepsy Network tinha apenas 99 amostras de pastores-australianos, com 16 cães afetados. Em 2006, havia mais de mil amostras, um número superior ao de qualquer outra raça, incluindo duas famílias multigeracionais ampliadas. Os padrões começaram a indicar que um alelo autossômico recessivo em apenas um lócus poderia ser o principal culpado por essa forma de epilepsia. No início de 2006, a identificação dos genes parecia próxima, e a angariação de fundos estava em andamento na pastorlândia para obter 70 mil dólares com o objetivo de apoiar esse impulso final. Ainda há muitos nós a serem amarrados nos agenciamentos tecnoculturais necessários para construir e estabilizar os fatos relevantes, como um gene de epilepsia do pastor-australiano, mas os ativistas do Ashgi e da Toby's Foundation inventaram alguns padrões de cama de gato muito promissores.

---

56 Algumas pessoas cachorreiras bem-informadas não ficaram tão pesarosas de ver a VetGen fora de cena. O bem-sucedido ataque legal por violação de patente feito pela empresa contra outra companhia que vendia testes diagnósticos de DNA para cães (GeneSearch) não indicou um grande compromisso com uma cultura genética médica mais aberta e colaborativa. O teste disputado foi para a doença de von Willebrand (DVW). Minha gente estava preocupada que a VetGen pudesse desenvolver um teste primeiro e que seu custo e condições de uso estivessem longe de ser ideais. O processo judicial no qual a VetGen derrotou a GeneSearch foi decidido em 10 de julho de 2002 pelo Tribunal Federal do Distrito Leste do Michigan.

A face da epilepsia

Blue Chip Toby de Kutabay

ASCA #N128035 AKC #DL90828201

Padreador: Short Circuit de Moonlight | Matriz: Hartke de Kutabay

"Com 12 semanas, peguei minha primeira bolinha. Com 7 meses, nadei pela primeira vez. Em 17 de fevereiro de 2003, festejei meu primeiro aniversário. ***Um mês depois, tive minha primeira convulsão.***"

A epilepsia ameaça o futuro de nossa raça. Por favor, doe sangue.

Toby foi diagnosticado com epilepsia idiopática (primária). Se você é relacionado a Toby ou a qualquer outro cão afetado, por favor ajude doando uma amostra de DNA à Universidade do Missouri para pesquisa que possa levar à criação de um exame para pastores-australianos com o objetivo de dar fim a essa doença assassina.

Para mais informações, entre em contato com Liz Hansen, coordenadora de pesquisa, por email (hansenl@missouri.edu), por telefone (573-884-3712) ou pelo site www.canine-epilepsy.net.

Para mais informações sobre Toby, ligue para 949-455-7842 ou escreva para DougPCN@yahoo.com.

Australian Shepherd Journal, maio-jun. 2004. Cortesia da Toby's Foundation e de Pam Douglas.

Um teste de triagem de DNA não é uma panaceia nem, certamente, uma cura para cães afetados; na criação de cães, porém, onde as mutações identificadas permitem estabelecer uma causalidade forte para um distúrbio, um teste de triagem confiável pode identificar portadores e indicar que os acasalamentos entre eles devem ser evitados. A chave é a relação da comunidade com o teste e com seu dispositivo tecnocultural. A comunidade judaica asquenaze em Nova York praticamente eliminou o nascimento de bebês com a doença de Tay-Sachs, primeiro apoiando a pesquisa e depois usando um teste genético, ao passo que crianças afetadas continuam a nascer em outras comunidades ao redor do mundo com relações muito diferentes com os dispositivos culturais de pesquisa, medicina e cidadania genética.[57]

—

57 Sheila Rothman, "Serendipity in Science: How 3 BRCA Gene Mutations Became Ashkenazi Jewish", artigo apresentado no workshop Ethical World of Stem Cell Medicine, Universidade da Califórnia em Berkeley, 28 set. 2006; Gina Kolata, "Using Genetic Tests, Ashkenazi Jews Vanquish a Disease". *The New York Times*, 18 fev. 2003. Na *Online Science and Technology News* de 4 de maio de 2005, em um artigo intitulado "Jewish Sect Embraces Technology to Save Its Own: The Ashkenazi Jews of New York Have Turned to Genetic Screening to Save the Lives of Their Children", Deborah Pardo-Kaplan escreve: "Através de um programa voluntário e confidencial de triagem chamado Chevra Dor Yeshorim, ou 'Association of an Upright Generation', adultos judeus ortodoxos solteiros em todo o mundo podem ser testados para descobrir se carregam o gene para Tay-Sachs. Cada pessoa testada recebe um exame de sangue e um número de identificação. Antes de namorar, ambos os membros do casal em potencial ligam para a linha direta automatizada de Chevra Dor Yeshorim e digitam seus números de identificação. Se os dois testes forem positivos para o gene Tay-Sachs, o casal será informado de que essa parceria é considerada inadequada para o casamento por causa da chance de que um em quatro de seus filhos venha a desenvolver a doença". Em um e-mail de 6 de outubro de 2006, Rayna Rapp, uma antropóloga nova-iorquina que estuda cidadania genética e resposta ao diagnóstico genético, me disse: "Nos programas seculares, um avô asquenaze 'conta' para que se recomende fortemente a triagem Tay-Sachs; entre os ultraortodoxos que usam o programa CDY (nem todos!!!), a triagem direta é realizada em todos os adolescentes, de modo que nenhuma união potencialmente 'incompatível' seja sugerida". Ver Rayna Rapp, *Testing Women, Testing the Fetus: The Social Impact of Amniocentesis in America*. New York: Routledge, 1999.

Sobre cidadania genética, ver Rayna Rapp, "Cell Life and Death, Child Life and Death: Genomic Horizons, Genetic Diseases, Family Stories", in S. Franklin e M. Lock (orgs.), *Remaking Life & Death*, op. cit.; Karen-Sue Taussig, "The Molecular Revolution in Medicine: Promise, Reality, and Social Organization", in Susan McKinnon e Sydel Silverman (orgs.), *Complexities: Beyond Nature & Nurture*. Chicago: University of Chicago Press, 2005; Deborah Heath, R. Rapp e K. Taussig, "Genetic Citizenship", in David Nugent e Joan Vincent (orgs.), *A Companion to the Anthropology of Politics*. Malden: Blackwell, 2004; e R. Rapp, K. Taussig e D.

Nem todas as estórias sobre testes genéticos são tão benignas, seja em mundos humanos ou caninos, mas talvez este conto de pastores-australianos possa ter um final feliz.

Minha estória encachorrada sobre teias de ação na era pós-genômica é sobre uma antiga simbiose – aquela entre conhecimento, amor e responsabilidade. A genética canina é tanto uma rede social quanto uma rede biotecnológica. Nem marcadores de microssatélite, nem pedigrees de dez gerações, nem testes genéticos baseados em DNA caem do céu; eles são fruto do trabalho naturalcultural historicamente localizado. Padrões de raça, genomas de cães e populações caninas são objetos material-semióticos que moldam vidas interespecíficas de maneiras historicamente específicas. Este capítulo perguntou como são necessárias formas heterogêneas de conhecimentos especializados e cuidado para elaborar e sustentar o conhecimento científico em benefício de tipos de cães, bem como de cachorrinhos individuais, em um contexto particular, não inocente, naturalcultural. A história de C. A. Sharp navega nas ligações do trabalho leigo e profissional e também nas ligações entre o conhecimento e o afeto na tecnocultura. Os fluxos genéticos em cães e humanos têm implicações para os significados de espécie e raça; estórias de origem permanecem potentes na cultura científica; e a biotecnologia molecular pode ser mobilizada para sustentar ideias de diversidade e conservação. A socialidade na internet molda alianças e controvérsias em mundos caninos, e práticas populares e comerciais infundem mundos técnicos e profissionais e vice-versa.

Nada disso é novidade nos *science studies* nem resolve as contradições da biorriqueza, do biocapital e da biopolítica, mas tudo prende minha atenção enquanto estudiosa, cidadã e cachorreira. Sharp e suas redes enfrentam matérias que moldam profundamente vidas humanas e não humanas; elas fazem a diferença. Interessada nas simbioses de espécies companheiras de tipo tanto orgânico como inorgânico, termino com fusões. A passagem da lei da coleira em Denver, Colorado, no anos 1950, cercou os *commons* do meu mundo canino-humano de infância. Os regimes proprietários e a vigilância dos testes de DNA na virada do milênio mapeiam e cercam os *commons* do genoma, ditando novos tipos de relações entre criadores, pesquisadores, donos de cães, tutores e cães. Crises locais e

---

Heath, "Standing on the Biological Horizon", conferência apresentada no seminário "Genomics in Perspective", da National Library of Medicine, 16 maio 2006.

globais de esgotamento da diversidade cultural e biológica levam a novos tipos de cercamento de terras e corpos em zoológicos, museus, parques e nações. Falar sobre um tipo de cão também significa enfrentar as complexidades e consequências das histórias da pecuária e da mineração, a despossessão dos californianos e dos indígenas e os esforços modernos para constituir um agropastoralismo humano-animal econômica, biológica, política e eticamente viável a partir dos cacos dessa herança. Não é de admirar que eu esteja procurando na estória conjunta de cães e pessoas um sentido vívido de uma vida e um futuro comuns ainda possíveis, a partir dos quais possamos continuar a construir.

ASSASSINATOS DA DIVERSIDADE

Como uma homenagem a Charis Thompson por sua verdadeira história de ficção nos *science studies*, "Confessions of a Bioterrorist" [Confissões de uma bioterrorista],[58] concluo "Vidas examinadas" com uma incursão na ficção policial, começando com minha mensagem (reeditada) na CANGEN-L em 6 de janeiro de 2000:

Muito bem, Membros da Lista, vou começar uma estória de assassinato encachorrada sobre diversidade genética e ver se alguém quer ajudar a escrever essa contribuição pulp *em grupo! Eu gostaria que três amigas fossem as detetives, todas cadelas alfa humanas de uma certa idade e cada uma com apêndices diferentes no mundo canino.*

Uma detetive é uma criadora de longo prazo de cães pastores; e, como estamos especulando, tomo a liberdade de escolher pastores-australianos, o melhor exemplo de pastores, de qualquer forma <lol>. Essa criadora é uma mulher anglo-americana de uma família que vive em ranchos, possui meios modestos e mora no Vale Central da Califórnia, não muito longe de Fresno. Ela vem se esforçando ao longo de quatro décadas, desde que os pastores-australianos se institucionalizaram como raça, para produzir cães que possam pastorear com incomparável habilidade, vencer em conformação, ser excelentes em obediência e em agility *e servir dignamente como animais de estimação. Essa*

—

58 Charis Thompson Cussins, "Confessions of a Bioterrorist", in E. Ann Kaplan e Susan Squier (org.), *Playing Dolly: Technocultural Formations, Fantasies, and Fictions of Assisted Reproduction*. New York: Routledge, 1999.

mulher, que concluiu o ensino médio, é autodidata, muito inteligente e intensamente conectada ao mundo canino, especialmente no das raças de pastoreio e trabalho. Ao lado dos pastores, os cães guardiões de gado têm um lugar especial em seu coração, e ela se informou sobre a história da ecologia e da população de vários CGG *na Europa e na Eurásia e sobre sua construção como raças institucionalizadas nos Estados Unidos e na Europa. Ela tomou o partido da facção anti-*AKC *nas grandes guerras pastoris australianas, mas têm sido ativa em ambos os registros nos últimos anos. Ultimamente, fez amizade com uma ativista de saúde e genética em Fresno que publica um boletim informativo que está enlouquecendo muita gente. Essa detetive tem suas dúvidas sobre a forma como os cientistas tratam os criadores e sobre a dureza dos dados que os cientistas utilizam para fazer afirmações a respeito das práticas de criação. Ela é uma realista cabeça-dura no que concerne aos cães, e há pouca coisa que ela não faria para se manter fiel ao seu compromisso com o bem-estar canino. Ela também é uma das poucas pessoas que podem falar tanto com fazendeiros quanto com ambientalistas sobre reintroduções de lobos no Oeste. Ela é ativa no Navajo Sheep Project e solidária com Diné Bí' Íína. Não é amiga da People for the Ethical Treatment of Animals (Peta) [Pessoas pelo Tratamento Ético dos Animais]; no entanto, trabalha com essa organização para expor as condições da produção industrial de carne.*

Minha segunda detetive é uma geneticista molecular da Universidade da Califórnia em Davis que está montando uma startup de capital de risco a fim de pesquisar e comercializar kits de diagnóstico de doenças genéticas que afetam principalmente as raças toy. Sua empresa se chama Genes'R'Us, e a Toys'R'Us está movendo um processo contra ela por violação de marca registrada depois de sua campanha de marketing ter confundido um pouco os toys e os genes. Ela tem pequenos spaniels continentais (papillons) e compete em alto nível em provas de agility*, onde conheceu a detetive 1. Ultimamente, ela vem se conectando com clínicas de reprodução assistida do sul da Califórnia que estão tomando medidas para a clonagem de humanos. Ela tem um forte interesse na coleção congelada do Zoológico de San Diego e no mundo transnacional da biologia e da política de conservação. É uma sino-americana de segunda geração e, em parte porque tem um tio na China que trabalha como biólogo de pandas, envolveu-se com a política de restauração internacional da população de pandas, tanto em zoológicos quanto em reservas de vida selvagem. Ela não desconhece os problemas das pequenas populações. Além de seus quatro pequenos spaniels continentais, ela tem um filhote de terra-nova e duas cruzas de* *golden retriever com whippet já de uma certa idade que recebeu de um abrigo há quinze anos.*

Minha terceira detetive é uma bioquímica nutricional na Ralston Purina e fez pós-graduação em Cornell com a detetive 2. Como muitas mulheres afro-americanas de sua geração que se formaram em química, aceitou um emprego na indústria, e não na academia. Suas pesquisas a colocaram no meio de controvérsias sobre dietas adaptadas a distúrbios metabólicos em animais de companhia, e todas as batalhas ideológicas e comerciais sobre cães a fizeram se interessar pelas questões genéticas ligadas a alergias, disfunções digestivas, saúde reprodutiva precária e doenças metabólicas. Com a detetive 1, ela está tentando conseguir financiamento para estudos com o objetivo de testar hipóteses sobre perda de diversidade genética e saúde precária. Ela começou perguntando se os cães de raça pura são realmente "mais doentes" agora do que no passado e, se sim, por quê. Acabou sendo alvo de suspeita tanto por seu chefe de divisão na empresa como por defensores de "alimentos naturais" não processados para cães. Sua paixão a levou a formar consórcios de pesquisa com veterinários, tendo como modelo os esforços de pesquisa da comunidade de aids, para tentar obter bons dados de forma barata a partir de práticas veterinárias. Tudo isso a levou a uma análise de nutrição, fome, saúde e doença em animais tanto humanos como não humanos em todo o mundo, e essa análise tem mais a ver com justiça e agroecologia sustentável do que com genes. Quando consegue se liberar de tudo isso, ela leva seus dois chows-chows a comunidades de vida assistida para atuarem como cães de terapia. Ela está provando que chows-chows podem ter um ótimo temperamento. Essa senhora assume projetos difíceis como um modo de vida.

As três mulheres e seus pastores, chows-chows e pequenos spaniels continentais se reuniram para umas férias em um acampamento canino de verão e descobriram que cada uma delas tem mais do que algumas ideias sobre o recente assassinato de um famoso escritor de cães que tinha publicado uma série de estórias controversas na New Yorker *sobre como o Dog Genome Project [Projeto Genoma Canino] finalmente lançaria luz sobre a genética comportamental de humanos, bem como de cães. O escritor tinha enfurecido a todos, desde aqueles preocupados com uma nova eugenia até os defensores da clonagem sob demanda, passando pelos ativistas dos direitos animais, pelos cientistas de laboratório, pelos criadores e até por aqueles comprometidos com a diferença dos cães em relação aos humanos como um princípio ético crucial para o bem-estar canino.*

Mas, antes que o assassinato seja solucionado, a trilha leva nossas detetives ao mundo científico e político de comércio, laboratório, conservação, criação e exposição de cães que colocou a diversidade genética nos talk shows *por todo o país e deixou o* AKC *de joelhos.*

Em resposta à minha mensagem por e-mail, "Mas estou procurando um suspeito", C. A. Sharp, meu modelo óbvio para a "ativista de saúde e genética em Fresno que publica um boletim informativo que está enlouquecendo muita gente" ao focar nos assassinatos da diversidade, postou de volta:

Hmmm. Talvez o pups.com também seja um dos principais acionistas do laboratório corporativo que faz o DNA-PV *[teste de verificação de parentesco]*[59] *do* AKC *e venha pressionando o* AKC *em direção à obrigatoriedade. O pessoal das fábricas de filhotes não gosta disso. Muitos criadores não comerciais não estão exatamente encantados com isso, por uma variedade de razões. Talvez um fanático que abrace a necessidade de* DNA *obrigatório e registros abertos de doenças tenha criticado publicamente as motivações mistas do site pups.com.*

Você não está ajudando, Donna. Eu coloquei a escrita de ficção em espera para poder lidar com um acúmulo de projetos de genética canina. Agora você está me sugando de volta para a ficção canina!

Eu respondi na lista:

C.A., agora estamos ronronando! Ideias fabulosas. As listas de suspeitos estão começando a se insinuar. Considere a dupla tarefa de ficção genética canina definitivamente como parte da realização desses projetos genéticos [...].

Você já viu o nome da nova empresa que está associada ao Missyplicity Project [clonagem de cães]?[60] *Genetic Savings & Clone. Veja a* Wired *de março de 2000. Isso – mais minha nova obrigação ética, esclarecida pelo anúncio da Lazaron Biotechnologies bem ao lado do artigo de Thorpe-Vargas e Cargill sobre clonagem na* DogWorld *de março a respeito de "salvar uma vida genética" – me fez pensar que a* CANGEN *também poderia perguntar como a extraordinária cultura genética popular e comercial que estamos gestando afeta nossos esforços para*

---

59 Colchetes da autora. [N. E.]
60 Colchetes da autora. [N. E.]

pensar claramente sobre questões científicas. O discurso do "direito à vida" sempre me dá coceiras, e "salvar uma vida genética" é um poderoso alérgeno.

Em 8 de março, C.A. escreveu de volta:

Eu já sou multitarefas (que mulher não é?). E meu processador (para não mencionar meu marido) está enviando mensagens de erro avisando que estou prestes a exceder minha memória RAM!

Continua... Fiquem atentas à série na Amazon.com; uma porcentagem do valor das compras vai para o Australian Shepherd Health & Genetics Institute. Sai da frente, Susan Conant![61]

---

61 Os inúmeros romances de detetive de Susan Conant, com aqueles lindos malamutes-do-alasca, são extremamente populares na cachorrolândia, mesmo com todos os nossos comentários sarcásticos sobre sua lealdade inabalável ao AKC. Para seu ponto de vista acerca de fábricas de filhotes, desastres genéticos e criação irresponsável, ver Susan Conant, *Evil Breeding*. New York: Bantam, 1999, e *Bloodlines*. New York: Bantam, 1994. Ver também Laurien Berenson, *A Pedigree to Die For*. New York: Kensington Publishing Corp., 1995.

5.
CLONAR VIRA-LATAS, SALVAR TIGRES: ANGÚSTIA BIOÉTICA E QUESTÕES DE FLORESCIMENTO

A raça, qualquer raça, é um rio. Começou a fluir antes de chegar a nós e continuará a fluir para além de onde a vemos. [...] Se realmente amamos esse rio, reconhecemos que ele pertence a todos nós, hoje, e a seus futuros visitantes, então não podemos simplesmente ser indivíduos usando-o a nosso bel-prazer, apenas para benefício pessoal e imediato.
— LINDA WEISSER, 8 jan. 2000, Pyr-L@apple.ease.lsoft.com

A clonagem de animais de companhia é o lugar onde a evolução encontra o livre mercado; aqueles que podem se dar ao luxo de pagar salvarão o que gostam e deixarão o resto arder.
— LOU HAWTHORNE, CEO, Genetic Savings & Clone, Inc., 12 maio 2000

EMERGENTES NA TECNOCULTURA

Prazeres e ansiedades em torno de começos e finais abundam no mundo canino contemporâneo.[1] Quando as tecnoculturas são inundadas por discursos milenaristas, por que os cães não deveriam latir de forma apocalíptica no início e no fim dos tempos? Os contos caninos exigem uma

---

1 Instantâneo de um momento da virada do século em um drama que se transforma rapidamente, este capítulo, revisado em 2006 para *Quando as espécies se encontram*, foi originalmente escrito para um workshop que aconteceu em maio de 2000 na School of American Research, tendo sido revisado pela primeira vez em 2002 para ser incluído em S. Franklin e M. Lock (orgs.), *Remaking Life & Death*, op. cit.

audiência; eles dizem respeito às *dramatis personae* no teatro ecológico e na peça evolutiva de naturezasculturas rerroteirizados na modernidade tecnonatural e biossocial.[2] Quero saber como a emergência de uma ética de florescimento, compaixão e ação responsável interespecíficos está em jogo nas culturas caninas tecnoperspicazes engajadas com a diversidade genética, por um lado, e com a clonagem, por outro.

No passado, escrevi sobre ciborgues, um tipo de espécie companheira que emergiu da Guerra Fria e aglomerava organismos e máquinas de informação. Também andaram por minha mente organismos geneticamente modificados em laboratório, como OncoMouse™, aquelas espécies companheiras que ligavam os domínios comercial, acadêmico, médico, político e jurídico. Emergentes no tempo do "ser genérico" (na expressão do filósofo)[3] para ambos os participantes, cães e humanos enquanto espécies companheiras sugerem histórias e vidas distintas em comparação com os ciborgues e os ratos modificados.

O termo *espécies companheiras* refere-se ao antigo elo coconstitutivo entre cães e pessoas, em que os cães foram atores, e não apenas receptores da ação. *Espécies companheiras* também aponta para as variedades de ser que são tornadas possíveis nas interfaces entre diferentes comunidades humanas de prática para as quais "amor à raça" ou "amor aos cães" são um imperativo prático e ético em um contexto *sempre* específico e histórico, que envolve ciência, tecnologia e medicina em cada curva. Além disso, *espécies companheiras* designa dispositivos biossociotécnicos entretecidos e compostos por humanos, animais, artefatos e instituições, em que modos particulares de ser emergem e são mantidos. Ou não.

Transitando no fazer e desfazer de categorias, o jogo entre parentes e tipos é essencial para a figura das espécies companheiras. Qual é o custo do parentesco, do fazer e desfazer de categorias, e para quem? O conteúdo de qualquer obrigação depende da espessura e das particularidades dinâmicas de relações-em-progresso, ou seja, de parentes e tipos. A matriz comum para essas diversas reivindicações sobre nós é uma ética do florescimento. Chris Cuomo sugere que o ponto de partida central da ética ecológica feminista é um "compromisso com o

---

2 G. Evelyn Hutchinson, *The Ecological Theater and the Evolutionary Play*. New Haven: Yale University Press, 1965; Paul Rabinow, "Artificialidade e iluminismo: Da sociobiologia à biossociabilidade", op. cit.; B. Latour, *Jamais fomos modernos*, op. cit.; Haraway, *Modest_Witness@Second_Millennium*, op. cit.

3 *Gattungswesen*, termo utilizado por Karl Marx, costuma ser traduzido em inglês por "*species-being*", "ser-espécie". [N. T.]

florescimento ou bem-estar de indivíduos, espécies e comunidades".[4] O florescimento, não apenas o alívio do sofrimento, é o valor central que eu gostaria de estender às entidades emergentes, humanas e animais, nos mundos tecnoculturais caninos. A ação compassiva é, certamente, crucial para uma ética do florescimento.

Viver em um mundo de espécies companheiras, onde parentes e tipos são emergentes, instáveis e têm consequências de vida-e-morte desigualmente distribuídas, é viver em um campo de forças sujeito à "torção". Bowker e Star desenvolvem a ideia de torção para descrever a vida de quem está sujeito aos feixes torcidos de categorias e sistemas de medida ou padronização conflitantes. Onde biografias e categorias se enroscam em trajetórias conflitantes, há torção.[5] O tecido dos mundos caninos tecnoculturais é torcido ao longo de vários eixos.

Nos Estados Unidos, os cães se tornaram "animais de companhia", tanto em contraste como em adição a "animais de estimação" e a "cães de trabalho e de esporte", no final dos anos 1970, no contexto de investigações sociais científicas sobre as relações de animais como os cães com a saúde e o bem-estar humanos.[6] Escolas de veterinária, como a da Universidade da Pensilvânia, e programas de cães de assistência, como o da Delta Society, foram arenas-chave de ação. Há muito mais fios na estória da transformação de animais de estimação em animais de companhia, mas quero destacar apenas três elementos. Primeiro, os cães vivem em várias categorias retorcidas e trançadas ao mesmo tempo; suas biografias e classificações estão em uma relação de torção. Segundo, mudanças na terminologia podem sinalizar importantes mutações no caráter das relações – comercial, epistemo-

---

4 Chris Cuomo, *Feminism and Ecological Communities: An Ethic of Flourishing*. New York: Routledge, 1998, p. 62.

5 Geoffrey Bowker e Susan Leigh Star, *Sorting Things Out: Classification and Its Consequences*. Cambridge: MIT Press, 1999, pp. 27–28.

6 Bruce Fogle (org.), *Interrelations between People and Pets*. Springfield: C. C. Thomas, 1981; Aaron Katcher e Allen M. Beck (orgs.), *New Perspectives on Our Lives with Companion Animals*. Philadelphia: University of Pennsylvania Press, 1983; Anthony Podberscek, Elizabeth S. Paul, e James A. Serpell (orgs.), *Companion Animals and Us: Exploring the Relationships between People and Pets*. Cambridge: Cambridge University Press, 2000; Victoria Voith e Peter L. Borchelt (orgs.), *Readings in Companion Animal Behavior*. Trenton: Veterinary Learning Systems, 1996; Cindy C. Wilson e Dennis C. Turner (orgs.), *Companion Animals in Human Health*. Thousand Oaks: Sage Publications, 1998. Para um quadro mais completo da literatura sobre cães de companhia e saúde humana, ver A. Franklin, Mi. Emmison, D. Haraway e M. Travers, "Investigating the Therapeutic Benefits of Companion Animals", op. cit.

lógica, emocional e politicamente. Terceiro, o termo *animais de companhia* tem mais do que uma relação acidental com outras categorias tecnoculturais que alcançaram potência em torno dos anos 1980, tais como biodiversidade, genoma, gestão da qualidade de vida, pesquisa de resultados e o mundo inteiro como banco de dados. Nomes "novos" marcam mudanças no poder, refazendo parentescos e tipos simbólica e materialmente.

Uma atitude peculiar diante da história caracteriza aqueles que vivem na paisagem temporal do tecnopresente. Eles (nós?) tendem a descrever tudo como novo, como revolucionário, orientado para o futuro, como uma solução para os problemas do passado. A arrogância e a ignorância dessa atitude não necessitam de comentários. Muita coisa é feita para parecer "nova" na tecnocultura, ligada a "revoluções" como as da genética e da informática. É impossível terminar o dia na tecnocultura sem testemunhar uma velha oscilação na estabilidade e alguma nova reivindicação de categoria. Os mundos caninos dificilmente estão imunes a essa curiosa forma de experiência. Para dar um exemplo caseiro: enquanto, entre humanos, a limpeza dos próprios dentes costumava qualificar um cidadão biossocial íntegro, desalmadas são as pessoas ligadas a cães que não sentiram a desaprovação dos veterinários por não tratar os marfins de seus cachorrinhos. Da mesma forma, se antes bastava ser testado para doenças genéticas humanas, hoje a falta de sucesso em fazer testes e angariar fundos para pesquisas sobre as doenças caninas mais prevalentes pesa na consciência. Compartilhar o risco da gengivite e da biossocialidade genética faz parte do vínculo entre as espécies companheiras.

Contudo, se aqui as revoluções são, na maioria das vezes, exagero, as descontinuidades e formas mutantes de ser não o são. As categorias abundam em mundos tecnoculturais que não existiam antes; essas categorias são as sedimentações de relações processuais que importam. Os emergentes requerem atenção ao processo, ao relacionamento, ao contexto, à história, à possibilidade e às condições para o florescimento.[7] Os emergentes dizem respeito aos dispositivos de emergência, eles mesmos trançados de ações e atores heterogêneos em relação torcida. Animais de companhia, eles próprios entidades emergentes, exigem uma investigação sobre "o que deve ser feito", ou seja, sobre o que alguns chamam de ética ou, nos domínios em que

---

7 Bem, eu demoveria a linguagem da emergência em favor das induções recíprocas a fim de destacar que não há emergência de uma coisa em si, mas sempre um nó relacional de intra- e interações.

eu vivo, bioética. Quero explorar essa matéria em relação às práticas e aos discursos da diversidade genômica canina e da clonagem de cães de estimação.

Primeiro, arrisco algumas palavras sobre bioética, talvez um dos discursos mais aborrecidos com os quais cruzar o caminho na tecnocultura. Por que a bioética é entediante? Porque muitas vezes ela atua como um discurso regulador depois de toda a ação realmente interessante e gerativa ter acabado. Geralmente a bioética parece se tratar de *não* fazer algo, da necessidade de proibir, limitar, policiar, manter a linha contra as tecnoviolações iminentes, limpar depois da ação ou impedir a ação em primeiro lugar. Enquanto isso, a remodelação dos mundos é realizada em outro lugar. Nessa caricatura injusta, a bioética está firmemente do lado da sociedade, enquanto todos os monstros vivazes e promissores estão do lado da ciência e da tecnologia. Se os acadêmicos dos *science studies* aprenderam alguma coisa nas últimas décadas, é que o dualismo categórico entre sociedade e ciência, cultura e natureza, é um esquema para bloquear a compreensão do que está se passando na tecnocultura, inclusive do que deve ser feito para que as espécies companheiras floresçam. Para que a bioética possa fazer parte dos *science studies*, ela terá de cair na realidade. A bioética vai ter de se tornar uma trabalhadora ontológica de mãos sujas nas economias políticas do livro I de *O biocapital*.

A bioética inseriu seu espéculo no mundo da reprodução de quase todos os parentes e tipos, sexuais e assexuais, *in vivo* e *in vitro*. Considerem as dificuldades que o produtor independente de rádio Rusten Hogness experimentou ao desenvolver uma reportagem de cinco minutos sobre clonagem humana para o programa *The* DNA *Files* II, da National Public Radio, transmitida no outono de 2001. Todas as pessoas entrevistadas por Hogness – biólogos do desenvolvimento, especialistas em transferência nuclear e outros biólogos envolvidos nos esforços de clonagem de mamíferos – argumentaram que as questões éticas cruciais no caso humano estão nas materialidades da biologia da clonagem. Aí, os processos mal compreendidos de reprogramação nuclear e formação de padrões dos organismos na epigênese são fulcrais para a possibilidade de descendentes que poderiam ser saudáveis durante toda a vida, presumindo-se que consigam atravessar os rigores do desenvolvimento fetal. A clonagem humana nas condições atuais de conhecimento e prática causaria profundo sofrimento a um grande número de descendentes certamente danificados e a potenciais pais, equipe médica, pesquisadores, professores e outros. Os abortos espontâneos e induzidos de fetos defeituosos seriam apenas o início do sofrimento, nas condições de conhecimento e prática presentes e futuras (pelo menos em um futuro próximo).

Em parte devido à crença cultural generalizada, muitas vezes estimulada pelos próprios cientistas, de que os genes-como-código determinam tudo em biologia, assim como uma programação é determinada por seu código, as complexidades do desenvolvimento são praticamente ignoradas nas discussões públicas sobre clonagem. Hogness e os biólogos que ele entrevistou voltaram-se para uma metáfora de partitura musical e performance, em vez da enciclopédia ou do código, para obter um controle melhor sobre as materialidades em camadas da genética e do desenvolvimento. Ao fazer isso, eles dirigiram a atenção para as relações colaborativas, complexas, processuais e performativas que compõem a realidade biológica. Ao entrar nessa realidade, poderiam direcionar a atenção ética para a provável experiência vivida dos sujeitos clonados e clonantes. O ético e o técnico aqui se ajustam como uma mão na luva ou, talvez melhor, como o núcleo no citoplasma.

Todos os cientistas entrevistados por Hogness argumentaram que a clonagem humana deveria ser inaceitável ainda por muito tempo, porque a progênie provavelmente sofreria, assim como o universo de pessoas entre as quais essa progênie viria. As condições para o florescimento não são, dito de forma branda, atendidas. Essa sorte de consideração deveria desestabilizar a "concretude equivocada" das discussões convencionais sobre clonagem humana. Com muita frequência, a discussão bioética pergunta se é correto copiar um indivíduo, misturar as gerações, brincar de Deus etc., como se esses fossem assuntos para a "sociedade", enquanto assuntos como nossa capacidade de entender a complexidade da genômica e da epigenética são relegados à categoria de "científicos e técnicos". Ao passo que os bioeticistas se mostram eloquentes no que se refere à singularidade do indivíduo humano supostamente comprometida ou ao controle excessivo dos processos naturais, a cena da remodelação ontológica se transforma mais uma vez sob seus pés, deixando a investigação ética para correr atrás de abstrações estranhas e cenários de *bio-think-thanks*.

Hogness teve dificuldade em convencer os editores e produtores na linha de frente de *The* DNA *Files* de que as questões éticas cruciais na clonagem humana hoje *são* as biológicas. Em um programa muito curto no qual mesmo os rudimentos das técnicas biológicas e processos de desenvolvimento e genéticos mal puderam ser esboçados, pediram-lhe repetidas vezes que entrevistasse "um bioeticista".

A sociedade estava de um lado; a ciência, do outro. Mas os biólogos queriam saborear uma metáfora que havia passado por uma mutação e que lhes permitia destacar o que está realmente em jogo em processos como a reprogramação nuclear na clonagem, pois é aí que se encontram muitas das condições para o florescimento. A ética está em todo o dispositivo ontológico, na complexidade espessa, nas naturezasculturas do ser na tecnocultura que unem células e pessoas em uma dança do devir.

Um dos cientistas que Hogness entrevistou foi Ian Wilmut, que liderou o esforço para clonar Dolly, a ovelha, no Instituto Roslin. Referindo-se obliquamente à concretude equivocada de muitas lamentações bioéticas, ele disse: "O que me surpreende como a suprema ironia que escapa a alguns é que uma das razões sugeridas para copiar pessoas é trazer de volta uma criança morta. E um dos resultados mais prováveis do exercício de clonagem será outra criança morta".[8] Se as ovelhas cujo desenvolvimento será prejudicado devem ou não receber consideração semelhante é uma questão à parte, mas não vazia, abordada parcialmente ao nos voltarmos àquelas pragas dos carneiros vivos, nomeadamente os cães, sujeitos a uma infame experiência de clonagem de animais de estimação, o Missyplicity Project, que decolou em 1998 com um subsídio privado de 2,3 milhões de dólares para pesquisadores da Universidade A&M do Texas, de longe o maior subsídio a ser concedido na área de fisiologia canina. A amada vira-lata Missy morreu em 2002, ano em que o projeto passou da colaboração universidade-empresa para uma ecologia inteiramente corporativa a fim de desenvolver a "tecnologia de alto rendimento que somente parcerias industriais podem oferecer".[9] Apesar do sucesso na clonagem de dois gatos muito caros (na faixa de 50 mil dólares) para o mercado de animais de estimação, todo o esforço desmoro-

---

8 *The DNA Files II*, Sound Vision Productions, NPR, 22 out. 2001.

9 Leslie Pray, "Missyplicity Goes Commercial", *The Scientist*, v. 3, n. 1, 2002, p. 1127. Pray estava citando Lou Hawthorne, o CEO da Genetic Savings & Clone, Inc. John Sperling, o doador não mais anônimo, comprometeu outros 9 milhões de dólares, e a empresa se mudou de College Station, no Texas, para Sausalito, na Califórnia. Conta-se que o bilionário John Sperling gastou mais de 19 milhões de dólares tentando clonar Missy, a cadela de sua parceira de vida, nos mais de sete anos em que o projeto existiu. Sperling é um futurista envolvido também no movimento de extensão da vida (humana) e no financiamento da Biosfera. Ver en.wikipedia.org/wiki/John_Sperling e pt.wikipedia.org/wiki/Biosfera. Lou Hawthorne é o filho de Joan Hawthorne, a humana de Missy. Quando Missy morreu, Sperling e Joan Hawthorne procuraram um novo cão em abrigos, de onde Missy também viera.

nou em 2006, quando a Genetic Savings & Clone, Inc., fechou seus negócios e vendeu seus gametas e células congelados a uma empresa de biotecnologia animal agrícola, ViaGen, que não tinha planos de desenvolver cães clonados comercialmente.

O canil deu cria a menos bioeticistas do que o berçário, mas os mundos caninos também precisam intensamente de uma investigação ética diferente, que esteja no coração da ação que dá à luz espécies emergentes, tipos emergentes. Como sabe qualquer feminista que tenha sobrevivido às guerras biopolíticas travadas acerca de estruturas e relações abaixo do diafragma em corpos femininos humanos, a "reprodução" é uma questão potente. A carga simbólica sobre a reprodução na filosofia, na medicina e na cultura ocidentais geralmente tem exigido volumes das mais talentosas teóricas da antropologia entre nós.[10] Mesmo a realocação parcial desse poder dos úteros (devidamente fecundados e *in situ*, da mesma espécie do ser-que-virá) para laboratórios, clínicas, embriões em *freezers*, coleções de células-tronco, úteros substitutos de tipos anômalos e bancos de dados de genoma tem sustentado indústrias de pronunciamentos acadêmicos, promoção comercial e angústia bioética. Ali onde a reprodução está em jogo, parentes e tipos são torcidos; biografias e sistemas de classificação, deformados. "Clonar vira-latas, salvar tigres" serpenteia dentro dessas forças simbólicas e materiais. Tanto a clonagem quanto os discursos sobre a diversidade genética estão no campo da distorção da reprodução transformada em empreendedorismo.

Entrar no dispositivo de produção / reprodução de cães na tecnocultura começa com as ricas comunidades de criadores e ativistas de saúde nos mundos de cães de raça pura. Não vou abordar aqui os donos de fábricas de filhotes de raça pura, os criadores de quintal ou os muitos outros mundos de prática canina, o que uma análise mais ampla exigiria. Em vez disso, quero começar com uma pequena comunidade de criadores de cães que me ensinou mais sobre respeito do que sobre crítica, de modo que eu possa ancorar minha raiva contra a extravagância da clonagem de animais de estimação com a qual termino este capítulo. Desde o início das "raças puras" modernas de cães ligadas a clubes cinófilos no último terço do século XIX, a contro-

---

10 Sarah Franklin, *Embodied Progress: A Cultural Account of Assisted Conception*. London: Routledge, 1997; M. Strathern, *O gênero da dádiva: Problemas com as mulheres e problemas com a sociedade na Melanésia*, trad. André Villalobos. Campinas: Ed. Unicamp, 2006; id., *Reproducing the Future: Essays on Anthropology, Kinship and the New Reproductive Technologies*. New York: Routledge, 1992.

versia sobre a saúde dos cães e as práticas éticas de criação de raças tem sido muito grande. Como Foucault nos ensinou sobre o nascimento da clínica, o nascimento do canil foi acompanhado por todos os discursos constitutivos desde a primeira aparição da formação.[11]

Dois pontos precisam ser destacados desde o início: (1) a criação responsável de cães é um empreendimento doméstico, composto em grande parte por comunidades de amadores e por indivíduos que não são profissionais científicos nem médicos e que criam um número modesto de cães a um custo considerável para si mesmos durante muitos anos e com dedicação e paixão impressionantes. Estou excluindo da minha categoria de criadores responsáveis de cães muitos dos maiores canis que criam para ganhar em competições de conformação, em parte porque não tenho nenhuma pesquisa etnográfica de primeira mão na qual possa me apoiar. Ainda mais, fiz essa observação porque o que acho que sei a partir tanto da cultura canina oral quanto do trabalho acadêmico publicado me torna previsivelmente crítica, e não tenho nada de novo a acrescentar a argumentos bem conhecidos. Quero começar em algum lugar que me dê uma bússola ética, emocional e analítica; trata-se de um princípio metodológico para mim. Meu pequeno mundo de criadores não é composto por comunidades utópicas, longe disso; mas as pessoas que conheci em meu trabalho de campo, que estão tentando fazer o que chamam de criação ética de cães, ganharam meu respeito. (2) Pessoas "leigas" que criam cães frequentemente possuem sólidos conhecimentos sobre ciência, tecnologia e medicina veterinária, sendo muitas vezes autodidatas e também atores eficazes na tecnocultura para a florescimento dos cães e seus humanos.

Os esforços de Linda Weisser e Catherine de la Cruz, que vivem na Costa Oeste dos Estados Unidos e criam cães-da-montanha-dos-pireneus para guarda de gado e também atuam como ativistas da saúde para remodelar os hábitos dos criadores de pireneus em relação à maneira como lidam com a displasia canina do quadril, são um bom exemplo dessa tecnoperspicácia e de suas exigências biológicas e éticas.[12] Weisser insiste que o centro moral da criação de cães é a raça,

---

11 Michel Foucault, *O nascimento da clínica* [1963], trad. Roberto Machado. Rio de Janeiro: Forense Universitária, 1977.

12 Apoio-me em uma entrevista formal de dois dias com Weisser, em 28–29 de dezembro de 1999, em sua casa em Olympia, Washington, onde também conheci seus magníficos cães; em três anos de postagens no Pyr-L@apple.ease.lsoft.com, um grupo de discussão que contava com cerca de quinhentos assinantes em 2001,

ou seja, os próprios cães tanto como um tipo especializado quanto como indivíduos irredutíveis diante dos quais todos os participantes dos mundos dos pireneus têm uma obrigação. A obrigação é trabalhar para que os cães e sua gente floresçam pelo máximo de tempo possível. Sua ética "altercentrada" é de um tipo resolutamente antirromântico que despreza tanto o antropomorfismo quanto o antropocentrismo como estruturas para a prática do "amor à raça".

Ambas respeitadas anciãs da raça, Weisser e De la Cruz têm um conhecimento enciclopédico da história e dos pedigrees dos pireneus ao longo de muitas décadas; elas estão imersas em uma rede de parentesco interespecífico de proporções épicas. Ouvi-las falar sobre a história dos pireneus requer o aprendizado de um vocabulário sobre a forma e a função dos cães, camadas de histórias nacionais, instituições funcionais e disfuncionais, bem como heróis e vilões humanos. Elas introduziram milhares de pedigrees individuais de pireneus, alguns com mais de vinte gerações, em programas computadorizados, os quais elas pesquisaram cuidadosamente, por sua robustez, para seus propósitos. Uma enorme quantidade do que elas sabem é conhecimento pessoal e comunitário – face a face, humano a cão e cão a cão – nos mundos de exibição, da vida cotidiana e dos ranchos de trabalho em que os grandes pireneus têm emprego. Quando colocam filhotes que criaram ou cães que resgataram de abrigos em lares ou em empregos de guarda de gado, elas levam as pessoas e os cães para sua teia permanente de parentesco interespecífico. A associação a essa teia implica exigências concretas que fazem parte, todas, do "amor à raça".

Uma dessas exigências é acasalar somente aqueles animais que podem melhorar a raça, ou seja, aqueles que podem contribuir para o

---

fundado e dirigido por Weisser, Catherine de la Cruz, Judy Gustafson, Karen Reiter e Janet Frashé (a experiência coletiva em informática dessas mulheres não é trivial para seu trabalho com cães); em numerosos e-mails privados; e em contato pessoal contínuo. Vivi durante sete anos na mesma casa estendida com um grande pireneu, Willem deKoonig, que foi criado por Weisser. Weisser atua no compromisso ético de rastrear os cães que cria, ao longo da vida deles, para apoiá-los e a suas pessoas. Após uma amputação da perna traseira devido a câncer ósseo em junho de 2006, Willem desenvolveu metástases em seus pulmões em dezembro; ele foi eutanasiado entre seus amigos humanos e felinos. A criadora permaneceu disponível e vulnerável dentro desse nó de espécies companheiras mortais. Também me inspiro em conversas e entrevistas com Catherine de la Cruz e no prazer de conhecer alguns de seus cães. Ela me guiou através da lista de discussão LGD-L, um recurso rico para aprender sobre os vários tipos de cães guardiões de gado trabalhando por hobby em fazendas, ranchos e propriedades suburbanas.

florescimento dos grandes pireneus. Mesmo lembrando que "melhoramento" é um dos mais importantes discursos modernos e imperialistas, não posso desdenhar desses compromissos. O que conta como melhoria da raça na cachorrolândia é, no mínimo, controverso. Mas, desde a fundação da Orthopedic Foundation for Animals, em 1966, como um registro fechado e serviço de diagnóstico voluntário que lida com o problema da displasia de quadril canina, os padrões de boas práticas de reprodução requerem que se faça pelo menos raios X na matriz e no padreador para verificar a solidez de seus quadris. No entanto, essa prática, embora associada ao acasalamento consciencioso apenas de cães cujos quadris são classificados como bons ou excelentes pela OFA, não poderia reduzir seriamente a incidência dessa complexa condição genética e de desenvolvimento por duas razões. Primeiro, o registro era voluntário e fechado; ou seja, os criadores não podiam obter o registro de problemas nos cães de outra pessoa, e os criadores com um cão questionável não tinham (e não têm) de fazer um exame de raio X para poder registrar a descendência daquele cão no American Kennel Club (AKC) ou em outro registro. Segundo e igualmente ruim, se apenas os potenciais companheiros de acasalamento forem radiografados e arquivados, o resto dos familiares (companheiros de ninhada, tias e tios etc.) ficam sem registro. Pessoas como Weisser e De la Cruz argumentaram que são necessários registros abertos com pedigrees completos e registros de saúde totalmente divulgados para tantos familiares quanto possível, todos acessíveis à comunidade de prática. Isso é o que o "amor à raça" biológico, técnico e ético requer.[13]

Como uma comunidade poderia ser levada a adotar práticas melhores, especialmente quando algo como a divulgação completa de problemas genéticos a tornaria vulnerável a críticas terríveis e até mesmo ao ostracismo por parte daqueles que têm muito a esconder ou apenas ignoram o problema? Primeiro, um registro aberto nos Estados Unidos para doenças genéticas caninas entrou em cena em 1990.[14] O Institute for Genetic Disease Control in Animals (GDC) [Instituto para o Controle de Doenças Genéticas em Animais], fundado na escola de veterinária da Universidade da Califórnia em Davis, teve como base o registro aberto

---

13 O capítulo 4, "Vidas examinadas", acompanha os rearranjos institucionais e a luta de ativistas por registros abertos até 2006.

14 Os primeiros registros abertos de doenças genéticas nos Estados Unidos foram o PRA Data (iniciado por Georgia Gooch, uma criadora de labradores, em 1989, para lidar com a atrofia progressiva da retina) e o West Highland Anomaly Task Council (WatcH), que foi iniciado em 1989 e registrava três doenças em 1997.

do clube cinófilo sueco. O GDC rastreou várias doenças ortopédicas e de tecidos moles. Listando portadores suspeitos e animais afetados, assim como mantendo registros e bancos de dados de pesquisa para raças específicas, além de registros para todas as raças, o GDC emitia o Kin-Report™ a indivíduos com um motivo válido para investigação. Entretanto, em 2000 o GDC enfrentou um problema que ameaçava colocar fim no serviço: muito poucas pessoas ligadas a cães usavam seu registro, e o instituto estava com problemas financeiros. Em 2001, em coalizão com criadores progressistas e grupos dedicados a raças, o GDC lançou um grande esforço para desenvolver um programa de base com o objetivo de apoiar o trabalho do instituto. Era necessário que 5 mil criadores e proprietários usassem o serviço e promovessem o registro aberto.

Weisser e De la Cruz estavam entre os criadores mais ativos de grandes pireneus, trabalhando para persuadir seus pares a usar o registro do GDC em vez de um registro fechado, como o da OFA. Biologia e ética foram vividas em conjunto nessa biossocialidade cachorrolandesa. No entanto, as implicações de um registro aberto levaram a uma difícil batalha. Em agosto de 2001, De la Cruz recebeu "relatórios trimestrais tanto da OFA como do GDC. Desanimadores. Havia 45 pireneus listados como aprovados pela OFA e apenas 3 pelo GDC. [...] Eu achava que qualquer criador ficaria orgulhoso de poder apontar um produto de sua criação e dizer: 'Esse cão está produzindo cães mais saudáveis do que a média da raça'. Em vez disso, continuamos a ver anúncios do número de campeões produzidos, do número de exposições vencidas [...]. Eu adoraria ouvir outros criadores. Por que vocês não usam o GDC?".[15] Uma das muitas longas discussões no Pyr-L se seguiu, junto com o trabalho de bastidores, no qual De la Cruz, Weisser e alguns outros educaram, exortaram e tentaram de todo modo fazer a diferença para sua raça. O GDC não era apenas uma solução técnica; era uma abordagem biológica e tecnologicamente sofisticada do cão-inteiro, a qual exigia mudanças difíceis na prática humana voltada ao bem-estar dos cães.

No verão de 2002, o registro do GDC fundiu-se com os bancos de dados genéticos de saúde da OFA, preservando o acesso dos criadores aos dados abertos do GDC, mas a um custo. Todos os dados de saúde do GDC eram abertos; no sistema da OFA, era opcional para um criador ou dono permitir que outros tivessem acesso aos dados de um cão. Informações negativas ficam em falta em um sistema opcional segundo

15 Catherine de la Cruz, Pyr-L@apple.ease.lsoft.com, 17 ago. 2001.

os incentivos atuais na cachorrolândia. As vantagens para os cães provavelmente prevaleceram na fusão. Os bancos de dados da OFA eram muito maiores e tinham financiamento estável e ampla utilização. A educação do criador sobre as vantagens de um registro aberto em que é possível procurar famílias inteiras continuou. Além disso, a fusão foi coordenada com os bancos de dados agrupados de muitas raças do Canine Health Information Center (Chic), o novo programa patrocinado conjuntamente pela OFA e pela Canine Health Foundation do AKC.

A luta de Weisser e De la Cruz pelo registro aberto exemplifica a tecnoperspicácia das pessoas "leigas" que lidam com cães, uma vez que vivem dentro da biossocialidade genética. Essas mulheres e gente como elas leem amplamente, são conhecedoras de culturas caninas internacionais, fazem cursos de genética online em uma grande escola de veterinária, acompanham publicações médicas e veterinárias, apoiam projetos de reintrodução de lobos e acompanham os pireneus que podem proteger o gado nos ranchos adjacentes, engajam-se amplamente em políticas de conservação e, além disso, vivem vidas bem examinadas na tecnocultura. Sua *expertise* e ação são plantadas no solo de gerações de cães particulares, a quem elas conhecem em detalhes íntimos, como parentes e tipos. O que tais pessoas fazem quando deparam com demandas emergentes, não apenas para lidar com doenças genéticas mas também para acasalar visando à diversidade genética canina no contexto das ciências e da política da biodiversidade global?

SALVAR TIGRES

Apesar da longa história da genética populacional e de sua importância para a teoria moderna da seleção natural, as preocupações com a diversidade genética continuam sendo novidade – e novidade difícil de digerir – para a maioria das pessoas cachorreiras. Por quê? A cultura genética de profissionais e não profissionais, especialmente nos Estados Unidos, mas também em outros lugares, tem sido moldada pela genética médica. A doença genética humana é o centro moral, tecnocientífico, ideológico e financeiro do universo genético médico. Nesse universo, o pensamento tipológico reina quase soberanamente, e as visões nuançadas da biologia do desenvolvimento, da ecologia comportamental e dos genes como nós em campos dinâmicos e multivetoriais de interações vitais são apenas algumas das vítimas da colisão dos combustíveis genéticos médicos de alta octanagem e das carreiras na corrida dos jóqueis de genes.

A biologia evolutiva, a ecologia biossocial, a biologia de populações e a genética populacional (sem mencionar a história da ciência, a economia política e a antropologia cultural) desempenharam um papel lamentavelmente pequeno na formação de imaginações genéticas públicas e profissionais e um papel demasiadamente reduzido na obtenção de financiamento de altos valores para a pesquisa genética. A pesquisa sobre diversidade genética canina recebeu muito pouco financiamento até cerca de 2000, com a explosão da pós-genômica comparativa. Os cientistas pioneiros da diversidade genética canina foram os europeus no início da década de 1980. A preocupação com a diversidade genética nos mundos caninos se desenvolveu como uma pequena vaga no conjunto das grandes ondas que constituem os discursos transnacionais globalizantes sobre diversidade cultural e biológica, nos quais os genomas são os principais atores. Desde os anos 1980, a emergência dos discursos sobre biodiversidade, ambientalismos e doutrinas de sustentabilidade de todas as tendências políticas na agenda de organizações não governamentais e instituições como o Banco Mundial, a International Union for the Conservation of Nature and Natural Resources [União Internacional para a Conservação da Natureza e dos Recursos Naturais] e a Organização para a Cooperação e Desenvolvimento Econômico (OCDE) tem sido crucial.[16] A política notoriamente problemática e a complexidade naturalcultural dos discursos sobre diversidade exigem uma estante de livros, alguns dos quais já foram escritos. Sou compelida pela complexidade *irredutível* – em termos morais, políticos, culturais e científicos – dos discursos sobre a diversidade, incluindo aqueles que estão encoleirados aos genomas e *pools* genéticos de cães de raça pura e seus familiares caninos dentro e fora do que conta como "natureza".

Os parágrafos anteriores são preparativos para o acesso ao site do Canine Diversity Project, de propriedade do dr. John Armstrong, um amante de poodles standard e miniatura e membro do corpo docente

---

16 Ver, por exemplo, IUCN-Unep-WWF, *World Conservation Strategy*, 1980; Comissão Mundial sobre Meio Ambiente e Desenvolvimento, *Nosso futuro comum* [BruntLand Report] [1987], 1991; ONU, *Convenção sobre diversidade biológica*, 1992; Janet N. Abramovitz, "Valuing Nature's Services", in Lester Russell Brown et al., *State of the world: WorldWatch Institute Report of Progress towards a Sustainable Society*. New York / London: Norton, 1997; OCDE, *Investing in Biological Diversity: The Cairns Conference*. Paris: OECD, 1997; id., *Saving Biological Diversity: Economic Incentives*. Paris: OECD, 1996. Para um esboço dos discursos sobre biodiversidade nesse período, ver E. O. Wilson (org.) *Biodiversidade* [1988], trad. Marcos Santos e Ricardo Silveira. São Paulo: Nova Fronteira, 1997; e E. O. Wilson, *Diversidade da vida* [1992], trad. Carlos Afonso Malferrari. São Paulo: Companhia das Letras, 1994.

do Departamento de Biologia da Universidade de Ottawa até sua morte em agosto de 2001.[17] Armstrong distribuiu extensamente suas análises sobre os efeitos que um padreador popular e um canil em particular tiveram sobre os poodles standard. Além disso, como proprietário da lista de discussão CANGEN-L, Armstrong realizou pesquisas colaborativas com ativistas de saúde canina e genética para estudar se a longevidade estava correlacionada com o grau de consanguinidade. Sua conclusão: está. Com o objetivo explícito, já na introdução, de chamar a atenção dos criadores de cães para "os perigos da consanguinidade e o uso excessivo de padreadores populares", o site do Diversity Project foi lançado em 1997. Usado por ao menos várias centenas de pessoas cachorreiras de muitas nacionalidades, o site registrou mais de 30 mil acessos entre janeiro de 2000 e junho de 2001.

Linda Weisser foi uma visitante frequente e defensora vociferante desse website em 2000–2001, mas não era verdadeiramente fiel a todas as posições defendidas pela população de biológos da CANGEN-L. Aberta à mudança, ela avaliava os discursos de diversidade à luz de sua experiência prática em sua raça ao longo de várias décadas. Junto com Weisser e outras pessoas que amam cães, aprendi muito com o site. Ainda aprecio a qualidade da informação, as controvérsias engajadas, o cuidado com cães e pessoas, a variedade do material e o compromisso com as questões. Continuo agudamente alerta, no âmbito profissional, à semiótica – o maquinário de produzir sentidos – do site Canine Diversity Project. Parte desse mecanismo retórico causou alergia em pessoas como Weisser no período em torno de 2000.

Animado por uma missão, o site ainda atrai os usuários para sua agenda de reforma. Alguns dos dispositivos retóricos são tropos estadunidenses clássicos enraizados em práticas populares de autoajuda e testemunho evangélico protestante, dispositivos tão enraizados na cultura dos Estados Unidos que poucos usuários estariam conscientes de sua história. Por exemplo, logo após o parágrafo introdutório com os termos iniciais, o site do Canine Diversity Project conduz seus usuários a uma seção chamada "Como você pode ajudar". O título age sobre o leitor de uma forma muito semelhante a perguntas de publicidade e pregação: "Você foi salvo?", "Você já fez a promessa do Poder Imune?" (esse último é o slogan de um anúncio de complexo vitamínico dos anos 1980). Ou, como o Diversity Project formulou: "Faça-se a pergunta: você precisa de

---

17 O Canine Diversity Project está acessível online no endereço dogenes.com/public_html/diverse.html. O site foi atualizado pela última vez em 2002.

um 'Plano de Sobrevivência da Raça?'". Esse é o estofo do discurso de reconstituição, conversão e condenação do sujeito.[18]

Os primeiros quatro links destacados nos parágrafos iniciais do site são: *padreadores populares* [*popular sires*], há muitos anos um termo comum no que concerne aos cães de raça pura, relativo ao uso excessivo de certos cães reprodutores e à consequente propagação de doenças genéticas; *Planos de Sobrevivência de Espécies* [*Species Survival Plans*], um termo que serve como um novo elo entre os criadores de cães, os zoológicos e a preservação de espécies ameaçadas de extinção; *primos selvagens* [*wild cousins*], que localiza os cães com seus parentes taxonômicos e reforça a consideração dos cães de raça pura na família das espécies naturais (no sentido de "selvagens") e frequentemente ameaçadas de extinção; e *doenças hereditárias* [*inherited diseases*], em último lugar na lista e objeto de preocupação principalmente porque uma alta incidência de duplos recessivos autossômicos próprios a doenças particulares é um índice de muita homozigosidade no genoma de cães de raça pura. Tais altas incidências de duplos recessivos estão relacionadas ao excesso de consanguinidade por *in-* e *linebreeding*[19] e, especialmente, pelo uso excessivo de padreadores populares, todas práticas de esgotamento de diversidade. A alma do site, no entanto, é a diversidade *em si mesma* na estrutura semiótica da biologia evolutiva, da biodiversidade e da biofilia, e *não* a diversidade como um instrumento para resolver o problema da doença genética. Nesse sentido, as "raças" tornam-se como espécies ameaçadas de extinção, convocando o aparato da biologia apocalíptica da vida selvagem.

Construído como um instrumento de ensino, o site dirige-se a um público de criadores leigos engajados e a outras pessoas comprometidas com cães. Eles são os sujeitos convidados a declarar apoio a um plano de sobrevivência da raça. Em segundo lugar, os cientistas podem aprender com o uso do site, mas ali eles são mais professores do que pesquisadores ou estudantes. Contudo, muitos objetos de fronteira ligam comunidades leigas e comunidades profissionais de prática no Canine Diversity Project. Além disso, um site resiste, por sua natureza, à redução a propósitos únicos e a tropos de dominação. Os links levam a muitos lugares; essas trilhas são exploradas

---

18 Para uma análise sobre como o discurso de conversão opera, ver Susan Harding, *The Book of Jerry Falwell*. Princeton: Princeton University Press, 1999.

19 *Inbreeding*, ou endocruzamento, é o acasalamento entre animais que possuem um ou mais parentes em comum; *linebreeding* é o acasalamento entre animais que possuem um ou mais ancestrais em comum. [N. T.]

pelos usuários dentro das teias que os designers fiam, mas cujo controle rapidamente perdem. A internet está longe de ser infinitamente aberta, mas seus graus de liberdade semiótica são muitos.

Padreadores populares é uma expressão tão conhecida que esse link será um atrativo para a maioria das pessoas cachorreiras abertas a pensar na diversidade genética. Por um lado, a ligação com os *cães* permanece como o principal foco de atenção e não lança o usuário em um universo de criaturas maravilhosas em hábitats exóticos cuja utilidade como modelos para cães é difícil de engolir para muitos criadores, mesmo aqueles interessados em tais organismos não caninos e em outros contextos de ecologias. *Planos de Sobrevivência de Espécies*, por outro lado, abre controversos universos metafóricos e práticos para criadores de cães de raça pura, e, se tais planos fossem levados a sério, eles exigiriam grandes mudanças nas formas de pensar e agir. Primeiro, *planos de sobrevivência* querem dizer que alguma coisa está em risco. O limite que separa uma crise secular de um apocalipse sagrado é tênue no discurso dos Estados Unidos, onde questões milenaristas estão escritas no tecido do imaginário nacional, desde a primeira cidade puritana no alto da colina[20] até *Star Trek* e suas sequelas. Segundo, o papel de destaque dado aos planos de sobrevivência de espécies no site Canine Diversity Project convida a um vínculo entre as espécies naturais e os cães de raça pura. Nesse vínculo hibridizante, o natural e o técnico mantêm-se próximos semiótica e materialmente.

Para ilustrar, debrucei-me sobre o material em minha tela na primavera de 2000 depois de clicar em "Planos de Sobrevivência de Espécies" e seguir com outro clique em "Introdução a um Plano de Sobrevivência de Espécies".[21] Fui teletransportada para o site do Tiger Information Center [Centro de Informações sobre Tigres] e, apreciando uma foto frontal de dois imponentes tigres atravessando um riacho, encontrei o artigo "Regional and Global Management of Tigers" [Manejo regional e global de tigres], de Ronald Tilson, Kathy Traylor-Holzer e Gerald Brady. Muitas pessoas cachorreiras adoram gatos, ao contrário dos estereótipos sobre as pessoas serem caninas ou felinas em seus afe-

---

20 Referência ao Sermão da Montanha, a expressão "Cidade no alto da colina" foi proferida por John Winthrop em 1630, no discurso feito por ocasião de sua chegada com os puritanos à colônia da Nova Inglaterra; atualmente, simboliza a crença de que os Estados Unidos são a baliza da esperança mundial. [N. T.]

21 Em maio de 2007, clicar em "Plano de Sobrevivência de Espécies" levava o usuário do site até a página dos projetos de conservação do World Wildlife Fund (WWF) do Canadá.

tos. Mas tigres nos zoológicos do mundo e em "fragmentos de floresta dispersos desde a Índia, passando pela China, até o Extremo Oriente Russo e, no sul, até a Indonésia" *são* um salto para fora do canil e do ringue de exibição ou das provas de pastoreio. Fiquei sabendo que três das oito subespécies de tigres estão extintas, uma quarta está à beira da extinção e todas as populações selvagens estão sob tensão. Idealmente, o objetivo de um modelo para um Plano de Sobrevivência de Espécies [*Species Survival Plan* – SSP] para espécies ameaçadas é criar populações viáveis, manejadas, de tigres em cativeiro a partir de animais existentes em zoológicos e alguns novos "fundadores" trazidos da "natureza" para manter o máximo de diversidade genética para todos os táxons extantes da espécie. O objetivo é fornecer um reservatório genético para reforçar e reconstituir as populações silvestres. Um SSP prático, "por causa das limitações de espaço, geralmente visa 90% da diversidade genética das populações selvagens, tendo 100–200 anos como meta razoável". Eu reconheço tanto a esperança quanto o desespero inerentes a esse tipo de razoabilidade. A "Arca Zoológica" para os tigres tem de ser ainda mais modesta porque os recursos são muito poucos e as necessidades são muito grandes.

Um SSP é um programa de gerenciamento cooperativo e complexo, marca registrada da American Zoo and Aquarium Association (AZA) [Associação Americana de Zoológicos e Aquários], ela mesma uma organização controversa do ponto de vista de pessoas comprometidas com o bem-estar de tigres *individuais* em cativeiro que são alistados em um SSP. Desenvolver e implementar um SPP envolve uma lista longa de espécies companheiras de tipos orgânicos, organizacionais e tecnológicos. Um relatório mínimo delas inclui os grupos especializados da World Conservation Union que fazem avaliações de espécies ameaçadas de extinção; zoológicos associados, com seus cientistas, cuidadores e conselhos de administração; um pequeno grupo de gerenciamento sob os auspícios da AZA; um banco de dados mantido como um livro genealógico regional, usando softwares especializados, como o Single Population Analysis and Records Keeping System (Sparks) [Sistema de Análise e Manutenção de População Única e de Registros] e seus programas associados para análise demográfica e genética, produzido pelo International Species Information System (Isis) [Sistema Internacional de Informação de Espécies]; financiadores; governos nacionais; organismos internacionais; populações humanas locais estratificadas; e, por último, mas não menos importante, os animais de carne e osso cujo tipo está categoricamente "em perigo de extinção". As operações cruciais dentro de um SSP são medidas de diversidade e filiação. Deseja-se conhecer os coeficientes de importância dos fundadores como uma ferramenta para equalizar suas contribuições relativas e minimizar a consanguinidade. Pedigrees completos e precisos são objetos preciosos para um SSP. O parentesco médio e os valores de parentesco regem as escolhas de parceiros nesse sistema sociobiológico. O "reforço" das espécies selvagens requer um dispositivo global de produção tecnocientífica, no qual o natural e o técnico têm coeficientes muito altos de consanguinidade semiótica e prática.[22]

Os criadores de cães de raça pura também valorizam os pedigrees de muitas gerações e estão acostumados a avaliar os acasalamentos tendo em vista os padrões da raça, o que é uma arte complexa e não formulaica. A consanguinidade não é uma preocupação nova. Então o que há de tão desafiador em um SSP como universo de referência? A princípio, talvez a definição de populações e fundadores. Discussões entre criadores engajados na CANGEN (ou seja, pessoas suficientemente interessadas em questões de diversidade genética para assinar e postar em uma lista de discussão especializada) mostraram que os termos *linhagens* e *raças* entre as pessoas ligadas a cães não são equivalentes às *populações* dos biólogos e geneticistas da vida selvagem. O comportamento associado a essas diferentes palavras é distinto. Um criador de cães educado nas práticas tradicionais de mentoria orientadas a tipos ideais tentará, por meio do *linebreeding*, com frequências variáveis de *outcrosses*,[23] maximizar a contribuição genética ou sanguínea dos "cães ótimos" de fato, que são raros e especiais. Os grandes cães são os indivíduos que melhor encarnam o tipo da raça. O tipo não é uma coisa fixa, mas uma esperança e uma memória vivas e imaginativas. Os canis são reconhecidos pela distinção de seus cães, os criadores apontam orgulhosamente para os fundadores de seus canis e os documentos do clube da raça apontam para os fundadores da raça. A ideia de trabalhar para *equalizar* a contribuição de *todos* os fundadores, no sentido dos geneti-

---

22 SSP é um termo norte-americano. O programa Species Survival Plan® é registrado pela AZA. Ver aza.org/species-survival-plan-programs. Ver também os programas europeus de espécies ameaçadas de extinção (EESPs) e os programas de manejo de espécies australasianas. A China, o Japão, a Índia, a Tailândia, a Malásia e a Indonésia têm seus próprios equivalentes para essa tecnociência global de espécies nativas. [N. T.: No Brasil, o Plano de Ação Nacional para Conservação de Espécies Ameaçadas de Extinção (PAN) é coordenado por uma autarquia da administração pública, o Instituto Chico Mendes de Conservação da Biodiversidade (ICMBio).]

23 Acasalamento de animais sem nenhum grau de parentesco ou, ao menos, sem nenhum grau próximo. [N. T.]

cistas populacionais, é verdadeiramente estranha ao discurso dos criadores tradicionais de cães. É claro que um SSP, ao contrário da natureza e dos criadores de cães, *não* opera com critérios adaptativos de seleção; o objetivo de um SSP é preservar a *diversidade enquanto tal* como um reservatório armazenado. Essa preservação poderia ter consequências profundas várias gerações mais tarde em um programa de reintrodução em hábitats exigentes nos quais detalhes geneticamente estabilizados de adaptação importam.

O SSP é um plano de manejo de conservação, não da natureza, por mais conceitualizado que seja, e não um padrão escrito de uma raça nem uma interpretação feita por um criador desse padrão. Como um SSP, um padrão de raça é também um modelo de ação em larga escala, mas para outros propósitos que não a diversidade genética. Alguns criadores falam desses propósitos em letras maiúsculas, como o Propósito Original de uma raça. Outros criadores não são tipológicos nesse sentido; eles estão sintonizados com histórias dinâmicas e objetivos que evoluem dentro de um senso parcialmente compartilhado de história, estrutura e função da raça. Esses criadores estão agudamente conscientes da necessidade de seleção com base em critérios tão numerosos e holísticos quanto possível para manter e melhorar a qualidade geral de uma raça e para alcançar os cães raros e especiais. Eles levam essas responsabilidades a sério e não são virgens em matéria de controvérsia, contradição e fracasso. Eles não são contra aprender sobre diversidade genética no contexto dos problemas que sabem, ou suspeitam, que seus cães enfrentam. Alguns criadores – muito poucos, penso eu – abraçam o discurso da diversidade genética e da genética populacional. Eles se preocupam com a possibilidade de a base de suas raças ser muito, e cada vez mais, estreita.

Mas a arte do criador não acomoda facilmente a adoção dos sistemas de acasalamento matemáticos e guiados por software de um SSP. Diversos criadores corajosos insistem em pedigrees de muitas gerações e cálculos de coeficientes de consanguinidade, com esforços para mantê-los baixos. Mas os criadores que encontro relutam em ceder as decisões a algo como um plano diretor. Eles não categorizam seus próprios cães nem sua raça primariamente como populações biológicas. O domínio de especialistas sobre comunidades locais e leigas no mundo do SSP não escapa à atenção dos criadores de cães. A maior parte dos criadores que eu ouço se contorce caso a discussão permaneça no nível da genética populacional teórica e caso poucos dados, ou nenhum, venham de cães, e sim de uma população de lêmures de Madagascar, de uma linhagem de ratos ligada ao laboratório ou, pior ainda, de drosófilas. Em resumo, o discurso dos criadores e o discurso da diversidade genética não se hibridizam suavemente, pelo menos na primeira geração cruzada F1. Esse acasalamento é o que os criadores chamam de um *cold outcross*,[24] o qual eles temem trazer tantos problemas quanto aqueles que resolve.

Há muito mais no site Canine Diversity Project do que links passados e atuais de SSP. Se eu tivesse espaço para examinar o site inteiro, muitas outras aberturas, repulsas, inclusões, atrações e possibilidades seriam evidentes para observar como criadores de cães, ativistas de saúde, veterinários e geneticistas se relacionam com a questão da diversidade. O visitante sério do site poderia conseguir uma educação elementar decente em genética, incluindo genética mendeliana, médica e populacional. Surgiriam colaborações fascinantes entre cientistas individuais e ativistas de saúde e genética dos clubes de raças. As diferenças no modo de pensar das pessoas ligadas a cães sobre diversidade genética e consanguinidade [*inbreeding*] seriam inescapáveis, como quando as apocalípticas e controversas "raças em evolução" de Jeffrey Bragg e seus huskies siberianos se encontraram com os poodles standard mais modestos de John Armstrong (e seu plano de ação mais moderado, "Genetics for Breeders: How to Produce Healthier Dogs" [Genética para criadores: Como produzir cães mais saudáveis]) ou com as diferenças entre as formas de trabalhar de Leos Kral e C. A. Sharp no mundo dos pastores-australianos. Os links levariam o visitante ao extraordinário código de ética do clube Coton de Tulear of America e a seu ativista-geneticista de machos alfa dessa raça, Robert Jay Russell, bem como a documentos online com os quais o site dos border collies ensina genética relevante sobre essa raça talentosa. O visitante poderia seguir links para a evolução molecular da família canina, listas atualizadas de testes genéticos em cães, discussões sobre conservação de lobos e debates taxonômicos, relatos de um projeto de cruzamento e retrocruzamento de dálmatas (com um pointer inglês) para eliminar uma doença genética comum e de importação de novos plantéis de basenjis da África para lidar com dilemas genéticos. Seria possível clicar na direção de discussões sobre infertilidade, estresse e infecções por herpes ou seguir links para o discurso dos disruptores endócrinos para pensar em como a degradação ambiental pode afetar os cães, assim como os sapos e as pessoas, globalmente. Até a morte de Armstrong, havia um convite em negrito, bem no meio do site do Diversity Project, para se juntar ao grupo de discussão que ele dirigiu

---

24 Cruzamento entre raças distintas. [N. T.]

durante três anos, o Canine Genetics Discussion Group (CANGEN-L), em que por vezes uma troca áspera e tumultuada entre gente leiga e científica de cães agitava a ordem pedagógica do site.

Assim, nos anos ativos da construção do site do Canine Diversity Project, por volta de 2000, o lugar foi dominado por cães, e não tigres – e por raças, e não espécies, ameaçadas. Mas as possibilidades metafóricas, políticas, científicas e práticas desses primeiros links para o Plano de Sobrevivência de Espécies da AZA se fixaram como carrapatos em uma bela folha de relva, esperando por um visitante de passagem da cachorrolândia da raça pura. As ontologias emergentes das naturezasculturas da biodiversidade estão atreladas a novas exigências éticas. Em muitos aspectos, a *expertise* e as práticas dos criadores de cães permanecem em uma relação de torção com os discursos da diversidade genética. Parentesco e tipo entram em mutação nesses dispositivos emergentes de (re)produção de cães. Estava e ainda está em jogo se as espécies companheiras florescerão.

CLONAR VIRA-LATAS

Um projeto bem financiado e midiatizado, comercialmente ousado, para clonar um vira-lata de estimação em uma grande universidade estadunidense ligada ao agronegócio pareceria estar no extremo oposto do espectro das práticas científicas e éticas emergentes nos mundos da diversidade genética canina. Ainda assim, tais projetos de clonagem levantam questões similares: que tipos de colaboração produzem a *expertise* e tomam as decisões para a evolução biossocial das espécies companheiras na cachorrolândia tecnocultural? O que constitui uma ética do florescimento e para quais membros da comunidade de espécies companheiras? Ao contrário dos debates sobre registros de saúde canina abertos ou dos discursos sobre diversidade de genomas, o mundo inicial da clonagem de cães de estimação era uma mistura surreal de tecnologia reprodutiva de ponta, ética inventiva, pregação de peça epistemológica da Nova Era e extravagância de marketing.[25]

O Missyplicity Project começou, em 1998, com uma doação de 2,3 milhões de dólares nos primeiros dois anos por um doador rico, ini-

---

25 Ver o capítulo 2, “Cães de valor agregado e capital vivo”, para um resumo do projeto biomédico de clonagem de cães que não eram de estimação no laboratório de Hwang Woo-Suk na Universidade Nacional de Seul. O galgo afegão clonado Snuppy nasceu nesse projeto.

cialmente anônimo, a três pesquisadores sêniores da Universidade A&M do Texas e a seus colaboradores de várias instituições. Em 2000, o projeto tinha um site elaborado, com comentários do público; estórias sobre a cadela de raça mista Missy, que seria clonada; uma lista de objetivos de pesquisa; um relato de adoção doméstica; e programas de treinamento para as cadelas substitutas utilizadas na pesquisa ("Todos os nossos cães foram treinados usando apenas reforço positivo através do treinamento com *clicker*"); e um código de bioética de última geração.[26]

O marketing nunca esteve longe do projeto de clonagem de cães de estimação, e a publicidade proporcionou uma janela fácil, se bem que barata, para o pregão dos futuros culturais no geneticismo canino. Antes de ter a capacidade de clonar um cão, a Animal Cloning Sciences, Inc. (ANCL), fez um anúncio com a foto de uma mulher branca idosa segurando seu amado terrier: "Você não precisa mais recear o sofrimento desolador causado pela morte de seu animal de estimação. Se preservar o DNA dele agora, você terá a opção de cloná-lo e continuar a vida dele em um novo corpo".[27] Experiências de transferência de identidade para um corpo alienígena nunca foram tão bem-sucedidas, mesmo em *Arquivo X*. Prometendo tecnologia de clonagem para animais de companhia "em breve", a ANCL oferecia preservação criogênica de células por 595 dólares.

Em um anúncio da *DogWorld*, outra empresa oferecendo criopreservação de células, a Lazaron Biotechnologies, fundada por dois embriologistas e um parceiro comercial no Louisiana Business & Technology Center [Centro de Negócios e Tecnologia da Louisiana], no *campus* da Universidade do Estado da Louisiana, exortou os leitores a colher amostras de tecido de seus cães antes que fosse tarde demais, de modo que eles pudessem "salvar uma vida genética". Isso

---

26 Em 2001, o endereço do site era missyplicity.com. Depois que os pesquisadores da Universidade A&M do Texas e o dinheiro de John Sperling se separaram, em 2002, o projeto continuou inteiramente dentro da Genetic Savings & Clone, Inc., fundada em fevereiro de 2000, que se mudou do Texas para a Califórnia e, em outubro de 2006, fechou suas portas. O site savingsandclone.com saiu do ar em dezembro de 2006, e os clientes do serviço de criopreservação foram encaminhados para a ViaGen (viagenpets.com), com uma nota que dizia que "a ViaGen não tem nenhum plano para fornecer serviços comerciais de clonagem de cães ou gatos". [N. E.: Atualmente, a ViaGen oferece o serviço de clonagem de animais de estimação e de cavalos, como se pode verificar em seu site.]

27 Em 2006, a Animal Cloning Sciences, Inc., sediada no Rancho Mirage, na Califórnia, anunciou suas pesquisas em clonagem de cavalos.

foi algo como uma escalada de retórica pró-vida na Era dos Genes™! No topo de seu site, a Lazaron se descrevia como "salvando a vida genética de animais de valor".[28] Nunca o valor teve tanto valor, em todos os seus tipos. A bioética, "empreendida", floresceu aqui onde o lucro encontrou a ciência, a conservação, a arte e o imortal amor-no--gelo. Ambas as empresas lidavam com espécies agrícolas e ameaçadas, bem como com animais de companhia, e o elo com "salvar espécies ameaçadas" emprestou-lhes um valor de prestígio que não deve ser desprezado. Encontramos essa melhoria nos contextos de diversidade do genoma canino, que se tornou um objeto de fronteira unindo os discursos de conservação e clonagem.

---

28 O endereço do site em 2000 era lazaron.com. A empresa tornou-se Lazaron Biotechnologies (SA), Ltd., anunciando "*expertise* em células-tronco para a África" em um "centro de excelência em rede global", lazaron.co.za. Herdeira do vocabulário da clonagem, "tecnologia de células regenerativas" era a expressão no mundo das células-tronco em 2006. O site declarava que "o objetivo comercial inicial da empresa é estabelecer o primeiro banco de células-tronco a partir de sangue de cordão umbilical humano na África". Lazaron aprofundou seu objetivo "bioético" em 2001: "salvar uma vida genética". O link para a pesquisa conduzia ao seguinte perfil da empresa em 2006:

> Através da divisão de biocélulas animais da empresa, projetos de curto e médio prazo já foram identificados, estão sendo investigados com mais profundidade e desenvolvidos na Universidade de Stellenbosch em um programa de pesquisa que termina em 2006. Prevê-se que o resultado dessa pesquisa permitirá, entre outras coisas, que a Lazaron ofereça terapia regenerativa veterinária de reposição de células à indústria de cavalos de corrida, mais especificamente destinada à regeneração de tendões.
>
> Diferentes técnicas de reprodução assistida e biotecnologia são usadas:
>
> 1) produzir bezerros de búfalos-africanos sem doenças para substituir o número decrescente dessa espécie, que morre de tuberculose em nossos parques de caça;
>
> 2) armazenar material genético de espécies da fauna silvestre, de gado de valor e de animais de estimação para futuros procedimentos de clonagem;
>
> 3) onde a reprodução natural da espécie não é possível, produzir bebês animais de proveta;
>
> 4) coletar e armazenar células-tronco de animais de valor, como cavalos de raça e animais machos superiores;
>
> 5) aplicar terapias com células-tronco para a regeneração de tendões rompidos e danificados;
>
> 6) desenvolver modelos animais para o estudo do uso terapêutico de células--tronco na medicina humana;
>
> 7) investigar métodos alternativos de cultura de células somáticas e de células-tronco, por exemplo sob condições de ausência de peso.

A clonagem de cães poderia ter um apelo científico para os criadores de cães. John Cargill e Susan Thorpe-Vargas, escritores premiados na questão da genética e saúde caninas e também criadores de cães, defenderam os méritos da clonagem de cães para preservar a diversidade genética.[29] Eles escreveram que o esgotamento da diversidade genética poderia ser mitigado caso fosse possível clonar cães desejáveis em vez de tentar duplicar qualidades por meio do abuso do *linebreeding* e do uso excessivo de padreadores populares. A criopreservação e a clonagem poderiam então ser uma ferramenta no esforço de administrar os genomas de pequenas populações no melhor interesse da raça ou espécie, segundo eles. Na tecnocultura esmeradamente comprometida com a reprodução do mesmo, a clonagem parecia ser mais fácil de vender em algumas partes da cachorrolândia do que simplesmente fazer acasalamentos mais cuidadosos sem grau de parentesco e comprometer-se com registros de saúde abertos para mitigar os danos do esgotamento da diversidade genética!

Uma grande seriedade caracterizou a retórica do site da Genetic Savings & Clone, Inc., o único banco de criopreservação de tecidos e de genes diretamente associado à pesquisa de clonagem em 2001, começando com o Missyplicity Project. Comprando ações da Lazaron naquele ano, a GSC colocou animais de estimação, gado, vida selvagem e cães de assistência e resgate na agenda. A autopercepção da empresa no que dizia respeito à sua parte em emergentes éticos, ontológicos e epistemológicos era enorme. Grande investimento, melhor ciência e colaboração academia-negócios destacaram-se com proeminência; a GSC não se via como uma empreitada de clonagem e biobanco criada por "vaidade". Sua declaração bioética endossou uma colagem extraordinária de compromissos progressistas: a GSC se comprometeu a maximizar o conhecimento público e manter como patenteado apenas o mínimo necessário para seus objetivos comerciais. Alterações transgênicas seriam feitas somente sob severo escrutínio do conselho consultivo da GSC. Armas biológicas (como cães de ataque!) não seriam produzidas, tampouco os animais da GSC entrariam na cadeia alimentar como organismos geneticamente modificados (OGMs). Nenhuma informação seria deliberadamente compartilhada com aqueles que tentassem clonar humanos. A GSC prometeu criar seus animais em condições "tradicionais", não "industriais". "Isso sig-

---

29 John Cargill e Susan Thorpe Vargas, "Seeing Double: The Future of Dog Cloning", *DogWorld*, v. 85, n. 3, 2000.

nifica que os animais passarão parte do dia pastando e interagindo com humanos e outros animais – em vez de constantemente isolados em cercados estéreis."[30] A GSC até se comprometeu com métodos de agricultura orgânica e outras práticas ecologicamente conscienciosas.

Assim, os animais clonados e as mães substitutas da GSC, criados de forma tradicional, deveriam ter muitos produtos agrícolas orgânicos em sua dieta. A ironia tinha poucas chances em um contexto de tão elevada seriedade ética. É verdade, tínhamos de aceitar a palavra da empresa em relação a tudo; nenhum poder público se intrometeu nesse idílio corporativo. Ainda assim, como diz a canção, "*Who could ask for anything more?*" [Quem poderia pedir por algo mais?].

Na verdade, conseguimos ainda mais no Missyplicity Project. Seus objetivos colocavam em primeiro plano o conhecimento básico da biologia reprodutiva canina, de suma importância para repovoar espécies ameaçadas de extinção (por exemplo, lobos), o conhecimento básico do controle de natalidade para populações de cães ferais e de estimação e a replicação de "cães específicos e excepcionais de alto valor social – especialmente os cães-guia e cães de busca e resgate".[31] Como eles chegariam a ganhar um centavo, alguém poderia se perguntar? Mais de 10 milhões de dólares em pesquisa depois, no meio das cinzas da Genetic Savings & Clone, Inc., em 2006, a resposta seria conhecida.

Em 1998, a equipe científica que fundou o Missyplicity era um microcosmo de tecnociência transversal vinda de instituições como a Universidade A&M do Texas, uma "instituição que conduz pesquisa e ensino nas áreas de ciências da terra, estudos do mar e espaciais", com um corpo docente de 2.400 professores e um orçamento de pesquisa de 367 milhões de dólares.[32] Dr. Mark Westhusin, o pesquisador principal, era um especialista em transferência nuclear que fazia parte do Departamento de Fisiologia Veterinária e Farmacologia. Ele tinha um grande laboratório e numerosas publicações de pesquisa sobre clonagem de mamíferos de importância agrícola. O especialista em transferência embrionária era o dr. Duane Kraemer, doutor em medicina veterinária. "Ele e seus colegas transferiram embriões em mais espécies diferentes do que qualquer outro grupo no mundo."[33] Kraemer foi um cofundador do Noah's Ark Project [Projeto Arca de Noé], um esforço internacional para estocar os genomas de numerosas espécies

---

30 Do site da GSC, acessado entre 2000 e 2002.
31 Do site do Missyplicity Project, acessado entre 2000 e 2002.
32 Do site da Universidade A&M do Texas, acessado em 2000. Números de 1996.
33 Id.

J.P. Rini, CartoonBank.com. © coleção *The New Yorker*, 1997.

da fauna silvestre no caso de elas se tornarem ainda mais ameaçadas ou extintas. Kraemer queria estabelecer laboratórios-satélite móveis ao redor do mundo para realizar as fertilizações *in vitro* necessárias e a criopreservação.[34] O Noah's Ark Project teve origem em meados dos anos 1990 na Universidade A&M do Texas a partir da "preocupação dos estudantes com as espécies ameaçadas de extinção no mundo".[35]

Na virada do milênio, "salvar os (preencham a lacuna) ameaçados" surgiu como o padrão-ouro retórico para o "valor" na tecnociência, superando e deslocando outras considerações do dispositivo para moldar o público e o privado, o parentesco e o tipo, a animação e a cessação. As "espécies ameaçadas" acabaram se revelando um desvio ético espaçoso para o tráfego ontologicamente heterogêneo na cachorrolândia.

---

34 Notem que a Lazaron Biotechnologies (SA), Ltd., tinha muitos dos mesmos objetivos perto do fim da década. As estratégias de conservação e reprodução na tecnocultura de instrumentos como o SSP e laboratórios de criopreservação tinham um bocado em comum. O livro *Dolly Mixtures*, de Sarah Franklin, prepara para a compreensão de tais convergências nos detalhes da prática transcontinental.

35 Do site da Universidade A&M do Texas, acessado em 2000.

Que lugar seria melhor para concluir "Clonar vira-latas" do que uma apresentação pública solene patrocinada pelo programa de ética na sociedade da Universidade de Stanford? Em 12 de maio de 2000, Lou Hawthorne, CEO do GSC e coordenador do Missyplicity Project, falou no painel "The Ethics of Cloning Companion Animals" [A Ética da Clonagem de Animais de Companhia].[36] Também fizeram parte do painel dois professores de filosofia de Stanford, um professor de teologia e ética da Pacific School of Religion [Escola de Religião do Pacífico], e o diretor executivo da Lazaron, Richard Denniston, que também era diretor do laboratório de biotecnologia da Universidade do Estado da Louisiana. No debate que se seguiu às apresentações, alguém perguntou como o Missyplicity Project, com seu espécime de raça indeterminada, afetou os criadores de cães de raça pura. Buscando o padrão--ouro, Denniston chamou os vira-latas de "uma espécie ameaçada de extinção composta por um"! Hawthorne, mais modestamente, disse que o GSC era uma "celebração do vira-lata", uma vez que esses cachorros únicos não podiam ser criados para tipos.

Um talentoso polemista e especialista em mídia, Hawthorne era um tipo de charlatão das tradições americanas muito bem compreendido por Herman Melville, P. T. Barnum e os sábios da Nova Era. Hawthorne também era um ator engenhoso e complexo na tecnociência interespécies. Um trapaceiro ou charlatão testa a qualidade do raciocínio e da valorização, talvez mostrando a baixeza do que passa por ouro nos conhecimentos oficiais ou, pelo menos, ajustando as certezas dos devotos, aqueles "a favor" ou "contra" uma maravilha tecnocientífica. Um charlatão na América do século XXI também gostaria de ganhar algum dinheiro, de preferência muito, enquanto salva a Terra. O pesquisador de *science studies* Joseph Dumit vê tais figuras como seriamente engajadas com "verdades lúdicas".[37] Não verdades inocentes; a brincadeira não é inocente. A brincadeira pode abrir graus de liberdade no que foi fixado. Mas a perda de fixidez não é a mesma coisa que a abertura de novas possibilidades de florescimento entre espécies companheiras. Eu leio Hawthorne como um grande jogador em tecnociência cuja seriedade não desprezível é superada por sua habilidade de trapaceiro.

---

36 Agradeço a Linda Hogle por uma fita de áudio com todo o evento e uma pré--impressão da apresentação de Hawthorne, assim como por grifar as observações sobre espécies ameaçadas de extinção.

37 Joseph Dumit, "Playing Truths: Logics of Seeking and the Persistence of the New Age", *Focaal*, v. 37, 2001.

Em Stanford, Hawthorne encenou sua discussão sobre o código de ética do Missyplicity Project com uma estória de origem e uma narrativa de viagem. Ele começou como consultor de mídia e tecnologia no Vale do Silício, sem nenhum conhecimento de biotecnologia ou bioética. Em julho de 1997, seu "cliente rico e anônimo" pediu-lhe que explorasse a viabilidade de clonar sua vira-lata idosa. Esse estudo o levou a muitos e maravilhosos lugares na terra da biotecnologia, incluindo a conferência Transgenic Animals in Agriculture [Animais Transgênicos na Agricultura] em agosto de 1997 em Tahoe. Lá, Hawthorne ouviu falar de animais como "biorreatores" que poderiam ser manipulados sem limite moral. Ele saiu "com duas epifanias": (1) Missyplicity precisaria de um forte código de bioética, "mesmo que fosse apenas para nos desvincularmos da atitude vertiginosa de vale-tudo da maioria dos bioengenheiros", nas palavras da pré-impressão; e (2) sua falta de treinamento científico poderia ser uma vantagem.

Como muitos exploradores ocidentais, Hawthorne chegou ao Oriente. Retornando à sua experiência de filmar um documentário sobre zen em 1984, ele recuperou "um valor central do budismo tomado de empréstimo do hinduísmo: *ahimsa*, comumente traduzido como 'não agressão'. *Ahimsa*, como a maioria das ideias budistas, é um *koan*, ou quebra-cabeça sem solução clara, que só pode ser totalmente resolvido por meio de um processo de investigação pessoal [...]. Decidi colocar a não agressão no topo do código de bioética de Missyplicity".[38] Sua busca, ele acreditava, levou-o a uma maneira de viver responsavelmente em mundos tecnoculturais emergentes, nos quais parentes e tipos não estão fixados.

A explicação de Hawthorne sobre o código revelou uma maravilhosa colagem de psicologia transacional (todos os parceiros – humanos e cães – deveriam se beneficiar); empréstimos budistas; valores familiares ("ao concluir seu papel no Missyplicity Project, todos os cães devem ser colocados em lares carinhosos"); políticas de abrigo que não praticam eutanásia para animais; e discurso de controle de natalidade ("quantos cães poderíamos salvar da morte – ao impedir seu nascimento, em primeiro lugar – através do desenvolvimento de um contraceptivo canino eficaz?"). Se Margaret Sanger tivesse sido uma ativista canina, ela ficaria orgulhosa de sua progênie. Os discursos dos direitos animais, dos deficientes e pela vida

---

38 Lou Hawthorne, "The Ethics of Cloning Companion Animals", pré-impressão para o Programa de Ética na Sociedade da Universidade de Stanford, 12 maio 2000. Todas as outras citações de Hawthorne são extraídas dessa pré-impressão.

ecoavam no código do Missyplicity – com consequências práticas para como os objetos da pesquisa canina eram tratados, isto é, como sujeitos. Não importa quantas viagens sejam feitas para o Oriente, a alma da ética do Ocidente é fixada ao discursos de direitos. Em todo caso, se eu fosse um cão de pesquisa, teria desejado estar na Universidade A&M do Texas, no GSC e no Missyplicity Project, onde o zen da clonagem era mais do que um slogan. Além disso, era ali que estava a "melhor ciência". Como Hawthorne observou, clonar cães é mais difícil do que clonar humanos. O Missyplicity era contra a clonagem desses bípedes, de todo modo, e, como recompensa, a espécie hominídea companheira de Missy foi capaz de fazer mais pesquisa de ponta.

O argumento decisivo na apresentação hábil de Hawthorne em Stanford, onde ganhar dinheiro nunca foi estranho à produção de conhecimento, foi sua introdução da Genetic Savings & Clone, Inc., "que está situada em College Station, Texas, mas [que] também se aproveita fortemente da internet". A rede distribuída não se limitava a redes neurais e ativistas. O GSC "representa o primeiro passo na direção de comercializar a enorme quantidade de informação que está sendo gerada por Missyplicity". Havia um acúmulo de demanda por serviços de clonagem privada. Hawthorne especulou que o preço da clonagem de um cão de estimação (ou gato – projeto bem-sucedido em 2001) "cairia dentro de três anos para menos de 20 mil dólares – embora a princípio possa custar dez vezes mais".

Não surpreende que esses números tenham levado Hawthorne a grandes obras de arte, aquelas criações conservadas, únicas. "Eu gostaria de terminar com este pensamento: grandes animais de companhia são como obras de arte [...]. Uma vez identificadas essas obras de arte, sem dúvida não é apenas razoável mas também imperativo que capturemos seus dotes genéticos únicos antes que eles se percam – assim como resgataríamos grandes obras de arte de um museu em chamas." Os "dotes genéticos únicos" tornam-se como "indígenas em vias de desaparecimento" – necessitando do tipo de "salvação" que chega tão facilmente das colônias brancas. Além de salvar uma vida genética, essa bioética zen parece exigir salvar a arte genética. A ciência, os negócios, a ética e a arte são os parceiros familiares do renascimento na origem da tecnopresença, onde "a evolução encontra o livre mercado; aqueles que podem se dar ao luxo de pagar salvarão o que gostam e deixarão o resto arder". Isso soa como um jogo de CEOs assustadores ao estilo de Peter Pan. Mesmo quando mobilizou os recursos para trazer cães clonados ao mundo, Hawthorne alterou, "de forma lúdica", as verdades oficiais em seu "Museu de Vira-Latas" bem financiado e impulsionado por charlatanismos.

Ao final de "Clonar vira-latas, salvar tigres", volto às metáforas de Linda Weisser e a seu trabalho menos deslumbrante para persuadir a gente dos pireneus a usar um registro aberto de saúde e genética e tentar parir somente cães que possam melhorar a raça, ajudando os parentes e tipos de espécies companheiras a florescer. Imersa em emergências de muitas variedades, eu vi valor em aspectos do Missyplicity Project – sem aquele fogo destrutivo no final de tudo. Estou definitivamente do lado dos tigres ameaçados, assim como das pessoas que habitam as nações onde os grandes felinos (mal) vivem. A diversidade genética é um padrão precioso tanto para os cães quanto para as pessoas, e os gatos *são* como cães. As questões cruciais continuam, como sempre, na atenção aos detalhes. Quem toma as decisões? Qual é o dispositivo de produção dessas novas variedades de ser? Quem floresce e quem não floresce, e como? De que forma podemos permanecer às margens do rio hábil em ciência de Linda Weisser sem nos asfixiarmos com a neblina do tecnopresente? Se "salvar os (preencham a lacuna) ameaçados" significa limpar, pessoal e coletivamente, os rios para que os parentes sempre emergentes da Terra possam beber sem dano nem vergonha, quem poderia pedir por algo mais?

NOTAS DA FILHA DE UM CRONISTA ESPORTIVO

6. CORPOS CAPAZES E ESPÉCIES COMPANHEIRAS

3 de novembro de 1981
Querido pai,

Sua aposentadoria do Denver Post *já se faz presente para mim há semanas. Quero lhe escrever sobre o que seu trabalho significou para mim desde que eu era uma menininha. Digo a todas as pessoas que me importam: "Meu pai é um cronista esportivo. Ele ama seu trabalho. Ele é bom no que faz e me transmitiu o que há de mais profundo na minha crença de que o trabalho é uma forma de viver pelo menos tanto quanto um meio de ganhar a vida". Seu prazer com as palavras foi central em seu trabalho. Eu o vi* saborear *as palavras. Você mostrou as palavras a seus filhos como ferramentas para esculpir vidas mais plenas. Li suas estórias por anos e aprendi a arte cotidiana e confiável de contar estórias que importam. Seu trabalho me ensinou que "escrever uma estória" é uma maneira muito boa de "ganhar a vida". Eu o vi insistir de maneira consistente em escrever sobre as partes das pessoas que você poderia exaltar, não porque você escondesse coisas sórdidas, mas porque permitia nas pessoas a beleza. Acho que é por isso que você preferia a estória do jogo. Vi você escrever crônicas de dramas, de rituais, de proezas, de habilidades, de corpos com mentes em movimento. Na redação esportiva, você assinou estórias que tornaram a vida maior, expansiva, generosa.*

Lembro-me de ir ao velho estádio dos Denver Bears nos anos 1950, quando Bill e os outros rapazes eram encarregados dos tacos e bolas. Lamentei não poder ser *um deles da mesma forma que lamentei não poder* ser *uma jesuíta, então ouvi as confissões de minhas bonecas no meu armário de portas de correr e rezei a missa para elas em minha cômoda. Desde então, passei de uma teóloga católica júnior para uma escriba feminista muito menos inocente, de uma jogadora de basquete de escola paroquial para uma escritora de suas próprias estórias de jogo. Você me transmitiu as mesmas habilidades que transmitiu a meus irmãos, Bill e Rick. Você nos ensinou a registrar o placar mais ou menos ao mesmo tempo que aprendíamos a ler.*[1] *Naquela noite em 1958, quando você e o escritor do* Rocky Mountain News *Chet Nelson me perguntaram como eu havia marcado uma jogada de beisebol polêmica com a qual você não podia concordar, e depois usou minha pontuação, você me deu algo precioso: me reconheceu em seu trabalho. Você me deu seu respeito.*

Meu pai é um cronista esportivo.
Com amor,
Donna

Corpos em feitura, de fato. Este capítulo é uma nota da filha de um cronista esportivo. É um escrito que devo fazer, porque diz respeito a um legado, uma herança na carne. Para vir a aceitar o desmembramento do corpo, preciso re-membrar [*re-member*][2] seu devir. Preciso reconhecer todos os membros, animados e inanimados, que compõem o nó de uma determinada vida, a de meu pai, Frank Outten Haraway.

Meu marido, Rusten, e eu tivemos o privilégio de acompanhar nossos pais idosos nos últimos meses e anos de suas vidas. Em 29 de setembro de 2005, meus irmãos e eu seguramos meu pai enquanto ele morria, alerta e presente, em nossos braços. Nós o seguramos durante o processo de ele não estar mais lá. Esse não foi um processo exclusivo de ele não estar mais presente como uma alma, ou uma mente, ou uma pessoa, ou um interior, ou um sujeito. Não, enquanto seu corpo esfriava, seu *corpo* não estava mais lá. O cadáver não é o corpo. Antes, o corpo está sempre em-feitura; é sempre um emaranhado vital de escalas heterogêneas, tempos e tipos de seres enredados em presença carnal, sempre um devir, sempre constituído em relação. A consignação do cadáver à terra na forma de cinzas é, penso eu, um reconhecimento de que, na morte, não é simplesmente a pessoa ou a alma que se vai.

---

1 Dois dos filhos do meu irmão mais velho, Mark e Debra, aprenderam o sistema de pontuação do meu pai. Mark disse que, através dos abismos de um continente e do divórcio de seus próprios pais, essa forma de pontuar os ligava a um avô que mal conheceram. Em minha família, ser alfabetizado significa saber como codificar as peças para que um jogo possa ser reconstruído em detalhes dramáticos anos mais tarde. Katie King, em *Networked Reenactments: Stories Transdisciplinary Knowledges Tell* (Durham: Duke University Press, 2012), me ensina como as tecnologias de escrita fabricam pessoas.

2 Os termos "*remember*", em inglês, e "remembrar", em português, têm origem no latim "*rememorāri*" e significam "tornar a lembrar". [N. T.]

Aquela coisa atada que chamamos de corpo foi-se; está desfeita. Meu pai está desfeito, e é por isso que devo re-membrá-lo. Eu e todos aqueles que viveram emaranhados com ele nos tornamos sua carne; somos parentes dos mortos porque seus corpos nos tocaram. O corpo de meu pai é o corpo que eu conheci como sua filha. Herdo na carne, aos tropos e tropeços materiais que unem texto e corpo segundo aquilo que chamo de semiose material e materialidade semiótica.

A minha estória é um conjunto de estórias das gerações em ciclos; minha estória diz respeito a herdar o ofício de escrever estórias em ciclo, trançadas, estórias do jogo. Nascido em 1916, meu pai foi cronista esportivo do *Denver Post* por 44 anos. Depois de se aposentar do jornal em 1981, ele continuou a trabalhar no mundo esportivo de Denver, como anotador oficial de beisebol da liga nacional para o Colorado Rockies e como parte da equipe de estatística de basquete dos Denver Nuggets e de futebol americano dos Broncos. O último jogo de que participou a trabalho aconteceu em setembro de 2004, quando ele estava com 87 anos. Escrevendo seu próprio epitáfio, ele viveu e morreu como um cronista esportivo ou, em suas palavras, como um fã que era pago para fazer o que amava.

Eu tento ser uma espécie de esportista; voltaremos a isso. Na universidade, também sou paga para fazer o que amo. Neste capítulo, escrevo sobre a herança de ser filha de jornalista, filha de cronista esportivo, sobre meu esforço para ganhar o respeito do pai, para ganhar sua aprovação, para de alguma forma fazer com que a escrita dele seja sobre meu esporte, meu jogo. Escrevo a partir da necessidade de uma criança de honrar um amor que continua na idade adulta.

Sou uma filha heterossexual, mais ou menos, de um pai resolutamente heterossexual, uma menina a quem o pai jamais dirigiu seu olhar heterossexual. Hoje penso que ele evitava deliberadamente o olhar do incesto em potencial. Eu odiava e invejava sua sexualização convencional de gênero em relação a outras mulheres e garotas. Suze, irmã de meu marido, e eu conversamos sobre nossos pais, que não podiam olhar para suas filhas como fisicamente belas porque não ousavam. Mas eu tinha o olhar do meu pai de uma outra forma, que dava vida e era corporal: eu tinha o seu respeito. Trata-se de uma economia especular diferente da passagem geracional, não menos corpórea e não menos cheia de desejo e sedução, não menos desconfiada da lei, não menos dentro do jogo, mas em uma economia que conduz a filha a rememorar com alegria e tristeza. Esse tipo de olhar fez do meu corpo o que ele é na vida como escritora e como mulher que pratica um esporte. Quero nos levar, me levar, através de parte desse legado.

Consideremos "olhar" e "respeito" um pouco mais demoradamente. Sou atraída pelos tons desse tipo de olhar / consideração ativos (tanto como verbo, *respecere*, quanto como *respectus*) que procurei e experimentei com meu pai e a partir dele.[3] A relacionalidade específica nesse tipo de olhar me toma a atenção: ter consideração, ver de outra forma, estimar, devolver o olhar, apreciar, ser tocada pelo olhar de outrem, abraçar com o olhar, prestar atenção, cuidar. Esse tipo de olhar visa liberar e ser liberado em uma autonomia-em-relação oximorônica e necessária. Autonomia como fruto da relação e dentro dela. Autonomia como trans-atuação. Bem o oposto do olhar / contemplação estudado geralmente na teoria cultural! E certamente não o fruto do olhar do incesto.

Em discursos e escritos recentes sobre espécies companheiras, tentei viver dentro das muitas conotações de olhar / respeito / consideração mútua / devolução do olhar / apresentação / encontro óptico-háptico. Espécies e respeito estão em contato óptico / háptico / afetivo / cognitivo: estão à mesa juntos; comensais, companheiros, em companhia, *cum panis*. Eu também amo o oximoro inerente a "espécie" – sempre tipo lógico e implacavelmente particular, sempre ligada a *especere* e ansiando por / olhando na direção do respeito. "Espécie" inclui animais e humanos como categorias e muito mais além disso; e não seria aconselhável presumir quais categorias estão em jogo, moldando umas às outras na carne e na lógica em encontros constitutivos.

Em todos esses sentidos, vejo o olhar que estou tentando pensar e sentir como parte de algo que não é próprio nem do humanismo nem do pós-humanismo. *Espécies companheiras* – que se comoldam até o fim, em toda sorte de temporalidades e corporeidades – são minha expressão desajeitada para um não humanismo no qual espécies de todas as variedades estão em questão. Para mim, mesmo quando falamos apenas de pessoas, as separações de categoria animal / humano / vivo / não vivo se desgastam no tipo de encontro que vale a pena olhar. O olhar ético sobre o qual estou tentando falar e escrever pode ser experimentado através de muitos tipos de diferenças de espécie.[4] A parte adorável é que nós podemos saber apenas olhando e devolvendo o olhar. *Respecere*.

---

3 Minhas reflexões sobre "olhar" estão em diálogo com Wlad Godzich, cuja resposta por e-mail, em 20 de dezembro de 2005, à minha apresentação no congresso "Bodies in the Making" [Corpos em feitura] foi ao mesmo tempo comovente e útil.

4 Ver D. Haraway, *O manifesto das espécies companheiras: Cachorros, pessoas e alteridade significativa* [2003], trad. Pê Moreira. São Paulo: Bazar do Tempo, 2021; Anna Tsing, "Margens indomáveis: Cogumelos como espécies companheiras", trad. Pedro Castelo Branco Silveira. *Ilha*, v. 17, n. 1, jan.-jul. 2015; e Vinciane Despret, "The Body

Nos últimos anos, tenho escrito sob o signo das espécies companheiras, talvez em parte para ajustar o senso de meus colegas a respeito da ideia do comportamento adequado das espécies. Eles têm sido notavelmente pacientes; de fato, compreendem que "espécies companheiras" não significa animais pequeninos tratados como crianças-com-pelagens (ou barbatanas ou penas) nas sociedades imperiais tardias. Espécies companheiras são uma categoria permanentemente indecidível, uma categoria-em-questão que insiste na relação como a menor unidade do ser e de análise. Por espécie quero dizer, graças à teoria do realismo agencial e da intra-ação de Karen Barad, um tipo intraôntico / intralúdico que não predetermina o estatuto da espécie como artefato, máquina, paisagem, organismo ou ser humano.[5] Singulares e plurais, as espécies ressoam com os tons dos tipos lógicos, do inexoravelmente específico, da moeda cunhada, da presença real na Eucaristia católica, dos tipos darwinianos, dos alienígenas da FC e de muito mais. Espécies, como o corpo, são internamente oximorônicas, cheias de seus outros próprios, cheias de comensais, de companheiros.

Cada espécie é uma multidão multiespécies. O excepcionalismo humano é o que as espécies companheiras não podem tolerar. Diante das espécies companheiras, o excepcionalismo humano se mostra como o espectro que amaldiçoa o corpo à ilusão, à reprodução do mesmo, ao incesto, e assim torna a rememoração impossível. Sob o signo material-semiótico das espécies companheiras, interesso-me pelo ôntico e pelo lúdico da alteridade significativa, na contínua produção dos parceiros através da própria produção, na produção de vidas corporais no jogo. Os parceiros não preexistem à sua relação; parceiros são precisamente o que provém do inter- e intrarrelacionamento do ser carnal, significativo, semiótico-material. Essa é a coreo-

---

We Care For: Figures of Anthropo-zoo-genesis". *Body and Society*, v. 10, n. 2–3, 2004. Para a união entre o que é óptico e o que é háptico em encontros de espécies, ver Eva Shawn Hayward, "Jellyfish Optics: Immersion in Marine TechnoEcology", artigo apresentado nas reuniões de outubro de 2004 da Society for Literature and Science [Sociedade para a Literatura e a Ciência], em Durham. [N. T.: O texto de Hayward foi publicado como "Sensational Jellyfish: Aquarium Affects and the Matter of Immersion". *differences*, v. 23, n. 3, 2012.]

5 K. Barad, "The Ontology of Knowing, the Intra-activity of Becoming, and the Ethics of Mattering", in *Meeting the Universe Halfway: Quantum Physics and the Entanglement of Matter and Meaning*. Durham: Duke University Press, 2007; Astrid Schrader, "Temporal Ecologies and Political Phase-Spaces: Dinoflagellate Temporalities in Intra-action", trabalho apresentado nas reuniões da Society for Social Studies of Science [Sociedade de Estudos Sociais da Ciência], Pasadena, out. 2005.

grafia ontológica sobre a qual Charis Thompson escreve.[6] Estou contando uma estória cíclica de figuração ôntica, de corpos em feitura, de um jogo em que os comensais não são todos humanos.

Na verdade, talvez seja esse o conhecimento da filha, que se torna possível pelo tipo de olhar/respeito dado por seu pai – o conhecimento de que jamais fomos humanos e, portanto, não fomos capturados pela armadilha ciclópica de mente e matéria, ação e paixão, ator e instrumento. Como nunca fomos o humano do filósofo, somos corpos relacionados em trançados ônticos e lúdicos.

E, assim, escrevemos a estória do jogo. Nesse relato, os comensais de meu pai – os nós constitutivos de espécies companheiras que tomam minha atenção – não sou eu nem algum outro organismo, mas um par de muletas e duas cadeiras de rodas. Foram eles seus parceiros no jogo de viver bem.

Quando tinha dezesseis meses de idade, meu pai caiu e machucou o quadril. A tuberculose se instalou. Ela se atenuou só para voltar com força total em 1921, quando ele escorregou em um piso de madeira oleado. A tuberculose alojou-se na parte superior da perna, no joelho e nos ossos do quadril em um período em que não havia tratamento. Essa versão da história de seu corpo, nós a recebemos por meio de um trabalho escolar realizado no seu décimo ano, "A autobiografia de Frank Haraway", que encontramos após a morte de nosso pai em seus arquivos ordenados,[7] mas ainda inspirados nos *packrats*.[8] Seu próprio pai havia se mudado do Tennessee e do Mississippi (a fronteira estadual passava literalmente no meio da casa da família) para Colorado Springs a fim de se curar da tuberculose pulmonar em uma cidade termal das Montanhas Rochosas que me faz lembrar de *A montanha mágica*. A tuberculose da infância de meu pai significou que, desde cedo, ele não podia se mexer sem sentir dores excruciantes. Ele passou dos oito até mais ou menos os onze anos na cama, em um gesso de corpo inteiro que ia do peito até os joelhos, não podendo frequen-

---

6 Charis Thompson, *Making Parents: The Ontological Choreography of Reproductive Technologies*. Cambridge: MIT Press, 2005.

7 Meu próprio palpite é que papai caiu porque a tuberculose já havia minado seus ossos, e não que a tuberculose fosse estimulada pelas quedas. Opções interpretativas desse tipo temperam a narrativa de qualquer estória, especialmente as familiares. A linha que divide ficção e fato percorre a sala de estar.

8 *Packrats* são roedores do gênero Neotoma, conhecidos por acumular objetos de todo tipo em seus ninhos e por seu especial apreço àqueles mais brilhantes. Em inglês, quando alguém tem comportamento de acumulador, diz-se que é um *packrat*. [N. T.]

tar a escola e estudando com um tutor particular. Não se esperava que ele vivesse, mas ele acabou por se curar. Contudo, as articulações do quadril foram permanentemente calcificadas, e ele ficou com uma postura rígida, sem poder se movimentar, sem a capacidade de se curvar a partir dos quadris. Ele não conseguia separar as pernas em nenhuma direção. (Esse fato despertou minha curiosidade durante a adolescência, quando me perguntava como meus pais realizaram as proezas da concepção – epistemofilia comum, com um toque a mais. Faziam-se um bocado de piadas sobre esses assuntos em nossa casa.)

O pai de meu pai teve dinheiro até alguns anos durante a Depressão. Meu avô era um promotor de esportes, assim como proprietário dos mercados Piggly Wiggly no Colorado. Um homem de negócios e figura comunitária, ele trouxe para Denver figuras esportivas como Babe Ruth e Lou Gehrig, que vieram à casa de meu pai e assinaram uma bola de beisebol para ele enquanto ainda estava confinado à cama. Meu avô e seus colegas industriais fundaram as ligas de basquete de homens brancos que precederam o basquete profissional como agora o conhecemos. Os jogadores das equipes de basquete industrial do Centro-Oeste e do Oeste, como BF Goodrich, Akron Goodyear, Piggly Wiggly e outras, eram todos homens brancos destinados a serem funcionários de nível médio. As práticas corporais de racialização vêm em muitas formas, sendo não menos importante o entrançamento de família, esportes e negócios. Meu pai era um cronista esportivo; isso faz parte de como sou branca; é parte da estória do jogo. Raça e dinheiro são parte de como meu pai se tornou um cronista esportivo.

Meu avô deu ao meu pai uma cadeira de rodas, assim que ele foi capaz de sair da cama e do gesso de corpo inteiro, para que ele pudesse ir ao velho estádio Merchant's Park assistir aos jogos de bola. Mas ele não era apenas um espectador. De sua cadeira de rodas, em sua postura típica meio recostada ditada por seus quadris não acomodados, meu pai jogava beisebol na vizinhança. Tenho uma foto dele e de seu irmão mais novo, Jack, com cerca de doze e treze anos de idade, ambos vestindo calças de beisebol estilo pijama, segurando garrafas de Coca-Cola. Meu pai está em sua cadeira de rodas, mostrando seu sorriso de dentes separados, marca registrada que apareceu anos mais tarde nos cartuns desenhados por Bob Bowie na página de esportes no início dos treinos de pré-temporada de beisebol. Outra foto mostra meu pai com espinhas no rosto balançando o taco de uma forma atlética bastante elegante. Meu pai era conhecido na vizinhança, me disseram, como um bom jogador, ou pelo menos popular. Aquela cadeira de rodas estava em uma relação de espécie companheira com o menino; o corpo todo era de carne orgânica, bem como de madeira e metal; o jogador estava sobre rodas, sorrindo. Embora, talvez, nem sempre sorrindo. Ao final de um jogo de bairro, assim conta a estória da família, quando a antiga bola de beisebol se desfez definitivamente e pela última vez, as outras crianças persuadiram meu pai a trazer seu tesouro autografado por Babe Ruth e Lou Gehrig. Claro, pensou ele, é nossa última tentativa. Meu pai viu o rebatedor lançar a bola para além da luva do receptor. A bola rolou pela sarjeta até os esgotos, onde continua a fertilizar narrativas de perda e nostalgia – e narrativas dos atos dramáticos em um jogo.

Quando se formou em Randall, a escola particular de ensino médio que frequentava em sua cadeira de rodas, papai pegou suas muletas e galopou para a Universidade de Denver, onde se tornou editor de esportes do jornal estudantil DU *Clarion*. Sua carreira na pista de atletismo da Universidade de Denver foi interrompida após uma corrida não autorizada contra um jogador de futebol americano de pernas quebradas que temporariamente se locomovia com muletas, uma corrida que foi organizada pelos outros atletas na pista ao redor do campo de futebol, com tiro de partida e tudo. Com suas confiáveis muletas de cerejeira sob as axilas, balançando em longos arcos, meu pai ganhou a corrida com facilidade, mas seu adversário caiu e quebrou a outra perna, levando o treinador a desaconselhar papai em relação a quaisquer outras façanhas competitivas. Essas muletas pertencem corporeamente a uma vida construída a partir de objetivações relacionais capacitantes de vir a ser por meio de fusões com a fisicalidade da cadeira de rodas, da cama, do gesso, das muletas, tudo o que produziu um cronista esportivo vital, vivo, brilhante.

Ajudado por suas muletas, papai desenvolveu um senso de equilíbrio que o sustentava sem os "palitos", como as chamava, enquanto estava de pé e dava pequenos passos usando seus joelhos parcialmente flexíveis. Dessa forma, com saques impossíveis de serem rebatidos – em sua maioria tornados ilegais anos mais tarde – e um senso de tempo invejável, ele ganhou três campeonatos estaduais de tênis de mesa do Colorado no anos 1930.[9] Se vocês já assistiram a uma partida de tênis de mesa, sabem que é um esporte que requer cobrir muito chão com as pernas, exatamente o que meu pai não podia fazer. Ele venceu por causa da coordenação mãos-olhos, do equilíbrio, da coragem, da força

---

9 Para um relato vívido do jogo e de sua gente, ver Jerome Charyn, *Sizzling Chops and Devilish Spins: Ping Pong and the Art of Staying Alive*. New York: Four Walls Eight Windows, 2001.

Charge de Bob Bowie para o *Denver Post* que mostra Frank Haraway chegando para os treinos de pré-temporada de beisebol dos Bears nos anos 1950. Arquivo pessoal.

Frank Haraway e seu irmão mais novo, Jack, jogando beisebol por volta de 1929. Arquivo pessoal.

Frank Haraway jogando tênis de mesa nos anos 1930. Arquivo pessoal.

da parte superior do corpo, da inventividade mente-corpo e do desejo – e por causa de sua forma de viver a própria fisicalidade que nunca, nem por um minuto, considerou nem a negação nem a imobilidade (isto é, viver fora do corpo) como uma opção viável.

Estar em uma relação de espécies companheiras era o modo de vida viável. Ele teve a sorte de contar com uma série concatenada de parceiros, incluindo a cadeira de rodas, as muletas e a atenção e os recursos de seus pais e amigos.[10] A vitalidade veio de viver levando em consideração todos esses parceiros. Outra foto que saiu dos arquivos de meu pai, uma que colocamos perto do caixão no velório dele, ilustra isso eloquentemente. O fotógrafo o mirou desprevenido por trás, no final da tarde, durante o treino de rebatidas antes do jogo. Meu pai está na área do técnico de terceira base, olhando para o montinho do arremessador. É difícil ter certeza, mas ele parece ter uns quarenta anos de idade e está vestindo sua típica camisa esportiva quadriculada. A princípio, parece que ele está de pé relaxado sobre muletas em uma posição ligeiramente em A. Aí você vê que ele está com os joelhos dobrados em um ângulo de noventa graus, com as solas dos sapatos voltadas para a câmera. Ele está de pé relaxado em suas muletas, bem quieto, calmo e totalmente suspenso no ar.

Meu pai viveu sua vida adulta, com suas muletas, em alta velocidade. O que me lembro de quando criança era correr pelo quarteirão para acompanhá-lo, e não de andar com alguém menos capaz. Ainda assim, preciso voltar a caminhar por um tempo para entender melhor como corpos em modificação funcionam. Desde cedo, notei que meus dois irmãos, tanto o mais velho, Bill, quanto o mais novo, Rick, nenhum dos quais tinha algum tipo de problema no quadril, caminhavam de modo muito parecido com meu pai. Eles ainda fazem isso, se repararmos bem. Os dois literalmente corporificaram o passo desse homem. Esse fato não foi muito comentado na família; afinal, era normal que os filhos fossem como o pai, não era? O passo deles era um ciclo mimético através de corpos masculinos historiados de pais e filhos, o que em nenhum momento era visto como mimetismo de deficiência nem qualquer tipo de excentricidade. O termo *deficiência* não entrava na família, não porque houvesse negação sobre a necessidade de muletas, mas porque esses objetos eram partes normais do equipamento paterno, com todos

---

10 Para pensar sobre esse tipo de coisa dentro da teoria ator-rede nos *science studies* e estudos de tecnologia, ver Myriam Winance, "Trying out the Wheelchair: The Mutual Shaping of People and Devices through Adjustment". *Science, Technology, & Human Values*, v. 31, n. 1, 2006.

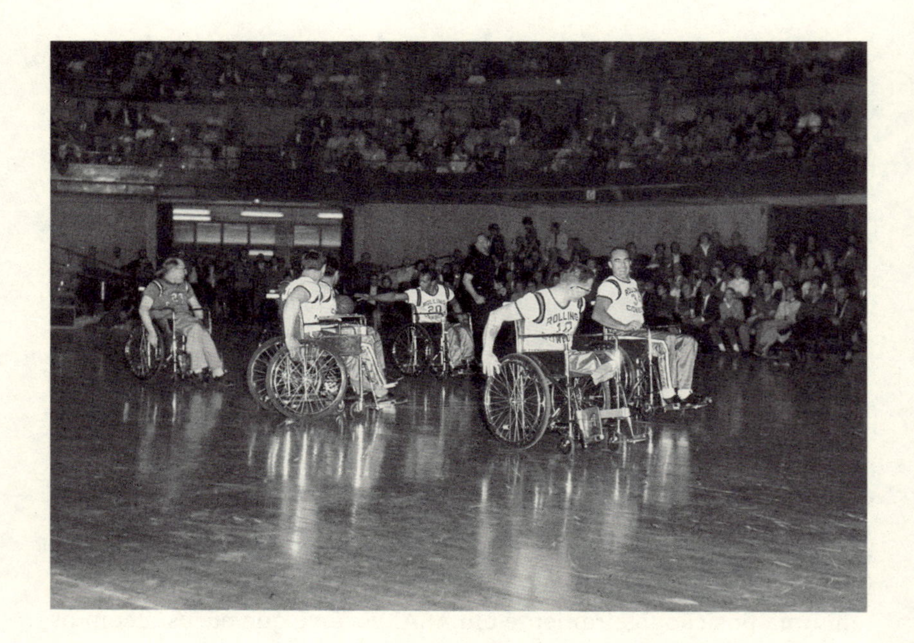

Frank Haraway e outros homens jogando basquete em cadeiras de rodas durante o intervalo de um jogo profissional que Haraway cobriu para o *Denver Post* em torno de 1960. Arquivo pessoal.

os significados do termo. Certamente, eles eram parte do dispositivo reprodutivo que moldou o corpo dos meus irmãos.

Esse passo compartilhado dizia respeito a chegar a conhecer, em consideração, o corpo de nosso pai de uma forma que moldasse a vida. De certa forma, as muletas de meu pai infundiam simbioticamente os corpos de toda a família. Meus irmãos e eu, naturalmente, pegávamos as muletas emprestadas para experimentá-las e ver o quão rápido conseguiríamos nos locomover. Todos nós fizemos coisas assim, mas somente meus irmãos literalmente caminharam no passo de meu pai. Eu não tinha o passo de meu pai; eu tinha o jeito dele com a linguagem. Meus irmãos também tinham, na verdade – Bill, como consultor financeiro, na linguagem e linhagem de nosso avô empresário; e Rick, como assistente social e trabalhador pela paz e pela justiça, na vulgata de nossa mãe, Dorothy Maguire, influenciada por sua formação católica, e naquilo que foi tanto doutrina como pão que afirma a vida no que mais tarde veio a ser chamado "preferência pelos pobres". Tremendo quando tinha de apresentar para a associação de pais e mestres seus relatórios de tesoureira, nos quais tinha muita prática, minha mãe evitou a performance pública verbal, mas sabia que a palavra se fazia carne ao levar as necessidades e a dor das pessoas ao próprio coração. Rindo, ela e eu brincávamos com palavras em latim quando eu a incomodava com minhas preocupações sobre se poderia ser um pecado usar a linguagem sagrada em fantasias excessivamente sérias e especulativas de uma criança. Ela era eloquente e me dava bons conselhos, embora eu soubesse que sua própria mente-corpo, presa no torno da crença, fora destruída pelos campos minados da contradição católica e de um anseio indizível nas garras da doutrina. Ela tinha a consciência mais especulativa e autoanalítica de nossa família, mas não as ferramentas de expressão. Em 1960, ela faleceu de um ataque cardíaco, em uma segunda-feira de outubro pela manhã, depois que todos havíamos saído para a escola e o trabalho. Acho que meu pai nunca fez a menor ideia de seu aprisionamento, mas conhecia seu dom. Também acho que a fisicalidade através da qual entrei em relação com meu pai, através da qual ganhei seu olhar, passou pela sensualidade das palavras e dos atos de escrita. Nós conversamos, fizemos trocadilhos, brincamos com palavras e as comemos no jantar; elas também eram nosso alimento, mesmo quando comíamos da mente-corpo de minha mãe, em sua cozinha e em sua solidão, e mal reconhecíamos sua vulnerabilidade física.

Ao passar dos oitenta anos, meu pai precisava cada vez mais de suas muletas para se locomover, mesmo dentro de casa. Então, ele começou a cair. Ele caiu feio em janeiro de 2005 e quebrou a bacia. Devido à extensa calcificação das escarificações causadas pela tuberculose infantil, não havia como usar um pino, um dispositivo externo de estabilização nem qualquer outra coisa para manter os ossos separados de modo que eles pudessem se curar bem o suficiente para lhe dar qualquer chance de andar ou mesmo ficar de pé novamente. Assim, fora da cama por décadas, ele viveu seus últimos oito meses praticamente na cama de novo, mais uma vez com dores mal aliviadas, reaprendendo a ser móvel sem pernas. Seu respeito profundo pelas pessoas não arrefeceu. Ele flertou impiedosamente com as enfermeiras, Claudia e Lori, e com a massagista, Tracy, com a mesma alegre autoconfiança heterossexual que atormentou minha alma feminista e despertou minha inveja latente. Formou também laços gentis e de

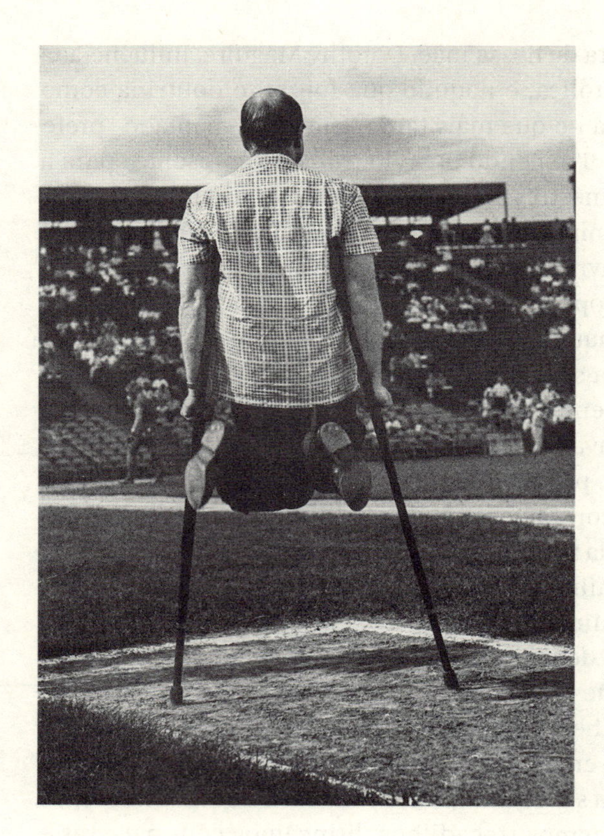

Frank Haraway assistindo ao treino de rebatidas no estádio dos Bears, década de 1960. Arquivo pessoal.

confiança com os cuidadores masculinos – John, o menino louro de Denver, e Lucky, o imigrante de Gana –, sem a ajuda dos dispositivos especulares e verbais do flerte e através de abismos de raça, classe e dependência corporal íntima. Penso que as mulheres que cuidavam dele se tornaram suas amigas apesar, e não por causa, de seu flerte; elas sabiam que outro tipo de olhar estava operando de modo mais potente, ainda que de forma menos articulada. Eles ainda ligam para minha família, os homens e as mulheres, para saber como vamos.

Nos últimos meses, papai adquiriu uma talentosa cadeira de rodas ciborgue radicalmente diferente da carruagem dos anos 1920 que vejo nas fotos antigas. O folheto publicitário prometia tudo, menos voar. Meu pai desenvolveu uma relação carinhosa e brincalhona com Drew, o vendedor gentil e hábil da cadeira de rodas. A fisioterapeuta, Shawna, montou para ele cones laranja de sinalização em uma fila no corredor do centro de reabilitação, a que chamamos de Rocky Road, para que ele pudesse praticar navegação sem derrubar os colegas residentes no (nem sempre) ambulatório. Não demorou muito para que aumentássemos os limites de seu seguro de responsabilidade civil. Meio recostado, ele teve de passar no teste de direção de Shawna nessa cadeira com chip implantado, que superava as expectativas e na qual ele nunca confiou nem por um minuto, mas da qual estava bastante orgulhoso, mesmo não conseguindo sentar-se nela ou dela levantar-se sozinho. A cadeira nunca se transformou em uma outra significativa amada. Essa parceira dizia respeito, de forma muito mais esmagadora, a perdas diante das quais não haveria saída. Era uma cadeira muito mais sofisticada do que a de sua juventude, mas não significava mais ficar bem e ir aos jogos. Essa cadeira, essa transação entre espécies companheiras cautelosas, dizia respeito à prática de morrer. Mesmo assim, a cadeira ajudou nesse processo com companheiros de muitas espécies, tanto os dispositivos quanto as pessoas, de uma forma que continuou a estimular o olhar de um cronista esportivo para a vitalidade do movimento no mundo.

Os dispositivos das espécies companheiras incluíam equipamentos via satélite e um novo aparelho de televisão para assistir aos jogos, bem como chamadas telefônicas e visitas de amigos e colegas para manter sua relação profissional, e o prazer de toda a vida, com o esporte. Meu irmão Rick e sua esposa, Roberta, até mesmo o colocaram em uma van e o levaram a um jogo de beisebol uma vez, na cabine de imprensa da liga nacional que leva seu nome; mas foi muito difícil, muito doloroso, fazer isso novamente. Seus parceiros de muitas espécies incluíam todos os meios que ele e nós podíamos imaginar para que permanecesse no jogo o máximo de tempo que podia.

E então ele não pôde mais. Teve uma pneumonia e decidiu não tratá-la. Decidiu partir porque julgou que não poderia mais permanecer no jogo de um modo significativo. A estória de seu jogo foi arquivada. De fato, em sua mesa encontramos um adesivo com o logotipo do "jornaleco", quer dizer, do *Rocky Mountain News*, o jornal rival, colado em um cubo de plástico para fotos, no qual ele havia escrito sua última estória de jogo para saborearmos: "Quando o bom Deus decidir que não posso mais ir aos jogos que tanto amo, só quero ser lembrado como um homem feliz que amava sua família, que amava as pessoas, e como um fã de esportes que foi pago para escrever o que viu". Preocupamo-nos por um tempo, pensando se deveríamos ter cremado suas muletas com seus restos; eles pertenciam um ao outro; eram um corpo vital; deveriam ir juntos. Em vez disso, Rick levou as muletas para casa e as colocou em sua sala de estar, onde elas nos ligam a todos os nossos ancestrais, aquelas espécies companheiras em outros tipos de tempo ôntico e lúdico.

Meu pai não era uma pessoa particularmente autorreflexiva; ele não teorizava sobre esses assuntos. Até onde poderia dizer – e, para minha vergonha, nunca me cansei de tentar reformulá-lo no molde em que eu queria que ele coubesse, desde rezar por sua conversão ao catolicismo quando era pequena até tentar fazê-lo ler livros e analisar tudo sob o sol quando fiquei mais velha –, ele não refletia sobre essas mímesis ramificantes, essas estórias cíclicas de mentes-corpos vindos à presença no mundo através de espécies companheiras envolventes. Acho que sua relação com seu trabalho e com sua vida dizia respeito a escrever as estórias do jogo e estar *no* jogo. Ele nunca quis ser colunista ou dirigir a seção de esportes de um jornal de cidade grande. Certamente nunca quis contar as estórias dos dispositivos comerciais, sociais e políticos que tornam possível o esporte profissional. Ele não refletia sobre o que poderia significar para um homem com quadris rígidos passar uma boa parte da vida adulta dando palmadas na bunda dos jogadores de futebol americanos em vestiários, embora meu primeiro marido lhe tenha perguntado seriamente sobre isso mais de uma vez. Jaye era gay e extremamente interessado na fisicalidade homossocial tanto do tipo sexual como do não sexual. Ele vivia tentando fazer com que papai pensasse sobre o que diabos estava acontecendo e refletisse sobre suas próprias relações corporais múltiplas com homens. Essas não eram as maneiras de ser de meu pai. Eram os problemas e tarefas de seus filhos. Ele era um homem que escrevia a estória do jogo e permanecia no jogo e de cujo olhar como pai eu não deixei de precisar.

Por causa dessa necessidade, em respeito e consideração a todos os jogadores, termino esta estória, que nos levou até camas, gessos, cadeiras de rodas, muletas e de volta às cadeiras, com outra estória de jogo. Como mulher de cinquenta e poucos anos, comecei a praticar um esporte exigente com um membro de outra espécie alguns anos atrás – com uma cadela, a cadela do meu coração, Cayenne, uma princesa guerreira klingon que foi procriada para ser uma pastora-australiana de trabalho. Sua velocidade e talento atlético são fora de órbita, mas sua parceira, ainda que ávida e em forma, é sobrecarregada por um talento modesto e anos imoderados. O esporte se chama *agility*, um jogo composto por cerca de vinte obstáculos em um percurso de mais ou menos trinta metros por trinta em padrões estabelecidos por um juiz diabólico, que avalia as equipes canino-humanas quanto à velocidade e precisão do desempenho.

Jogando esse esporte com Cayenne, agora no nível *masters*, depois de milhares de horas de trabalho e jogo em conjunto, reconheço os ciclos ônticos e lúdicos, as parcerias-em-feitura que transformam o corpo dos jogadores enquanto se fazem. O *agility* é um esporte de equipe; ambos os jogadores se produzem um ao outro na carne. Sua principal tarefa é aprender a estar no mesmo jogo, aprender a se ver, a se mover como alguém novo diante de quem nenhum dos dois pode estar só. Fazer isso com um membro de outra espécie biológica não é a mesma coisa que fazê-lo com um parceiro hominídeo que trapaceia e maneja a língua. Cayenne e eu devemos nos comunicar ao longo do nosso ser, e a linguagem no sentido ortodoxo do linguista está, na maioria das vezes, no caminho. As alturas que Cayenne e eu experimentamos vêm de um movimento em velocidade concentrado, treinado, responsivo e em conjunto – e vêm de fazer percursos juntas em mente-corpo através de padrões todo o tempo, quando os tempos em questão variam de 25 a 50 segundos, a depender do jogo. A velocidade, por si só, não é suficiente; sem o foco do olhar transformador uma da outra, a velocidade é o caos para nós duas. Dá para saber por todas as penalidades que o árbitro aplica. A intensidade com que nós duas amamos é finamente diferenciada do pânico que nos destrói. A "zona" tem a ver com velocidade, com certeza, mas velocidade organicamente trançada em uma dança conjunta, transformadora de sujeitos, que torna "lentas" as corridas realmente boas; isto é, vemos e sentimos uma à outra, vemos os olhos uma da outra, sentimos o corpo em movimento uma da outra. Não uma corrida maluca, mas um olhar treinado.

Desde que começamos a treinar *agility* para competir, fiel ao meu zelo reformador, tentei fazer com que meu pai idoso pudesse ver o que é esse esporte; mesmo depois de ter quebrado o quadril, ele não pôde escapar. Não é beisebol, basquete ou futebol americano; não é boxe, hóquei, tênis ou golfe. Não é nem mesmo corrida de cães ou cavalos. Todos aqueles esportes sobre os quais ele teve de escrever pelo menos uma vez para ganhar a vida; todos eles eram legíveis para um homem de sua geração, raça e classe. Não, eu insisti, desta vez você vai aprender *agility*, o esporte das mulheres de meia-idade e seus cães talentosos que algum dia ocupará o horário nobre das noites de segunda-feira na TV, que agora se contenta com aquele esporte que machuca homens chamado futebol americano. Eu lhe mostrei diagramas de percursos internacionais de nível *masters*, expliquei o que está envolvido na técnica, passei vídeos de campeonatos nacionais da United States Dog Agility Association (USDAA) [Associação Canina de Agility dos Estados Unidos] quando ele estava morrendo de dor e alucinando com opioides e lhe escrevi relatos das façanhas cômicas e trágicas minhas e de Cayenne. Ele não podia morrer; ele era um cronista esportivo; era meu pai. Eu queria seu olhar; queria sua aprovação; queria que ele entendesse. Eu não achava que ele estivesse assistindo ou escutando, exceto para murmurar um encorajamento alegre em tom paternal, segundo o lema "É bom ter algo de que você goste tanto". Esse esporte estava fora do radar de um cronista esportivo com sua formação.

Então, no verão de 2005, quando ele estava fora do centro de reabilitação, em seu próprio quarto, na instalação residencial de tratamento avançado, e começando a sentir muito menos dor, só por diversão eu enviei a ele um vídeo de Cayenne e eu fazendo alguns percursos em uma prova do AKC. Eu disse: "Foi isso que fizemos no fim de semana passado; o que um monte de outros jogadores fizeram; o jogo é assim". Ele me escreveu de volta uma estória do jogo, elaborada com toda sua imensa habilidade profissional.[11] Ele analisou as corridas; desmontou as coerências e incoerências. Ele viu em detalhes o que estava em jogo, como os jogadores caninos e humanos se moviam, o que funcionava e o que não funcionava. Ele escreveu a estória do jogo como se fosse um olheiro de um time de beisebol da liga principal. Ele não só entendeu como também entendeu no mesmo nível profissional que entendia os eventos pelos quais foi pago, e escreveu para mim e para Cayenne. Ele me deu – nos deu – o seu olhar. Era assim que ele ganhava a vida.

DUAS CODAS: LUTO, MEMÓRIA E ESTÓRIA

1. 25 DE AGOSTO DE 2004

Querida Donnie,

Incrível! Essa foi minha primeira reação ao ver minha filha de (quase) sessenta anos de idade correndo com sua cachorrinha jovem,

---

11 Li sobre alguns dos segredos do ofício em um livro que encontrei na biblioteca de meu pai depois que ele morreu: Harry E. Heath e Lou Gelfand, *How to Cover, Write, and Edit Sports*. Ames: Iowa State College Press, 1951. Esportes cobertos: beisebol, basquete, futebol, hóquei, boxe, tênis. O sistema de pontuação do beisebol nesse livro me parece muito menos ágil do que o de meu pai. Na verdade, eu ficaria surpresa em saber que ele alguma vez leu o volume de Heath.

entusiasmada e rápida como um raio em uma competição altamente qualificada. Maravilhei-me com a fração de segundo necessária para que você e Cayenne se comunicassem uma com a outra. Sim, eu notei uma breve interrupção ocasional, rapidamente remediada quando você retomou sua corrida. Honestamente, fiquei impressionado. Mal sabia eu quando você se aninhava em meus braços em criança que estaria correndo com uma cadela em competição aos sessenta! Reproduzi o vídeo várias vezes e gostei muito.

Os dados estão lançados. Vou trabalhar na equipe de estatísticas dos Broncos na sexta-feira à noite. Deseje-me sorte.

Muito amor,
Papai

Esse foi o último jogo em que meu pai trabalhou. Ele morreu um ano depois.

Quando escrevi "A Note of a Sportswriter's Daughter: Companion Species" [Uma nota da filha de um cronista esportivo: Espécies companheiras], rememorei essa carta como se tivesse sido escrita em agosto de 2005, e não em 2004. Lembrei-me de mais detalhes sobre as corridas do que havia. Só depois de terminar o artigo é que desenterrei a carta dos meus arquivos a fim de acrescentar citações de meu pai e encontrar as datas para uma nota de rodapé. Então entendi mais do que queria saber sobre como o luto retrabalha a verdade para dizer outra verdade. Com uma precisão feroz, lembrei-me do amor dessa carta. Mas refiz o tempo, e o tempo me castigou. Aprendi mais uma vez que a linha entre ficção e fato nas estórias familiares passa pela sala de estar. As práticas de documentação acadêmicas cortam o coração, mas não podem desfazer a estória. "Bodies in the Making: Transgressions and Transformations" [Corpos em feitura: Transgressões e transformações] – isso é o que as estórias contam. Estórias re-membram.

2. DEPOIS DO JOGO: "EM ALGUM LUGAR FORA DA RUA 34"

Arquivado pela filha de um cronista esportivo, 11 de dezembro de 2005.

Na temporada de relembrar milagres na rua 34, Kris Kringle deve ficar em segundo plano por causa de uma maravilha que aconteceu mais perto de casa. Aconteceu comigo e com Cayenne, no Vale Central, região decididamente não metropolitana da Califórnia. Uma maravilha assim nunca mais voltará a acontecer. Talvez eu a tenha sonhado. Hesito em contar-lhes, no caso de acordar. Talvez eu escreva novamente mais tarde. Não, preciso verificar se a realidade se mantém. Aqui vai...

Cayenne e eu recebemos quatro resultados de qualificação perfeitos em quatro corridas (ExB Std, ExA JWW) na prova do AKC do clube de treinamento canino de Sacramento, no Rancho Murieta, sexta-feira e sábado.

Pronto, eu disse. O sol ainda brilha e, portanto, arriscarei dizer o resto. Se a terra tremer, eu paro.

Somente a concorrente internacional Rip, que foi com sua humana Sharon Freilich, entre todos os cães de "classe excelente" de ambas as seções, A e B, foi mais rápida do que nós em três das corridas. No percurso jumpers with weaves (JWW), no sábado, estávamos a menos de meio segundo atrás de Sharon e Rip. Ai, ai. Agora eu acordo, com certeza.

De forma temerária, prossigo.

Na corrida restante, um ExB standard, estávamos em quinto lugar, atrás de um bando de Border collies desalinhados com nomes grandes, incluindo os dois cães de Sharon (Rip e Cirque). Três segundos separavam o segundo e o quinto lugar. Se Cayenne não tivesse querido discutir o último escândalo da administração Bush enquanto eu sugeria seriamente uma parada na mesa de pausa, poderíamos ter ficado em primeiro ou, definitivamente, segundo lugar. Assim, ocupamos dois primeiros lugares em nosso ExA JWW e um segundo em nosso outro ExB standard (atrás de Rip, ou já mencionei isso?), todos com curvas apertadas, foco sério, slaloms prontos para serem usados em vídeos didáticos e tempo flamejante. (Não vou mencionar, embora talvez seja esta a razão pela qual o sol ainda brilha e a terra não treme, mas nossa linha de partida menos que perfeita se mantém.)

Se estou feliz? Se Cayenne é uma princesa guerreira klingon? Ah, é. Como eu sei? Porque o sol ainda brilha.

7.
ESPÉCIES DE AMIZADE

"Espécies de amizade" é uma colagem de e-mails que enviei a colegas acadêmicos, mentores na cachorrolândia, treinadores de *agility* e camaradas esportistas, família humana e uma variedade de amigos entre 1999 e 2004. A correspondência faz parte de "Notas da filha de um cronista esportivo", que comecei em homenagem ao meu pai a fim de explorar um pouco da excitação, da intensidade, da perplexidade, da intuição, da amizade, da competitividade, do amor, do apoio e da vulnerabilidade que irrompem no mundo das espécies companheiras orientadas ao esporte. As postagens vão desde meditações sobre o comportamento dos cães em uma praia na qual podem ficar sem coleira até o testemunho pragmático do conforto compartilhado entre minha sogra no fim de sua vida e nossos cães. Esses e-mails são um estranho híbrido de anotações de campo, cartas e escritos de diário pessoal. Também podem ser lidos como cartas de amor a determinados cães – meus parceiros de *agility*, Roland e Cayenne. Outras postagens dessas "Notas" temperam os capítulos deste livro. A socialidade por e-mail é um tema acadêmico animado hoje em dia, e talvez essas postagens se somem aos dados, se não à análise. Entretanto, seu valor acadêmico, ou falta de valor, não é o que motiva sua inclusão em *Quando as espécies se encontram*. Em vez disso, essas postagens são traços do início intenso dos encontros na cachorrolândia, com pessoas e cães, que remodelaram meu coração, mente e escrita. Trêmula, eu os ofereço a outros leitores que não aqueles para os quais foram criados, na esperança de que provoquem um pouco da intensidade e do enigma de ser uma novata na cachorrolândia.

META-RETRIEVERS NA PRAIA

Vicki Hearne, uma excelente treinadora de cães e escritora, foi correspondente por e-mail da CANGEN-L no final dos anos 1990.

Outubro de 1999
Cara Vicki,

Agora vejo que menti a você sobre o "impulso de caça" e o potencial de "pastoreio" de Roland – isto é, o temperamento dele, se é que eu entendi o sentido que você confere à raiz temper. *Observá-lo tendo você à espreita dentro de minha cabeça durante a última semana fez-me lembrar que tais coisas são multidimensionais e situacionais e que descrever o temperamento de um cão requer mais precisão do que eu consegui.*

Vamos quase todos os dias a uma praia grande e cercada por falésias em Santa Cruz na qual é possível ficar sem coleira. Há duas classes principais de cães lá: retrievers [buscadores] e meta-retrievers. Roland é um meta-retriever. (Meu marido, Rusten, observa que há também uma terceira classe de cães – os "não" –, que não estão no jogo em questão aqui.) Roland joga bola conosco de vez em quando (ou a qualquer momento em que unimos o esporte a um ou dois biscoitos de fígado), mas seu coração não está ali. A atividade não é de fato autogratificante para ele, e sua falta de estilo o demonstra. Mas a metabusca é uma questão inteiramente diferente. Os retrievers observam quem está prestes a jogar uma bola ou um pedaço de pau como se a própria vida dependesse dos segundos seguintes. Os meta-retrievers observam os retrievers com uma sensibilidade requintada no que diz respeito a deixas direcionais e microssegundos de movimento. Esses metacães não *observam a bola ou o humano; eles observam os substitutos-de-ruminantes-em-roupa-de-cão.*

Roland em modo meta parece um simulacro de pastor-australiano-border collie para uma lição de platonismo. Seus membros anteriores abaixados, as patas ligeiramente separadas, uma em frente à outra em um equilíbrio tênue, o pelo das costas e do pescoço meio levantado, os olhos focalizados, o corpo inteiro pronto para a ação firme e dirigida. Quando os retrievers zarpam atrás do projétil, os meta-retrievers perdem o olhar intenso, saem da tocaia e seguem os que têm a carga, dirigindo-os, avançando sobre suas canelas, agrupando-os e atravessando-os com alegria e habilidade. Os bons meta-retrievers podem até mesmo lidar com mais de um retriever por vez. Os bons retrievers podem esquivar-se dos metas e, ainda assim, conseguir sua caça com saltos de encher os olhos – ou impulsos em ondas, se as coisas tiverem ido para o mar.

Como não temos patos nem outros substitutos de ovelhas ou gado bovino na praia, os retrievers têm de fazer o dever pelos metas. Algumas pessoas ligadas a retrievers se zangam por seus cães estarem realizando tarefas múltiplas (não posso culpá-las), então aqueles de nós com metas tentamos distrair nossos cães por um tempo com algum jogo que eles ine-

vitavelmente acham muito menos satisfatório. Na quinta-feira, desenhei uma charge mental, ao estilo de Gary Larson, ao observar Roland, um idoso e artrítico old english sheepdog, um adorável pastor-australiano tricolor vermelho e algum tipo de mistura de border collie formando um círculo vivaz ao redor de uma mistura de pastor com labrador, uma pletora de variados goldens retrievers e um pointer inglês que pairavam em torno de um humano que – individualista e liberal até o pescoço – tentava jogar um pedaço de pau apenas para seu cão. Enquanto isso, ao longe, um whippet resgatado comia areia à moda de um papa-léguas, perseguido por um pastor-alemão portentoso com a garupa baixa.

Continua sendo verdade que, na maior parte das vezes, eu consigo fazer Roland desistir de uma perseguição a cervos na estrada madeireira perto de nossa casa no condado de Sonoma; correr atrás de um cervo não é uma tarefa de meta-retriever digna de um pastor-australiano com chow-chow, do seu ponto de vista.

Também há terriers na praia de Santa Cruz, bem como misturas de terriers de todos os tipos. Por que eu não vejo o que a multidão terrieresca está fazendo? Vou ouvir e observar.

Termino com uma atraente e neurótica cruza de airedale terrier com labrador, de pelagem preta, que dia após dia passa seu tempo de praia tentando enterrar um antigo galho de cipreste-de-monterey, com cerca de um metro de comprimento, na areia. Ele cava buracos heroicos, ignorando os apelos de seu humano para que faça qualquer *outra coisa, mas o cão de pelos encaracolados e duros e aspecto mais para labrador continua cavando buracos profundos de diâmetro pequeno para a ponta de seu pedaço de pau gigante e recalcitrante. Nada mais importa.*

Encalhada na cachorrolândia,
Donna

JOGO NOVATO, JOGADORES NOVATOS

Setembro de 2000
Cara C.A. [ativista de saúde e genética dedicada a pastores-australianos, mentora no mundo canino e amiga],[1]

---

1 Colchetes da autora. [N. E.]

Roland foi inspirador no domingo. Acima de tudo, ele passou o dia inteiro evidentemente feliz (estivemos nas provas de agility *durante nove horas no total, mais quatro de viagem). Ele se deleitou com toda a atenção, achou que seu cercadinho de exercícios (uma nova experiência para ele) era um ótimo lugar para descansar e observar todos os cães no meio-tempo entre as caminhadas e as corridas, considerou o latido dos jack russell terriers ao nosso lado com indiferença e atendeu às exigências de desempenho no percurso e ao seu redor com muito poucos sinais de estresse (alguns bocejos foram tudo) e muitas demonstrações de prazer. Suas corridas foram sólidas e são um bom presságio de que ele vai conseguir seus títulos de novato sem muito alarde em um futuro não tão distante (ou esse é meu sonho).*

Não nos qualificamos no percurso standard *porque perdemos a entrada para o* slalom, *começando na segunda estaca a cada tentativa. Na classe novato, segundo as regras da* USDAA, *você pode refazer o* slalom *quantas vezes precisar até conseguir fazer a *#*!* das coisas devidamente negociadas, mas, depois da terceira vez tentando uma entrada correta, eu apenas o deixei ziguezaguear e segui na pista. Vamos ter de praticar mais as entradas no* slalom *em casa e nas aulas. Ele não foi rápido, no geral, mas ainda se manteve dentro do tempo permitido e permaneceu mentalmente comigo. Tenho a tendência de ficar fisicamente à frente dele, em parte porque trabalhar com Cayenne é tão diferente e em parte porque eu mesma sou uma border collie no espírito, mas estou aprendendo a prestar mais atenção aos ritmos de Roland. Ele se mantém próximo demais de mim, e precisamos fazer mais alguns exercícios visando a distância utilizando dois ou três saltos sucessivos para que ele corra com mais impulso.*

Sua prova de saltos foi muito boa, apenas um pouco prejudicada pela perda de impulso no primeiro pinwheel[2] *após o salto, tendo sido preciso um empurrão forte a fim de ultrapassar o salto seguinte, o que frustrou meus planos para uma cruzada por trás limpa e um giro rápido. Preciso lembrar quem* ele *é e nos manter uma equipe. Acho que o confundi no salto logo antes do primeiro* pinwheel *e o atrasei em um momento ruim. Os últimos dois terços do percurso de saltos foram um verdadeiro ponto alto para nós dois. Ele foi muito mais rápido e navegou pelo segundo* pinwheel *e pelos obstáculos, com um final divertido e rápido em um salto duplo. Ao terminar, estávamos ambos animados, e isso nos tornou mais precisos e limpos.*

---

2 Três ou quatro saltos em semicírculo. [N. T.]

Roland saltando em uma prova de *agility* do Bay Team em 2001. Cortesia de Tien Tran Photography.

Um casal de amigos do grupo de resgate de pastores-australianos local ficou quase duas horas após suas corridas só para assistir à corrida final de Roland (nossa turma foi o último evento do dia inteiro), e isso foi muito bom. Susan Caudill (a pessoa de Willem, o pireneu, que agora vive em nossa terra) filmou as corridas, junto com várias outras, com sua câmera de vídeo; assim, foi útil olhar as corridas depois, para ver o que todos havíamos feito. Nosso próximo evento são as provas Sir Francis Drake do AKC, dia 16 setembro. Acho que estou me viciando em agility*!*

Cayenne vai fazer um ano logo – como pode ter passado tão rápido? Vê-la estimular Roland a brincar com ela esta manhã foi uma comédia. Ela ficou mordendo seu brinquedo na cara dele e fugindo até que ele cedeu e a perseguiu, e depois os dois brincaram de cabo de guerra com o brinquedo. Ela corre em círculos em torno dele e é inatingível a menos que se deixe capturar. Tenho a impressão de que, só para mantê-lo na brincadeira, ela deliberadamente vai para partes do quintal nas quais Roland tem alguma vantagem por causa de seu peso e força, e assim pode encurralá-la momentaneamente contra uma cerca ou em um barranco. Se ela continua a vencê-lo nos jogos com os brinquedos ou a correr muito rápido e o dribla abruptamente demais, ele perde o interesse. Se ela o leva a um estado de espírito realmente alegre, ele fica de barriga para cima para ela e brinca de luta por um longo tempo, fingindo-se de mais fraco ao se posicionar em uma posição baixa e mordiscá-la gentilmente em suas partes preferidas enquanto ela o ataca com gosto por cima. Com seu amigo pireneu Willem, ela se agarra à base de sua cauda emplumada e é arrastada pelo quintal dele; então ela o solta e o circunda furiosamente, pastoreando-o até onde ela quiser. É difícil ficar mal-humorada pela manhã assistindo a um início de dia canino alegre como este! E, claro, o café também ajuda...

Aprendendo a ser uma novata,
Donna

SLALOMS INFANTIS

Fevereiro de 2001
Caros amigos e amigas,

Boletim de notícias para os viciados em agility *e seus mentores pacientes de longa data: ontem, em nosso quintal, a sra. Cayenne Pepper graduou-se em doze estacas de* slalom *dispostas em linha, depois da etapa de um circuito de seis estacas de três centímetros dispostas em paralelo e seis em linha. Ela ziguezagueia com precisão e* velocidade *através das estacas em linha. Suas entradas precisam ser trabalhadas – ela consegue correr perto da entrada e depois não sabe como entrar. Vamos trabalhar nisso usando algumas das ideias que Kirstin Cole me passou. Mas, ontem à tarde, ela fez as doze estacas cerca de oito vezes perfeitamente, quatro a partir de cada ponta. A seguir, ela conseguiu dar um salto em um ângulo de 45 graus após a saída do* slalom *e continuou o percurso sem nenhum problema. Petiscos por todos os lados!*

Também consegui fazê-la saltar (uma altura de quarenta centímetros para praticar), dar um giro de 45 graus e entrar corretamente pelo lado direito das estacas, fazer o slalom *em doze estacas, dar um giro de noventa graus em direção a uma caixa com um disco de madeira incli-*

Cayenne no *slalom* em uma prova de *agility* no Bay Team em 2003. Cortesia de Tien Tran Photography.

nado que usei para praticar o toque no alvo, parar corretamente (duas patas em cima, duas fora), depois do que ela recebia uma recompensa. Ela fez tudo!

Temos agora os comandos elementares direita e esquerda, e estou ansiosa para ver se eles funcionarão em algumas serpentinas fora de nosso quintal. Os comandos para ela vir do meu lado e contornar estão funcionando bem, e ela realiza obstáculos em sequência se eu estiver até cerca de 3 a 3,5 metros dela, conduzindo-a por trás. (Ela, é claro, dificilmente está sendo conduzida; mas essa ideia alimenta minha sensação de ter também algo para fazer! Ela faz o percurso!) Às vezes, ela faz o slalom *tendo sido enviada sozinha (as estacas dispostas em ondulação de três centímetros) e tornou-se confiável ao ser enviada sozinha ao túnel (até que comeu o túnel de brinquedo semana passada) ou para mais de um ou dois saltos (não três, a menos que eu coloque um disco-alvo como isca no final da sequência). Não fizemos nenhum trabalho real de discriminação de obstáculos.*

O modo muito *verbal como ela "pastoreia" os outros cães no parque, importunando-os, é um espetáculo a ser visto. O pessoal do parque a considera uma espécie de diretora de playground. O problema é que ela está ficando muito comprometida com esse projeto! Precisamos fazer com que ela obedeça melhor às chamadas quando fica muito irritante e mandona com outros cachorros, especialmente os retrievers que tentam fazer seu trabalho. Ontem ela provocou outra jovem pastora-australiana até uma briga, que tivemos de apartar. Vamos começar a colocá-la em uma coleira e ir para outra área do parque se ela desobedecer aos comandos de relaxar e continuar incomodando outros cães. Parece certo? Vocês têm outras ideias para controlar esse comportamento incômodo? Temos aqui uma linha tênue entre a brincadeira de que todos os cães gostam e a sra. Cayenne fomentando um motim.*

É interessante observar Roland em comparação ao comportamento de Cayenne no parque. Ele monitora os acontecimentos a alguma distância, sem permitir que os jovens cães interfiram no seu alistamento de mais associados humanos ao seu crescente fã-clube do parque, os quais podem ser persuadidos a lhe dar um saboroso petisco ou a devida adulação. Mas, quando os acontecimentos entre cães que perseguem coisas e brincam se tornam uma desordem, ele se transforma do modo amigável-a-pessoas-e-petiscos "não sou o cão mais macio que você já viu?" para todo um "cão alfa que até ontem era um lobo" (pelo parcialmente eriçado, cauda que sobe o mais alto que pode, cabeça levantada, olhos faiscantes, músculos brilhando através de um passo rápido e saltitante) cuja única preocupação são outros caninos. Parecendo cerca de quinze centímetros mais alto do que é, ele corre entre os cães bagunceiros e não é raro que dê um golpe com o quadril no cão com quem Cayenne esteja brincando para tirá-lo do caminho. Ele é capaz de acabar com o comportamento agressivo e separar os cães uns dos outros como um campeão que pastoreia ovelhas. (Ele também pode se juntar e se tornar parte da cena turbulenta, mas não da mesma forma que Cayenne, porque ele não tem a necessidade inerente, absoluta e descarada de latir, perseguir, dirigir, virar e mordiscar até que o outro cão se transforme na vaca durona que Cayenne [também conhecida como a filha de Slash V] sempre soube que ele ou ela era por trás do disfarce de cão no parque.)

No slalom *alinhado,*
Donna

ESTUDO DE VISITA DOMICILIAR PARA ADOÇÃO

19 de março de 2001
Caros amigos e amigas,

Catherine de la Cruz me persuadiu a fazer uma avaliação domiciliar em Santa Cruz para o grupo de resgate dos grandes pireneus esta semana, imaginem vocês! Acho que ela pensou que nossas aventuras de construção de cercas para Willem me qualificaram – especialmente porque ela não tem ninguém que de fato seja ligado a pireneus em Santa Cruz e precisa de um relatório sobre uma mulher que quer um dos cães pelos quais Catherine é responsável. Consultei meu irmão Rick sobre como ele faz visitas domiciliares para humanos resgatados. Rick é diretor do serviço de famílias católicas em Raleigh e faz muitas avaliações antes de colocar crianças em novos lares. Ele reforçou minha intuição de que o trabalho consiste em ser o defensor do adotado ao mesmo tempo que se mantém o tato. Por que minhas pernas tremem?! Eu nem sequer tenho um certificado de engenheira de cercas novata! (Boas cercas parecem ser algo indispensável para a adoção de um pireneu resgatado!)

Falando em certificado de novata, Roland e eu não conseguimos nenhum em Madera no sábado nas provas da USDAA. *Cometemos erros interessantes. Acho que isso significa que podemos ser capazes de aprender com eles. Calculando cuidadosamente seus comentários para que causassem impacto sem prejudicar a frágil autoestima da condutora novata, nossa professora Gail Frazier disse com muito tato que a razão pela qual eu e Roland não nos saímos bem em nosso percurso* standard *foi minha negligência em dar a Roland qualquer informação durante a corrida! Isso me parece bastante básico, devo confessar. Ela estava, infelizmente, corretíssima. Perdemos nosso percurso* gamblers *por 0,25 segundo, mas conseguimos nossos pontos e, depois, todos os obstáculos necessários em sequência, que têm de ser trabalhados a distância (minúscula, ou seja, de novato).*[3] *Ficamos fora do tempo porque*

---

3 *Gamblers* é uma prova que consiste em percurso livre com tempo predeterminado. Na primeira parte, o condutor e o cão escolhem seus obstáculos a partir de um mínimo estabelecido seguido por um *gamble*, um percurso obrigatório mais curto definido pelo juiz. Entre a primeira e a segunda parte, o condutor deve dirigir o cão até o *gamble* e ficar atrás da linha. Vence quem conseguir mais pontos na abertura e fizer o *gamble* sem faltas no menor tempo. [N. T.]

preparei Roland muito mal para a corrida no salto até o gamble, *então ele voltou da entrada do túnel para discutir as regras antes de concordar em entrar. Nossa discussão levou vários segundos. Da próxima vez, discutirei todas as letras miúdas com ele antes da corrida! A parte boa é que ele* entrou *no túnel e terminou a sequência* gamble *corretamente.*

Conversei com meu pai ontem ao telefone e fiz toda a análise sobre nossas corridas de agility *em Madera, pensando que ele, como cronista esportivo, gostaria de um relato lance a lance. Ele me interrompeu para contar uma estória de beisebol. Donna, disse ele, você se lembra de Andy Cohen, que costumava dirigir os Denver Bears quando você era criança? Claro, eu disse, isso foi quando os Bears eram um clube agrícola ianque. Certo, diz papai. Bem, ele se recorda, Andy estava uma vez assistindo a um rebatedor nos treinos da pré-temporada. Agora veja, esse rebatedor, um campista central, era supostamente a maior esperança dos Bears para a temporada, mas ele estava fazendo* swings, *arremesso após arremesso, e não acertava nada além do ar. Ele começa a analisar o que está fazendo de errado, e só piora. Andy fica farto e diz ao cara para sair da caixa do rebatedor. O treinador entra, define sua postura, alinha seu taco e se prepara para enviar a bola para a estratosfera. O arremesso chega; Andy faz seu* swing *e erra, o ar sibila no rastro do taco. Esta triste imagem se repete cerca de dez vezes, Andy fazendo o* swing *e errando. Então ele sai da caixa do rebatedor, cospe suco de tabaco em um besouro que calhava de passar no chão, devolve o taco ao desafortunado rebatedor, limpa as mãos nas calças e diz: "Pronto, agora você percebe o que está fazendo?".*

Como diz o adesivo de para-choque, "Cale-se e treine",
Donna

REFORÇO

8 de abril de 2001
Caros amigos e amigas,

Algo agradável na praia de cães esta tarde: Roland, o guarda da Lufa-Lufa, olhava como se planejasse entrar em uma briga com dois machos corajosos de grande porte, e preliminares já estavam em andamento. Rusten e eu estávamos por perto, e eu disse com voz firme: "Deixa! Junto! Senta!". Milagre dos milagres, ele os deixou, veio e se sentou. Eu estava agradecendo às minhas estrelas da sorte e me lem-

brando da pireneu alfa de Catherine de la Cruz e Linda Weisser, com suas estórias assustadoras de apartar brigas entre cães de grande porte, sabendo que eu não estaria à altura. Rusten também parecia grato a algum tipo de divindade, mesmo sendo mais corajoso do que eu, ou talvez apenas mais comprometido em não deixar ninguém neste mundo se machucar.

Então o que meus ouvidos errantes escutam senão a tagarelice de meus companheiros humanos da praia de cães dizendo: "Nossa, você viu aquilo? O cachorro simplesmente saiu de uma briga e foi se sentar! Como conseguem que ele faça isso?". Boa pergunta. "Biscoito de fígado" parece uma resposta tão mundana. Mas, bem, eu nunca ultrapassei o nível da religião popular – pelo menos desde que me aposentei de aspirante a jesuíta.

Como diz o cabeçalho da The Bark, *"O cão é meu copiloto".*

Reverentemente grata,
Donna

PRINCESA GUERREIRA KLINGON

30 de maio de 2001
Caros amigos e amigas,

A sra. Cayenne Pepper finalmente revelou sua verdadeira espécie. Ela é uma klingon fêmea no cio. Bom, vocês podem não ver muita televisão nem, como eu, ser fãs há muitos anos do universo Star Trek, *mas aposto que a notícia de que as fêmeas klingon são seres sexuais formidáveis, cujos gostos chegam à ferocidade, é do conhecimento de todos. O pireneu em nossa terra, o intacto Willem, de vinte meses de idade, tem sido o companheiro de brincadeiras de Cayenne desde que ambos eram filhotes, a partir de aproximadamente quatro meses. Cayenne foi castrada aos seis meses e meio de idade. Ela sempre se esfregou alegremente na parte de trás macia e convidativa de Willem, começando pelo fim de sua cabeça, com o nariz dela apontado para a cauda dele, enquanto ele se deita no chão tentando mastigar a perna dela ou lamber uma área genital que passa rapidamente. Mas, durante nossa breve estada em Healdsburg, no fim de semana do feriado Memorial Day, as coisas ficaram quentes, para falar de forma suave. Willem é um espírito masculino adolescente fogoso, gentil e totalmente inexperiente (e Susan se assegura de que ele permaneça inexperiente e devidamente cercado!).*

Cayenne não tem um hormônio de estro em seu corpo (mas não esqueçamos da glândula ad-renal muito presente, bombeando aldosterona e outros assim chamados andrógenos, que levam muito crédito por tornar suculento o desejo em mamíferos machos e fêmeas). Mas essa cadelinha está atiçada com Willem, e ele está INTERESSADO. *Ela não faz isso com nenhum outro cão, "intacto" ou não. Nenhuma de suas brincadeiras sexuais têm qualquer coisa a ver com o comportamento heterossexual de acasalamento remotamente funcional – nenhum esforço de Willem para montar, nenhuma apresentação de um atraente dorso feminino, pouco farejamento genital, nenhum gemido nem passo acelerado, nada dessas coisas "reprodutivas". Não, aqui temos uma pura perversão polimórfica, tão cara ao coração de todos nós que amadurecemos nos anos 1960 lendo Norman O. Brown. Willem deita-se com um olhar brilhante. Cayenne parece positivamente enlouquecida enquanto escarrancha sua área genital no topo da cabeça dele, com o nariz apontado para a extremidade de sua cauda, e pressiona para baixo, sacudindo vigorosamente o próprio dorso. E isso tudo com força e rapidez. Ele tenta de todas as formas colocar a língua nos genitais dela, o que inevitavelmente a desaloja do topo de sua cabeça. Parece um pouco com o rodeio, com ela montando um cavalo indomado e procurando permanecer pelo máximo de tempo possível. Eles têm objetivos ligeiramente diferentes nesse jogo, mas ambos estão comprometidos com a atividade. Com certeza me parece eros. Definitivamente não é ágape. Eles se mantêm assim por cerca de cinco minutos, excluindo qualquer outra atividade. Depois retornam para outra rodada. E outra. A minha risada e a de Susan, seja estridente ou discreta, não merece sua atenção. Cayenne rosna como uma klingon fêmea durante a atividade, com os dentes à mostra. Ela está brincando, mas nossa, que jogo. Willem tem intenções sinceras. Ele não é um klingon, mas o que chamaríamos de um amante atencioso.*

Vocês já viram alguma coisa assim entre uma fêmea castrada e um macho intacto? Ou qualquer outra combinação, a propósito? A juventude e a vitalidade deles parecem fazer troça da hegemonia heterossexual reprodutiva, bem como das gonadectomias que favorecem a abstinência. Agora, eu, de todas as pessoas, que escrevi livros bastante infames sobre como nós humanos ocidentais projetamos inescrupulosamente nossas ordens e desejos sociais nos animais, deveria pensar melhor antes de ver a confirmação do Love's Body *[O corpo do amor], de Norman O. Brown, em minha pastora-dínamo e no talentoso cão guardião de paisagem de Susan com aquela língua grande, descuidada e aveludada. Ainda assim, o que vocês acham que está acontecendo? (Dica: não é um jogo de buscar ou de perseguição.)*

Devo dizer aos roteiristas do universo de Star Trek *alguma coisa sobre a verdadeira klingon na Terra?*

Hora de começar o trabalho de verdade!
Donna

ENGAMBELADO

3 de setembro de 2011
Caros amigos e amigas,

Roland conseguiu seu terceiro certificado de qualificação como novato standard *na* USDAA *este fim de semana e, agora, é oficialmente um vira-lata com título: Cão de* Agility*!*

Para comemorar, Rusten e eu compramos um grande bife para Roland, Cayenne e todos os cães que eram donos das pessoas que fizeram um churrasco na caravana de Gail Frazier no sábado, após as corridas.

Então Roland, Cão de Agility, *foi literalmente engambelado. É duro e nada justo, mas no hotel, enquanto fazia suas últimas necessidades do dia, foi borrifado bem na face por um gambá. Rusten correu às 11 da noite até uma farmácia aberta 24 horas em algum lugar de Hayward para conseguir água oxigenada, bicarbonato de sódio e Tecnu® (funciona segundo o mesmo princípio que para carvalho venenoso – puxa-se o óleo para fora e depois se lava com água e sabão). Segurei o malcheiroso e titulado vitorioso no estacionamento até que Rusten voltou com os produtos. Depois o acompanhamos até o banheiro do hotel, onde eu me despi, entrei na banheira com ele, e Rusten e eu começamos o sempre edificante processo de tirar o perfume de gambá do rosto e do pescoço de um cão à meia-noite. O melhor que se pode dizer é que seu cheiro estava socialmente aceitável (humanamente falando) na manhã de domingo, e o Vagabond Inn de Hayward ainda aceita cães. Gostaria que eles despejassem seus gambás residentes.*

Há tantas maneiras de ser humilhado em agility *– uma escola de amadurecimento moral!*

Cayenne não conseguiu nenhuma qualificação nas corridas standard *em três tentativas, mas nossos erros foram interessantes (leia-se: horas de treinamento e muita sorte resolverão isso!). Melhor de tudo, ela correu como dinamite na segunda-feira à tarde nas provas de* jumping. *Corrida limpa; quinto lugar. Ela correu como o vento, mas não se pode dizer que tenha tomado o caminho mais curto para muitos dos saltos. Nunca vi curvas tão largas sem que isso resultasse em um percurso errado! Ela estava alegre, e nós fizemos a maior festa por 28,74 dilacerantes segundos.*

Meus tendões de aquiles machucados não arrebentaram. Corri envolta em camadas de neoprene, um material que devo ou à corrida espacial ou ao futebol americano profissional encharcado de dinheiro. Rusten pediu gelo e mais ibuprofeno depois de todas as corridas. Só estou mancando um pouco agora à noite. É bom ter um treinador residente – quase tão bom quanto ter o próprio tecido conjuntivo intacto.

A caminho de Gail para nossa próxima lição amanhã. Trabalharemos em curvas apertadas para passarmos do quinto lugar ao primeiro!

Pam Richards e eu vamos fazer o novice pairs *juntas no encontro da* USDAA *em Madera em outubro – ela com Cappuccino, eu com Cayenne. (Capp e Cayenne são companheiros de ninhada, nascidos em 24/09/1999, ambos vermelho-merle, ambos com metade do rosto manchado, ambos vistosos e velozes. Além de Capp ser o cão mais alto daquela ninhada e Cayenne a mais baixa, a principal diferença é que Pam e Cappuccino são concorrentes nacionais seriamente bem treinados! Ah, eu esqueci a diferença sexual, mas, como de costume, isso significa pouco.) Fiquem ligados.*

Um abraço,
Donna

WOBBLIES[4]

1º de abril de 2002
Caros e indulgentes amigos e amigas de cães,

Cayenne, a princesa guerreira, obteve sua qualificação de agility *para novatas no North American Dog Agility Council (Nadac) [Conselho Americano de Agility Canino] no sábado! Trabalhamos duro para isso. Ela é um prazer para todos, quer corramos com precisão ou não – velocidade e atletismo estão* ambos *em seu léxico. Eu, claro, gosto das corridas quando ambas estamos juntas no percurso, e não sendo*

---

4 Wobblies são membros do Industrial Workers of the World [Trabalhadores Industriais do Mundo], sindicato fundado em Chicago em 1905 que tem ligações com movimentos trabalhistas socialistas, sindicalistas e anarquistas. Defendem o conceito de "Um grande sindicato", bem como a derrubada do capitalismo e do trabalho assalariado, em favor de uma democracia industrial e da autogestão. [N. T.]

indulgentes com ideias próprias acerca da rota, sem consideração pela versão do juiz, casualmente demolindo barras ou pulando túneis. Domingo, eu estava convencida de que Cayenne é realmente uma Wobblie organizando uma greve anarquista contra o desempenho preciso dos obstáculos de contato. Tão logo começamos a correr no nível open, *ela pulou todas as zonas de contato; talvez tenha tocado em uma ou duas por acidente, mas certamente não por sua intenção ardilosa.*

Falando em pular túneis, sábado também conseguimos uma corrida limpa que nos deu uma qualificação e o quarto lugar em tunnelers, *um novo circuito do Nadac. Esse quarto lugar foi na categoria de todos os cães de cinquenta centímetros, até mesmo a turma de elite. Fomos rápidas, e ela estava ligada em suas "esquerdas" e "direitas". Foi emocionante, para dizer a verdade.*

Continuo firmemente apaixonada por esse demônio canino. É uma coisa boa.

A próxima parada de agility *é o Power Paws Camp, entre os dias 6 e 10 de maio. É uma sorte eu poder chamar toda essa pesquisa de "Notas da filha de um cronista esportivo". Espero que o Imposto de Renda concorde...*

Como se diz sabiamente, "Cale-se e treine!".
Donna

DIVA

8 de maio de 2002
Olá, Gail,

Verei você pela manhã, mas senti o desejo de fazer antes um comentário para as "Notas da filha de um cronista esportivo". A ocasião é voltar a falar da reunião do Nadac em Elk Grove durante o fim de semana do Memorial Day. Acho que vou precisar de pelo menos doze passos e de um poder superior.

A sra. C. Pepper precisa de um novo nome; e me vem à mente uma estrela de ópera temperamental, hipertalentosa e flagrantemente imprevisível. Cadela Diva. Sábado de manhã, ela passou como um raio por um percurso de open gamblers *com 71 pontos, uma Q [qualificação] e o primeiro lugar. Teríamos feito 81 pontos se ela não tivesse pulado estacas em seu* slalom. *Havia tempo de sobra antes de o apito soar, mas já estávamos em posição. Ela fez seu último obstáculo opcional de dez pontos no* gamble*, depois dos obrigatórios de dois, quatro, seis e oito. Fez também um percurso brilhante de túneis, ganhando um segundo lugar, uma* Q *e sua titulação de novata* tunnelers*. Ela e o cão que levou o primeiro lugar (um border collie, sou forçada a dizer) conseguiram os dois melhores tempos entre todos os cães de todas as classes e tamanhos no evento* tunnelers *– cerca de uma centena de cães.*

Mas, então, no domingo, Cayenne estava em sua própria zona, voando ao ritmo de algum demônio canino desconhecido. Ela manteve sua posição na linha de largada com um brilho selvagem nos olhos e cada músculo tenso. Não houve quebras entre nós antes do "Vem!" na linha de largada, por mais longe que eu fosse, mas tivemos muito pouco controle depois que ela voou sobre os primeiros obstáculos. Ela variou entre a rigidez da antecipação na linha de partida e o voo em algum espaço pessoal livre de gravidade o dia todo. Eram voltas em ângulos abertos e falhas para tocar em qualquer parte dos obstáculos de contato – em cima, embaixo ou no topo – o tempo todo! Parte disso deveu-se à condução, algum treinamento inconsistente, e parte foi outra coisa. Ela estava simplesmente selvagem e sem foco. Eu estava nervosa e transmiti isso a ela. Deixei o circuito murmurando que consideraria ofertas por essa jovem esperança do agility*; saboreei a fantasia de recusar os milhões de dólares que ofereceriam por Cayenne! Frank Butera me tranquilizou, lembrando-me da louca aventura pela qual ele e o irmão de Cayenne, Roca (mesmos pais, ninhada anterior), passaram alguns anos antes. Rusten veio apoiar minha alma desolada.*

Na segunda-feira, eu tinha me inscrito para correr apenas com Roland. Que cão diferente! Ele conseguiu um quarto lugar no percurso de saltos para novatos, mas não se qualificou porque ultrapassou em 1,8 segundo o tempo permitido, consequência de ter se distraído observando humanos que dispunham estacas enquanto ele se dirigia a alguns obstáculos. Conseguiu um sólido quarto lugar e se qualificou na prova de novatos touch 'n go*. Ele perdeu seu* gamble *depois de uma bela, mas nada espetacular, abertura de 33 pontos (ele fez 6 pontos de* gamble*). Só um cão conseguiu o* gamble *na classe de novatos de 50 centímetros. Renzo, irmão de Cayenne e novo cão de Paul Kirk (da última ninhada de Randy e Bud, do canil Oxford), conseguiu a pontuação máxima naquela corrida de* gamblers*, mas tampouco uma qualificação. Roland conseguiu uma* Q *excelente, mas sem rapidez, em sua prova de túneis. No final, ele foi sólido e ficou dentro do tempo em sua corrida* standard*. Correr com Roland foi muito agradável, muito relaxante. Ele foi um parceiro canino sólido como uma rocha. Todos os erros foram erros óbvios da condutora, e ele me deu muito tempo para pensar no* *percurso. Cayenne parecia totalmente descrente de que Roland estava recebendo toda a atenção e de que ela ficara à espera em seu cercado. Não me solidarizei com isso.*

O problema é que estou apaixonada por Cayenne e quero ser boa para ela e com ela. Realmente boa. O desejo é um demônio vermelho-merle.

Te vejo pela manhã,
Donna

CONTOS DA CRIPTA

Terça-feira, 17 de setembro
Cara Gail,

Roland foi ótimo domingo, e Cayenne foi de longe a pior. Roland conseguiu sua segunda qualificação em uma prova open standard *(e um segundo lugar), e assim ele só precisa de mais uma* Q *para sua titulação* open. *Como tenho me concentrado em Cayenne, ele só participou de dois eventos* standard *no* open *– um em fevereiro e outro no domingo passado. Estou muito orgulhosa do garoto – e ele estava orgulhoso de si mesmo. Ao menos, ele definitivamente sabia que estava indo bem. Seu pelo brilhava e seu corpo estava redondo e belo. Sua face estava larga, seus olhos alertas, e todo o seu eu sintonizado comigo enquanto membro de sua equipe. Em suma, estávamos nos comunicando, dentro e fora do percurso.*

Agora, aos "contos da cripta"!

Sábado, Cayenne pulou a zona de contato na rampa em A *em seu percurso de novata* standard, *que, fora isso, foi suficientemente bom. Ela fez o contato corretamente na passarela (incluindo esperar pela liberação), mas não se manteve na gangorra tanto tempo quanto deveria – e eu não lhe dei informações claras sobre o que queria lá. Deixei o percurso com ela após a gangorra e dei-lhe sinais silenciosos e claros de parar por seus "erros" quando passamos pela rampa em* A *e pela passarela, trazendo-a de volta antes de continuarmos o percurso. Mas ela estava em estado de grande tensão – muito ansiosa.*

Em casa, não há nada que eu faça que a leve a errar o exercício de duas patas dentro, duas fora (ou quatro na gangorra); e ela espera pelo comando de liberação, mesmo que eu suba no telhado e jogue hambúrgueres (bem, vocês entendem o que eu quero dizer). Na aula, ela é consistente em tocar os contatos corretamente, mas sai de sua posição antes da liberação se eu me movo de forma estranha ou peço que ela fique parada por muito tempo quando ela está animada. Nas provas, ela quase nunca faz os contatos da rampa em A *e falha na passarela cerca de 50% das vezes. Socorro!!!!*

Domingo, ela estava simplesmente selvagem – uma princesa guerreira klingon em seu próprio mundo. Pulou contatos durante todo o seu percurso standard *e estava distraída na prova de saltos. Ela parecia estressada e pouco responsiva, algo que já tinha acontecido antes quando Roland também estava lá. Acho que preciso levá-la separadamente dele, pelo menos por enquanto.*

Obrigada por prometer pensar comigo amanhã sobre como podemos fazer algum progresso no problema das zonas de contato.

Temos uma prova em Dixon neste fim de semana. Fique ligada!

Eu deveria estar fazendo meu trabalho de verdade!

Da treinadora inconsistente de Cayenne e sua aluna abjeta,
Donna

EMPOLGADA

Janeiro de 2003
Caros amigos e amigas cinófilos profundamente pacientes,

Cedo aqui ao prazeroso e embaraçoso costume de "vangloriar-me"...

A sra. Cayenne Pepper foi verdadeiramente adorável este fim de semana em uma prova Haute Dawgs Nadac em Starfleet. Corremos na classe open *em todos os eventos.*

Milagre dos milagres, eu vi quatro patas em cada uma das zona de contato; e por três quartos do tempo (contagem real) ela manteve duas patas dentro e duas fora, como se tivesse supercola nos pés. Eu sei que não é 100%, e meu caráter e seu futuro estão em ruínas por correr depois de tais falhas; mas corremos depois de eu dizer enfaticamente, "Ops! Senta!".

O último evento do fim de semana foi o melhor. A configuração do jumpers *foi três filas de quatro saltos, igualmente espaçados em fileiras, com dois túneis em forma de* U *montados fora do retângulo de saltos em uma das extremidades. Foi como uma configuração que Pam nos mostrou durante uma aula de Gail em dezembro. Na elite, ambos os túneis eram armadilhas; no* open, *um túnel era uma armadilha e o outro era um dispositivo em forma de bumerangue aprovado pelo juiz. O cami-*

nho era realmente um grande X ligado por retornos e serpentinas (e, no percurso elite, havia uma pequena repetição a mais).

Xo e Chris fizeram um trabalho fabuloso na versão elite; fluíram como um rio gracioso e rápido povoado por uma cadela doberman e um homem humano. Cayenne foi um borrão preciso na versão open, *que abriu com uma diagonal de quatro saltos, uma meia-volta seguida de uma corrida em linha reta com três saltos, outra meia-volta e uma reta descendo a segunda linha de três saltos em uma serpentina de três saltos, terminando com um lançamento sobre a boca bocejante de um túnel, de onde a cadela foi catapultada para a corrida final em diagonal com quatro saltos.*

O primeiro lugar de Cayenne foi uma corrida de 17,83 segundos (9 segundos abaixo do tempo do percurso standard *e 6 segundos à frente de um pastor-australiano simpático e veloz que ficou nas nossas canelas durante todo o fim de semana). Eu assisti e aplaudi, ocasionalmente acenando com as mãos, provavelmente de um jeito meio desbaratinado e abençoadamente fora de seu alcance de visão, para lhe dizer o que fazer. Acho que meus pés e ombros estavam nos lugares certos na hora certa, e eu devo ter corrido, de fato, porque fiquei sem fôlego. Cayenne aparentemente havia feito uma análise correta do percurso, porque ela não teve nem mesmo uma falsa contração. Acho que eu disse "Vai!" uma ou duas vezes. Não houve tempo para "Acabou!", mas quem precisava disso? O que mais ela poderia fazer?*

Cayenne também contribuiu para a ciência da raça esse fim de semana, na forma de células da bochecha para um projeto de análise de genes da Universidade da Califórnia em Davis sobre ivermectina e o metabolismo relacionado a esse medicamento. A pesquisadora que empunhava os cotonetes para fazer o swab *bucal disse que as amostras seriam armazenadas permanentemente para outras possíveis pesquisas futuras.*

De volta ao trabalho real, infelizmente.

Empolgada em Santa Cruz,
Donna

CLASSIFICADOS PESSOAIS

29 de dezembro de 2003
Caros amigos e amigas cinófilos,

A sra. C. Pepper se saiu muito bem no domingo no Two Rivers Agility Club de Sacramento (Tracs). Perdemos QS *tanto no* excellent A standard *quanto no* JWW *por causa de um refugo em cada, ambas causadas por minha indicação ambígua. Ela estava doze segundos abaixo do tempo do percurso* EXA standard *em* JWW*, mas eu causei um refugo* NO ÚLTIMO SALTO. *Foi doloroso! Uma pequenina, mísera, minúscula hesitação, mas no lugar errado, e o juiz estava, infelizmente, olhando. Tenho certeza de que a perfeição está em meu futuro, só não tenho certeza de quando!*

Enquanto isso, li um anúncio preocupante na coluna de classificados pessoais do jornal local: "Cão de qualidade olímpica procura condutor(a) adequado(a). Pergunte discretamente em – nosso número de telefone!". Ela não faria isso, faria?

Ameaçada de abandono,
Donna

CONFORTO TOCANTE

A mãe de Rusten, atormentada pelo avanço da demência, viveu conosco por quatro anos até falecer no final de 2004. Abaixo estão duas estórias de espécies companheiras, a primeira dirigida a Karen McNally, minha colega na Universidade da Califórnia em Santa Cruz na área de ciências da terra, que nos deu Roland quando ele tinha dois anos de idade; e a segunda dirigida a amigos e amigas de *agility*.

26 de março de 2002
Cara Karen,

Você teria se comovido com a visão de Roland esta manhã. Eu estava na pia da cozinha, olhando pelo canto do olho. Roland ouviu a mãe de Rusten se agitando lá em cima e começando a descer as escadas com seu passo determinado, porém trêmulo. Ele foi silenciosamente até o pé das escadas e sentou-se, as orelhas suavemente para trás, de um modo feliz, o corpo inteiro concentrado e suave, e a cauda arredondada sibi-

lando em ansiosa mas controlada antecipação. Katharine transpôs a porta entre o andar de cima e o de baixo, e os dois amigos fizeram contato visual. Ela e Roland olharam amavelmente um para o outro por vários segundos. Um longo tempo. Então ela desceu os últimos degraus, agarrando-se ao corrimão para se apoiar. Roland esperou calmamente enquanto ela dava o último passo, até ela colocar as mãos brandas ao redor da face receptiva dele. Ela massageou seu rosto por vários segundos; ele apenas se manteve sentado, muito quieto e macio, com um rosto tão afável que me trouxe lágrimas aos olhos. Então ela passou por ele e me disse bom-dia, enquanto eu segurava sua bela xícara de cerâmica italiana cheia de café encorpado e aromático. Espécies companheiras, de fato.

Donna

27 de outubro de 2004
Caros amigos e amigas de agility,

A mãe de Rusten, Katharine, às vezes fica bastante louca e paranoica, geralmente em relação a finanças. Como sua memória é muito fragmentária, ela produz continuidade de outras formas, muitas vezes narrando experiências que, embora sejam totalmente reais para ela, simplesmente não aconteceram no mundo material. Essas experiências podem ser mais reais para ela do que até mesmo as queridas lembranças de sua infância. Às vezes essas experiências hiper-reais são muito agradáveis, como longas viagens ao Alasca, cheias de detalhes que nunca aconteceram. Ou sua certeza de que já viu um filme ao qual vamos assistir, lembrando-se das pessoas com quem estava, embora o filme só tenha sido lançado nos cinemas naquele dia. Outras vezes, as memórias trabalhadas são ferozes e dolorosas, cheias de horror por ela não estar no controle e se sentir enganada ou machucada por alguém. Ontem ela gritou com Rusten, dizendo que ele a estava chamando de mentirosa. Ele foi jogar tênis mesmo assim, procurando não cair na armadilha e sabendo que ficar preso em um ciclo de explicações acerca do mundo "real" (nesse caso, uma conta do dentista a respeito da qual ele já havia falado com ela muitas vezes) só a deixaria mais agitada. Não importa o que aconteça, R *permanece incrivelmente gentil. Não são nada simples esses pais idosos e necessitados!*

Depois que R *partiu para o tênis,* K *ficou quieta por um tempo, depois desceu as escadas em lágrimas, quase histérica, pensando que havia dito algo terrível a Rusten, mas sem saber o que era. Demorei muito tempo para confortá-la, abraçando-a, embalando-a e dizendo-lhe que ela não tinha dito nada horrível e, mesmo que tivesse ficado brava com ele, todos têm o direito de ficar chateados e de se descontrolar às vezes. Eu fiquei lhe dizendo sobre todas as coisas positivas que ela faz o tempo todo e o quanto R e eu a queremos bem e nos sentimos abençoados por ela querer viver conosco. Isso é verdade, mesmo que não seja toda a verdade! Mas quem precisa de toda a verdade, de qualquer maneira. Ela se acalmou, precisou de muitos abraços e depois foi lavar a louça, o que a confortou um pouco mais.*

O mais interessante, porém, não é o que ela e eu estávamos fazendo, mas o que ela e os cães estavam fazendo o tempo todo que ela chorava e estava desesperada por conforto e alívio dos sentimentos de culpa, vergonha e confusão. Ela estava no sofá, e eu estava ajoelhada à frente dela, com as mãos em seus joelhos, abraçando-a periodicamente. Cayenne escorregou seu corpo entre nós (teria sido IMPOSSÍVEL dizer não a ela) e se aconchegou no colo de K, com a cabeça pressionada contra os seios de K. O rosto de C estava inclinado na direção da cabeça de K. Todas as chances que C tinha, ela lambia o rosto de K, depois pressionava a cabeça contra os seios de K novamente. Seu lugar no colo da K era inegociável. Ela não cedeu até que K se acalmasse. Roland, nesse meio-tempo, tinha inserido a cabeça entre mim e o colo de K, colocando a cabeça sobre os joelhos dela, junto com minhas mãos, pressionando firmemente contra o corpo dela com todo o seu peso. Ele também não cedeu até que K se acalmasse. As mãos de K o tempo todo amassavam o corpo dos cães, primeiro um, depois o outro. Ela não sabia o que estava fazendo conscientemente, mas o conforto do toque entre K, R e C era impressionante. No final, os cães fizeram K rir por causa da necessidade deles *de conforto, bem como por sua capacidade de dar conforto. Essa risada foi o último passo para que ela deixasse sua dor e perda partirem naquela tarde.*

Da cachorrolândia,
Donna

8.
TREINAR NA ZONA DE CONTATO: PODER, JOGO E INVENÇÃO NO ESPORTE DE *AGILITY*

Ele enriquece minha ignorância.
— IAN WEDDE, "Walking The Dog", in *Making Ends Meet*

PRESTAR ATENÇÃO

Vincent, o leão-da-rodésia, não era um cão de *agility*. Ele era o companheiro de caminhada e corrida do escritor e cinófilo Ian Wedde, da Nova Zelândia / Aotearoa. Wedde e Vincent me ensinaram muito do que preciso dizer sobre o esporte de *agility*, que pratico com minha veloz cadela de pastoreio, Cayenne. Ela enriquece minha ignorância. Jogar *agility* com Cayenne me ajuda a entender um tipo de relacionamento controverso e moderno entre pessoas e cães: treinar um esporte competitivo em um alto padrão de desempenho. O treino em conjunto de uma mulher em particular e uma cadela em particular – não Homem e Animal em abstrato – é um encontro historicamente localizado, multiespécies, modelador de sujeitos em uma zona de contato repleta de poder, conhecimento e técnica, questões morais – e da chance de uma invenção conjunta, interespécies, que é simultaneamente trabalho e brincadeira.

Escrever este capítulo com Cayenne não é uma vaidade literária, mas uma condição de trabalho. Ela é, legalmente, uma cadela de pesquisa na Universidade da Califórnia, assim como eu sou uma humana de pesquisa; esse estatuto é exigido de nós duas se quisermos ocupar uma sala no Departamento de História da Consciência no *campus* da Universidade de Califórnia em Santa Cruz. Originalmente, não fui atrás desse estatuto para Cayenne; eu teria apreciado sua companhia em minha sala simplesmente como companheira. Mas os cães simplesmente amigos são banidos da UCSC por razões obscuras que têm algo a ver com o assassinato de um jumento por um cão há trinta e poucos anos, perto do velho celeiro no *campus*, mas que realmente têm mais a ver com as notáveis estratégias de solução de problemas criadas pelos burocratas que dirigem as coisas no mundo. Se existe uma dificuldade envolvendo alguns indivíduos (cães não supervisionados e humanos sem noção?), então que se proíbam todos os membros da classe em vez de resolver o problema (treinar melhor a comunidade do *campus*?). Apenas os cães, é claro, e não os humanos sem noção, foram de fato banidos. Essa, contudo, é uma estória para outro dia. A partilha material-semiótica entre mim e Cayenne no que se refere ao treinamento é o assunto deste capítulo; não é uma questão unilateral. O diretor de controle de animais do *campus* a reconheceu como um trabalhadora do conhecimento. Após cuidadosos testes de temperamento (feitos em Cayenne, pois eu tive passe livre, embora meu autocontrole seja mais frágil que o dela) e entrevistas práticas que avaliaram a habilidade de ambas de seguir ordens, o diretor preencheu os documentos que legalizaram a presença de Cayenne. A opção marcada no formulário foi "pesquisa".

Muitos pensadores críticos preocupados com a subjugação dos animais aos propósitos das pessoas consideram a domesticação de outros organismos sencientes como um antigo desastre histórico que só piorou com o tempo. Considerando-se os únicos atores, as pessoas reduzem os outros organismos ao estatuto vivido de mera matéria--prima ou ferramenta. A domesticação de animais é, dentro dessa análise, um tipo de pecado original que separa os seres humanos da natureza, culminando em atrocidades como o complexo industrial da pecuária transnacional e as frivolidades dos animais de estimação enquanto indulgentes acessórios de moda privados de liberdade em uma cultura de mercadorias sem limites. Ou, se não acessórios de moda, os animais de estimação são considerados mecanismos vivos para a produção de amor incondicional – escravos afetivos, em suma. Um ser torna-se meio para os propósitos do outro, e o humano assume direitos sobre esse instrumento que o animal, pensado como coisa, nunca chega a possuir. É possível ser alguém apenas na medida em que outrem é alguma coisa. Ser animal é exatamente não ser humano, e vice-versa.

Gramaticalmente, essa matéria aparece nas políticas de edição dos principais livros de referência e jornais. Em língua inglesa, não são permitidos aos animais pronomes pessoais como *quem* [*who*], devendo eles ser designados por *aquilo*, *aquele* ou *isso* [*which, that, it*]. Alguns manuais de referência contemporâneos abrem uma exceção: se um animal particular tiver um nome e sexo, pode ser uma pessoa honorária designada por pronomes pessoais; nesse caso, o animal é uma espécie de humano menor por cortesia de sexualização e nomeação.[1] Desse modo, os animais de estimação podem ter nomes em jornais, já que são personalizados e familiarizados, mas não por serem alguém por direito próprio, muito menos por sua *diferença* em relação à pessoalidade humana e às famílias. Dentro desse quadro, somente animais selvagens no sentido ocidental convencional, tão separados quanto possível da subjugação à dominação humana, podem ser eles mesmos. Somente animais selvagens podem ser alguém; fins, e não meios. Essa posição é exatamente o oposto do que se passa nas gramáticas de referência, que concedem pessoalidades derivadas somente aos animais mais incorporados à sexualidade e ao parentesco humanoides (ocidentais).

Existem outras formas de pensar a domesticação que são tanto historicamente mais precisas quanto mais potentes para lidar com as brutalidades passadas e presentes e para nutrir melhores maneiras de viver em uma socialidade multiespécies.[2] Rastreando apenas alguns fios de um tecido densamente complexo, este capítulo examina o caso de pessoas e cães que trabalham para se destacar em um esporte de competição internacional, o qual também é parte das culturas de consumo da

---

1 Gaëtanelle Gilquin e George M. Jacobs, "Elephants Who Marry Mice Are Very Unusual: The Use of the Relative Pronoun *Who* with Nonhuman Animals". *Society and Animals*, v. 14, n. 1, 2006.

2 Juliet Clutton-Brock, *A Natural History of Domesticated Mammals*. Cambridge: Cambridge University Press, 1999. Para cães, ver James Serpell (org.), *The Domestic Dog: Its Evolution, Behaviour, and Interactions with People*. Cambridge: Cambridge University Press, 1995; Raymond Coppinger e Lorna Coppinger, *Dogs: A Startling New Understanding of Canine Origin, Behavior, and Evolution*. New York: Scribner, 2001; e Stephen Budiansky, *The Covenant of the Wild: Why Animals Chose Domestication* [1992]. New Haven: Yale University Press, 1999. Sobre evidências de antigos cemitérios de cães encontrados em todo o mundo, que mostrariam laços emocionais muito antigos e estreita associação entre cães e pessoas, ver Darcy F. Morey, "Burying Key Evidence: The Social Bond between Dogs and People". *Journal of Archaeological Science*, v. 33, n. 2, 2006. Para uma perspectiva histórica crítica, ver Barbara Noske, *Beyond Boundaries: Humans and Animals*. Montreal: Black Rose Books, 1997. Além de introduzir a ideia do "complexo animal-industrial", Noske esboça a complexidade das relações humanos-animais na domesticação durante muitos milhares de anos, definindo-as como a alteração, pelos humanos, do ciclo sazonal de subsistência dos outros animais, mas também permitindo uma forma mais ativa na qual os animais alteram padrões humanos. As ecologias de todas as espécies envolvidas estão no centro das atenções dessa abordagem da domesticação. Noske insiste também para que consideremos os animais mais como altermundos da ficção científica e menos como espelhos ou humanos inferiores.

classe média globalizada capaz de arcar com os consideráveis tempo e dinheiro dedicados ao jogo. O treinamento conjunto coloca os participantes dentro das complexidades das relações instrumentais e das estruturas de poder. Como cães e pessoas nesse tipo de relacionamento podem ser meios e fins uns para os outros de maneiras que clamem por uma remodelação de nossas ideias e práticas de domesticação?

Ao redefinir a domesticação, a filósofa e psicóloga belga Vinciane Despret introduz a noção de "prática antropo-zoo-genética", que cria tanto animais quanto humanos em inter-relações historicamente situadas. Enfatizando que articular corpos uns aos outros é sempre uma questão política que diz respeito a vidas coletivas, Despret estuda aquelas práticas nas quais animais e pessoas tornam-se disponíveis uns para os outros, tornam-se sintonizados uns com os outros de tal forma que ambas as partes tornam-se mais interessantes uma para a outra, mais abertas a surpresas, mais inteligentes, mais "polidas", mais inventivas. O tipo de "domesticação" que Despret explora acrescenta novas identidades; os parceiros aprendem a ser "afetados"; tornam-se "disponíveis aos eventos"; engajam-se em um relacionamento que "revela perplexidade".[3] O pronome pessoal *quem*, necessário nessa situação, não tem nada a ver com uma pessoalidade derivativa, ocidental, etnocêntrica e humanista para pessoas ou animais, mas tem a ver com a pergunta própria a relacionamentos sérios entre outros significativos, ou, como já os chamei antes, espécies companheiras, *cum panis*, comensais à mesa juntos, repartindo o pão.[4] A questão entre animais e humanos aqui é: "Quem são vocês?" e, assim, "Quem somos nós?".

Quem não é um pronome relativo nas relações coconstitutivas chamadas de treinamento; é um pronome interrogativo. Todas as partes perguntam e são perguntadas se algo interessante, algo novo, está para acontecer. Além disso, *quem* se refere aos parceiros-em-feitura através das relações ativas de comodelação, e não a humanos possessivos ou animais individuais cujos limites e naturezas são estabelecidos antes dos emaranhamentos do devir conjunto. Então, como cães e pessoas *fazem* para prestar atenção uns aos outros de uma maneira que muda quem e o que eles devêm juntos?[5] Não vou tentar responder a essa per-

---

3 V. Despret, "The Body We Care For: Figures of Anthropo-zoo-genesis", op. cit.; id., "Sheep Do Have Opinions", in Bruno Latour e Peter Weibel (orgs.), *Making Things Public: Atmospheres of democracy*. Karlsruhe / Cambridge: ZKM Center for Arts and Media/MIT Press, 2005.

4 D. Haraway, *O manifesto das espécies companheiras*, op. cit.

5 Requisitos biossociais para prestar atenção uns aos outros no tipo de treinamento

gunta em geral; em vez disso, tentarei descobrir como Cayenne e eu aprendemos a jogar *agility* bem o suficiente para ganhar uma certificação modesta que exigiu nossas risadas, lágrimas, trabalho e percursos por milhares de horas ao longo de vários anos: o título de *masters agility dog* na United States Dog Agility Association (USDAA). Nosso campeonato nos escapa; ela enriquece minha ignorância.

O JOGO EM CURSO

O que é o esporte de *agility*?[6] Imagine um campo gramado ou uma arena equestre coberta de terra com cerca de 900 metros quadrados.

---

que vou discutir são sugeridos em Brian Harre et al., "The Domestication of Social Cognition in Dogs". *Science*, v. 298, 22 nov. 2002, que apresenta evidências de que os cães possuem habilidades geneticamente estabilizadas para ler o comportamento de humanos, habilidades essas que os lobos não têm. Ninguém procurou ainda por evidências de habilidades humanas geneticamente estabilizadas que mostrem como os associados domésticos, como cães e gado, moldaram as pessoas, em parte devido à suposição dualista de que as pessoas mudam culturalmente, enquanto os animais mudam apenas biologicamente, já que não têm cultura. Ambas as partes dessa suposição estão certamente erradas, mesmo que sejam levadas em conta as lutas irresolúveis sobre o que "cultura" significa entre diferentes comunidades de prática. Até agora, os pesquisadores de genética procuraram apenas por como a história das zoonoses, como a gripe, poderia se inscrever no genoma humano pela incorporação inteira ou parcial dos genomas virais. Os retrovírus são de especial interesse, e os cientistas estimam que cerca de 100 mil segmentos do genoma humano (isto é, até 8% do complemento total do DNA humano) são notavelmente semelhantes aos retrovírus. Ver Carl Zimmer, "Old Viruses Resurrected through DNA". *The New York Times*, 7 nov. 2006; e Nathalie de Parseval e Thierry Heidmann, "Human Endogenous Retroviruses: From Infectious Elements to Human Genes". *Cytogenetic Genome Research*, v. 110, n. 1–4, 2005. Mas o registro genético deve ser rico em potencial de entendimento de histórias muito mais espessas de inter e intra-ação do que apenas trocas virais. A genômica molecular comparativa será uma ferramenta valiosa para repensar a história dos emaranhamentos chamados domésticos, incluindo habilidades comportamentais específicas e interespecíficas, tais como as habilidades comportamentais tanto dos cães quanto das pessoas, que lhes permitem ler uns aos outros, brincar uns com os outros e treinar uns com os outros.

6 No site doggery.org, há links para apresentar o *agility*, assim como os cães com quem treinei e joguei, Roland e Cayenne. O site tem pequenas fotos dos obstáculos e links para organizações e descrições de eventos. Consultar bayteam.org e cleanrun.com para links que levam a uma riqueza de informações sobre o *agility*. A revista mensal *Clean Run* é uma grande fonte de desenhos de percursos e análises, diagramas para exercícios práticos, informações sobre treinamento, descrições de equipamentos e anúncios, relatos dos cães em ação, entrevistas com jogadores humanos do mundo inteiro, relatórios sobre competições nacionais e mundiais,

Preencha-o com de quinze a vinte obstáculos dispostos em padrões de acordo com o plano de um juiz. A sequência dos obstáculos e a dificuldade dos padrões dependem do nível de jogo, de novato a *masters*. Os obstáculos incluem saltos em barra simples, duplos ou triplos; saltos em muro; saltos em distância; túneis abertos e fechados de vários comprimentos; *slalom*, consistindo de seis a doze estacas em linha através das quais o cão ziguezagueia; mesas para descanso; e obstáculos de contato chamados de gangorras, rampas em A (que variam entre 1,70 a 2 metros de altura, a depender da organização) e passarelas. Esses últimos são chamados de obstáculos de contato porque o cão deve colocar pelo menos uma unha em uma zona pintada nas extremidades do começo e do final do obstáculo. Saltar sobre a zona de contato significa uma "falha na execução" do obstáculo, o que acarreta uma penalidade alta, com perda de muitos pontos. Os cães saltam a uma altura determinada por sua própria altura em relação aos ombros ou à cernelha. Muitos dos padrões de salto derivam daqueles de eventos de salto com cavalos, e na verdade os eventos com cavalos estão entre os ancestrais esportivos do *agility* canino.

Os condutores humanos podem caminhar pelo percurso por cerca de dez a quinze minutos antes que o cão e o humano o corram; o cão não vê de modo algum o percurso de antemão. O humano é responsável por conhecer a sequência de obstáculos e por fazer um plano para que humano e cão movimentem-se com velocidade, precisão e suavidade pela pista. O cão pula e navega pelos obstáculos, mas o humano tem de estar na posição certa na hora certa para lhe dar boas informações. Os percursos avançados estão cheios de obstáculos com armadilhas para tentar os intempestivos e mal informados; os percursos de novatos testam conhecimentos fundamentais que dizem respeito a atravessá-los com precisão e segurança, com nenhuma exigência extravagante. Em uma equipe bem treinada, tanto o humano quanto o cão conhecem suas tarefas, mas qualquer observador experiente verá que o número esmagador de erros em um percurso é causado por

---

informações sobre nutrição esportiva para atletas caninos, conselhos de gerenciamento de estresse para pessoas e cães, instruções de massagem para cães e ótimas fotos de *agility*. Clean Run, Inc., também hospeda um grupo de discussão online sobre *agility* no yahoo.com, e muitos outros grupos de discussão na internet são dedicados a aspectos do jogo. Muitas pessoas constroem seus próprios equipamentos para praticar, e projetos podem ser encontrados na internet. Grandes eventos de *agility* são exibidos na televisão, e vídeos tanto de treinamento quanto de grandes competições abundam.

má condução por parte do humano. Os erros podem ser causados por *timing* ruim, condução excessiva, desatenção, indicações ambíguas, mau posicionamento, falha em entender como o percurso se apresenta do ponto de vista do cão ou falha em treinar o básico bem e com antecedência. Eu conheço todos esses desastres por muita experiência pessoal! As corridas de qualificação nos níveis mais altos do esporte requerem resultados perfeitos aliados a um limite exigente de tempo. As equipes são classificadas por precisão e velocidade, e as corridas podem ser decididas por centésimos de segundos. Então, é importante trabalhar para conseguir curvas fechadas e caminhos eficientes ao redor do percurso.

O *agility* começou em 1978 em Crufts, no Reino Unido, quando foi solicitado a um treinador especializado em competições relacionadas à cinotecnia, Peter Meanwell, que projetasse um evento de salto de cães para entreter os espectadores que esperavam a atração principal, uma exposição canina classuda. Em 1979, o *agility* retornou a Crufts como um evento de competição regular. Depois de 1983, o *agility* se espalhou do Reino Unido para Holanda, Bélgica, Suécia, Noruega, França e, desde então, pelo resto da Europa, bem como para América do Norte, Ásia, Austrália e Nova Zelândia, América Latina. A United States Dog Agility Association (USDAA) foi fundada em 1986, seguida por outras organizações nos Estados Unidos e no Canadá. Em 2000, a International Federal of Cynological Sports (IFCS) [Federação Internacional de Esportes Cinológicos] foi fundada por iniciativa da Rússia e da Ucrânia para unir organizações esportivas de cães em muitos países e realizar competições internacionais.[7] O primeiro campeonato mundial IFCS foi realizado em 2002.[8] O crescimento da participação no esporte tem sido explosivo, com milhares de competidores em muitas organizações, todas com regras e jogos um pouco diferentes.

—

7 Uma das boas consequências do desejo que estadunidenses têm de competir nos eventos mundiais do IFCS é que será preciso que a caudectomia e o corte de orelha dos cães americanos de competição tenham fim. Cayenne, uma pastora-australiana, ainda poderia ter sua cauda caso estivesse destinada ao palco mundial. Os europeus, ao contrário de seus colegas estadunidenses, tendem a não enveredar por teorias da conspiração quando uma agência transnacional aprova regulamentos para controlar o comportamento dos canis e criadores – regulamentos esses que chamam de abuso ilegal (capaz de proibir um cão de competir) aquilo que o criador anteriormente via apenas como um assunto privado e um padrão de clube. Talvez a pressão ajude a proteger todos os outros cães também, mas a luta, vergonhosamente, é grande, e a maioria dos cães não é nem deveria ser atleta de competição.

8 Brenna Fender, "History of Agility, Part 1". *Clean Run*, v. 10, n. 7, jul. 2004.

Abundam oficinas, campos de treinamento e seminários. Competidores bem-sucedidos frequentemente se tornam professores de *agility*, mas apenas alguns poucos podem realmente ganhar a vida dessa forma. A Califórnia é uma das áreas em que o *agility* é mais popular e, neste estado, em qualquer fim de semana do ano, ocorrem várias provas, cada uma com cerca de duzentos a trezentos cães e sua gente competindo. A maioria das equipes canino-humanas que conheço treina formalmente pelo menos uma vez por semana e informalmente o tempo todo. No ano que contabilizei, gastei cerca de 4 mil dólares em tudo o que foi necessário para treinar, viajar e competir; essa quantia é consideravelmente menor do que muitos humanos gastam com o esporte. Nos Estados Unidos, mulheres brancas com cerca de 40 a 65 anos dominam numericamente o esporte, mas gente de vários tons de pele, gêneros e idades joga, de pré-adolescentes a pessoas na faixa dos 70 anos. Em minha experiência, muitos jogadores humanos mantêm empregos para pagar por seu hábito ou estão aposentados de tais empregos e têm alguma renda disponível. Várias pessoas que jogam também ganham muito pouco e dão duro em seus empregos na classe trabalhadora.[9]

---

9 Para um bom estudo sociológico feito por pesquisadores que também correm com seus cães no *agility*, ver Dair Gillespie, Ann Leffler e Elinor Lerner, "If It Weren't for My Hobby, I'd Have a Life: Dog Sports, Serious Leisure, and Boundary Negotiations". *Leisure Studies*, v. 21, n. 3–4, 2002. Em 2001, esse trabalho foi apresentado em Anaheim, Califórnia, na seção "Animais e sociedade" da American Sociological Association [Sociedade Americana de Sociologia]. Leffler me passou suas notas feitas no acampamento de *agility* Power Paws em Placerville, Califórnia, em 2000 e 2001. Ela registrou o comparecimento de 241 estudantes humanos em 2000, 146 com seus cães. Mais ou menos 86% eram mulheres. A população de campistas era quase toda branca, mas os participantes vinham de lugares tão longínquos quanto a Inglaterra e o Japão. Leffler estimou que a idade média e mediana estava nos quarenta. O acampamento é, como Leffler disse, uma experiência de imersão total. Cayenne e eu participamos do acampamento de cinco dias da Power Paws em 2002 e 2004 e consideramos que a experiência era bem como Leffler a descrevera. Ir para o acampamento nos custou cerca de mil dólares a cada vez, contando tudo. Os instrutores vinham de cerca de quatro países e de todas as partes dos Estados Unidos. Cerca de um terço deles eram homens, observa Leffler, e o mesmo foi verdade nos anos em que fui. Todos os instrutores eram brancos, e a maioria era instrutor de *agility* em tempo integral. Eles se conheciam da equipe mundial, de outros acampamentos e workshops, de campeonatos nacionais e outros lugares. Todos os instrutores tinham cães muito velozes, tais como border collies, pastores-australianos de trabalho, pastores-de-shetland e jack russell terriers. Leffler, uma condutora de rottweilers, diz acidamente em suas notas de campo: "Lá se vai a ideia de que há espaço no topo para amadores!". Ann Leffler, Programa de Artes e Ciências Liberais, Universidade Estadual de Utah em Logan.

Muitas raças e cães de ascendência mista competem, mas os cães mais competitivos em suas respectivas classes de altura tendem a ser os border collies, os pastores-australianos, os pastores-de-shetland e os parson jack russell terriers. Cães altamente enérgicos, focados e atléticos e pessoas altamente enérgicas, calmas e atléticas tendem a se sobressair e a aparecer nas notícias do *agility*. Mas o *agility* é um esporte de amadores no qual a maioria das equipes pode se divertir muito e ganhar qualificações e títulos se trabalharem e jogarem juntas com intenções sérias, muito treinamento, reconhecimento de que as necessidades dos cães vêm em primeiro lugar, senso de humor e uma disposição para cometer erros interessantes – ou melhor, tornar os erros interessantes.

Métodos de adestramento positivo, derivados dos condicionamentos operantes behavioristas, são a abordagem dominante utilizada no *agility*. Qualquer pessoa que treinar por outros métodos será objeto de fofoca desaprovadora, se não chegar a ser descartada do percurso por um juiz atento a qualquer correção dura de um cão por parte de um humano. Os cães serão julgados com menos rigor caso sejam duros com seus humanos ou outros cães! Tendo começado sua carreira de treinamento com mamíferos marinhos em 1963 no Sea Life Park do Havaí, Karen Pryor é a pessoa mais importante para ensinar e explicar métodos positivos às comunidades amadoras e profissionais de treinamento de cães, assim como a muitas outras comunidades humano-animais. Sua mistura de ciência e demonstração prática teve um enorme impacto.[10] Então, o que é o adestramento positivo?

De modo simplificado, os métodos de adestramento positivo são abordagens behavioristas clássicas que funcionam pela marcação das ações desejadas, chamadas comportamentos [*behaviors*], por meio de uma recompensa apropriada ao organismo que se comporta em um tempo que fará a diferença. Isso é reforço positivo. O reforço no behaviorismo é definido como qualquer coisa que ocorre em conjunção com um ato e tem uma tendência a mudar a probabilidade desse ato. A parte

---

10 Karen Pryor, *Getting Started: Clicker Training for Dogs* [1999]. Waltham: Sunshine Books, 2005, é uma boa introdução. A loja de *clickers* de Karen Pryor tem um site: shop.clickertraining.com. Para saber mais sobre Pryor, ver en.wikipedia.org/wiki/Karen_Pryor. Algumas de suas principais obras são: *Don't Shoot the Dog: The New Art of Teaching and Training* [1984]. New York: Bantam, 1999; *On Behavior: Essays and Research*. Waltham: Sunshine Books, 1994; e *Lads before the Wind* [1975]. Waltham: Sunshine Books, 2004. Ver também Susan Garrett, *Ruff Love: A Relationship Building Program for You and Your Dog*. Chicopee: Clean Run, 2002; id., *Shaping Success: The Education of an Unlikely Champion*. Chicopee: Clean Run, 2005. Garrett é uma competidora e professora de *agility* conhecida internacionalmente.

que diz respeito a "em conjunção com um ato" é crucial. O tempo é tudo; amanhã, ou mesmo cinco segundos após o comportamento interessante, é tarde demais para obter ou dar boas informações no adestramento. Um comportamento não é algo que está no mundo à espera de ser descoberto; um comportamento é uma construção inventiva, um fato-ficção gerativo construído por uma aglomeração de jogadores em intra-ação que incluem pessoas, organismos e dispositivos que convergem na história da psicologia animal. A partir do fluxo de corpos em movimento no tempo, pedaços são extraídos e solicitados a se tornar mais ou menos frequentes como parte da construção de outros padrões de movimento através do tempo. Um comportamento é uma entidade técnico-natural que viaja do laboratório para a sessão de treinamento de *agility*.

Se o organismo faz algo que não é desejado, ignore-o e o comportamento se "extinguirá" por falta de reforço (a menos que o comportamento indesejado seja autogratificante; então, boa sorte!). A recusa de reconhecimento social, realizada ao não se notar o que cada um está fazendo, pode ser um reforço negativo poderoso para cães e pessoas. Reforços negativos supostamente suaves, como "dar um tempo", são populares no treinamento de *agility* e nas escolas humanas nos Estados Unidos. A contenção, a coerção e a punição – como o puxão de orelhas – são ativamente desencorajadas no treinamento de *agility* em qualquer situação que eu tenha experimentado ou de que tenha ouvido falar. Palavras negativas fortes como *não!* – emitidas em momentos de grande frustração, comunicação interrompida e perda de calma humana – são severamente racionadas, guardadas para situações perigosas e emergências, não sendo usadas como ferramentas de adestramento. Nas mãos de treinadores leigos não qualificados, mas aspirantes, como eu, o uso de reforços negativos fortes e de punições é tolo, bem como desnecessário, em grande parte porque os interpretamos errado e fazemos mais mal do que bem. Basta ver um cão se fechar diante de um humano tenso ou negativo e hesitar em oferecer qualquer coisa de interessante com a qual construir grandes corridas. Um reforço positivo devidamente utilizado desencadeia uma cascata de antecipação feliz e inventivas ofertas espontâneas que testam o quão interessante o mundo pode ser. O reforço positivo utilizado de forma inadequada apenas reduz o estoque de biscoitos de fígado e brinquedos de morder, bem como a confiança popular na ciência comportamental.[11]

—

11 Essa é uma descrição extremamente simples do adestramento positivo, com lacunas técnicas, mas elas não são necessárias para este capítulo.

O diabo, é claro, está nos detalhes. Alguns desses demônios são:

- Aprender a marcar o que se pensa estar marcando (digamos, com um clique em um pequeno *clicker* ou, de modo menos preciso, com uma palavra como *sim!*).
- Tempo (ou seja, saber em quanto tempo depois de uma marca é preciso entregar uma recompensa e entregá-la naquela janela de tempo; caso contrário, o que quer que tenha acabado de acontecer é o que estará sendo recompensado).
- Trabalhar e brincar de tal forma que cães (e pessoas) ofereçam coisas interessantes que possam ser positivamente reforçadas (a atração pode ajudar a mostrar o que é desejado no começo do treinamento de algo novo, mas atrair não reforça e rapidamente se interpõe no caminho).
- Saber o que é realmente recompensador e interessante para o parceiro.
- Perceber corretamente o que de fato acabou de acontecer.
- Compreender no que o parceiro está prestando atenção.
- Aprender a dividir padrões complexos em pedaços técnicos ou comportamentos que possam ser marcados e recompensados.
- Saber como ligar comportamentos em cadeias que se somem a alguma coisa útil.
- Saber como ensinar cadeias de comportamento desde a última parte até a primeira (*backchaining*), usando pedaços de uma cadeia de comportamento que um cão já compreende como uma recompensa por um pedaço que vem logo antes.
- Saber quantas repetições são informativas e eficazes e quantas deixam todos os envolvidos estressados e entediados.
- Saber identificar e recompensar aproximações ao comportamento que é o objetivo final. (Tentando ensinar curvas à esquerda e à direita? Comece marcando e recompensando olhares espontâneos na direção desejada, não se apresse nem pule etapas, não vá tão devagar que seu cão morra de velhice ou aborrecimento.)
- Saber quando – e como – parar se algo não está funcionando.
- Saber como e quando voltar a algo que é mais fácil e já conhecido pelo parceiro se algo mais difícil não estiver funcionando.
- Manter a contagem precisa da frequência real de respostas corretas em uma determinada tarefa em vez de deixá-las para a imaginação, seja de humor inflacionário ou deflacionário.
- Manter as situações de aprendizagem divertidas e cognitivamente interessantes para o parceiro.

- Avaliar se o cão, o humano e a equipe sabem de fato como fazer algo em todas as circunstâncias em que precisarão desempenhar o "comportamento". (Há muitas chances de que a variável relevante em uma prova real de *agility* tenha ficado de fora do treinamento, então qual foi a variável que fez com que um cão que conhecia seu trabalho, ou assim se pensava, errasse um obstáculo? Ou que fez com que o humano se tornasse ilegível? Volte e treine.)
- Evitar tropeçar no cão ou no equipamento.
- Perceber a diferença entre uma isca, uma recompensa e uma corda de morder caindo na cabeça de um cão desavisado porque a condutora não consegue lançá-la com precisão.
- Não derrubar os petiscos e os *clickers* por todo o campo de treino.
- Descobrir como recompensar a si mesma e ao seu parceiro quando tudo parecer desmoronar.

Obviamente, espera-se, é essencial que o ser humano compreenda que seu parceiro é um membro adulto (ou filhote) de outra espécie, com seus próprios interesses de espécie e peculiaridades individuais, e não uma criança peluda, um personagem de *O chamado selvagem* ou uma extensão de suas intenções ou fantasias. As pessoas reprovam nesse teste de reconhecimento com uma frequência deprimente. Treinar em conjunto é algo extremamente prosaico; é por isso que treinar com um membro de outra espécie biológica é tão interessante, difícil, cheio de diferenças situadas e comovente.[12] Minhas notas de campo das aulas e competições registram repetidas observações das pessoas que praticam *agility* sobre estarem aprendendo a respeito de si mesmas e de seus companheiros, humanos e cães, de maneiras que não tinham experimentado antes. Para uma mulher de meia-idade ou mais velha, aprender um novo esporte competitivo praticado seriamente com um membro de outra espécie provoca emoções fortes e inesperadas, além de derrubar preconceitos sobre poder, prestígio, fracasso, habilidade, realização, vergonha, risco, lesão, controle, companhia, corpo, memória, alegria e muito mais. Os homens que praticam o esporte estão quase sempre em nítida minoria e o sentem.

---

12 Devo minha compreensão do prosaico a Gillian Goslinga, *The Ethnography of a South Indian God: Virgin Birth, Spirit Possession and the Prose of the Modern World*. Tese de doutorado, Universidade da Califórnia em Santa Cruz, 2006. Também devo à compreensão de Isabelle Stengers no que diz respeito a como as abstrações da ciência levam uma pessoa a imaginar novas manifestações, que só fazem sentido em detalhes prosaicos.

É difícil escapar da conjunção de gênero, idade e espécie que muda o sujeito e o assunto, colocada contra um pano de fundo aparentemente dado como certo (ainda que não seja sempre empiricamente exato) de raça, sexualidade e classe.[13]

---

13 Durante muito tempo, porque a política, incluindo a política de raça, classe e sexualidade, era tão inaudível, pensei que o *agility* estava cheio de humanos estadunidenses convencionais, heterossexuais ou no armário, conservadores, em sua maioria brancos, de classe média. Habituada às culturas de esquerda antirracistas, feministas, lésbicas, gays e trans florescentes e raramente discretas de Santa Cruz, julguei mal o mundo social humano do *agility*. Com certeza, havia muitos adeptos de Bush durante os primeiros meses da invasão do Iraque em 2003 – o que ficou dolorosamente claro pela safra da "guerra contra o terror", cheia de bandeiras ondulantes em vermelho, branco e azul e uma parafernália que ia de cadeiras portáteis a coleiras para cães e até mesmo um pobre cão tingido. Além disso, desde meados dos anos 1960 que eu não passava tanto tempo em uma cultura na qual é tão difícil dizer quem é homossexual e em que tantos dos meus palpites geralmente bastante sagazes se revelaram errados. Parte disso, ainda penso, é um reflexo de mundos heteronormativos nos quais o "hétero" é a norma e a conformidade consciente e inconsciente é tomada como certa. Por outro lado, muitas vezes eu estava errada porque os marcadores habituais de minha cultura universitária não eram informativos, e para uma grande parte das mulheres que jogam *agility*, homo ou heterossexuais, a escassez de homens e crianças é o que realmente é tomado como certo na maioria das vezes, para o bem e para o mal. Encontrei uma piada reveladora em uma placa de madeira pirografada à venda em um estande durante um encontro de *agility*: "Volto domingo à noite. Alimente as crianças". Além disso, agora penso que o núcleo interespécies da prática de *agility* conduz ativamente seus humanos, na maior parte do tempo, a manter os espaços livres da política de sempre, e nesses espaços pessoas que de outro modo se separariam com um julgamento mutuamente desdenhoso podem continuar a aprender e a jogar umas com as outras e com seus parceiros caninos. Os locais de *agility* também estão em grande parte livres de qualquer trabalho, seja doméstico ou profissional, a não ser pela mão de obra considerável que é necessária para arranjar uma partida. Com exceção dos juízes pagos, que não estão ficando ricos durante os fins de semana, quase toda a mão de obra necessária para realizar um torneio de *agility* é voluntária e amplamente compartilhada. Possíveis germes para uma cultura cívica mais robusta, esses espaços livres são raros e preciosos na sociedade estadunidense, onde tanto o excesso de ocupação quanto a busca por aqueles com quem concordamos parecem ter precedência sobre realmente pensar com alguém diferente de si mesmo. Pouco a pouco, descobri que o *agility* é um ambiente no qual muitas pessoas constroem redes de amizade em que os assuntos intelectuais e políticos são bastante animados e discutidos abertamente entre corridas, às vezes "interseccionalmente" com o conhecimento e a paixão das pessoas por cães, mas com mais frequência separadamente. Além disso, é preciso muito tempo no mundo do *agility* para saber como as pessoas fazem ou fizeram a vida e quantas pessoas têm conquistas sérias – dentro e fora do emprego remunerado – a seu favor, além daquelas com cães. A esta altura, estou muito menos segura de onde estão os armários e muito mais intrigada pelos espaços que se abrem ao colocar os cães no centro das atenções e me diri-

De fato, o ser humano tem de saber algo a respeito do parceiro, de si e do mundo ao fim de cada dia de treinamento que ele ou ela não sabia no início. O diabo está nos detalhes, mas também a deidade. "O cão é meu copiloto", diz o cabeçalho da revista *The Bark*, um lema que repeti como um mantra em mensagens de e-mail que troquei com meus amigos de *agility*. Em minha experiência, muito poucas empreitadas na vida estabelecem um padrão tão alto e valioso de conhecimento e comportamento. O cão, por sua vez, torna-se chocantemente bom em aprender a aprender, cumprindo a mais alta obrigação de um bom cientista. Os cães fazem por merecer seus documentos.

A ZONA DE CONTATO

SANGUE NO CAMINHO

26 de agosto de 2003
Caros amigos e amigas,

Cayenne ganhou seu título de Cão de Agility Advanced da United States Dog Agility Association (USDAA) no domingo, e agora nós correremos no ringue masters! *Ela fez uma corrida rápida, limpa, e levou o primeiro lugar para merecer seu título; fiquei muito orgulhosa. Também corremos rápida e precisamente na fase de qualificação* steeplechase,[14] *terminando em oitavo lugar em um campo com 37 sérios campeões nacionais e outros cães* masters e advanced *da classe de 56 centímetros. Os dez primeiros colocados correram na rodada final.*

Fomos mal na rodada final porque eu a tirei do percurso quando ela falhou em esperar pela minha palavra de liberação no contato da rampa em A, meu método hoje em dia para treinar esse erro muito consistente. Foi realmente DURO deixar o percurso antes de terminar a corrida, pois tínhamos uma chance real de colocação e literalmente todos no encontro estavam assistindo ao evento de destaque do dia. Mas nós partimos, para alívio de minha professora e meus mentores. Foi mais

---

gir muito vagarosamente em direção a outras coisas que compõem a vida das pessoas do *agility*. Meu humano jogador de tênis companheiro de vida, Rusten, acha que essa qualidade subestimada, lentamente descoberta e muito rica tipifica amplamente os amadores que participam e jogam seriamente fora da cultura de esportes corporativa profissional estadunidense. Agora estou de acordo.

14 Corrida de saltos e túneis. [N. T.]

difícil ainda colocar Cayenne de volta em sua caixa sem nenhuma palavra de encorajamento, sem um gesto de incentivo, sem um petisco, tampouco um olhar. Do lugar onde deixamos o ringue até sua caixa, senti lágrimas de sangue me atravessarem. No entanto, nossa recompensa foram três contatos perfeitos na rampa em A *no* snooker[15] *imediatamente depois. Tiras de queijo para Cayenne e autoconhecimento para mim! Ela brilhou e me rebocou de volta para sua caixa, como se estivesse na Iditarod, com montes de guloseimas e sorrisos face a face.*

Aprendi coisas tão básicas sobre honestidade nesse jogo, coisas que deveria ter aprendido quando criança (ou antes da estabilidade como professora universitária), mas nunca o fiz, coisas sobre as consequências reais de trapacear nos fundamentos. Eu me torno menos exibida e mais honesta nesse jogo do que em qualquer outro âmbito de minha vida. É estimulante, mesmo que nem sempre divertido. Enquanto isso, meu amor exagerado por Cayenne exigiu que meu corpo construísse um coração maior, com mais profundidades e tonalidades para ternura. Talvez seja isso que me faça precisar ser honesta; talvez esse tipo de amor faça com que seja preciso ver o que realmente está acontecendo, porque o ser amado merece isso. Não é nada parecido com o amor incondicional que as pessoas atribuem a seus cães! Estranho e maravilhoso.

Celebrando em Healdsburg,
Donna

Retornemos à zona de contato amarela de aproximadamente sessenta centímetros de comprimento pintada nas extremidades das gangorras, das passarelas e das rampas em A.[16] Então, esqueçamos das passarelas e gangorras porque Cayenne e eu achamos seus rigores intuitivamente óbvios; só a deusa sabe por quê. No entanto, pelo menos uma trama de assassinato que conheço apresenta a rampa em A como

---

15 Jogo de estratégia em que o percurso é livre na abertura, mas predeterminado pelo juiz no fechamento. [N. T.]

16 O amarelo não é por acaso. Cães veem muito bem o amarelo e o azul. Apesar de haver um monte de brinquedos de pelúcia de natal vermelhos e verdes, cães não veem nada bem essas cores. Conferir Stanley Coren, *How Dogs Think*. New York: Free Press, 2004, pp. 31–34. Se a rampa em A for pintada de verde e amarelo (o que às vezes é o caso), os cães têm muito mais dificuldade para distinguir visualmente a zona de contato do que se ela for pintada de azul e amarelo. O verde parece amarelado para um cão. Mas a demarcação de cor não é a variável mais relevante no desempenho de obstáculos de contato de um cão bem-educado.

a arma do crime.[17] Compreendo muito bem esse enredo; Cayenne e eu estivemos próximas de matar uma à outra nessa zona de contato. O problema era simples: não nos entendíamos. Não estávamos nos comunicando; ainda não *tínhamos* uma zona de contato emaranhando uma à outra. O resultado era que ela saltava regularmente por cima do contato, sem tocar a área amarela sequer com um coxim, antes de correr para a parte seguinte do percurso, o que dirá manter as duas adoráveis patas traseiras na zona e as duas patas dianteiras no chão até eu dizer as palavras de liberação acordadas ("*all right*") para que ela passasse ao próximo obstáculo da corrida. Eu não conseguia entender o que ela não entendia; ela não conseguia entender o que minhas indicações e meus critérios de desempenho ambíguos e em constante mudança significavam. Diante de minha incoerência, ela saltava graciosamente sobre a área marcada como se fosse eletrificada. De fato era; repelia as duas. Depois, nos reuníamos novamente em uma equipe coerente, mas nossa qualificação tinha ido parar na lata de lixo. Desempenhávamos nossos contatos corretamente na prática, mas falhávamos miseravelmente nas competições. Ademais, estávamos longe de ser as únicas enfrentando esse dilema comum para cães e pessoas que treinam *agility* em conjunto. Aquela faixa pintada foi o lugar em que Cayenne e eu aprendemos nossas lições mais duras sobre poder, conhecimento e os detalhes materiais significativos dos emaranhamentos.

De fato, lembrei-me tardiamente, sete anos antes do nascimento de Cayenne eu já sabia algo sobre as zonas de contato por causa dos estudos coloniais e pós-coloniais em minha vida política e acadêmica. Em *Os olhos do império*, Mary Pratt cunhou o termo *zona de contato*, que ela adaptou

> de seu uso em linguística, onde a expressão "língua de contato" se refere a línguas improvisadas que se desenvolvem entre falantes de diferentes línguas nativas que precisam se comunicar entre si de modo consistente [...]. Procuro enfatizar as dimensões interativas e improvisadas dos encontros coloniais, tão facilmente ignoradas ou suprimidas pelos relatos difundidos de conquista e dominação. Uma "perspectiva de contato" põe em relevo a questão de como os sujeitos são constituídos nas e pelas suas relações uns com os outros [...]. Trata as relações [...] em termos da presença comum, interação, entendimentos e prá-

---

17 Susan Conant, *Black Ribbon*. New York: Bantam, 1995. A cena do assassinato com a rampa em A acontece em um acampamento de verão de esportes para cães. Uma rampa em A que cai sobre uma cabeça humana tem um efeito funesto.

ticas interligados, frequentemente dentro de relações radicalmente assimétricas de poder.[18]

Acho que há algo de estranhamente pertinente na discussão de Pratt em relação aos feitos canino-humanos na extremidade da rampa em A. Cayenne e eu definitivamente temos línguas nativas diferentes e, por mais que eu rejeite a analogia entre a colonização e a domesticação, sei muito bem quanto do controle da vida e da morte de Cayenne tenho em minhas mãos ineptas.

Meu colega Jim Clifford enriqueceu minha compreensão das zonas de contato por meio de suas leituras nuançadas de articulações e emaranhamentos para além de fronteiras e entre culturas. Ele demonstrou de modo eloquente como "os novos paradigmas começam com o contato histórico, com o emaranhamento em interseções de níveis regional, nacional e transnacional. As abordagens de contato não pressupõem que os todos socioculturais sejam subsequentemente trazidos à relação, mas que os sistemas já constituídos em relação entrem em novas relações através de processos históricos de deslocamento".[19] Meramente acrescento questões naturaisculturais e multiespécies à sacola feita de rede de Clifford.

Aprendi muito do que sei sobre zonas de contato com a ficção científica, em que alienígenas se encontram em bares fora do planeta e se refazem molécula por molécula. Os encontros mais interessantes acontecem quando o tradutor universal de *Star Trek* entra em pane e a comunicação dá voltas inesperadas e prosaicas. Minha leitura feminista de FC me preparou para pensar em dilemas e alegrias (polimorfamente perversas) de comunicação canino-humanos de um modo mais flexível do que as fantasias imperialistas mais insensíveis encontradas na FC. Lembro-me especialmente de *Memoirs of a Space-woman* [Memórias de uma mulher espacial], de Naomi Mitchison, em que o oficial de comunicações humanas durante a exploração espacial teve de descobrir como fazer contato "não interferencial" com uma grande variedade de criaturas sencientes; resultaram diversas proles curiosas. A FC linguista panespécies de Suzette Haden Elgin, a começar por *Native Tongue* [Língua nativa], também me preparou para o treinamento com cães. Não havia um tradutor universal

---

18 Mary Pratt, *Os olhos do império: Relatos de viagem e transculturação* [1992], trad. Jézio Hernani Bonfim Gutierre. Bauru: EDUSC, 1999, pp. 31–32; trad. modif.
19 James Clifford, *Routes: Travel and Translation in the Late Twentieth Century*. Cambridge: Harvard University Press, 1997, p. 7.

para Elgin, apenas o trabalho árduo de espécies elaborando línguas funcionais. E, se a habilidade da metamorfose na zona de contato é o objetivo, ninguém deve esquecer *Babel-17*, de Samuel R. Delany, no qual as intrigantes interrupções de fluxo de dados parecem ser a ordem do dia.[20]

Ainda mais tardiamente em meus dilemas de treinamento de *agility*, lembrei que as zonas de contato chamadas ecótonos, com seus efeitos de borda, são onde se formam agenciamentos de espécies biológicas fora de suas zonas de conforto. Essas bordas interdigitantes são os lugares mais ricos para procurar por diversidade ecológica, evolutiva e histórica. Eu vivo na Costa Centro-Norte da Califórnia, onde, na enorme escala geológica das coisas, os grandes agenciamentos de espécies antigas do Norte e do Sul se misturam, produzindo uma complexidade extraordinária. Nossa casa fica ao lado de um riacho em um vale íngreme, e caminhar a partir do riacho nas encostas em direção tanto ao Norte quanto ao Sul nos coloca dramaticamente dentro de agenciamentos de espécies ecologicamente mistas em mudança. Histórias naturaisculturais estão escritas na terra de tal forma que os antigos pomares de ameixa, pastos de ovelhas e padrões de extração de madeira se misturam com tipos de solo geológico e mudanças de umidade para moldar os atuais habitantes humanos e não humanos da terra.[21]

Além disso, segundo a análise de Juanita Sundberg das políticas culturais de encontros de conservação na Reserva da Biosfera Maia, os projetos de conservação tornaram-se importantes zonas de encontro e contato moldadas por atores distantes e próximos.[22] Tais zonas de contato estão repletas de complexidades de diferentes tipos de poder desigual que nem sempre vão nas direções esperadas. Em seu belo livro *Friction* [Fricção], a antropóloga Anna Tsing investiga as pessoas e organismos enredados em lutas por conservação e justiça na Indonésia nas últimas décadas. Seu capítulo sobre "ervas daninhas" é uma análise comovente e incisiva da riqueza e diversidade de espécies das naturezasculturas

---

20 Naomi Mitchison, *Memoirs of a Spacewoman* [1962]. London: Women's Press, 1985; Suzette Haden Elgin, *Native Tongue*. New York: Daw Books, 1984; Samuel R. Delany, *Babel-17* [1966], trad. Petê Rissati. São Paulo: Morro Branco, 2019.

21 Ver Elna Bakker, *An Island Called California: An Ecological Introduction to Its Natural Communities* [1971]. Berkeley / Los Angeles: University of California Press, 1984, pp. 97–103, para uma discussão sobre os agenciamentos mistos contemporâneos de espécies de árvores durante o período Terciário. Ecótonos e efeitos de borda são processos geotemporais, bem como nicho-espaciais.

22 Juanita Sundberg, "Conservation Encounters: Transculturation in the 'Contact Zones' of Empire". *Cultural Geographies*, v. 13, n. 2, 2006.

moldadas pela agricultura tradicional dentro das chamadas florestas secundárias, que estão sendo substituídas pela derrubada legal e ilegal de árvores e por monoculturas em escala industrial em uma remodelação violenta de paisagens e modos de vida. Ela documenta amorosamente as práticas de coleta e nomeação hoje ameaçadas da anciã Uma Adang, sua amiga e informante. As zonas de contato dos agenciamentos de espécies, tanto humanas quanto não humanas, são o núcleo da realidade em sua etnografia. Como Tsing afirma em um ensaio que rastreia cogumelos a fim de formar um sentido de teias para a história mundial, "A interdependência entre as espécies é um fato bem conhecido – exceto quando diz respeito aos humanos. O excepcionalismo humano nos cega". Fascinadas por estórias que elogiam ou amaldiçoam o controle humano sobre a natureza, as pessoas rapidamente presumem que a natureza humana, pouco importa a enormidade da variação cultural, é essencialmente – muitas vezes declara-se "biologicamente" – constante, enquanto que os seres humanos remodelam os outros, de molécula a ecossistema. Repensando a "domesticação" que enlaça estreitamente seres humanos e outros organismos, incluindo plantas, animais e micróbios, Tsing pergunta: "E se imaginássemos uma natureza humana que se transformou historicamente junto com variadas teias de dependência entre espécies?". Tsing chama suas teias de interdependência de "bordas indisciplinadas". Ela continua, "*A natureza humana é uma relação entre espécies*".[23] Com a aprovação de Tsing, eu acrescentaria que o mesmo é verdade sobre os cães, e é o emaranhamento humano-canino que rege meu pensamento sobre zonas de contato e bordas indisciplinadas férteis neste capítulo.

Em um espírito semelhante, o antropólogo Eduardo Kohn explora as zonas de contato multiespécies na região da Alta Amazônia equatoriana. Em sua etnografia entre os Runa de língua quíchua e os vários animais com os quais eles fabricam a vida, Kohn rastreia emaranhamentos naturaisculturais, políticos, ecológicos e semióticos em agenciamentos de espécies nos quais os cães são atores centrais. Ele escreve que "a pessoalidade amazônica, muito o produto da interação com eus semióticos não humanos, é também o produto de um certo tipo de sujeição colonial [...]. Este ensaio volta-se particularmente a certas técnicas da metamorfose xamânica (em si um produto da interação e, no processo das indistinções, com todos os tipos de eus não humanos) e às maneiras como elas mudam os termos da sujeição (cor-

---

23 A. Tsing, "Margens indomáveis", op. cit., p. 184; itálico do original.

pos são tipos de entidades muito diferentes nessa parte do mundo) e delineia certos espaços de possibilidade política".[24] Cayenne e eu não temos acesso a metamorfoses xamânicas, mas retrabalhar a forma para fazer um tipo de uma a partir de duas é o modo de rearranjo metaplasmático que buscamos.

Pensando em metamorfoses ao mesmo tempo em que sofria em um estado de desenvolvimento interrompido com Cayenne na listra de tinta amarela da rampa em A, confortei-me na confiança de que a maioria das coisas transformadoras na vida acontecem nas zonas de contato. E assim voltei-me para buscar inspiração nos fenômenos de indução recíproca estudados na biologia do desenvolvimento. Como aluna de pós-graduação no Departamento de Biologia de Yale nos anos 1960, estudei interações morfogenéticas através das quais células e tecidos de um embrião em desenvolvimento se moldam mutuamente por meio de cascatas de comunicações químico-táteis. As técnicas para acompanhar essas complexas interações e a imaginação para construir melhores conceitos teóricos tornaram-se muito potentes nos últimos vinte anos. As várias edições da *Biologia do desenvolvimento* de Scott Gilbert, desde a primeira, de 1985, são um local maravilhoso para rastrear uma compreensão crescente da centralidade da indução recíproca, através da qual os organismos são estruturados pelas comodelações mútuas dos destinos das células.[25] A questão é que as zonas de contato estão onde a ação está, e as interações atuais mudam as interações a seguir. As probabilidades se alteram; as topologias se metamorfoseiam; o desenvolvimento é canalizado pelos frutos da indução recíproca.[26] As zonas de contato mudam o sujeito – todos os sujeitos – de maneiras surpreendentes.

---

24 Eduardo Kohn, "Como os cães sonham. Naturezas amazônicas e as políticas do engajamento transespécies", trad. Pedro Capaldi Carlessi, Lucas Lima dos Santos e Felipe Policisse. *Ponto Urbe*, v. 19, 2016; id., *How Forests Think: Toward an Anthropology Beyond the Human*. Berkeley: University of California Press, 2013. A citação foi extraída de uma comunicação pessoal por e-mail datada de 4 de novembro de 2005.

25 Scott F. Gilbert e Michael J. F. Barresi, *Biologia do desenvolvimento*, trad. Catarina de Moura Elias de Freiras et al. Porto Alegre: Artmed, 2019.

26 Sobre os creodos como canais estabilizados em paisagens de probabilidade de desenvolvimento e interações de desenvolvimento, ver C. H. Waddington, *The Evolution of an Evolutionist*. Ithaca: Cornell University Press, 1975. Waddington escreveu extensamente sobre "paisagens epigenéticas". Ver Scott F. Gilbert, "Epigenetic Landscaping: C. H. Waddington's Use of Cell Fate Bifurcation Diagrams". *Biology and Philosophy*, v. 6, 1991. Ver também Scott F. Gilbert, "Induction and the Origins of Developmental Genetics", in Scott Gilbert (org.), *A Conceptual History of Modern Embryology*. New York: Plenum, 1991; e Scott F. Gilbert e Steven Borish,

As interações entre organismos taxonomicamente distintos, em que as estruturas de um organismo não se desenvolvem normalmente sem interações devidamente sincronizadas com outros organismos associados, estão no coração de uma síntese teórica e experimental recente em biologia chamada biologia ecológica do desenvolvimento, área na qual Gilbert tem um papel-chave.[27] Por exemplo, Margaret McFall-Ngai mostrou que os sacos que abrigam a bactéria luminescente Vibrio na lula adulta *Euprymna scolopes* não se desenvolvem a não ser que a lula juvenil seja infectada pela bactéria, resultando em uma cascata de eventos de desenvolvimento que produzem os receptáculos finais para os simbiontes.[28] De forma similar, o tecido intestinal humano não pode se desenvolver normalmente sem a colonização por sua flora bacteriana. Os seres da Terra são preênseis, oportunistas, prontos a se unir com parceiros improváveis em algo novo, algo simbiogênico. As espécies companheiras coconstitutivas e a coevolução são a regra, não a exceção. A biologia ecológica e a biologia evolutiva do desenvolvimento são campos que poderiam formar uma rica zona de contato com as filósofas feministas, físicas teóricas e pesquisadoras de *science studies* Karen Barad, com sua estrutura do realismo agencial e da intra-ação, e Astrid Schrader, com sua abordagem das ontologias intra e interespécies.[29]

—

"How Cells Learn, How Cells Teach: Education in the Body", in Ann Reninger e Eric Amsel (orgs.), *Change and Development: Issues of Theory, Method, and Application*. Hillsdale: Lawrence Erlbaum, 1997. Para uma discussão dos creodos de Waddington e abordagens do desenvolvimento em relação à filosofia do processo de Whitehead, ver James Bono, "Perception, Living Matter, Cognitive Systems, Immune Networks: A Whiteheadian Future for Science Studies". *Configurations*, v. 13, n. 1, 2005. Para Waddington na história da embriologia, ver D. Haraway, *Crystals, Fabrics, and Fields: Metaphors That Shape Embryos* [1976]. Berkeley: North Atlantic Books, 2004.

27 Scott F. Gilbert e Jessica A. Bolker, "Ecological Developmental Biology: Preface to the Symposium". *Evolution and Development*, v. 5, n. 1, 2003. A indução direta da expressão gênica em um organismo multicelular por seus simbiontes microbiais é hoje considerada um mecanismo de desenvolvimento normal e crucial. Ver Scott F. Gilbert, "Mechanisms for the Environmental Regulation of Gene Expression". *Birth Defects Research (Part C)*, v. 72, n. 4, 2004; e id., "Cellular Dialogues during Development". *Gene Regulation and Fetal Development*, v. 30, n. 1, 1996.

28 S. F. Gilbert e M. J. F. Barresi, *Biologia do desenvolvimento*, op. cit., p. 777; Margaret McFall-Ngai, "Unseen Forces: The Influence of Bacteria on Animal Development". *Developmental Biology*, v. 242, n. 1, 2002.

29 K. Barad, *Meeting the Universe Halfway*, op. cit. Para uma bela análise que une os estudos da bióloga JoAnn Burkholder sobre as multiespécies e multimórficas intra-ações de um dinoflagelado polimorfo, peixes, porcos, galinhas e pessoas da região da baía de Chesapeake com a teoria do filósofo Jacques Derrida sobre o fan-

Talvez meus problemas nas zonas de contato de *agility* tenham induzido neuroticamente um desvio muito grande para dentro de outros tipos de bordas indisciplinadas a fim de me reassegurar de que algo de bom vem de repetidas falhas de comunicação entre as diferenças assimétricas. De qualquer forma, todos os elementos para voltar a treinar as zonas de contato minhas e de Cayenne estão agora reunidos.

Primeiro, vamos considerar a questão das relações de autoridade nas induções recíprocas do treino. O *agility* é um esporte de concepção humana; não é uma brincadeira espontânea, ainda que este capítulo volte à brincadeira em breve. Acho que tenho boas razões para julgar que Cayenne adora *agility*; ela planta seu traseiro diante do portão do pátio de treino com uma intenção feroz até que eu a deixe entrar para trabalhar padrões comigo. Nas manhãs em que vamos para um torneio, ela presta atenção no equipamento e fica junto ao carro com o olhar determinado. Não é apenas o prazer de uma excursão ou o acesso a um espaço para brincar. Não fazemos mais nada no pátio de *agility* a não ser trabalhar nos padrões de obstáculos; é a esse pátio que ela quer ter acesso. Os espectadores comentam sobre a alegria que as corridas de Cayenne lhes fazem sentir, pois a sentem inteiramente lançada na habilidosa inventividade de seu percurso. Essa cadela se irrita facilmente com recompensas alimentares, por exemplo, caso lhe sejam dadas durante sua intensa permanência na linha de partida antes da palavra de liberação para iniciar a corrida, quando o que ela quer é voar sobre o percurso. A corrida é seu principal reforço positivo. Ela é um cão de trabalho com enorme foco; todo seu corpo-mente muda quando ela ganha acesso à sua cena de trabalho. Entretanto, eu estaria mentindo se afirmasse que o *agility* é uma utopia de igualdade e natureza espontânea. As regras são arbitrárias para ambas as espécies; é isso que faz um esporte, isto é, um esporte

—

tasma e sua temporalidade, ver Astrid Schrader, "Responding to *Pfiesteria piscicida* (the fish killer): Phantomatic Ontologies, Indeterminacy and Responsibility in Toxic Microbiology". *Social Studies of Science*, v. 40, n. 2, 2010. Para pensar sobre as zonas de contato da ecologia da química estrutural, em vez da física ou da biologia, ver a notável união entre dança, modelagem estrutural de proteínas, enlaçamento háptico-óptico-cinestésico encenado na tela e a modelação de cientistas em Natasha Myers, *Rendering Life Molecular: Models, Modelers, and Excitable Matter*. Durham: Duke University Press, 2015. Para uma visão das coconstituições e zonas de contato entre vários salmões e pessoas situados, ver Heather Swanson, "When Hatchery Salmon Go Wild: Population-Making, Genetic Management, and the Endangered Species Act", reuniões da Society for Social Studies of Science [Sociedade de Estudos Sociais da Ciência], Vancouver, 1–5 nov. 2006.

com regras, de habilidade, com desempenho avaliado comparativamente. O cão e o humano são regidos por padrões aos quais devem se submeter, mas que não são de sua própria escolha. Os percursos são projetados por seres humanos; pessoas preenchem os formulários de inscrição e se inscrevem em aulas. O humano decide pelo cão quais serão os critérios aceitáveis de desempenho.

Mas há um empecilho: o humano deve responder à autoridade do desempenho real do cão. O cão já respondeu à incoerência do humano. O cão real – não a projeção fantasiosa do eu – está mundanamente presente; o convite à resposta foi oferecido. Fixado pelo espectro da tinta amarela, o humano deve finalmente aprender a fazer uma pergunta ontológica fundamental, uma que coloque o humano e o cão juntos no que os filósofos da tradição heideggeriana chamavam de "o aberto": "Quem é você e, então, quem somos nós? Aqui estamos e, agora, o que vamos nos tornar?".[30]

---

30 A noção de aberto de Heidegger é bem diferente da minha. Eu sigo a explicação de Giorgio Agamben sobre a importância do "tédio profundo" para o "aberto" de Heidegger. G. Agamben, *O aberto: O homem e o animal*, trad. Pedro Mendes. Rio de Janeiro: Civilização Brasileira, 2013, pp. 81–115. *O aberto* de Heidegger emerge de um desengajamento radical da impureza da funcionalidade para reconhecer a terrível e essencial falta de propósito do homem, que não é definido por nenhum mundo fixo, nenhuma natureza, nenhum lugar dado. Para alcançar esse grande esvaziamento da ilusão, captar a "negatividade", ser livre, compreender o próprio cativeiro em vez de meramente vivê-lo como um animal ("despertando *do* próprio atordoamento *para* o próprio atordoamento"; ibid., p. 114), um homem na estória de Heidegger permite que a terrível experiência do tédio profundo banhe todo o seu eu. Nada precisa ser feito, nenhum vínculo é necessário, nada motiva, não é preciso agir. Nenhum animal pode experimentar esse estado (e nenhuma mulher *qua* "mulher"). No entanto, somente a partir daí o desvelamento, o aberto, pode se dar. Somente desde essa grande negatividade antiteleológica destruidora e libertadora, essa perfeita indiferença, pode emergir o *Dasein* ("ser mantido em suspenso no nada"; ibid., p. 113), o verdadeiro ser humano. Somente a partir desse "aberto" o homem pode agarrar o mundo com paixão, não como estoque e recurso, mas em desvelamento e manifestação liberados da técnica e da função. Precisamente o que diferencia o homem e o animal, o que os coloca em singularidades opostas e intransponíveis, é, para o homem, a possibilidade do "tédio profundo", a total desconexão da função, e, para o animal, a pobreza de mundo inescapável através de um laço inquebrável com a função e o vínculo determinado. Meu "aberto" é bem outro, se bem que igualmente libidinoso em relação à compreensão não teleológica. Ele emerge do choque de "dar-se conta": *Isso e aqui* são quem e onde estamos? O que fazer? Como respeitar e responder isso aqui e esse nós, mesmo que esse *nós* seja fruto do emaranhamento? Ainda que seja pelo menos tão separado da vida agitada e segura de si quanto o pequeno cenário de Heidegger, o choque de "dar-se conta" não poderia estar mais distante do "tédio profundo". Nunca certo, nunca garantido, o "aberto" para as espécies companheiras torna-se possível

James Liddle, in *Agility Trials and Tribulations*.

As primeiras vítimas da tomada dessa questão a sério tornaram--se algumas das minhas estórias favoritas sobre liberdade e natureza. Eram estórias que eu queria que Cayenne e eu habitássemos por toda a vida, mas que acabaram por produzir dolorosas incoerências em nossas intra-ações, especialmente para ela. Critérios de desempenho na rampa em A não são naturais para cães nem para pessoas, mas são conquistas que dependem de possibilidades naturaisculturais tanto inventadas como herdadas. Eu poderia pensar que jogar *agility* apenas abre espaço para as habilidades naturais de uma cadela quando ela navega salto após salto (o que acabou não sendo exatamente verdade também), mas corrigir erros na rampa em A me forçou a enfrentar o dispositivo pedagógico do adestra-

---

nas zonas de contato e bordas indisciplinadas. Para um engajamento filosófico contínuo frutífero com o trabalho de Heidegger em relação ao *Dasein*, mas reformatado a partir de uma perspectiva de estudos humano-animais, ver Jake Metcalf, "Intimacy without Proximity: Encountering Grizzlies as Companion Species". *Environmental Philosophy*, v. 5, n. 2, 2008.

mento, incluindo suas relações de liberdade e autoridade. Algumas pessoas radicais de animais são críticas em relação a qualquer treinamento humano "de" outra criatura. (Eu insisto que "com" é possível.) O que vejo como boas maneiras e bela habilidade adquiridas pelos cães que conheço melhor elas consideram forte evidência de controle humano excessivo e um sinal da degradação dos animais domésticos. Os lobos, dizem os críticos de animais treinados, são mais nobres (naturais) do que os cães precisamente por serem mais indiferentes aos feitos das pessoas; trazer os animais a uma interação próxima com os seres humanos infringe sua liberdade. Desse ponto de vista, o treinamento é uma dominação antinatural tornada palatável por biscoitos de fígado.

É notório que os behavioristas não demonstram muita cerimônia em relação ao que constitui um comportamento natural (biologicamente significativo) em um organismo (humano ou não); eles deixam essa reserva para os etólogos e seus descendentes. Para os behavioristas, se a probabilidade de uma ação pode ser alterada, por mais insignificante que seja o pedaço de ação para o organismo ou para qualquer um, então essa ação será a base para as tecnologias de condicionamento operante. Em parte devido a esse agnosticismo bem arraigado na história do behaviorismo tanto no que diz respeito à funcionalidade (relacionada à adaptação e, portanto, à teoria da evolução) quanto ao significado para o animal (ligado à questão da interioridade), Karen Pryor e outros treinadores dos chamados animais selvagens em cativeiro, como golfinhos e tigres, foram acusados de ou arruiná-los ao induzirem comportamentos não naturalistas ou transformá-los em robôs ao tratá-los como máquinas de estímulo-resposta. Pryor e outros treinadores que usam o método positivo respondem que seu trabalho melhora a vida dos animais em cativeiro e deveria se tornar parte do manejo normal e do enriquecimento ambiental.[31] Envolver-se no treinamento (educação) é interessante para os animais, assim como para as pessoas, não importa se uma estória sobre aptidão reprodutiva possa ou não ser contada de forma a se adequar ao currículo.

Gosto mais da ideia de que treinar com um animal, seja ele chamado de criatura selvagem ou doméstica, pode ser parte do desengajamento da semiótica e das tecnologias da biopolítica da reprodução

---

31 Ver Amy Sutherland, *Kicked, Bitten, and Scratched: Life and Lessons at the World's Premier School of Exotic Animals*. New York: Viking, 2006, p. 265.

obrigatória. Esse é um projeto que eu também gosto de ver em escolas humanas. O conhecimento sem função pode chegar muito perto da graça da brincadeira e de uma *poiesis* do amor. Eu ficaria, é claro, horrorizada com a ideia de o behaviorismo ganhar espaço em abordagens pedagógicas potencialmente lúdicas visando qualquer criatura, inclusive pessoas. Desse ponto de vista, uma ironia que infunde o trabalho de melhoria e gestão da qualidade de vida feito por treinadores behavioristas em zoológicos e outras instalações de animais em cativeiro diz respeito ao fato de que uma das poucas justificativas potentes oferecidas para esses lugares é que eles são essenciais para evitar que os indivíduos e as espécies sob seus cuidados se extingam em seus hábitats em vias de desaparecimento. Os animais nos zoológicos, qualquer que seja a sua dedicação às recompensas do behaviorismo, nunca estiveram tão enredados na biopolítica da reprodução obrigatória como no século XXI!

Devo admitir, no entanto, que as ironias da política *queer* não são a razão de eu treinar seriamente com Cayenne na vida cotidiana e visando ao esporte. Ou talvez a política *queer*, ironia das ironias, esteja no coração do treino de *agility*: o vir a ser de algo inesperado, algo novo e livre, algo fora das regras de função e cálculo, algo que não é regido pela lógica da reprodução do mesmo, *é* disso que trata treinar uma com a outra.[32] Esse, acredito, é um dos significados de *natural* que as pessoas e os cães treinados que conheço praticam. O treino requer cálculo, método, disciplina, eficiência, mas também objetiva a abertura do que não se sabe se é possível, porém pode ser,

---

32 Vicki Hearne acreditava em algo semelhante, mas eu a deixei de fora deste capítulo porque queria habitar as abordagens de treinamento do método positivo que ela jamais deixou de desprezar. Id., *Adam's Task: Calling Animals by Name*. New York: Knopf, 1986. Transformo os termos de Hearne para felicidade animal com gratidão por suas extraordinárias percepções e análises. Ver Vicki Hearne, *Animal Happiness*. New York: Harper Collins, 1994. O tratamento que Cary Wolfe dá a Hearne é simultaneamente simpático e argutamente crítico em relação às suas camisas de força filosóficas humanistas: C. Wolfe, "Old Orders for New: Ecology, Animal Rights, and the Poverty of Humanism", in *Animal Rites: American Culture, the Discourse of Species, and Posthumanist Theory*. Chicago: University of Chicago Press, 2003, pp. 48–50. Mary Weaver – uma companheira entusiasta de cães, comprometida com a boa fama dos pitbulls e que entende o nó entre surpresa, disciplina, corpo, afeto e liberdade em tais relacionamentos – também molda meu pensamento em seus escritos sobre as transcorporificações humanas. Ver Mary Weaver, "Affective Materialities and Transgender Embodiments", trabalho apresentado nas reuniões da Society for Social Studies of Science [Sociedade de Estudos de Ciências Sociais], Vancouver, 1–5 nov. 2006.

para todos os parceiros intra-atuantes. O treinamento diz respeito, ou pode dizer, às diferenças não domesticadas pela taxonomia.

Ao longo de minha vida acadêmica, seja como bióloga ou como estudiosa das humanidades e ciências sociais, eu menosprezava o behaviorismo como uma ciência insípida na melhor das hipóteses, mal sendo biologia de verdade, e como um discurso ideológico e determinista em sua essência. De repente, Cayenne e eu precisávamos do que habilidosos behavioristas poderiam nos ensinar. Tornei-me sujeita a uma prática de conhecimento que desprezara. Tive de entender que o behaviorismo não era minha caricatura de uma pseudociência mecanicista abastecida por petiscos de nicho, mas uma abordagem falha, historicamente situada e frutífera de questões material-semióticas no mundo carnal. Essa ciência se dirigiu às minhas perguntas, e acho que também às de Cayenne. Eu precisava não apenas do behaviorismo mas também da etologia e das ciências cognitivas mais recentes. Tive de compreender que os etólogos cognitivos comparativos não operam com caricaturas de animais maquínicos sem mente transformados em uma forma computacional por matemática e computadores.

Preocupada com os efeitos funestos que a *denegação* do controle e do poder humanos nas relações de treinamento têm sobre os cães, até agora subestimei outro aspecto da obrigação humana de responder à autoridade do desempenho real do cão. Um competidor humano hábil no *agility*, para não dizer um companheiro decente de vida, deve aprender a reconhecer quando a *confiança* é o que o humano deve ao cão. Cães geralmente reconhecem muito bem quando o ser humano mereceu sua confiança; os seres humanos que eu conheço, a começar por mim, não são tão bons em confiança recíproca. Perco muitos pontos para mim e Cayenne porque, na linguagem do esporte, eu "superconduzo" seu desempenho. Por exemplo, porque não estou confiante, não vejo que *ela* dominou as difíceis entradas corretas no *slalom* em velocidade e que eu não preciso me apressar para fazer o sinal de cruz frontal, bloqueando assim, com muita frequência, seu caminho. De fato, quando confio em Cayenne, não preciso me apressar, não importa o padrão ou o obstáculo. Não preciso ser tão rápida quanto ela (ainda bem!); preciso apenas ser honesta na mesma medida. Em uma corrida difícil na classe *excellent standard* em uma prova do AKC na qual a maioria dos concorrentes de alto nível à nossa frente estava perdendo a entrada no *slalom*, eu falhei em minha obrigação de reconhecer e responder à autoridade conquistada por Cayenne e impus meu eu curvado, ansioso e controlador em seu caminho a cerca de dois metros da primeira estaca. Rindo e me repreendendo mais tarde, meus amigos descreveram o que ela fez para me tirar do caminho e salvar nossa pontuação. De acordo com nossos observadores, Cayenne me viu chegar, reduziu suavemente o grau de sua curva e se esquivou ao meu redor, quase gritando "Saia do meu caminho!" enquanto deslizava magicamente entre as estacas um e dois e ziguezagueava muito rápido sem perder o ritmo através das doze estacas. No ouvido de minha mente, escutei minha professora de *agility* Gail Frazier me dizer repetidamente: "Confie em sua cadela!".

A honestidade e a resposta à autoridade do cão assumem muitas formas. É verdade, não preciso ser tão rápida quanto ela, mas preciso ficar na melhor forma física que posso, praticar padrões em velocidade (daí todas aquelas aulas de aeróbica coreografadas na academia!), *cross training* (faço muito mais exercícios balanceados de todos os tipos do que faria se não devesse coerência corporal a Cayenne), estar disposta a aprender movimentos no campo que lhe deem melhores informações, mesmo que esses movimentos sejam difíceis de dominar para mim, e tratá-la como uma adulta completa, sem me dobrar e girar em torno dela em partes difíceis de um percurso. Ouço minha astuta instrutora Lauri Plummer na aula da semana passada me dizer que, mais uma vez, eu estava curvada brincando de babá em uma seção do percurso que minara minha confiança, mas não a de Cayenne. "Postura!" é um mantra que os professores de *agility* repetem sem parar a seus recalcitrantes estudantes humanos. Acredito que esse cântico seja necessário porque não reconhecemos de fato a autoridade de nossos cães e, apesar de nossas melhores intenções, os tratamos com demasiada frequência como crianças atléticas em casacos de pelo. É difícil não fazer isso quando a cultura canina nos Estados Unidos, mesmo no *agility*, refere-se incansavelmente aos parceiros humanos como "mãe" ou "pai". "Condutor" [*handler*] é só um pouco melhor; essa palavra me faz pensar que os parceiros humanos de *agility* imaginam que têm suas mãos controladoras sobre o leme da natureza no corpo de nossos cães. Os humanos no *agility* não são condutores (nem tutores); são membros de uma equipe de adultos habilidosos interespécies. Atenta às tonalidades da autoridade assimétrica, mas muitas vezes direcionada de forma surpreendente nas zonas de contato, gosto muito mais de "parceira".

As práticas mistas de treinamento exigem viagens inteligentes por ciências e estórias sobre como os animais realmente sentem e pensam, bem como se comportam. Treinadores não podem se proibir de julgar

James Liddle, in *Agility Trials and Tribulations*.

que podem se comunicar de forma significativa com seus parceiros. A concepção filosófica e literária de que tudo o que temos são representações e nenhum acesso ao que os animais pensam e sentem é errada. Os seres humanos sabem, ou podem saber, mais do que costumávamos saber, e o direito de aferir esse conhecimento está enraizado em práticas históricas, falhas e gerativas interespécies. É claro que não somos o "outro" nem temos como saber daquelas maneiras fantásticas (invasão de corpos? ventriloquismo? canalização?). Ademais, através de práticas pacientes de biologia, psicologia e ciências humanas, aprendemos que tampouco somos o "eu" ou "transparentemente presentes ao eu", por isso não devemos esperar nenhum conhecimento transcendente dessa fonte. Desarmados da fantasia de entrar em cabeças, próprias ou alheias, para obter a estória completa de dentro, podemos fazer algum progresso semiótico multiespécies. Afirmar não ser capaz de se comunicar e conhecer uns aos outros e às outras criaturas, por mais imperfeito que isso seja, é uma denegação dos emaranhamentos mortais (o aberto) pelos quais somos responsáveis e nos quais respondemos. Técnica, cálculo, método – tudo é indispensável e exigente. Mas não são resposta, que é irredutível ao cálculo. Resposta

Cayenne e eu em um torneio de *agility* em 2006. © Richard Todd.

é compreender que a conexão que fabrica o sujeito é real. Resposta é face a face na zona de contato de uma relação emaranhada. Resposta está no aberto. As espécies companheiras sabem disso.

Assim, aprendi a estar à vontade com a artificialidade, a arte naturalcultural de treinar um esporte com um cão. Mas certamente, imaginei, ela poderia ser livre fora do percurso, livre para passear pelo bosque e visitar os parques sem coleira. Eu havia lhe ensinado um chamado obrigatório que autorizava essa liberdade, e eu era tão desagradável quanto qualquer adestrador novato cheio de energia que não tem ideia de como ensinar um bom chamado e cujos cães perdidos concorrem para que a liberdade fique com uma má reputação e os veados fujam apavorados.[33] Eu observava como minha amiga e com-

---

33 Cayenne é neurologicamente surda de um ouvido e, portanto, não recebe informações de distância ou direção a partir do som. Um chamado sólido e um comando sério de "vire-se e procure por mim" são ambos essenciais para que ela esteja segura quando caminhamos no bosque ou em qualquer outro lugar, aliás.

petidora de *agility* Pam Richards treinava com o irmão de ninhada de Cayenne, Cappuccino, e critiquei secretamente a forma como ela era implacável no trabalho com Capp para que ele fixasse sua atenção nela e a dela nele nas atividades da vida cotidiana. Eu sabia que Capp irradiava prazer em seus feitos, mas pensava que Cayenne tinha mais felicidade animal.[34] Sabia que Pam e Capp estavam conquistando coisas em *agility* fora do nosso alcance e sentia orgulho deles. Então, Pam sentiu pena de nós. Correndo o risco de julgar que eu realmente queria me tornar menos incoerente com Cayenne, ela se ofereceu para me mostrar em detalhes o que nós não sabíamos. Tornei-me sujeita a

---

Ela também usa um sino no pescoço para que eu possa rastreá-la caso ela não consiga encontrar o caminho de volta até mim. Ela respondeu com confiança ao sinal de "procure por mim" quando tinha doze semanas de idade. Acho que os cervos e as raposas também apreciam o sino. As cobras, que não possuem um aparelho auditivo, não conseguem ouvir os tons do sino, mas talvez tomem precauções por causa das vibrações do solo causadas pelo galope de minha cadela quando ela corre sobre as colinas acima de Mill Creek.

34 Essa é menos a ideia de Vicki Hearne de felicidade animal do que a de Ian Wedde. Respeitando as diferenças dos cães em relação aos humanos, Wedde ruminou sobre Epicuro e Sêneca quando foi com o leão-da-rodésia Vincent a um parque sem coleiras no Monte Victoria, na Nova Zelândia. Eles estavam juntos, mas foram os próprios interesses caninos de Vincent que instruíram Wedde, que por sua vez observava sem se impor. "Epicuro defendeu a amizade, a liberdade e o pensamento como os alicerces sobre os quais construir a felicidade [...]. Os estoicos acreditavam que expectativas não razoáveis são o que nos torna infelizes; que algum tipo de pensamento é mais bem cultivado em um presente simples, vívido e sensorial do que nos domínios frenéticos e distópicos do desejo e da imaginação exagerada. Aprendi a pensar melhor como resultado de ter corrido com Vincent [...]. Uma das coisas boas sobre a profunda diferença do cão é que ele amplia o alcance do que é misterioso no mundo; ele enriquece minha ignorância. É esse sentido, penso eu, que muitos dos passeadores de cães do Monte Victoria compartilham [...]. Os que são empáticos em relação à liberdade e à vida social de seus cães são bem-humorados [...] eles riem, mas sem desprezo [...]. Mas os que puxam as coleiras com força raramente são bem-humorados [...] e seus cães são frequentemente antissociais, ansiosos, assustados e agressivos. Acho que é porque eles não entendem sua necessidade de liberdade social. Eles precisam ler Epicuro e Sêneca, não manuais de adestramento"; Ian Wedde, "Walking the Dog", in *Making Ends Meet*. Wellington: Victoria University Press, 2005, pp. 357–58. Acho que precisamos tanto dos treinamentos antigos quanto dos modernos, não mecânica e ansiosamente, mas com habilidade e alegria. Por correspondência pessoal, sei que Wedde concorda, e ele jamais chamaria o talentoso Cappuccino de antissocial, ansioso, assustado e agressivo, nem Pam de puxadora de coleira!

Pam para que Cayenne pudesse se tornar livre e lúcida de maneiras não admitidas pelo meu estoque existente de estórias de liberdade.[35]

Pam é extremamente minuciosa. Ela nos apoiou, proibindo-me de colocar Cayenne na rampa em A em competição até que ela e eu soubéssemos o que deveríamos fazer. Ela me mostrou que eu não havia "consolidado" o desempenho do obstáculo de cerca de uma dúzia de maneiras fundamentais. E, assim, eu comecei a ensinar de fato o que a palavra de liberação significava, em vez de fantasiar que Cayenne era uma falante nativa de inglês. Comecei a pensar de modo prático em acrescentar distrações para fazer o desempenho "duas patas dentro, duas fora", que eu havia escolhido para nós, ficar o mais próximo possível das circunstâncias do intenso mundo das competições. Aprendi a enviá-la para a extremidade da rampa em A e a posição mágica de duas patas dentro, duas fora sem importar onde eu estivesse, sem importar se estava em movimento ou parada, sem importar se brinquedos e comida voavam pelo ar e amigos cúmplices de várias espécies pulavam loucamente para cima e para baixo. Pam nos observou e depois nos mandou de volta com o comentário mordaz de que Cayenne ainda não sabia seu trabalho porque eu ainda não a havia ensinado. Finalmente, ela declarou que eu era suficientemente coerente e Cayenne suficientemente capacitada, de modo que podíamos fazer a rampa em A em competições – se eu mantivesse o mesmo padrão de desempenho que tinha se tornado comum no treinamento. As consequências, aquele argumento central do behaviorismo, eram a questão. Se, ao deixar Cayenne passar ao obstáculo seguinte, eu recompensasse um desempenho legalmente adequado na zona de contato, mas que não correspondesse ao nosso critério duramente

---

35 Em nome de uma estória, não estou contando aquilo de que sou devedora aos meus outros treinadores – Gail Frazier, Rob Michalski e Lauri Plummer – nem as práticas detalhadas pelas quais lhe sou devedora. Todos eles trabalharam vigorosamente para me ensinar coerência moral e competência técnica com minha cadela rápida e exigente. Também não conto todos os detalhes dos diferentes métodos de treinar contatos e dos diferentes critérios de desempenho (passar pelos contatos correndo, um dedo da pata em cima etc.). As próprias diferenças, aliadas à mudança de abordagens nas aulas à medida que o esporte se desenvolvia, assoberbaram meu eu neófito nos primeiros anos. Eu ainda não tinha a habilidade de fazer juízos confiáveis; aprender a fazer tais juízos é uma das coisas mais importantes que meus professores tentam cultivar. O treinamento de zonas de contato é um elemento comum em *Clean Run*; ver, por exemplo, a edição inteira do v. 10, n. 11, nov. 2004, que inclui Karen Pryor falando sobre o uso do *clicker* para construir cadeias de comportamento no ensino de contatos, Mary Ellen Barry sobre consolidar os contatos e Susan Garrett sobre a liberação verbal.

conquistado, estaria condenando nós duas a uma vida inteira de frustração e perda de confiança uma na outra. Se Cayenne não mantivesse duas patas dentro e duas fora e esperasse pela liberação, eu deveria acompanhá-la calmamente para fora do percurso sem fazer nenhum comentário nem olhar para ela, colocá-la, sem recompensas, dentro de sua caixa e me afastar. Se eu não fizesse isso, tinha menos respeito por Cayenne do que por minhas fantasias.

Por mais de dois anos, não tínhamos avançado para além dos níveis de competição de novatos por causa da zona de contato da rampa em A. Sujeita às narrativas de liberdade e autoridade de Pam, após Cayenne e eu nos retreinarmos mais honestamente, eu a tirei do percurso em uma competição real uma só vez e recebi um ano de contatos perfeitos depois disso. Meus amigos nos aplaudiram na linha de chegada em nosso último evento de novatas como se tivéssemos vencido a Copa do Mundo. "Tudo" que havíamos feito fora conquistar um pouco de coerência. As rupturas ocasionais que ainda acontecem naquela zona de contato são rapidamente corrigidas, e Cayenne navega através desse obstáculo com um brilho nos olhos e um prazer inscrito em todo o seu corpo. Entre outros concorrentes, ela é conhecida por seus excelentes contatos. Um programa de reforço de vez em quando não faz mal, mas o amor de Cayenne pelo jogo – amor pelo trabalho – é nossa real salvação.

Mas o que dizer da felicidade animal independente de Cayenne fora do percurso, em comparação com o laço de atenção entre Pam e Capp? Aqui, acho que Pam e eu mudamos as narrativas e as práticas de liberdade e alegria uma da outra. Tive de encarar a necessidade de muito mais jogos do tipo "eu presto atenção em você; você presta atenção em mim" para preencher as horas não-tão-de-lazer de Cayenne e minhas. Tive de lidar com meu senso de paraíso perdido quando Cayenne tornou-se constante e vastamente mais interessada por mim do que por outros cães.[36] O preço da intensificação do laço entre nós foi, bem, um laço. Ainda percebo isso; ainda me parece uma

---

36 A bioantropóloga Barbara Smuts, que agora estuda cães após anos dedicada a primatas e cetáceos, está resolutamente mais interessada nas interações entre cães do que naquelas entre cães e humanos. Ela está no meio de uma fascinante e intensamente trabalhosa análise biocomportamental feita a partir de muitas horas de filme de cães socializando. Eu me refiro à palestra conjunta que demos nas reuniões da Society for Literature and Science (SLS) [Sociedade para a Literatura e Ciência], Durham, 2004. Ver também B. Smuts, "Between Species: Science and Subjectivity", *Configurations*, v. 14, n. 1–2, 2008.

perda, bem como uma conquista de grande alegria espiritual e física, tanto para Cayenne quanto para mim. Nosso amor não é um amor inocente, incondicional; o amor que nos une é uma prática natural-cultural que nos refez molécula por molécula. A indução recíproca é a regra do jogo.

Pam, por sua vez, me diz que admira a pura diversão de que Cayenne e eu desfrutamos em nossos feitos. Ela sabe que isso pode ter um preço sobre os critérios de desempenho. Os deuses riem regularmente quando Pam e eu levamos Cayenne e Cappuccino a um gramado e os incitamos a brincar um com o outro e nos ignorar. A companheira de Pam, Janet, abandona até mesmo um jogo emocionante de basquete feminino na TV para se divertir com a alegria inigualável de Cayenne e Cappuccino brincando juntos. Com demasiada frequência, Cayenne não consegue fazer com que Cappuccino brinque; ele só tem olhos para o braço lançador de Pam e para a bola que ela escondeu. Mas quando eles brincam de fato, quando Cayenne solicita seu companheiro de ninhada por tempo e com intensidade suficientes, com toda a habilidade metacomunicativa que ela possui, eles aumentam o estoque de beleza do mundo. Então, três mulheres humanas e dois cães estão no aberto.

Pensando no modo como animais e seres humanos que treinam juntos tornam-se "disponíveis para os eventos", Vinciane Despret sugere que "toda essa matéria é uma questão de fé, de confiança, e essa é a forma como devemos interpretar o papel das expectativas, o papel da autoridade, o papel dos eventos que autorizam e fazem as coisas devir".[37] Ela descreve o que foi descoberto em estudos com cavaleiros humanos habilidosos e cavalos educados. A análise detalhada do etólogo francês Jean-Claude Barrey sobre "movimentos não intencionais" em equitação habilidosa mostra que músculos homólogos disparam e se contraem, tanto em cavalos quanto em humanos, precisamente ao mesmo tempo. O termo que nomeia esse fenômeno é *isopraxia*. Cavalos e cavaleiros estão sintonizados uns com os outros:

> Cavaleiros talentosos comportam-se e movimentam-se como cavalos [...]. Corpos humanos foram transformados por e em um corpo de cavalo. Quem influencia e quem é influenciado, nessa estória, são perguntas que não podem mais receber uma resposta clara. Ambos, humano e cavalo, são causa e efeito dos movimentos um do outro.

—

37 V. Despret, "The Body We Care For", op. cit., p. 121.

Ambos induzem e são induzidos, afetam e são afetados. Ambos corporificam a mente um do outro.[38]

Indução recíproca; intra-ação; espécies companheiras.[39] Uma boa corrida de *agility* tem propriedades muito semelhantes. A combinação mimética de grupos musculares não é geralmente a questão, embora eu tenha certeza de que ela ocorre em alguns padrões de *agility*, porque o cão e o humano, embora separados espacialmente, estão codesempenhando um percurso por meio de padrões diferentemente coreografados e emergentes. A sintonia não mimética entre eles ressoa com os processos moleculares da mente e da carne e faz de ambos alguém que não estava lá antes. Treinar na zona de contato, de fato.

RASGAR O DAEMON

2 de abril de 2006
Caros amigos e amigas de agility,

Há algumas semanas, enquanto treinávamos com Rob perto de Watsonville, Cayenne e eu tivemos uma experiência interessante com a qual suspeito que vocês possam se relacionar. A aula é à noite, das 20h às 21h30, e tem uma dúzia de equipes; em resumo, a turma é grande e às vezes um pouco caótica, e muitos de nós já estamos bastante cansados a essa altura. Muitas noites, minha concentração é incerta, mas naquela noite tanto Cayenne quanto eu estávamos grudadas à alma uma da outra e não cometemos um erro sequer por várias corridas com sequências e discriminação difíceis de obstáculos. Então, às 21h25, fizemos nossa última corrida, com apenas dez obstáculos, embora

---

38 Ibid., p. 115.
39 Ian Wedde descreveu como ele, sua companheira de vida humana e Vincent estavam sintonizados desse modo que inventa novas naturezas no mundo: "Estávamos debatendo um programa de TV que ela havia produzido e observando como era difícil garantir a transmissão da sutileza pretendida através do 'tom' – o velho problema de contar piadas a estranhos. Lembramos como Vincent havia trabalhado duro, como animal de estimação, para entender nosso tom. Ambos tínhamos certeza de que ele tinha aprendido a 'sorrir' tarde na vida, uma mímica tão difícil a ponto de partir o coração, depois de nos haver visto sorrir durante muitos anos sempre que o encontrávamos – não uma exibição canina de dentes, mas algo como um 'sorriso', usando apenas os dentes inferiores... triste e maravilhoso"; comunicação por e-mail, 19 ago. 2004. Esse é outro tipo de isopraxia. Essa estória também honra o trabalho material-semiótico que os animais de estimação fazem.

houvesse umas duas discriminações desafiadoras, um dos temas da noite. Nenhum deles nos causou qualquer problema. Fomos bem até a última discriminação da última corrida. Em um nanossegundo, nos separamos, literalmente, e cada uma seguiu um caminho diferente. Paramos instantaneamente, não mais no mesmo percurso, e olhamos uma para a outra com uma expressão manifestamente confusa em seu rosto canino e em meu rosto humano, olhos se questionando, cada corpo-mente destituído de sua parceira. Juro que ouvi um som tipo velcro se abrindo quando nos separamos. Nós não estávamos mais "inteiras". Eu me virei no tempo certo, no lugar certo, e fiz todas as minhas partes de modo tecnicamente correto; Cayenne girou bem e corretamente também. E, então, simplesmente nos perdemos uma da outra. Ponto-final. Não foi um erro "técnico" de nenhuma de nós, eu juro. Rob não viu nada de errado e não soube o que aconteceu. Juro que Cayenne e eu ouvimos o velcro se abrindo quando a mente-corpo em comunhão interespécies que somos quando corremos bem se desfez. Eu já experimentei perdê-la mentalmente antes, é claro, como ela a mim. Quase sempre, o erro literal real de um percurso – normalmente uma falha pequena, mas fatal, de tempo – é um sintoma de tal perda uma da outra. Mas isso foi diferente – muito mais intenso –, talvez porque estivéssemos ambas cansadas e inconsciente mas firmemente ligadas por toda a noite. Ela parecia abandonada, e eu me senti abandonada. Senti que o olhar confuso que trocamos estava cheio de perdas e anseios e realmente acho que era isso que seu expressivo ser canino também estava gritando. Penso que a comunicação entre nós era tão inequívoca quanto uma "posição de reverência"[40] seria em seu contexto. Assim como uma posição de reverência faz com que os parceiros que respondem assumam o risco da brincadeira, de alguma forma nós nos desvinculamos do jogo. Alguma coisa nos separou. Tudo isso aconteceu em muito menos de um segundo.

Vocês já leram a série de Philip Pullman, A bússola de ouro, A faca sutil *e* A luneta âmbar, *na qual o elo humano-daemon é uma parte principal do mundo fictício? O daemon é um animal familiar essencial para o humano, e vice-versa, e o elo é tão forte e necessário para ser inteiro que seu corte deliberado é o crime violento que conduz a trama. Em certo momento, o narrador diz: "Will também sentia uma dor onde*

---

40 A posição de reverência, ou *play bow*, é uma forma de linguagem corporal observada em cães e outras espécies que costuma significar "vamos brincar?". O cão ou o animal em questão estica os membros dianteiros e se apoia sobre os cotovelos, trazendo o peito para o chão, mas mantém a extremidade traseira no ar, formando um arco. A pose pode ser acompanhada de uma pequena vocalização. [N. T.]

seu daemon estivera, um lugar escaldante, queimado, de profunda sensibilidade, que era rasgado por ganchos gelados cada vez que respirava".[41] *Anteriormente, o narrador descrevera o crime de cortar o daemon e o humano: "Enquanto houver uma conexão, é claro, o elo permanece. A lâmina cai entre eles, cortando o elo entre os dois. Então se tornam entidades separadas".*[42]

Estou certamente dramatizando o rasgo entre Cayenne e mim por causa de uma pequena discriminação de agility *– pneu ou salto? – em uma quarta-feira chuvosa de março, tarde da noite, em uma arena equestre da Califórnia central. No entanto, esse pequeno rasgo no tecido do ser me disse algo precioso sobre a trama do compromisso dos eus-inteiros que podem unir espécies companheiras em um jogo de vida conjunta, no qual cada uma é mais que uma, mas menos que duas. Treinamos duro – por anos, de fato – para desenvolver esse tipo de elo; mas tanto seu vir a ser quanto seu desvirar-se são apenas tornados possíveis por essa disciplina, e não realmente feitos por ela.*

Será que isso faz algum sentido?

Desvirando no Condado de Sonoma,
Donna

BRINCAR COM ESTRANHOS

Agility é um esporte e um tipo de jogo que é construído a partir do laço entre trabalho e brincadeira interespécies. Falei bastante sobre trabalho até agora, mas muito pouco sobre jogo. É raro encontrar um filhote que não saiba brincar; um jovem cão assim ficaria seriamente perturbado. A maioria dos cães adultos, mas não todos, também sabe muito bem como brincar e escolhe parceiros de brincadeira caninos ou outros de forma seletiva ao longo da vida, se tiverem a oportunidade. As pessoas que praticam *agility* sabem que precisam aprender a brincar com seus cães. Quando não por outras razões, a maioria quer brincar com seus parceiros caninos para tirar proveito da tremenda ferramenta para as práticas de treinamento positivo que é a brincadeira. A brincadeira constrói potentes vínculos afetivos e cognitivos entre parceiros, e a per-

---

41 Philip Pulmann, *A bússola de ouro*, trad. Eliana Sabino. São Paulo: Suma de Letras, 2017, p. 239.
42 Id., *A luneta âmbar*, trad. Ana Deiró. São Paulo: Suma de Letras, 2017, p. 367; trad. modif.

missão para brincar é uma recompensa extremamente valiosa quando se responde corretamente aos sinais, tanto para os cães quanto para as pessoas. A maioria das pessoas que praticam *agility* também quer saltitar com seus cães pela pura alegria de brincar. Entretanto, surpreendentemente, muitas delas não têm ideia de como brincar com um cão; elas precisam de aulas de reforço, a começar por aprender a como responder aos cães da vida real em vez de crianças fantasiosas com casacos de pelo ou parceiros humanoides de tênis em dupla.[43] Melhores do que as pessoas em entender o que alguém está de fato fazendo, os cães podem ser ótimos professores nesse aspecto. Mas não são raros cães desencorajados, que não acreditam na capacidade de sua gente para aprender a brincar com eles de forma polida e criativa. As pessoas têm de aprender a prestar atenção e a se comunicar de forma significativa, ou são excluídas dos novos mundos que a brincadeira propõe. Não é de estranhar que, sem as habilidades da brincadeira, adultos de caráter tanto canino quanto hominídeo fiquem bloqueados em seu desenvolvimento, privados de práticas-chave de invenção ontológica e semiótica. Na linguagem da biologia do desenvolvimento, eles tornam-se muito ruins na indução recíproca. Suas zonas de contato se degeneram em guerras de fronteira empobrecedoras.

Sugiro que as pessoas devem aprender a conhecer os cães primeiro como estranhos a fim de desaprender as suposições e estórias malucas que todos herdamos sobre quem eles são. O respeito pelos cães exige pelo menos isso. Então, como estranhos aprendem a brincar uns com os outros? Primeiro, uma estória.

Safi ensinou Wister a lutar com a mandíbula, como um cão, e até o convenceu a carregar um pedaço de pau com a boca, embora ele nunca parecesse ter a menor ideia do que fazer com aquilo. Wister incitou Safi a perseguições em alta velocidade, e eles desapareciam juntos sobre as colinas, e Safi o procurava por todo o canto como um lobo a caçar sua presa. Às vezes, aparentemente de modo acidental, ele batia

---

43 Esse tipo de instrução é facilmente encontrado no mundo do *agility*, por exemplo em oficinas caras oferecidas por treinadores famosos que têm por objetivo ensinar as pessoas a brincar com seus cães, em artigos de revistas, em demonstrações de amigos e, é claro, no paciente perdão de nossos cães diante das repetidas gafes humanas, como lhes enfiar goela abaixo um brinquedo de morder. Ver Deborah Jones, “Let’s Play!”. *Clean Run*, v. 10, n. 5, maio 2004; Deborah Jones e Judy Keller, *In Focus: Developing a Working Relationship with Your Performance Dog*. Chicopee: Clean Run, 2004.

nela com um casco, e ela gritava de dor. Sempre que isso ocorria, Wister ficava completamente imóvel, permitindo que Safi saltasse para cima e batesse várias vezes com a cabeça no focinho dele. Essa parecia ser a maneira de Safi dizer 'Você me machucou!' e a maneira de Wister dizer 'Não foi minha intenção'. Então eles retomavam a brincadeira. Depois que cansavam de correr, Safi muitas vezes rolava de costas para baixo de Wister, expondo sua barriga vulnerável aos cascos letais dele em uma espantosa demonstração de confiança. Ele afagava a barriga dela e usava seus enormes incisivos para mordiscar o ponto que ela mais gostava que fosse coçado, logo acima da base de sua cauda, o que fazia Safi fechar os olhos em êxtase.[44]

Safi era a mistura de pastor-alemão com pastor-belga de 35 quilos da bioantropóloga Barbara Smuts, e Wister era o jumento de um vizinho. Reunidos em uma parte remota do Wyoming, cão e jumento viveram perto um do outro por cinco meses. Wister não era tolo; ele sabia que seus antepassados eram o almoço dos antepassados de Safi. Perto de outros cães, Wister tomava precauções, zurrando alto e dando coices de forma ameaçadora. Ele certamente não os convidava para corridas de perseguição predadoras por diversão. Quando ele viu Safi pela primeira vez, foi para cima dela e deu-lhe um coice. Mas, conta Smuts, Safi tinha uma longa história de fazer amizade com criaturas, de gatos e furões até esquilos, e ela começou a trabalhar para conquistar Wister, seu primeiro amigo herbívoro grande, solicitando-o e convidando-o, hábil e repetidamente, até que ele deu o grande salto que era arriscar uma amizade fora de categoria.

É claro, o tipo de predador que os cães são sabe ler em detalhes o tipo de presa que os jumentos são, e vice-versa. A história evolutiva deixa isso bem claro. O panorama das economias pastoris nas histórias humano-animais também atesta esse fato; cães têm pastoreado ovelhas e outras espécies de mastigadores de clorofila em uma ampla gama de ecologias naturaisculturais.[45] O processo todo não funcionaria se as

---

44 B. Smuts, "Encounters with Animal Minds". *Journal of Consciousness Studies*, v. 8, n. 5–7, 2001, p. 306.

45 Albion M. Urdank, "The Rationalisation of Rural Sport: British Sheepdog Trials, 1873–1946". *Rural History*, v. 17, n. 1, 2006, investiga as interações de ovelhas, seres humanos e cães de pastoreio na Grã-Bretanha em um período de profunda transformação das paisagens rurais, práticas de trabalho e economias. As habilidades dos cães enraizadas em sua herança biológica de lobos – tais como esquadrinhar a presa, atocaiar, conduzir, amontoar e desmembrar – são remodeladas não apenas pela biologia das associações domésticas com pessoas e herbívoros mas também

ovelhas não soubessem como compreender os cães tão bem quanto os cães sabem interpretá-las. Herbívoros e caninos também aprenderam a trabalhar juntos de outras formas que dependem não da semiótica presa-predador, mas dos significados e práticas compartilháveis do vinculamento social e da identificação do território. Cães de guarda de gado e seus herbívoros cargas e companheiros dão testemunho dessa habilidade. Mas os inteiramente adultos Safi e Wister brincaram juntos ao invadir seu repertório de predador-presa, desagregando-o, recombinando-o, mudando a ordem dos padrões de ação, adotando pedaços comportamentais um do outro e, de modo geral, fazendo acontecer coisas que não se encaixam na ideia de função, de prática para vidas passadas ou futuras, tampouco de trabalho. Cão e jumento não eram exatamente estranhos no início, mas dificilmente eram coespecíficos de ninhada ou parceiros interespécies dados a habitar a fantasia de amor incondicional de um deles. Cão e jumento tiveram de fabricar maneiras atípicas de interpretar as fluências específicas um do outro e reinventar seus próprios repertórios através da intra-ação semiótica e afetiva.

Eu contorci frases em nós nos últimos parágrafos a fim de evitar o uso da palavra *linguagem* para me referir ao que está acontecendo na brincadeira. Deu-se muito peso a questões e expressões da linguagem ao se considerar os feitos da grande variedade tanto de animais quanto de pessoas.[46] Especialmente para pensar em feitura de mundo

---

por questões comerciais e outras forças na história econômica e cultural. Cães, pessoas e ovelhas são todos remodelados de formas que podem ser notadas nas mudanças dos padrões de julgamento de torneios de pastoreio de ovelhas. "O cão do pastor tornou-se mais bem procriado e treinado do que nunca, pois o pastor também se tornou mais habilidoso e educado; e assim o cão pastor tornou-se, fundamentalmente, o instrumento de uma revolução na produtividade pastoril. Mas, como o cão pastor era um ser vivo, com uma inteligência especialmente elevada, seus instintos para o trabalho foram usados não apenas de maneira instrumental mas também em cooperação, como parte de um esforço conjunto no qual cão e pastor também criavam um vínculo especial de afinidade"; ibid., p. 80. Mas essa é a semiótica material do trabalho, e nesta seção estou interessada nas práticas mundificadoras da brincadeira. Vale notar que as pessoas dos torneios de pastoreio tendem a manifestar um grande desdém pelos métodos dos treinadores de *agility*, com seus brinquedos, comida e linguagem behaviorista. Minhas notas de campo relatam homens de cães de pastoreio elogiando o *agility* como algo agradável para cães que não têm um trabalho de verdade. Muita coisa se passa aqui: tensões de gênero e rurais-citadinas, avaliações do trabalho e do esporte e crenças profundas acerca de como os cães aprendem e do que eles já sabem.

46 Em um belo estudo, "Learning from Temple Grandin, or, Animal Studies, Disability Studies, and Who Comes after the Subject" (*New Formations*, v. 64, 2008), Cary Wolfe experimenta formas de sair das premissas do humanismo liberal e

e intra-ação inteligente entre seres como cães e jumentos, perguntar se suas habilidades cognitivas e comunicativas se qualificam ou não para o *imprimatur* da linguagem é cair em uma armadilha perigosa. As pessoas acabam sendo sempre melhores na linguagem do que os animais, não importa o quão latitudinário seja o enquadramento para pensar sobre o assunto. A história da filosofia e da ciência é atravessada por linhas traçadas entre o Homem e o Animal baseadas no que conta como linguagem. Além disso, a história do treinamento em *agility* está repleta de consequências desastrosas que são o resultado de pessoas que pensam que os cães entendem a mesma coisa que os seres humanos por palavras e suas combinações.

Não sinto desinteresse pelo animado trabalho teórico e pelas pesquisas empíricas que acontecem hoje em dia em relação a questões sobre a linguagem que tocam animais humanos e não humanos. Não há dúvida de que muitos animais de uma grande variedade de espécies, incluindo roedores, primatas, canídeos e pássaros, fazem coisas que poucos cientistas esperavam que eles fossem capazes de fazer (ou haviam entendido *como* reconhecer, em parte porque quase ninguém esperava que alguma coisa interessante aparecesse, pelo menos não

---

suas versões saturadas de linguagem da epistemologia, da ontologia e da ética por meio do que Grandin oferece em suas explorações sobre modalidades sensoriais do conhecimento, incluindo o tratamento que ela dá aos detalhes de sua experiência como uma pessoa autista que "pensa por imagens". Grandin critica a negação da vida interior às pessoas autistas que é feita com base na suposição implícita e na premissa explícita de que tudo o que é realmente pensamento deve ser linguístico. Wolfe observa que essa negação "está fundada, em grande parte, na assimilação demasiado rápida das questões da subjetividade, da consciência e da cognição à questão da capacidade linguística"; ibid., p. 2. Essa assimilação é comum, mas não inconteste, nas ciências biocomportamentais, mas é ubíqua e praticamente obrigatória nas ciências sociais e humanidades. Se não há linguagem, não há sujeito nem interioridade que mereçam esse nome, não importa a escola de pensamento preferida, da psicanálise à linguística até a filosofia de qualquer orientação. Apresentando a tão mal elaborada aliança de estudos da deficiência e estudos animais de maneira diferente (ao escapar à questão "Qual grupo oprimido é mais marginalizado?" – uma questão falida, se é que algum dia foi uma questão), Wolfe reconfigura a relação entre os cães de assistência e seus humanos, por exemplo, no trabalho entre um cão de serviço e um humano cego. Ele escreve: "Não faríamos melhor se imaginássemos esse exemplo como uma forma irredutivelmente diferente e única de subjetividade – nem *Homo sapiens* tampouco *Canis familiaris*, nem 'deficientes' nem 'normais', mas algo completamente diferente, um ser-no-mundo transespécies compartilhado, constituído por relações complexas de confiança, respeito, dependência e comunicação (como qualquer pessoa que já tenha treinado – ou contado com – um cão de serviço seria o primeiro a lhe dizer)?"; ibid., p. 13.

de forma testável e com riqueza de dados).[47] Esses talentos recentemente documentados alimentam conversas e argumentos em várias ciências, bem como a cultura popular sobre o que conta como linguagem. Quando até mesmo Noam Chomsky, há muito famoso por sua fé tocante de que a ciência dura da linguística pode provar que as pessoas têm linguagem e os animais não, torna-se objeto da ira de seus colegas ainda puros por se vender, ou pelo menos por reconsiderar o assunto segundo outro ponto de vista e na companhia de novos colegas estranhos, sabemos que algo grande está acontecendo nas ciências cognitivas comparativas da evolução, e a linguagem está no cardápio. Em particular, Chomsky, do Instituto de Tecnologia de Massachusetts (MIT), e seus colegas de Harvard, Marc Hauser e W. Tecumseh Fitch, escreveram:

> Entretanto, argumentamos que os dados disponíveis sugerem que a continuidade entre animais e humanos com relação à fala é muito mais forte do que se acreditava anteriormente. Defendemos que a hipótese da continuidade merece, assim, o estatuto de hipótese nula, que deve ser rejeitada por um trabalho comparativo antes que qual-

---

47 O muito habilidoso border collie alemão Rico causou uma grande agitação quando provou ser tão capaz quanto crianças humanas de dois anos de idade de fazer o que os linguistas chamam de "mapeamento rápido" de novas palavras para objetos após apenas uma exposição. Rico conhecia os rótulos de mais de duzentos itens diferentes, e ele lembrava de suas novas palavras ao ser submetido a um novo teste quatro semanas depois. Parece que o que quer que seja que torna o mapeamento rápido possível faz parte das habilidades cognitivas gerais que as pessoas compartilham com outras criaturas. Ver Julianne Kaminski, Joseph Call e Julia Fisher, "World Learning in a Domestic Dog: Evidence for 'Fast Mapping'". *Science*, v. 304, 11 jun. 2004. Essa notícia pode ter sido uma novidade maior para os cientistas do que para muitos treinadores de *agility*. Cayenne não é excepcional, e eu tenho evidências de que ela conhece de forma confiável cerca de 150 a 250 palavras ou frases em uma grande variedade de circunstâncias (mas nem todas as circunstâncias – o poder de generalizar parece ligado ao que os linguistas chamam de propriedade de "infinidade discreta", na qual os humanos definitivamente se destacam. Minha falha em compreender a necessidade de ensinar, uma de cada vez, combinações relevantes de circunstâncias em que um item ou ação nomeada apareceria – o que as pessoas pensam em termos de contexto, mas para os cães parece ser a própria situação semiótica – estava no centro de minha incoerência na zona de contato). Cayenne aprende muito rapidamente e se lembra de novas palavras (ou gestos) para itens e ações. De fato, os treinadores enfrentam o problema de convencer seus cães de que alguns dos nomes de itens e ações que eles aprenderam não são o que sua gente queria que eles aprendessem! Discriminações parecem mais difíceis de desaprender do que de aprender.

quer alegação de singularidade possa ser validada. Por enquanto, essa hipótese nula de nenhum traço verdadeiramente novo no domínio do discurso parece se manter.[48]

---

48 Marc D. Hauser, Noam Chomsky e W. Tecumseh Fitch, "The Faculty of Language: What Is It, Who Has It, and How Did it Evolve?". *Science*, v. 298, 22 nov. 2002, p. 1574. A posição ortodoxa – e cuidadosamente sustentada – entre os linguistas pode ser encontrada em Stephen R. Anderson, *Doctor Doolittle's Delusion: Animals and the Uniqueness of Human Language*. New Haven: Yale University Press, 2004. Para mais argumentos contra seus críticos, ver W. Tecumseh Fitch, Marc D. Hauser e Noam Chomsky, "The Evolution of the Language Faculty: Clarification and Implications". *Cognition*, v. 97, n. 2, set. 2005. O trabalho nutre a cooperação interdisciplinar entre biólogos da evolução, antropólogos, psicólogos e neurocientistas. Os autores defendem que deve ser feita uma distinção entre a linguagem funcional em sentido amplo (FLB [*faculty of language in broad sense*]) e a linguagem em sentido estrito (FLN [*faculty of language in narrow sense*]). A FLB é composta por muitos subsistemas interativos (sensório-motor e computacional-intencional) que não necessariamente evoluem como uma unidade. (Eu acrescentaria a necessidade de olhar para os subsistemas afetivo-semiótico-cognitivos). O único componente exclusivamente humano da faculdade da linguagem (FLN) é a recursividade, "a capacidade de gerar uma gama infinita de expressões a partir de um conjunto finito de elementos". Esse poder expressivo potencialmente infinito da linguagem também é chamado de propriedade da "infinidade discreta", o poder exercido pelos humanos de "recombinar unidades significativas em uma variedade infinita de estruturas maiores, cada uma diferindo sistematicamente no significado"; M. D. Hauser, N. Chomsky e W. T. Fitch, "The Faculty of Language", op. cit., p. 1576. Isso é muito mais do que apenas combinar palavras. Mas mesmo o tipo de singularidade computacional exigido pela FLN torna-se sujeito, de uma nova forma, a estudos comparativos; e os autores insistem que a singularidade deve ser uma hipótese testável, não uma suposição enraizada em premissas de excepcionalismo humano. Ademais, os autores argumentam que tais capacidades poderosas podem muito bem ter evoluído em outros domínios que não a comunicação (como o mapeamento de território, a navegação espacial e o forrageamento) e, em seguida, terem sido sequestradas para comunicação de formas desacopladas das restrições rígidas de função. A linguagem (FLN) pode não ter surgido porque fazia algo especialmente útil no início. A linguagem (FLN) pode ter vindo a ser porque podia; e então ela se tornou muito útil, de fato, de forma seletivamente vantajosa, para o bem e para o mal do planeta. O oportunismo da evolução é uma grande bênção para o pensamento não teleológico das pós-humanidades. Além disso, uma vez que se tornou uma hipótese seriamente testável, até mesmo a FLN vem sofrendo golpes no que diz respeito às questões da singularidade da recursividade e da infinidade discreta. Parece que os estorninhos-comuns [*Sturnus vulgaris*], mas talvez não os habitantes primatas da Casa Branca de Bush, "reconhecem com precisão os padrões acústicos definidos pela gramática recursiva, autoembutida e sem contexto. Eles também são capazes de classificar novos padrões definidos pela gramática e excluir de forma confiável padrões agramaticais". Timothy Gent-

Isso vira belamente a mesa em relação ao que precisa ser provado!

Fiquemos por um momento com a palavra *continuidade*, porque acho que ela representa mal a força e o radicalismo de Chomsky, Hauser e Fitch ao reiniciarem o que conta como a hipótese nula. Como as palavras esquisitas e singulares *humano* e *animal* são tão lamentavelmente comuns nos vocabulários científicos e populares e tão enraizadas nas premissas filosóficas ocidentais e nas cadeias hierárquicas do ser, *continuidade* implica facilmente que um *continuum* está simplesmente substituindo um abismo de diferença. Hauser e seus colegas, entretanto, pertencem a uma tribo nas ciências cognitivas comparadas e na neurobiologia que demoliu completamente essa péssima figura de diferença. Eles desagregam os singulares em campos de rica diferença, com muitas geometrias de arquitetura de sistemas e subsistemas e junções e disjunções de propriedades e capacidades, seja em escalas de diferentes espécies ou de organização do cérebro em uma determinada criatura. Não é mais possível em ciência comparar algo como "consciência" ou "linguagem" entre animais humanos e não humanos como se existisse um eixo único de calibragem.[49] Parte do radicalismo dessas poderosas interdisciplinas científicas evolutivas comparativas recentes é que elas não invalidam as perguntas sobre consciência e linguagem. Ao contrário, a investigação torna-se inextricavelmente rica e detalhada na carne da complexidade e da diferença não linear e de suas figuras semióticas requeridas. Os encontros entre seres humanos e outros animais mudam nessa teia. Não menos importante, as pessoas podem parar de procurar alguma diferença única entre elas e todo mundo e compreender que estão em ricas e em grande parte inexploradas conexões material-semióticas, carne a carne e face a face com uma série de outros significativos. Isso requer retreinar na zona de contato.

Semelhante à questão da linguagem é a disputa sobre se outras criaturas além das pessoas possuem uma "teoria da mente", isto é, saber que outros seres têm o mesmo tipo ou tipos similares de motivos e ideias que eles mesmos. Stanley Coren argumenta que "os cães [...] parecem entender que outras criaturas têm seus próprios pontos de vista e

---

ner, Kimberly Fenn, Daniel Margoliash e Howard Nusbaum, "Recursive Syntactic Pattern Learning by Songbirds". *Nature*, v. 440, 27 abr. 2006, p. 1204.

49 Os zoólogos da evolução quase nunca operaram com um único eixo de diferença biocomportamental entre animais, não importa o que pensassem sobre o lugar em que os humanos se encaixavam, mas também não foram de especial ajuda em questões de linguagem e consciência até que as interdisciplinas recentes remodelaram a topografia.

processos mentais".[50] Coren insiste que essa habilidade é altamente vantajosa para as espécies sociais e para as associações predador-presa, e é provável que seu desenvolvimento tenha sido muito favorecido pela seleção natural. Ele e outros fornecem numerosas descrições e relatos nos quais parece tanto apropriado admitir a capacidade de reconhecer diferentes pontos de vista em muitas outras espécies, incluindo cães, como que presumir o oposto é também intelectualmente anoréxico, indicando jejum epistemológico extremo e regurgitação narrativa.

Não obstante, testes exigentes, comparativos e experimentais são, em minha opinião, extremamente importantes, com a hipótese nula em vigor de que a falta da capacidade é geralmente o que tem de ser demonstrado com um alto grau de significância estatística caso se espere que as pessoas acreditem que seus cães não têm "mentes" nem capacidade de levar em conta as "mentes" dos outros. As similaridades especificadas com precisão devem ser a posição que tem de ser refutada, e não o contrário. O que poderia ser entendido por "mente" e por "reconhecer o ponto de vista de outro", é claro, está pelo menos tanto em jogo para as pessoas hoje em dia quanto para os cachorros. Nem um único eixo de diferença e, portanto, nenhum postulado de continuidade fazem justiça à miscelânea das criaturas que se comunicam, incluindo pessoas e cães. As "mentes" não são todas da variedade humana, para dizer o mínimo. Descobrir como fazer os tipos de trabalho experimental necessários, nos quais emaranhamentos material-semióticos heterogêneos são a norma, deveria ser muito divertido e cientificamente bastante criativo.[51] Que tal trabalho premente

---

50 S. Coren, *How Dogs Think*, op. cit., p. 310.

51 Marc Hauser, *Wild Minds: What Animals Really Think*. New York: Owl Books, 2001 é um bom lugar para começar. Esse psicólogo e neurocientista de Harvard (coautor com Chomsky dos artigos mencionados anteriormente) sustenta que os organismos possuem conjuntos heterogêneos de ferramentas mentais, unidas complexa e dinamicamente a partir de interações genéticas, de desenvolvimento e de aprendizagem ao longo da vida, e não de interiores unitários que ou se têm ou não. Para uma visão ainda mais generosa das variadas vidas mentais e emocionais dos animais, mas que insiste igualmente nas diferenças e na imensa diversidade dos animais e está enraizada nas ciências do comportamento evolutivo, ver Marc Bekoff, *Minding Animals: Awareness, Emotions, and Heart*. Oxford: Oxford University Press, 2003. Para Bekoff, os animais são outras pessoas (não antropomórficas), de modo não muito diferente dos "outros mundos" de B. Noske em *Beyond Boundaries*, op. cit., p. xiii. A bibliografia online do Centre for Social Learning and Cognitive Evolution [Centro de Aprendizagem Social e Evolução Cognitiva] na Universidade de St. Andrews, na Escócia, é um bom lugar para encontrar referências a trabalhos recentes de uma instituição de pesquisa muito ativa.

ainda esteja largamente por fazer dá uma boa ideia de quão reservados, para não dizer apavorados, diante da alteridade os humanos pesquisadores e filósofos nas tradições ocidentais têm sido.

Entre os seres que se reconhecem uns aos outros, que respondem à presença de um outro significativo, algo delicioso está em jogo. Ou, como disse Barbara Smuts após décadas de cuidadosos estudos científicos de campo com babuínos e chimpanzés, cetáceos e cães, a copresença "é algo que nós provamos, e não algo que usamos. Na mutualidade, sentimos que dentro desse outro corpo, há 'alguém em casa', alguém tão parecido conosco que podemos cocriar uma realidade compartilhada como iguais".[52] Nas zonas de contato que habito no *agility*, não tenho tanta certeza sobre "iguais"; temo as consequências para outros significativos de fingir não exercer o poder e o controle que moldam as relações apesar de quaisquer negações. Mas tenho certeza do sabor da copresença e da construção compartilhada de outros mundos.

Ainda assim, as figuras da linguagem e da mente não me levam ao tipo de inventividade que Cayenne e eu experimentamos em nosso jogo. O jogo é a prática que nos torna novas, que nos transforma em algo que não é nem uma nem duas, que nos traz ao aberto onde propósitos e funções são deixados de lado. Estranhas em carne com mente hominídea e canídea, jogamos uma com a outra e nos tornamos outras significativas uma para a outra. O poder da linguagem é supostamente sua inventividade potencialmente infinita. Bom, é verdade em um sentido técnico ("infinidade discreta"); porém, a potência inventiva do jogo refaz os seres de maneiras que não deveriam ser chamadas de linguagem, merecendo seus próprios nomes. Ademais, não é a expressividade potencialmente *infinita* que é interessante para os parceiros de jogo, mas, ao contrário, as invenções inesperadas e não teleológicas que só podem tomar forma mortal dentro dos repertórios naturais-culturais finitos e dessemelhantes das espécies companheiras. Outro nome para esse tipo de invenção é alegria. Perguntem a Safi e Wister.

Gregory Bateson não conhecia aqueles ótimos cão e jumento, mas tinha uma filha humana com quem se engajava na arriscada prática da brincadeira. A brincadeira não está fora das assimetrias de poder, e tanto Mary Catherine como Gregory sentiram aquele campo de força em sua zona de contato pai-filha em "Metalogue: About Games and Being Serious" [Metálogo: Sobre jogos e ser sério].[53] Eles aprenderam

---

52 B. Smuts, "Encounters with Animal Minds", op. cit., p. 308.

53 Gregory Bateson, "Metalogue: About Games and Being Serious", in *Steps to an Ecology of Mind*. Chicago: University of Chicago Press, 1972. Devo a Katie King as

a brincar naquele campo de força, e não em algum Éden fora dele. A brincadeira deles era linguística, mas o que eles tinham a dizer segue o que Cayenne e eu aprendemos a fazer, mesmo que Wister e Safi permaneçam mestres indiscutíveis da arte. Eis como começa esse metálogo:

FILHA — Pai, essas conversas são sérias?
PAI — Certamente são.
FILHA — Elas não são um tipo de jogo em que você brinca comigo?
PAI — Deus me livre... Mas elas são uma espécie de jogo em que brincamos juntos.
FILHA — Então elas *não* são sérias![54]

Passa-se, então, à sua investigação lúdica não inocente sobre o que é brincadeira e o que é sério e como eles precisam um do outro para sua reinvenção do mundo e para a graça da alegria. Afrouxar um pouco os grilhões da lógica, com toda sua capacidade profundamente funcional de seguir caminhos únicos até seus devidos fins, é o primeiro passo. O pai diz esperançosamente: "Acho que temos algumas ideias direitas e acho que as bagunças ajudam". Ele diz: "Se nós dois falássemos de maneira lógica o tempo todo, nunca chegaríamos a lugar algum".[55] Se você quer entender algo novo, "tem de desfazer todas as nossas ideias prontas e embaralhar as peças".[56]

P e F estão jogando um jogo, mas um jogo não é o ato de jogar (a brincadeira). Os jogos têm regras. *Agility* tem regras. No ato de jogar, na brincadeira, quebram-se regras para fazer outra coisa acontecer. A brincadeira precisa de regras, mas não é definida por regras. Não se pode jogar um jogo a menos que se habite essa bagunça. F pondera em voz alta: "Estou me perguntando sobre nossas bagunças. Precisamos manter os pedacinhos do nosso pensamento em algum tipo de ordem – para não enlouquecer?". P concorda e então acrescenta: "Mas não sei *que* tipo de ordem".[57] F reclama que as regras estão sempre mudando quando ela brinca com P. Eu conheço

—

conversas sobre Bateson, especialmente sobre os metálogos. Bateson foi um dos professoras de graduação de King nos anos 1970 na Universidade da Califórnia em Santa Cruz e tem sido um interlocutor em sua teoria feminista transdisciplinar desde então. Ver K. King, *Networked Reenactments*, op. cit.

54 G. Bateson, "Metalogue: About Games and Being Serious", op. cit., p. 14.

55 Ibid., p. 15.

56 Ibid., p. 16.

57 Id.

Cayenne e já me senti assim em relação a nós duas. F: "A maneira como você confunde tudo – é um tipo de trapaça". P objeta: "Não, de forma alguma".[58] F se preocupa: "Mas é um *jogo*, papai? Você está jogando *contra* mim?". Inspirando-se em como uma criança e um pai brincam juntos com blocos coloridos, P visa a algum tipo de coerência: "Não. Eu penso nisso como você e eu jogando contra os blocos de construção".[59] Será que é o mesmo que se passa entre Safi e Wister jogando contra as regras das ancestralidades de suas espécies? Ou que Cayenne e eu jogando na listra arbitrária de tinta amarela que é nossa zona de contato? P elabora: "Os próprios blocos fazem um tipo de regra. Eles se equilibram em certas posições e não se equilibram em outras".[60] Não é permitido usar cola para uni-los; isso *é* trapaça. O ato de jogar se dá no aberto, não no pote de cola.

Justo quando eu pensava ter entendido, P parafraseia F: "'A que tipo de ordem devemos nos agarrar para que, quando entrarmos em uma bagunça, não enlouqueçamos?'". P responde à própria paráfrase: "Parece-me que as 'regras' do jogo são apenas outro nome para esse tipo de ordem". F acha que agora tem a resposta: "Sim – e trapacear é o que nos mete em bagunças". Complicação é o lema de P: "Exceto que o objetivo do jogo é que nos metamos em bagunças e saiamos pelo outro lado".[61] É isso que a prática lúdica de cometer erros interessantes no treinamento de *agility* nos ajuda a entender? Cometer erros é inevitável e não particularmente iluminador; tornar erros interessantes é o que torna o mundo novo. Cayenne e eu experimentamos isso em raros e preciosos momentos. Brincamos com nossos erros; eles nos dão essa possibilidade. Tudo acontece muito rápido. P assume: "Sim, sou eu quem faz as regras – afinal de contas, não quero que fiquemos loucos". F é inabalável: "É *você* que faz as regras, papai? Isso é justo?". P se mantém convicto: "Sim, filha, eu as mudo constantemente. Não todas elas, mas algumas". F: "Gostaria que você me dissesse quando vai mudá-las!". P: "Eu gostaria de poder [na verdade, ele não gostaria].[62] Mas não é assim [...]. Certamente não é como o xadrez ou a canastra. É mais parecido com o que os gatinhos e cachorrinhos fazem. Talvez. Eu não sei".[63]

---

58 Ibid., p. 17.
59 Id.
60 Ibid., p. 18.
61 Ibid., p. 19.
62 Colchetes da autora. [N. E.]
63 Ibid., pp. 19–20.

F dá um pulo: "Papai, por que os gatinhos e cachorrinhos brincam?". Compreendendo que a brincadeira não é *para* um propósito, P, sem pedir desculpas, e eu suspeito que de modo triunfante, encerra esse metálogo: Eu não sei – eu não sei".[64] Ou, como disse Ian Wedde sobre Vincent: "Ele enriquece minha ignorância". E, como Wister disse sobre Safi: "Vou dar uma chance a essa cadela. Sua posição de reverência constante pode significar que eu não sou almoço. É melhor não estar enganado, e é melhor que ela veja que aceitei seu convite. Caso contrário, ela é um cão morto e eu sou um jumento despedaçado".

Assim, chegamos a outro ponto ao qual Bateson nos leva: metacomunicação, comunicação sobre comunicação, a condição *sine qua non* da brincadeira. A linguagem não pode engendrar essa matéria delicada; ao contrário, a linguagem conta com esse outro processo semiótico, com esse convite gestual, nunca literal, sempre implícito, corpóreo, ao risco de copresença, ao risco de outro nível de comunicação. De volta a outro metálogo. F: "Papai, por que as pessoas não podem simplesmente *dizer* 'eu não estou zangado com você' e deixar por isso mesmo?". P: "Ah, agora estamos chegando ao problema real. A questão é que as mensagens que trocamos por gestos não são realmente as mesmas que qualquer tradução desses gestos em palavras".[65]

Bateson também estudou outros mamíferos, incluindo macacos e golfinhos, por suas brincadeiras e suas práticas de metacomunicação.[66] Ele não estava procurando por mensagens denotativas, por mais expressivas que fossem; estava procurando por sinais semióticos que dissessem que esses outros sinais não significam o que eles de outra forma significam (como em um gesto de brincadeira indicando que a parte seguinte *não* é agressão). Esses estão entre os tipos de sinais que tornam os relacionamentos possíveis, e a comunicação "pré-verbal" de mamíferos, para Bateson, dizia respeito sobretudo "às regras e contingências do relacionamento".[67] Ao estudar a brinca-

---

64 Ibid., p. 20.
65 Ibid., p. 12.
66 Id., *Steps to an Ecology of Mind*, op. cit., p. 179.
67 Ibid., p. 367. Explorando a dinâmica compartilhada da construção de mundo, mas mais interessado do que eu neste capítulo em como a comunicação sobre alguma *outra* coisa além dos relacionamentos emerge, Cary Wolfe também cita essa passagem de Bateson em "In the Shadow of Wittgenstein's Lion: Language, Ethics, and the Question of the Animal", in *Animal Rites*, op. cit., p. 39. Aqui, estou mais interessada em como a comodelação acontece sem linguagem no sentido da FLN da linguística ou mesmo no sentido de Bateson de "como ser específico sobre algo além dos relacionamentos"; G. Bateson, *Steps to an Ecology of Mind*, op. cit.,

deira, ele estava procurando por coisas como uma posição de reverência seguida de "combate" que não é combate e é sabido não sê-lo pelos participantes (e por observadores humanos que se preocupam em aprender alguma coisa sobre as criaturas que eles têm o privilégio de observar). A brincadeira só pode ocorrer entre aqueles dispostos ao risco de abandonar o literal.[68] Esse é um grande risco, pelo menos para adultas como eu e Cayenne; aqueles sinais maravilhosos que induzem alegria, como posições de reverência e fintas, nos conduzem através do limiar ao mundo dos significados que não significam o que parecem significar. Não é a "infinidade discreta" do linguista nem a "continuidade" da neurobiologia comparativa. Ao contrário, o mundo dos significados desvinculados de suas funções é o jogo da copresença na zona de contato. Não se trata de reproduzir a imagem sagrada do mesmo, esse jogo é não mimético e cheio de diferenças. Os cães são extremamente bons nesse jogo; as pessoas podem aprender.

O biólogo Marc Bekoff passou inúmeras horas estudando a brincadeira dos canídeos, incluindo os cães. Concedendo que a brincadeira às vezes pode servir a um propósito funcional na hora ou mais tarde na vida, Bekoff defende que essa interpretação não dá conta da brincadeira nem mesmo permite o reconhecimento de sua ocorrência. Em vez disso, Bekoff e seu colega J. A. Byers oferecem uma definição de brincadeira que engloba "toda atividade motora realizada após o nascimento que parece ser sem propósito, na qual padrões motores de outros contextos podem frequentemente ser usados de formas modificadas e em sequências temporais alteradas".[69] Tal como a linguagem, a brincadeira rearranja os elementos em novas sequências para criar novos significados. Mas brincar também requer algo não

---

p. 370; C. Wolfe, "In the Shadow of Wittgenstein's Lion", op. cit., p. 39. Desse modo, eu me concentro em como nós – cães e pessoas – prestamos atenção uns aos outros e assim fazemos algo novo acontecer no mundo. Chamo isso de brincadeira, invenção e proposição.

68 Para outra pessoa sábia (apesar de se restringir ao estudo de seres humanos) que entendeu como a brincadeira faz a vida valer a pena ou, talvez melhor, como a brincadeira torna a vida criativa possível, ver Donald W. Winnicott, *O brincar e a realidade*, trad. Breno Longhi. São Paulo: Ubu Editora, 2019. Agradeço a Sheila Namir pela referência e conversas valiosas sobre a brincadeira.

69 M. Bekoff e John A. Byers, "A Critical Reanalysis of the Ontogeny of Mammalian Social and Locomotor Play: An Ethological Hornet's Nest", in Klaus Immelmann et al. (orgs.), *Behavioural Development: The Bielefeld Interdisciplinary Project*. Cambridge: Cambridge University Press, 1981. Ver também M. Bekoff e John A. Byers (orgs.), *Animal Play: Evolutionary, Comparative, and Ecological Approaches*. New York: Cambridge University Press, 1998.

explícito na definição de Bekoff e Byer dos anos 1980, qual seja, *alegria* no puro ato.[70] Acho que é isso que se quer dizer com "sem propósito". Se "desejo", no sentido psicanalítico, é próprio apenas aos sujeitos humanos constituídos pela linguagem, então a "alegria" sensual é o que os seres constituídos pela brincadeira experimentam. Como a copresença, a alegria é algo que provamos, não algo que conhecemos

---

70 Por mais de duas décadas, Bekoff tem aberto o caminho ao prestar atenção aos aspectos emocionais da cognição e do comportamento, incluindo a brincadeira. Ver M. Bekoff, *The Emotional Lives of Animals: A Leading Scientist Explores Animal Joy, Sorrow, and Empathy and Why They Matter*. Novato: New World Library, 2007. Conforme ele me disse em um e-mail datado de 6 de agosto de 2006, "Eu sei que a alegria é a chave – apenas não a incluí em 1980". Naquela época, ele provavelmente não teria conseguido publicar um artigo científico que levasse a sério a alegria animal. Barbara Smuts foi duramente criticada em alguns círculos de estudos de primatas quando publicou um livro intitulado *Sex and Friendship in Baboons* (New York: Aldine, 1985), e a primatologista Shirley Strum me contou estórias semelhantes sobre a severidade nos padrões de publicação quanto ao uso de termos como *amizade* mesmo para primatas não humanos (que dirá cães ou ratos), apesar da prevalência de tal linguagem no vocabulário comum dos pesquisadores fora da palavra impressa. Ver S. Strum, *Almost Human: A Journey into the World of Baboons*. New York: Random House, 1987. Essa é a mesma época em que parecia perfeitamente científico para muitos usar termos como *estupro* em artigos sóbrios e cheios de equações para designar sexo forçado entre primatas não humanos e pássaros. Quando Jeanne Altmann era a editora americana da prestigiosa revista *Animal Behaviour*, entre 1978 e 1983, ela negociou firmemente com os autores se termos como *estupro* realmente descreveriam o que os animais estavam fazendo. Acho que sua atenção de autoridade e guardiã em relação à descrição precisa e às técnicas de amostragem cientificamente defensáveis nos estudos de campo de primatas faz parte do pano de fundo que começou a permitir o uso de termos como *amizade* e a testar com mais cuidado termos que soem mais científicos (*agressão*) para o trabalho invisível que eles realmente fazem para moldar o que os cientistas sabem ver. A questão não é que o estupro ou a agressão não aconteçam entre os animais – longe disso. A questão é prestar atenção comparável e ter hipóteses testáveis para todo o espectro. Acreditar que se está protegido do antropomorfismo ao usar um termo que já é considerado técnico seria risível se não fosse tão prejudicial à ciência. A prática cuidadosa dos terio-antropo-morfismos pode levar a uma investigação científica muito mais sólida do que a crença de que alguns vocabulários estão livres de figuração e outros estão poluídos de cultura. Ver D. Haraway, *Primate Visions: Gender, Race and Nature in the World of Modern Science*. New York: Routledge, 1989, especialmente pp. 306–16, 368–76, 420–22 (nota 7). Para uma investigação única e colaborativa da comodelação daquela coisa chamada "ciência e sociedade" por biólogos de primatas de campo e de laboratório, pesquisadores de estudos culturais, teóricas feministas e estudiosos de *science studies* (categorias parcialmente sobrepostas), ver Shirley Strum e Linda Fedigan (orgs.), *Primate Encounters*. Chicago: University of Chicago Press, 2000.

denotativamente ou usamos instrumentalmente. A brincadeira cria uma abertura. A brincadeira propõe.

Quero ficar por um momento com uma sequência temporal alterada. Os padrões funcionais impõem uma restrição bastante firme à sequência de ações no tempo: primeiro, atocaiar; depois correr para o flanco; depois encarar, juntar, atravessar e separar a presa selecionada; depois dar o bote; depois morder e matar; depois dissecar e puxar. As sequências em uma luta séria e coespecífica ou em qualquer outro dos importantes padrões de ação para ganhar a vida são diferentes, mas não menos disciplinadas sequencialmente. Brincar não é ganhar a vida; revela a vida. O tempo se abre. A brincadeira, como a graça cristã, pode permitir que os últimos se tornem os primeiros, com resultados alegres. As reflexões de Ian Wedde sobre suas caminhadas com Vincent, o leão-da-rodésia, dizem-me algo sobre o aberto temporal que eu e, creio, Cayenne experimentamos quando brincamos juntas, seja coreografando as formas mais estruturadas de uma corrida de *agility*, com sua dança de regra e invenção na combinação cinestésica de dois corpos em movimento veloz, ou nos padrões de brincadeira mais soltos que fazemos com perseguição, luta e puxão.

> Estou incerto em relação ao terioantropismo envolvido em ponderar sobre o sentido de tempo de um cão – o que conheço é um grau de reciprocidade em nossa experiência compartilhada do tempo. Para mim, isso envolveu ritmo, espaço e distância focal, assim como duração e memória. Meu senso do presente tornou-se mais vivo; concomitantemente, o ritmo perceptivo de Vincent mudou quando ele foi obrigado a compartilhar minha velocidade. Nosso tempo combinado continha meu sentido melhorado e seu ritmo alterado; ambos estávamos fixados em primeiros planos temporais vívidos.[71]

Na experiência de Cayenne e minha brincando juntas, esse jogo de estranhas, ambas as parceiras experimentam o senso temporal alterado de Wedde. Dentro desse sentido modificado em conjunto, mas ainda não idêntico, o tempo no sentido do sequenciamento também se abre. Conjunções inesperadas e coordenações de parceiros criativamente móveis em jogo se apoderam de ambos e os colocam em um aberto que se parece com algo como um eterno presente ou com uma suspensão do tempo, uma onda de "dar-se conta" conjuntamente

---

71 I. Wedde, "Walking the Dog", op. cit., p. 338.

em ação, ou o que eu estou chamando de alegria. Nenhum biscoito de fígado pode chegar aos pés disso! As pessoas que praticam *agility* frequentemente brincam umas com as outras sobre o "vício" de jogar *agility* com seus cães. Como elas podem justificar as milhares de horas, milhares de dólares, experiências constantes de fracasso, exposição pública das tolices de cada uma e lesões repetidas? E quanto ao vício de seus *cães*? Como seus cães podem estar tão intensamente preparados *o tempo todo* para ouvir seus humanos proferirem a palavra de liberação na linha de partida que os liberta para voar em fluxo coordenado com esse alienígena de FC em duas patas através de um campo de obstáculos desconhecidos? Afinal, há muita coisa que não é divertida na disciplina de treinamento para pessoas ou para cães, sem mencionar os rigores da viagem e as erosões do tédio do confinamento enquanto se espera por uma corrida em um evento. No entanto, cães e pessoas parecem provocar uns aos outros para a próxima corrida, a próxima experiência que a brincadeira propõe.

Além disso, alegria não é a mesma coisa que diversão. Eu não acho que muitas pessoas e cães continuariam jogando *agility* apenas pela diversão; divertir-se conjuntamente não acontece sempre em *agility* e é mais fácil que se dê em outro lugar. Pergunto como Cayenne pode saber a diferença entre uma corrida boa e uma medíocre, de tal modo que todo seu ser corpóreo acende como se em um oceano fosforescente depois de termos voado bem juntas? Ela se pavoneia; ela brilha de dentro para fora; por contágio, ela *causa* alegria por toda sua volta. Também é assim com outros cães, outras equipes, quando eles se incendeiam depois de uma "boa corrida". Cayenne fica bastante satisfeita com uma "corrida medíocre". Ela passa por bons momentos; afinal de contas, ainda recebe tiras de queijo e muita atenção afirmativa. Corrida medíocre ou não, eu também passo bons momentos. Fiz valiosos amigos humanos no *agility*; admiro uma grande variedade de cães; e os dias são desordenados e agradáveis. Mas Cayenne e eu sabemos a diferença de quando provamos o aberto. Ambas conhecemos o rasgo no tecido de nosso devir conjunto quando nos separamos e entramos no mero tempo funcional do movimento separado após a alegria da isopraxia inventiva. O gosto de devir-com no ato de jogar atrai seus aprendizes estoicos de ambas as espécies de volta para o aberto de um presente sensorial vívido. É por isso que o fazemos. Essa é a resposta à minha pergunta: "Quem é você e, então, quem somos nós?".

Bons jogadores (observe qualquer cão hábil ou releia Mary Catherine e Gregory Bateson em seu metálogo) têm um repertório considerável para convidar e sustentar o interesse e engajamento de seus parceiros na atividade e para acalmar quaisquer preocupações que o parceiro possa desenvolver em relação a lapsos sobre o significado literal de elementos e sequências alarmantes. Bekoff sugere que essas habilidades animais de iniciar, facilitar e sustentar o *"fair" play* conjunto, no qual os parceiros podem assumir riscos para propor algo ainda mais exagerado e fora de ordem do que haviam experimentado juntos até ali subjaz a evolução da justiça, da cooperação, do perdão e moralidade.[72] Lembrem-se de que Wister deixou que Safi o golpeasse com seu focinho quando o jumento acidentalmente atingiu a cabeça da cadela com um casco por demais exuberante. Lembro-me também de quantas vezes, ao treinar com Cayenne, quando sou incoerente e nociva em vez de convidativa e responsiva, descrevo o que sinto dela como seu perdão e sua prontidão para se engajar novamente. Experimento o mesmo perdão ao brincar com ela fora do treinamento formal, quando interpreto mal seus convites, preferências ou alarmes. Sei perfeitamente bem que estou "antropomorfizando" (assim como teriomorfizando) nessa maneira de dizer as coisas, mas *não* dizê-las dessa forma parece pior, no sentido de ser ao mesmo tempo imprecisa e mal-educada.[73] Bekoff está direcionando nossa atenção para a evolução espantosa e transformadora de mundo naturalcultural daquilo que chamamos confiança. Eu também tendo à ideia de que a experiência da alegria sensual no aberto não literal da brincadeira pode estar na base da possibilidade da moralidade e da responsabilidade por, e para com, um ao outro em todas as nossos realizações em qualquer escala entramada de tempo e espaço.

Assim, ao final de "Treinar na zona de contato", retorno a Isabelle Stengers, que encontramos no capítulo 3, "Compartilhar o sofrimento", com sua introdução à ideia de cosmopolítica, que requer copresença. Preciso de Stengers aqui por sua leitura da noção de Whitehead de proposição. Em seu artigo intitulado "Whitehead's Account of the Sixth Day" [O relato de Whitehead sobre o sexto dia], Stengers escreve:

---

72 M. Bekoff, "Wild Justice and Fair Play: Cooperation, Forgiveness, and Morality in Animals". *Biology and Philosophy*, v. 19, 2004.

73 O "teriantropismo" do escritor Ian Wedde junta-se aos estudos de ficção científica e aos estudos humano-animais do acadêmico Istvan Csicsery-Ronay na proposta de uma revista online internacional hospedada na Universidade DePauw, para a qual eu ofereci e ele aceitou o nome *Humanimália* de modo a sinalizar as induções recíprocas em jogo nas interdisciplinas emergentes dos estudos animais humanos e não humanos, bem como nos encontros carnais historicamente situados de pessoas e outros animais.

> As proposições são membros da pequena lista metafísica do que se pode dizer que existe, do que é exigido pela descrição de entidades atuais como tais [...]. O vir à existência de novas proposições pode precisar, e de fato precisa, de um ambiente social, mas não será explicado em termos sociais. O evento dessa vinda à existência marca a abertura de uma gama completa de novas possibilidades divergentes para devir e, como tal, geralmente significa uma ruptura na continuidade, o que pode ser chamado de agitação social.[74]

Arrisco essa excursão à filosofia do processo especulativo e ao vocabulário de Whitehead, essa outra brincadeira com estranhos, no mesmo espírito que abordo o treinamento com meus parceiros nas zonas de contato do *agility*. Stengers diz que o papel conceitual dos termos técnicos de Whitehead jaz no "salto imaginativo produzido por sua articulação [...] seu significado não pode ser elucidado de imediato, assim como um animal não pode ser abordado de imediato. Em ambos os casos é preciso desacelerar e aprender o que eles exigem e como se comportam".[75] É um caso de polidez conceitual, de cosmopolítica, esse aprendizado de brincar com estranhos.

Eu disse que "brincar propõe" e argumentei que as pessoas devem aprender a conhecer cães como estranhos, como outros significativos, de modo que ambos possam aprender a semiose corpórea da confiança interespécies e adentrar o aberto de arriscar algo novo. O *agility* é um esporte comum ou um jogo, no qual a dança sincopada de regra e invenção é a coreografia que remodela os jogadores. Sei que Whitehead não tinha em mente as corridas canino-humanas de *agility* quando elaborou seu sentido de proposição, mas Stengers é mais promissoramente promíscua em seu amor ao trabalho especulativo e à brincadeira das proposições. Encorajada por Stengers, sugiro que uma "boa corrida" em *agility* é um "modo de coerência", uma "concrescência de preensões" e um evento de "revelação profunda" [*profound disclosure*] – tudo nos termos de Whitehead.

---

74 I. Stengers, "Whitehead's Account of the Sixth Day". *Configurations*, v. 13, n. 1, 2005, p. 51. Esse artigo é fruto de uma conferência proferida no Simpósio Whitehead na Universidade de Stanford, 21 abr. 2006. Meus argumentos seguintes se desenvolveram a partir de conversas com Stengers e de "The Sixth Day and the Problem of Human Exceptionalism" [O sexto dia e o problema do excepcionalismo humano], que foi meu comentário à sua apresentação no simpósio, 21 abr. 2006. Ver também id., *Penser avec Whitehead*. Paris: Gallimard, 2002.

75 Id., "Whitehead's Account of the Sixth Day", op. cit., p. 36.

Para Whitehead, coerência significa interpretar em conjunto o que fora visto apenas em termos mutuamente contraditórios. Stengers o cita: "No devir de uma entidade atual, a unidade potencial de muitas entidades em diversidade disjuntiva adquire a unidade real de uma entidade verdadeira".[76] Uma entidade alcançada de fato está fora do tempo; ela excede o tempo em algo que chamarei de pura alegria daquela reunião de diferentes corpos em movimento de comodelação, aquele "dar-se conta" que faz com que cada parceiro seja mais que um, mas menos que dois. Uma entidade real aumenta a multiplicidade do mundo: "Os muitos se tornaram um, e são aumentados em um".[77] Isso é indução recíproca corriqueira. "O devir não é para ser demonstrado; é uma questão de pura revelação. Em contraste, a questão de '*como* uma entidade devém' é aquela para a qual uma exigência de coerência pode ser colocada positivamente em funcionamento".[78] Razões, experimentos, treino duro, cometer erros interessantes, objetividade, causas, método, sociologia e psicologia, consequências: aqui é onde essas coisas adquirem seu sentido. Os seres humanos (e outros organismos) precisam da prática carnal da razão, precisam de razões, precisam de técnica, mas, a menos que sejam delirantes, e muitos o são, o que as pessoas (e outros organismos) não têm (exceto em um sentido muito especial em provas matemáticas e lógicas) são razões transcendentes suficientes.

O aberto chama; a próxima proposição especulativa atrai; o mundo não está terminado; a mente-corpo não é um exercício computacional gigante, mas um risco em jogo. É o que aprendi como bióloga; é o que aprendi novamente nas zonas de contato de *agility*. As pessoas não devem explicar por tautologia – aquelas estórias de função implacável – o que precisa ser compreendido, ou seja, revelado. Acho que Stengers concorda comigo que a mesma coisa se aplica interespecificamente.

Se reconhecemos a tolice do excepcionalismo humano, então sabemos que devir é sempre devir-*com* – em uma zona de contato onde o resultado, onde quem está no mundo, está em jogo: "Para Whitehead, as experiências que vêm a importar no sexto dia são aquelas que podem estar associadas ao intenso sentimento de possibilidades alternativas, não realizadas".[79] Stengers insiste que a filosofia

---

76 A. N. Whitehead, *Process and Reality*, apud I. Stengers, "Whitehead's Account of the Sixth Day", op. cit., p. 46.
77 I. Stengers, "Whitehead's Account of the Sixth Day", op. cit., p. 46.
78 Id.
79 Ibid., p. 49.

almeja a revelação transformadora e que a eficácia das proposições não se limita aos seres humanos. "As proposições não devem ser confundidas com sentenças linguísticas [...]. A eficácia das proposições não se restringe às criaturas do sexto dia [...]. Proposições são necessárias a fim de dar suas razões irredutíveis [...] à possibilidade do tipo de ruptura na continuidade social que podemos observar quando até mesmo ostras ou árvores parecem esquecer da sobrevivência".[80] Uma proposição diz respeito a algo que ainda não é. Uma proposição é uma aventura social, atraída por ideais não realizados (chamados de "abstrações") e habilitada pelo risco do que Stengers e Whitehead chamam de "errância", que Bateson chamou de "bagunça" e que Wedde e eu sugerimos ser o risco da brincadeira. Isso é teoria *queer*, de fato, fora da teleologia da reprodução e fora de categorias – ou seja, fora do tópico, fora dos *topos* (o lugar próprio), para dentro do tropo (ao desviar-se e assim criar novos sentidos).

Deus definitivamente não é *queer*. O sexto dia da criação no *Gênesis* I, 24–31 é quando Ele, solicitamente falando a língua do leitor ou leitora, disse: "'Que a terra produza criaturas vivas de acordo com seus tipos [...]'. E Deus fez os animais da terra de acordo com seus tipos e o gado de acordo com seus tipos e tudo o que rasteja sobre o chão de acordo com seu tipo. E Deus viu que era bom". Um pouco superconcentrado em manter os tipos distintos, Deus então foi fazer o homem (macho e fêmea) à sua própria imagem e dar-lhes um domínio excessivo, bem como o comando de multiplicar-se para além de todos os limites da partilha da terra. Penso que o sexto dia é quando, logo no primeiro capítulo do monoteísmo judaico e cristão, o problema do parentesco conjunto e mundano das criaturas *versus* o excepcionalismo humano é colocado de forma nítida. O Islã não se saiu melhor nessa questão. Temos pluralidade de tipos, mas singularidade de relacionamento, isto é, domínio humano sob o domínio de Deus. Tudo é comida para o homem; o homem é comida somente para si mesmo e para seu Deus. Nesse banquete, não há espécies companheiras nem intercategorias comensais. Não há indigestão salutar, apenas o cultivo e a criação animal licenciados de toda a terra como estoque para uso humano. As pós-humanidades – acho que essa é outra palavra para "depois do monoteísmo" – exigem outro tipo de aberto. Prestem atenção. Já é tempo.

---

80 Ibid., p. 50.

TERMINAR EM UMA ZONA DE CONTATO: O DIABO ESTÁ NOS DETALHES

28 de agosto de 2001
Caros amigos e amigas de agility,

Até agora, eu não teria dito que a sra. Cayenne Pepper era atraída pela mesa. Esta manhã, porém, enquanto Rusten passava a última demão de tinta amarelo gritante na superfície arenosa áspera da nova mesa que me deu de aniversário (junto com uma rampa em A*, obstáculos para salto em distância e uma gangorra muito profissionais), Cayenne mostrou seu grande, ainda que recém-descoberto, amor por pular nesse obstáculo de contato. Ela saltou em direção aos respingos da tinta molhada e brilhante, ignorando alegremente minha sugestão firmemente formulada de que, em cumprimento a suas obrigações matinais normais, saísse cedo e levasse o jornal para a caixa postal de Caudill em troca de um saboroso comprimido de vitaminas.*

Como minha professora Gail Frazier atestará, não é inédito para Cayenne, em treinamento e em provas, saltar da mesa antes da magia do sinal de liberação. Não dessa vez. Ela manteve-se convicta em sua posição; sem penalidades de dois pontos para ela. De barriga na tinta, Cayenne me dizia que agora temos aquela pausa automática na mesa pela qual trabalhamos tanto. O tempo é tudo.

(Con)decorada para o jogo na prova deste fim de semana da USDAA*,*
Donna

PARTE III

ESPÉCIES EMARANHADAS

9.
CRITTERCAM: OLHOS COMPOSTOS EM NATUREZASCULTURAS[1]

Nessa interconexão do ser corporificado e do mundo ambiente, o que acontece na interface é o que é importante.
— DON IHDE, *Bodies in Technology*, 2002

Dedolhos literalmente mergulham o espectador em percepções materializadas.[2]
— EVA SHAWN HAYWARD, *Envisioning Invertebrates*

Qualquer coisa pode acontecer quando um animal é seu cinegrafista.[3]
Anúncio da série *Crittercam*

—

1 A Crittercam foi inventada em 1986 pelo biólogo marinho e cineasta Greg Marshall, da *National Geographic*. Consiste em um conjunto de instrumentos que captura vídeo, som e dados ambientais, como a temperatura, sendo acoplado às costas de animais selvagens de modo a estudar o comportamento destes na natureza por meio de seu próprio ponto de vista, sem interferência humana. [N. T.]

2 Rastreando a ação material-semiótica das múltiplas curvas de refração luminosa, Hayward escreve ainda: "Interesso-me pelo modo como a imagem aquática e a hidro-óptica fazem com que a óptica e a háptica deslizem uma para dentro da outra". Eva Shawn Hayward, *Envisioning Invertebrates: Immersion, Inhabitation, and Intimacy as Modes of Encounter in Marine TechnoArt*. Texto de qualificação, Departamento de História da Consciência, Universidade da Califórnia em Santa Cruz, 2003.

3 Texto de uma brochura de 2004 anunciando a série de televisão *Crittercam*, da National Geographic Society, composta por treze episódios de meia hora. Doze episódios apresentaram criaturas marinhas e um amarrou suas câmeras a leões africanos, fruto de um esforço de três anos a fim de desenvolver Crittercams para estudos terrestres, bem como excursões marinhas. Neste capítulo, não discutirei as interessantes Crittercams terrestres, acopladas até agora, previsivelmente, a leões, tigres e ursos. A pesquisa da Crittercam e a série de TV são parcialmente financiadas pela National Science Foundation [Fundação Nacional da Ciência], descrita na tela como "O investimento dos Estados Unidos no futuro". As orientações promissoras, futuristas e de fronteira do programa nunca estão fora do quadro em *Crittercam*; essa é a natureza da vida na era do biocapital.

DOBRAS E CÂMARAS DE JUÍZES

Don Ihde e eu compartilhamos um compromisso básico. Como ele diz, "Na medida em que uso ou emprego uma tecnologia, sou também usado e empregado por essa tecnologia [...]. Somos corpos em tecnologias".[4] Portanto, as tecnologias não são mediações, algo entre nós e outro pedaço do mundo. Ao contrário, tecnologias são órgãos, parceiros plenos, no que Merleau-Ponty chamou de "dobras da carne". Eu gosto mais da palavra *dobra* do que de *interface* para sugerir a dança dos encontros fazedores de mundo. É o que acontece nas dobras que importa. As dobras da carne *são* corporificações mundanas. A palavra me faz ver as superfícies altamente magnificadas das células mostradas pelos microscópios eletrônicos de varredura. Nessas imagens, experimentamos, em toque óptico-háptico, altas montanhas e vales, organelas entrelaçadas e bactérias visitantes, além de interdigitações multiformes de superfícies que nunca mais poderemos imaginar como interfaces lisas. Interfaces são feitas a partir de dispositivos de agarramento interativos.

Além disso, sintática e materialmente, a corporificação mundana é sempre um verbo, pelo menos um gerúndio. Sempre em formação, a corporificação é contínua, dinâmica, situada e histórica. Não importa a composição química da dança – carbono, silício ou algo mais –, os parceiros nas dobras da carne são heterogêneos. Ou seja, a dobra de *outros uns nos outros* é o que compõe os nós que chamamos de seres ou, talvez melhor, seguindo Bruno Latour, coisas.[5] As coisas são materiais, espe-

---

Também previsíveis, assim como lamentavelmente fora do escopo deste capítulo, são as câmeras de TV em miniatura com transmissores que hoje em dia estão presas à testa dos cães policiais na Nortúmbria, no Reino Unido. As câmeras têm luzes infravermelhas para que filmem no escuro. Treinados para auxiliar durante os cercos armados e para buscar locais e transmitir informações em vídeo aos oficiais humanos, os cães também entregam telefones celulares na porta de instalações sitiadas para facilitar as negociações. Ver "Dog Cameras to Combat Gun Crime", *BBC News*, 4 dez. 2005. Os cachorros-câmera que trabalham na segurança se reúnem a seus primos *pets*, que podem ser equipados com uma câmera digital em miniatura projetada no Japão e usada ao redor do pescoço para que o ser humano coruja possa "finalmente ter a *visão* de um cão sobre a vida".

4 Don Ihde, *Bodies in Technology*. Minneapolis: University of Minnesota Press, 2002, p. 137.

5 Bruno Latour, "From Realpolitik to Dingpolitik: An Introduction to Making Things Public", in B. Latour e Peter Weibel (orgs.), *Making Things Public: Atmospheres of Democracy*. Cambridge / Karlsruhe: MIT Press / ZKM, 2005. Disponível em bruno-latour.fr.

cíficas, não autoidênticas e semioticamente ativas. No reino dos vivos, criatura é outro nome para coisa. Este capítulo trata de criaturas.

Nunca puramente elas mesmas, as coisas são compostas [*compound*]; são feitas de combinações de outras coisas coordenadas para ampliar a potência, para fazer algo acontecer, para engajar o mundo, para arriscar atos carnais de interpretação. As tecnologias são sempre compostos. Elas são constituídas por diversos agentes de interpretação, agentes de registro e agentes para dirigir e multiplicar a ação relacional. Esses agentes podem ser seres humanos ou partes de seres humanos, outros organismos em parte ou inteiros, máquinas de muitos tipos ou outras variedades de coisas arrastadas para trabalhar no composto tecnológico de forças conjugadas. Lembrem-se, também, que um dos significados de *composto* ou *complexo* é "um recinto dentro do qual há uma residência ou uma fábrica" – ou, talvez, uma prisão ou um templo. Por fim, um organismo complexo, em terminologia zoológica, refere-se a um composto de organismos individuais, um recinto de *zoons*, uma companhia de criaturas dobradas em uma só. Conectadas pelo estolho da Crittercam – isto é, pelo dispositivo circulatório de suas práticas de visualização compostas – *zoons*, os seres vivos, são tecnologias, e as tecnologias são *zoons*.

Portanto, um composto é tanto um compósito quanto um recinto. Em "Crittercam: Olhos compostos em naturezasculturas", estou interessada em pesquisar esses dois aspectos da composição do início do século XXI constituída por animais marinhos não humanos, cientistas marinhos humanos, uma série de câmeras, uma variedade de equipamentos associados, a National Geographic Society, um programa de televisão popular, seu website e publicações sóbrias em revistas de ciências do oceano.

Amarrada ao corpo de criaturas tais como tartarugas-verdes na baía Shark, ao largo da Austrália Ocidental, baleias-jubarte nas águas do sudeste do Alasca e pinguins-imperadores na Antártica, à primeira vista uma elegante câmera de vídeo em miniatura é a protagonista central. Desde as primeiras exaustivas discussões europeias do século XVII sobre a *camera lucida* e a *camera obscura*, dentro da tecnocultura a câmera (o olho tecnológico) parece ser o objeto central tanto da pretensão filosófica e da certeza de si, por um lado, quanto do ceticismo cultural e dos poderes destruidores da artificialidade, por outro. A câmara – aquela câmara em abóbada ou arco, a câmara do juiz – passou do latim da elite para o vocabulário vulgar e democrático no século XIX apenas como consequência de uma nova tecnologia chamada fotografia, ou "escrita com a luz". Uma câmera tornou-

-se uma caixa-preta com a qual registrar imagens do mundo exterior em uma economia representacional, mental e semiótica ensolarada, uma analogia do olho que vê no homem cerebral e conhecedor, para quem o corpo e a mente são estranhos suspeitos, se bem que vizinhos próximos na cabeça. Não obstante, não importa o quão maquiada com poderes ópticos digitalizados, a câmera nunca perdeu seu emprego e continuou funcionando como uma câmara de juiz a portas fechadas, dentro da qual os fatos do mundo – na verdade, as criaturas do mundo – são examinados segundo o padrão do visualmente convincente e, pelo menos tão importante quanto, do visualmente novo e excitante.

À segunda vista, entretanto, a Crittercam, a câmara do juiz fotográfico atualizada a cada minuto, repleta de tipos como dugongos e tubarões-lixa, nos arrasta, nos põe em compostos dentro de dobras heterogêneas da carne que requerem uma dramaturgia muito mais interessante do que aquela possível em qualquer relato que tenha o eu com protagonista central, não importa o quão bem dotado visualmente esse eu seja. Esse segundo olhar ocupará a maior parte deste capítulo, mas primeiro teremos de arar através de alguns blocos de estrada semióticos muito previsíveis que tentam nos limitar a uma epistemologia cartunística sobre a autoevidência visual e os mundos da vida de compostos humano-animal-tecnologia.

PRIMEIRA VISTA

Em 2004, o canal National Geographic lançou uma série de programas de TV chamada *Crittercam*.[6] Os anúncios e narrativas que enquadram o programa apresentam um alvo fácil para uma crítica ideológica que sorri em seu complexo de superioridade.[7] Os animais que carregam as câmeras acopladas para seus mundos aquosos são apresentados como criadores de filmes caseiros que relatam o estado real das coisas sem a interferência tampouco a presença humana. Como a American Association for the Advancement of Science [Associação Estadunidense para o Avanço da Ciência] afirmou em uma atualização online em 1998, vamos aprender "por que um cientista marinho

---

6 Imagens oriundas da Crittercam foram exibidas na TV antes da série de 2004, no programa *National Geographic Explorer*, no canal TBS, em 1993, assim como em *Great White Shark*, na NBC, em 1995.

7 Salvo indicação em contrário, as citações e descrições ao longo deste capítulo vêm de variadas sequências da série *Crittercam*.

começou a distribuir filmadoras diretamente para as criaturas marinhas que queria estudar. O resultado: alguns filmes caseiros muito exclusivos". A Crittercam, diz a voz em off da série de televisão, "pode revelar vidas ocultas". A câmera é uma "ferramenta de vídeo de alta tecnologia da National Geographic usada por espécies no limite". Os relatos vêm daquele lugar sagrado-secular de perigo, de ameaça de extinção, onde os seres têm necessidade de resgate tanto físico quanto epistemológico. Relatos de tais bordas têm um poder especial: "Qualquer coisa pode acontecer quando um animal é seu cinegrafista", declamava uma brochura da série que peguei na loja de presentes do Castelo Hearst, na costa da Califórnia, em fevereiro de 2004.

O site do canal National Geographic aguçou o apetite da audiência por descorporificações e recorporificações por meio da identificação: "Conheça nossas equipes de filmagem – elas são todas animais! [...] Sente-se e imagine que você está dando uma volta nas costas do maior mamífero do mundo ou vendo a vida do ponto de vista de um pinguim. A nova série *Crittercam* te leva para o mais perto possível do mundo animal". A câmera é tanto um canal físico de "alta tecnologia" como um canal imaterial para os confins interiores de um outro. Através do olho da câmera colado, literalmente, ao corpo do outro, nos é prometida a experiência sensória completa das próprias criaturas, sem a maldição de ter de permanecer humano: "Sinta a água correndo, ouça o estrondo trovejante do vento e experimente a emoção da caçada [...]. Mergulhe, nade, cace e se entoque em hábitats animais aonde os humanos não podem ir". Dirigindo-se às crianças, o site *Crittercam Chronicles* perguntou em 6 de fevereiro de 2004: "Vocês já imaginaram como seria SER um animal selvagem? [...] Vocês podem experimentar a vida deles do jeito que eles vivem". Voltando-se aos adultos, a National Geographic nos diz que a Crittercam está transformando a ficção científica rapidamente em realidade "ao eliminar a presença humana e nos permitir entrar em hábitats que, de outra forma, seriam virtualmente inacessíveis".

Experiência imediata de alteridade, habitação do outro como um novo eu, sensação e verdade em um pacote sem a poluição da interferência ou da interação: eis a sedução da *Crittercam*, a série de TV, e da Crittercam, o instrumento. Enquanto lia essas promessas, senti como se tivesse voltado a algumas versões de grupos de conscientização e projetos cinematográficos do movimento de libertação das mulheres do início dos anos 1970, em que o relato da própria experiência não mediada parecia ser alcançável, especialmente se as mulheres possuíssem câmeras e as ligassem elas mesmas. Tornar-se um eu ao ver o eu através dos olhos do eu. A única mudança é que a *Crittercam* da National Geographic promete que o eu torne-se o eu do outro. Uau, isso que é ponto de vista!

SEGUNDA VISTA

O site da National Geographic conta uma pequena parábola sobre a origem das próprias Crittercams. Em 1986, nas águas de Belize, um grande tubarão aproximou-se de um estudante de biologia e cineasta, Greg Marshall, que mergulhava, e nadou para longe com três rápidos golpes de sua poderosa cauda. Marshall fitou com nostalgia o tubarão desaparecer e avistou um pequeno peixe com ventosa, uma rêmora, testemunha discreta da realidade do tubarão, agarrado ao grande predador: "Invejando a rêmora por seu conhecimento íntimo da vida do tubarão, Marshall concebeu um equivalente mecânico: uma câmera de vídeo, abrigada por uma caixa à prova d'água, presa a um animal marinho". Agora nossa estória de origem vai ficando mais interessante; não estamos mais dentro de uma ideologia cartunesca de imediatismo e eus roubados. Em vez disso, Marshall ansiava pela visão íntima que *a rêmora* tinha da vida do tubarão e a construiu.[8] Ainda se

---

8 Seguem as especificações técnicas de uma rêmora: *Remora remora* é um peixe curto e espesso, que possui de 28 a 37 longas e esguias branquispinhas, de 21 a 27 nadadeiras dorsais, de 20 a 24 nadadeiras anais e de 25 a 32 nadadeiras peitorais. A rêmora não tem bexiga natatória e usa uma ventosa em forma de disco no topo de sua cabeça para conseguir passeios com outros animais, tais como tubarões grandes e tartarugas marinhas. Ela cresce até cerca de 45 centímetros. Não se conhece quase nada sobre seus hábitos de procriação ou desenvolvimento larval. A rêmora é mais frequentemente encontrada em alto-mar nas partes mais quentes de todos os oceanos, ligada pelas ventosas a tubarões e outros peixes e mamíferos marinhos. Considera-se que as rêmoras mantêm uma relação de comensalidade com seu anfitrião, uma vez que não o machucam, apenas se unem a ele por uma carona. A rêmora tem um valor único para os humanos. O peixe em si geralmente não é comido, mas utilizado como um meio para capturar grandes peixes e tartarugas marinhas. Pescadores de países ao redor do mundo prendem uma linha na cauda delas e depois as soltam. Assim, quando a rêmora nada e se prende a um grande peixe ou a uma tartaruga, estes podem ser puxados por um pescador cuidadoso. A rêmora não é muito apreciada como alimento, embora se diga que os aborígenes australianos as comam depois de usá-las em viagens de pesca. Por outro lado, os indígenas das Antilhas nunca comeram seus "peixes de caça" e, em vez disso, cantaram canções de louvor e reverência a elas. Os antigos gregos e romanos escreveram extensamente sobre as rêmoras e lhes atribuíram muitos poderes mágicos, tais como a capacidade de causar um aborto se manejadas de certa forma. Os xamãs de

passa aqui um tipo de invasão de corpos, mas devir-rêmora é muito mais promissor em um mundo de espécies emaranhadas. Dotados de uma segunda visão, podemos agora entrar no mundo composto de dobras da carne porque deixamos o jardim da autoidentidade e arriscamos as nostalgias corporificadas e os pontos de vista dos sub-rogados, substitutos e braços direitos. Finalmente, conseguimos crescer – ou, para usar outra expressão, cair na real. Nem cínicos nem ingênuos, podemos nos tornar espertos em relação aos mecanismos da realidade.[9] Somos, nas palavras de Ihde, corpos em tecnologia, em dobra após dobra, sem nenhum lugar liso para parar.

Se levarmos a rêmora a sério como o análogo da Crittercam, então teremos de pensar quais são os relacionamentos dos seres humanos com os animais nadando com câmeras grudadas na pele. Claramente, os tubarões nadadores e as tartarugas-marinhas-comuns não estão em uma relação de "animais de companhia" com as pessoas, no modelo de cães de pastoreio ou outras criaturas com os quais as pessoas desenvolveram coabitações elaboradas e mais ou menos reconhecidas.[10] A câmera e a rêmora mais acompanham do que são companheiras, estão mais próximas de "pegar uma carona" do que de "*cum panis*", isto é, "repartir o pão". Rêmoras e Crittercams não são comensais em relação nem a pessoas nem a tubarões; não são benfeitoras tampouco parasitas; quem / o que pede uma carona são dispositivos com seus próprios fins. Então, este capítulo acaba sendo sobre um mundo da vida tecnológico comensal. Mesmo alojamento, mas não o mesmo jantar. Mesmo composto; finalidades distintas. Juntas por um tempo, unidas por ventosas geradas a vácuo ou por uma boa cola. Apesar das narrativas em contrário, e graças a seus substitutos tecnológicos parecidos com rêmoras, o pessoal da *Crittercam* decididamente *não* está ausente dos feitos dos animais pelos quais se inte-

---

Madagascar até hoje anexam porções da ventosa da rêmora ao pescoço das esposas para assegurar sua fidelidade na ausência dos maridos. Ao seguir as rêmoras, Greg Marshall estava em boa companhia. Informações adaptadas de animaldiversity.org.

9 Pego o termo *mecanismos da realidade* da tese de doutorado de Julian Bleecker *The Reality Effect of Technoscience*, sobre engenharia de computação gráfica e semiótica e o trabalho necessário para construir e sustentar realidades materiais específicas, defendida no Departamento de História da Consciência da Universidade da Califórnia em Santa Cruz, 2004. Neste capítulo, utilizo um dispositivo óptico composto constituído por lentes de um colega, Don Ihde, e de dois de meus estudantes de pós-graduação de diferentes grupos, Julian Bleecker e Eva Shawn Hayward.

10 Ver D. Haraway, *O manifesto das espécies companheiras: Cachorros, pessoas e alteridade significativa* [2003], trad. Pê Moreira. São Paulo: Bazar do Tempo, 2021.

ressa; humanos tecnologicamente ativos conseguem pegar carona, segurando-se o melhor que podem.

Nesse ponto, o estudioso de ciência e tecnologia começa a perguntar sobre como as Crittercams são projetadas e construídas; como esse projeto muda para cada uma das cerca de quarenta espécies que tiveram suas tecnorrêmoras instaladas em 2004; com o que as coisas se parecem do ponto de vista das câmeras anexadas, já que algumas aparentam estar em ângulos muito estranhos; qual é a história técnica e social dos dispositivos ao longo do tempo; quão bem eles se seguram; como se retira o dispositivo e como se coletam e leem os dados; como o público (científico e popular, criança e adulto) aprende as habilidades semióticas necessárias para assistir a vídeos caseiros de animais e ter alguma ideia do que está vendo; que tipos de dados, além do visual, os dispositivos podem coletar; como esses dados se integram a outros coletados de formas diferentes; como os projetos da National Geographic Crittercam se ligam a projetos de pesquisa estabelecidos e em andamento sobre os animais; se os vínculos entre esses colegas são parasíticos, cooperativos ou comensais; e de quem (animal e humano) são o trabalho, a brincadeira e os recursos que tornam tudo isso possível. Uma vez que se vai além das narrativas entorpecidas que tratam de mergulhar com / como deuses e sentir o vento divino em um rosto raptado, o que acontece é que todas essas questões podem ser abordadas a partir dos próprios programas de TV e de seu site.

É impossível assistir à série *Crittercam* e não ficar exausta e entusiasmada com as cenas de seres humanos atléticos e habilidosos luxuriosamente dobrando sua carne e a carne de suas câmeras com os corpos de criatura atrás de criatura. A pura *fisicalidade* de tudo o que é a Crittercam domina a tela da televisão. Como uma narrativa mental do "olho da câmera" poderia se impor diante de tal imersão em barcos, maresia, ondas, baleias imensas e dugongos escorregadios, velocidade e mergulho, desafios de pilotagem, interações entre a equipe, a materialidade da engenharia e o uso da pletora de câmeras e outros dispositivos de coleta de dados que são a Crittercam? De fato, a estruturação visual dos episódios de TV enfatiza corpos, coisas, partes, substâncias, experiência sensória, tempo, emoções – tudo aquilo que é o estofo denso do mundo da vida da Crittercam. Os cortes são rápidos; os campos visuais, repletos; as escalas de tamanho de coisas e criaturas em relação ao corpo humano são rapidamente trocadas para que o espectador nunca se sinta confortável diante da ilusão de que há muito que pode ser fisicamente tomado como certo em relação a si mesmo. Partes de corpos de organismos e tecnologias predominam sobre os planos de corpo inteiro. Mas nunca é permitido ao público de *Crittercam* imaginar de modo *visual* ou *háptico* a ausência de fisicalidade e a multidão de presenças, não importa o que a voz em off diga. A palavra pode não ser feita carne aqui, mas tudo o mais é.

Considerem primeiro os barcos, as pessoas neles e os animais por eles perseguidos. O público do programa de TV aprende rapidamente que cada projeto *Crittercam* requer barcos rápidos; pilotos experientes; e cientistas-mergulhadores ágeis, brincalhões e musculosos prontos para pular de um barco em movimento e abraçar uma grande criatura nadadora que, presumivelmente, não está especialmente ansiosa para abraçar um humano. No episódio sobre tartarugas-verdes e tartarugas-marinhas-comuns na Austrália Ocidental, o apresentador Mike Heithaus diz à audiência que "ir ao encalço de tartarugas é meio como ser um dublê". É claro que primeiro as tripulações têm de encontrar os animais aos quais querem prender seu tipo de rêmora comensal. Ao procurar por tartarugas-de-couro ao largo da Costa Rica, a equipe da *Crittercam* trabalhou com ex-pescadores ilegais, tornados guias de excursão, para encontrar esses que são os maiores répteis marinhos da Terra – naturalmente, ameaçados de extinção – e ganham a vida comendo águas-vivas. Os cientistas da *Crittercam* e os produtores de entretenimento também têm de considerar que alguns animais não tem como usar a geração atual de câmeras de vídeo com segurança; caso elas tornem o animal lento, podem levar à sua morte precoce. Assim, aprendemos que as tartarugas menores terão de esperar por mais miniaturização para seus acompanhantes de tipo rêmora.

Nas águas da baía Shark, onde a equipe de imagens remotas da National Geographic e a de televisão estavam procurando dugongos, aborígenes locais trabalhavam nos barcos como rastreadores marítimos.[11] Implícitas no uso de sua mão de obra estão as complexas meta-

---

11 Área de presença aborígene de 20.000 a.C. até hoje, a baía Shark é Patrimônio Mundial desde 1991. Turismo, espécies ameaçadas, sítios arqueológicos, história indígena, estórias coloniais de primeiros contatos e ocupação branca, uma estação baleeira abandonada, hospitais de isolamento abandonados para aborígenes com doenças venéreas e lepra, lutas aborígenes atuais pela posse da terra, pesquisa científica natural, uma moderna produção pesqueira de vieiras, lagoas salgadas: tudo isso está lá, como esperado, fornecendo uma ecologia complexa para o agenciamento de espécies da Crittercam da National Geographic. Ver world-heritage-datasheets.unep-wcmc.org/datasheet/output/site/shark-bay. Os povos aborígenes estão envolvidos no renascimento cultural, na contestação política e no manejo local. Em nome do povo Malgana da baía Shark, a corporação aborígene Yamatji Marlpa Barna Baba Maaja apresentou reivindicações ao National Native Title Tri-

morfoses desse povo aborígene em particular, que se transformou de caçador de dugongos em seu defensor e corresponsável por licenças de pesquisa e ecoturismo. Mamíferos comedores de plantas que passam toda a vida no mar, os dugongos são parentes marinhos dos elefantes, com quem compartilharam o último ancestral comum há cerca de 25 milhões de anos. O apresentador do programa de TV, Heithaus, ele próprio um cientista que estuda interações predador-presa entre animais marinhos, com uma predileção especial por tubarões, nunca deixa de lembrar ao espectador a mensagem de conservação contida em todos os projetos Crittercam. Tais mensagens incluem garantias de que foram obtidas licenças especiais para assediar animais ameaçados de extinção com barcos de pesquisa, de que a interferência foi mantida a um mínimo, de que a perseguição nunca chegou ao ponto de exaurir os animais e de que todas as operações são parte da salvação de organismos e hábitats à beira da extinção.

Esse sempre foi o argumento das extravagâncias da história natural, colonial ou pós-colonial. Pode até ser verdade. É preciso fé para acreditar que, nas condições atuais, o conhecimento salva; ou, pelo menos, para acreditar que, caso não seja uma condição suficiente para a subsistência e o florescimento, o conhecimento secular finito chamado ciência é definitivamente uma condição necessária. Podem contar comigo nessa religião. Ainda assim, anseio por uma linguagem que considere o florescimento multiespécies para além do idioma e do aparato de "Salvar os (preencham a lacuna) ameaçados". Enraizado em um compromisso com o mundano mortal em vez de com uma Salvação Sagrada ou Secular, meu anseio tem a ver com os atores heterogêneos necessários à cosmopolítica de Isabelle Stengers.

Nem todas as Crittercams são afixadas com um abraço. Além de considerar se uma pele cheia de placas calcárias de craca aceitará ventosas, ficará melhor com cola epóxi ou precisará de alguma outra técnica de fixação, o pessoal da *Crittercam* têm de resolver, *fisicamente*, como colocar os equipamentos de câmera em seres tão diferentes uns dos outros como dugongos, baleias-jubarte, tubarões-lixa e pinguins-imperadores. Consideremos as baleias-jubarte do sudeste do Alasca. Simulações computadorizadas ajudaram engenheiros de imagem remota a projetar ventosas especiais para essas criaturas.

---

bunal [Tribunal Nacional de Títulos Nativos]. Ver nntt.gov.au. Os povos aborígenes Malgana e Nganda são centrais para a história da baía Shark. Registros da história aborígene na Austrália Ocidental, incluindo a baía Shark, podem ser rastreados através de wa.gov.au.

Ouvimos na TV que "tecnologia, trabalho em equipe e uma licença federal foram necessários para chegar tão perto das baleias". Muitas semanas de tentativas fracassadas de fixar uma câmera a uma baleia (quase uma temporada inteira de pesquisa) foram reduzidas a alguns minutos de tempo de TV, mostrando uma tentativa fracassada após a outra de colocar uma câmera que pendia de um longo poste em uma baleia gigante em movimento, a partir um barco. Dezesseis Crittercams (cada uma no valor de cerca de 10 mil dólares) foram finalmente instaladas com sucesso. Recuperar essas câmeras depois que elas saíram das baleias é um conto épico em si mesmo; dão testemunho os 145 quilômetros e as 7 horas em um helicóptero perseguindo sinais elusivos de VHF que o engenheiro-chefe Mehdi Bakhtiari registrou para conseguir uma câmera de volta do mar. Felizmente, as rêmoras nas baleias observam muitas coisas, mas falaremos mais sobre isso em seguida.

As unidades Crittercam são montadas diante da tela da TV. Dispositivos de fixação (ventosa, grampo de nadadeira ou montagem adesiva), câmera de vídeo integrada e sistema de registro de dados, microfone, calibradores de pressão e temperatura, faróis, sistema de rastreamento para câmeras (tanto as ainda fixas quanto as liberadas pelos animais) e botão de liberação remota, todos ganham tempo de tela. Entretanto, a tecnologia é instalada tão rapidamente, em uma explosão de cortes visuais rápidos de componente para componente, que o espectador fica mais atordoado do que informado. Ainda assim, seria impossível ter a impressão visual de que a câmera é uma caixa-preta desmaterializante e totalmente mental.

Com o humor mais relaxado, o espectador interessado tem fácil acesso, na internet, às descrições técnicas e linhas temporais do equipamento da Crittercam. Aprendemos que, em 2004, as câmeras gravam em fita de vídeo digital ou Hi-8; que as caixas são modificadas para diferentes condições, com unidades encapsuladas de titânio equipadas com capacidade de intensificação visual que podem gravar a 2 mil metros ou mais; que a reprogramação de elementos-chave no campo é facilitada por computadores pessoais no local; que outros tipos de dados são gravados por sensores de salinidade, profundidade, velocidade, nível de luz, áudio e mais; e que a amostragem de dados e imagens pode ser separada de acordo com diferentes demandas de programação de tempo correspondentes às questões de pesquisa sendo investigadas. Aprendemos sobre os cronogramas de amostragem de tempo e as capacidades dos dispositivos de coleta de dados. Três horas de registro em cores em 2004 é bem impressionante, especialmente quando essas horas podem ser decupadas para conseguir, digamos, vinte segundos de cada três minutos.

Na internet, aprendemos sobre a miniaturização progressiva e o aumento dos poderes das Crittercams desde o primeiro modelo em 1987, quando os diâmetros externos eram de dezoito centímetros ou mais, até os diâmetros externos de seis centímetros com capacidade aumentada de coleta de dados em 2004. De modo furtivo na narrativa do site, está a informação de que a maior parte do corpo complexo da Crittercam é patenteado, mas foi inicialmente construído com base em sistemas existentes da Sony e da JVC. A propriedade importa; por definição, diz respeito a acesso; Crittercam diz respeito a acesso. Contam-nos sobre a busca inicial e malsucedida de Greg Marshall, tanto por financiamento quanto por credibilidade científica, e de seu consequente sucesso com o apoio da National Geographic Society. Para tanto, foram necessários os perspicazes instintos de um produtor de televisão da National Geographic, John Bredar. Seguiram-se os fundos para desenvolvimento e os primeiros testes bem-sucedidos com tubarões e tartarugas marinhas que nadavam livres em 1992. Agora Greg Marshall lidera o programa de imagens remotas da National Geographic, que está engajado em colaborações científicas mundiais. Finalmente, não podemos esquecer os sonhos para o futuro: algum dia, os equipamentos Crittercam nos fornecerão parâmetros fisiológicos como eletrocardiogramas e temperatura do estômago. Depois, há a câmera de cinco centímetros na imaginação a curto prazo dos engenheiros. Esses são filmes caseiros com uma reviravolta futurista.

A própria tela de TV nos episódios da série *Crittercam* merece atenção detalhada. Especialmente em cenas que apresentam imagens da Crittercam, o telespectador é convidado a adotar a persona de um jogador de videogame através do desenho semiótico da tela. Bloqueando qualquer ilusão naturalista, a tela é literalmente delineada como um espaço de jogo, e os planos das cabeças das criaturas em movimento dão o ponto de vista de um avatar de videogame. Tomamos o ponto de vista que os buscadores, comedores e predadores podem ter de seu hábitat.

Mas talvez o mais impressionante de tudo seja a pequena quantidade de imagens saídas de fato da Crittercam em meio a todas as outras imagens submarinas dos animais e de seus ambientes que preenchem os episódios. As sequências reais da Crittercam são, na verdade, geralmente bastante chatas e difíceis de interpretar, um pouco como um exame ultrassonográfico de um feto. A filmagem sem narração parece mais uma viagem de ácido do que um buraco de fechadura para a realidade. As câmeras podem estar tortas na cabeça da criatura ou apontadas para baixo, de modo que vemos muita lama e muita água, juntamente com pedaços de outros organismos que quase não fazem sentido sem uma grande quantidade de outro trabalho visual e narrativo. Ou as câmeras podem estar bem posicionadas, mas não acontece muita coisa durante a maior parte do tempo de amostragem. A excitação do espectador diante das imagens da Crittercam é um efeito altamente produzido. No fim das contas, filmes caseiros podem ser a analogia certa.

As imagens subaquáticas mais visualmente interessantes – e, de longe, mais abundantes – não são abordadas por nenhuma discussão técnica nos programas de TV. Não ficamos sabendo nada sobre quem fez essas imagens que não são da Crittercam, quais eram suas câmeras ou como os animais e os cinegrafistas interagiram. Ler os créditos não ajuda muito. Por outro lado, esses gêneros de imagem são familiares a qualquer pessoa que assista a muitos filmes de história natural marinha e à TV. A familiaridade não diminui, de forma alguma, a potência. Com o foco da lente de Eva Shawn Hayward, em sua análise do filme *A vida amorosa do polvo* (*Les amours de la pieuvre*), de Jean Painlevé e Genevieve Hamon, lançado em 1965, experimento nas filmagens "convencionais" da série *Crittercam* alguns dos mesmos prazeres das intimidades em superfícies, mudanças rápidas de escala, faixas de ampliação e óptica imersiva da refração através de mídias variadas.[12] Os filmes de Painlevé e Hamon são esteticamente muito mais autoconscientes e habilidosos do que as montagens de *Crittercam*, mas, uma vez que se aprende como a dança das ampliações e escalas molda a união do tato e da visão para produzir os "dedolhos" de Hayward, possibilitados pelo trabalho do filme de arte biológico, procura-se – e encontra-se – esse tipo de visão muito mais amplamente. Além disso, a sinfonia háptico-visual de *Crittercam* é imensamente ajudada pela intensa fisicalidade aquosa de todo o conjunto. Por isso, assistirei a muitos planos em ângulo estranhos do fundo do mar retirados da pele de criaturas equipadas com tecnorrêmoras.

Os episódios de *Crittercam* também prometem algo mais: conhecimento científico. O que se aprende sobre a vida dos animais importa um bocado. Sem essa dimensão, todo o edifício desmoronaria. Prazeres visual-hápticos com partes de objetos e deleites voyeurísticos

---

12 E. S. Hayward, "Inhabited Light: Refracting The Love Life of the Octopus", in *Envisioning Invertebrates*, op. cit.

diante das manobras atléticas de jovens vigorosos e outras criaturas em águas revoltas não cativariam a mim nem, suspeito, a muitas outras pessoas. Nesse assunto, não sou cínica, mesmo que meu olho esteja firmemente voltado para o aparato tecnossocial culturalmente localizado da produção do conhecimento. O pessoal da tecnocultura precisa tanto da sua suculenta onda espistemofílica de endorfina quanto de um tipo de engajamento sensório. O cérebro é, afinal de contas, um órgão sensorial quimicamente ávido.

Todos os episódios da série *Crittercam* enfatizam que as pessoas da National Geographic que fazem imagens remotas se conectaram com zoólogos marinhos fazendo pesquisas de longo prazo. Em todas as ocasiões, o pessoal da *Crittercam* achou que seu aparato poderia ajudar a resolver uma questão interessante e ecologicamente consequente que não seria facilmente abordável, se é que poderia ser resolvida, por outros meios tecnológicos. Os projetos de longo prazo forneceram quase todas as informações sobre hábitats, animais, questões de pesquisa e motivos de preocupação sobre a degradação do hábitat e a diminuição de populações. Por exemplo, antes da entrada em cena da Crittercam, mais de 650 tartarugas marinhas capturadas e marcadas ao longo de cinco anos já haviam fornecido informações cruciais para a compreensão das ecologias predador-presa entre tartarugas e tubarões na baía Shark, ao largo da Austrália Ocidental. Mas o pessoal da série *Crittercam* ofereceu um meio de ir com os animais a lugares aonde os humanos não poderiam ir de outra forma para ver coisas que mudaram o que sabemos *e o modo como devemos agir em consequência*, se aprendemos a nos preocupar com o bem-estar dos animais e das pessoas emaranhadas nessas ecologias.

Provavelmente porque trabalho e jogo com cães de pastoreio na vida real, a colaboração das baleias-jubarte é minha favorita para ilustrar esses pontos. Quinze anos de pesquisa sobre como as baleias-jubarte vivem e caçam nas águas do sudoeste do Alasca precederam a chegada da Crittercam.[13] Os cientistas conheciam cada baleia indivi-

---

13 Na esteira do megaderramamento de petróleo do *Exxon Valdez* em 1989 na enseada Príncipe Guilherme, no Alasca, a baía de Bristol, crucial dos pontos de vista biológico, cultural e econômico, ao sudoeste do Alasca, foi interditada para exploração de petróleo, primeiro pelo Congresso e depois por uma ordem presidencial de Bill Clinton em 1998. O Congresso suspendeu a proibição em 2003. George W. Bush revogou a ordem executiva em janeiro de 2007. Ver Edmund L. Andrews, "Administration Proposes New Energy Drilling". *The New York Times*, 1º maio 2007. Todas as cinco espécies de salmão do Pacífico desovam em rios que desaguam na baía de Bristol. A área fornece 50% dos frutos do mar consumidos nos Estados

dualmente por suas chamadas e marcas na cauda. Os biólogos desenvolveram ideias firmes sobre a caça colaborativa das baleias depois de vê-las coletar bocadas gigantescas de arenques. Mas os pesquisadores não conseguiam provar que a caça colaborativa era o que as baleias estavam de fato fazendo, com cada baleia tomando seu lugar em uma divisão do trabalho coreografada, como se fossem pares de border collies experientes reunindo ovelhas na zona rural de Lancashire. Os cientistas suspeitavam que as baleias-jubarte conhecidas individualmente vinham trabalhando juntas por décadas em suas pescarias, mas os limites do mergulho humano com os cetáceos gigantes os impediam de obter evidências visuais cruciais. Ser esmagado não é uma boa maneira de garantir bons dados. A Crittercam deu aos humanos questionadores uma forma de acompanhar as baleias como se as pessoas fossem simplesmente peixes comensais com ventosas pegando carona – e fazendo vídeos. Na linguagem dos estudos de ciência e tecnologia de Bruno Latour, os cientistas e os atletas de entretenimento da história natural "delegaram" partes de seu trabalho ao equipamento multitarefas da Crittercam e aos animais que carregaram os dispositivos para seus mundos.[14]

Já vimos como foi difícil prender as câmeras à pele da baleias e depois recuperá-las. As dezesseis câmeras Crittercam implantadas com sucesso desde o final da temporada eram preciosas. Os cientistas queriam testar a hipótese de que certas baleias deliberadamente sopravam bolhas por baixo para cercar e aprisionar arenques que haviam sido pastoreados em agrupamentos estreitos por outras baleias, formando uma espécie de rede ao redor das presas. Então, em

---

Unidos. Populações vulneráveis de baleias-francas-do-pacífico, leões-marinhos-de-steller e muitas outras espécies, assim como pesca e turismo, fazem parte do quadro. Em 2006, a indústria da pesca comercial estava economicamente precarizada, abrindo as portas para uma ação renovada por parte das grandes petroleiras. A pesca indígena no Alasca e as fontes de proteína na região estão especialmente em risco diante de desastres ecológicos de petróleo e gás. As organizações ambientais locais e translocais são os principais atores. Formada sob a Native Settlement Act [Lei do Assentamento Nativo] do Alasca, de 18 de dezembro de 1971, a Bristol Bay Native Corporation, que representa os povos Aleúte, Athabascan e esquimós, também é um importante ator na região. Ver bbnc.net.

14 Para os resultados da colaboração entre a equipe da série *Crittercam* e os biólogos, ver Fred Sharpe et al., "Variability in Foraging Tactics and Estimated Prey Intake by Socially Foraging Humpback Whales in Chatham Strait, Alaska", trabalho apresentado na 15th Biennial Conference on the Biology of Marine Mammals [15ª Conferência Bienal sobre Biologia de Mamíferos Marinhos] em Greensboro, Carolina do Norte, 2003.

uníssono, as baleias impulsionavam-se para o alto com a boca aberta a fim de recolher seu jantar de equipe. As pessoas podiam ver as bolhas na superfície, mas não podiam ver como, onde nem por quem elas eram produzidas. Os humanos não sabiam realmente dizer se as baleias estavam dividindo seu trabalho e caçando socialmente.

As imagens das primeiras quinze Crittercams não mostravam aquilo que os biólogos precisavam. O suspense na televisão aumentou, e, eu gosto de pensar, o suspense e a preocupação também estiveram presentes nos laboratórios não televisivos, onde as pessoas tentavam dar sentido às imagens, muitas vezes confusas e indutoras de vertigem, que as câmeras de vídeo trouxeram de volta. Então, com a décima sexta fita de vídeo, gravada por um membro do grupo que levava a Crittercam, veio uma visão clara, de apenas alguns segundos de duração, de uma baleia indo para baixo dos arenques reunidos que estavam cercados por outras baleias e soprando uma rede de bolhas. Chamadoras, sopradoras de bolhas e pastoras foram todos contabilizadas. A união de pedaços de gravação de várias câmeras deu uma narrativa reconstruída e visualmente sustentada das baleias-border collies reunindo seus peixes-ovelhas, cercando-os sem falhas e comendo-os entusiasticamente. Bons border collies não fazem essa última parte, mas seus primos e ancestrais, os lobos que caçam socialmente, sim.

Um bônus de conhecimento sobre a estória da caça social das baleias-jubarte também veio da Crittercam. Pedaços de pele de baleia aderiram às ventosas desprendidas quando os equipamentos de vídeo foram liberados, e assim foi possível fazer análises de DNA das baleias individualmente conhecidas (e nomeadas) que tinham tirado fotos atribuíveis umas das outras e de seu hábitat. O resultado: a descoberta de que as baleias nos grupos sociais de caça não eram parentes próximas. O trabalho em equipe, lado a lado, ao longo dos anos, teria de ser explicado, de forma lógica e evolutiva, de algum outro modo. Sei que deveria suprimir meu prazer com esse resultado, mas ergo minha taça de vinho da Califórnia aos mundos sociais extrafamiliares das baleias colegas de trabalho. Minhas endorfinas estão na maré alta.

TERCEIRA VISTA

Assim, os olhos compostos do organismo colonial chamado Crittercam estão cheios de lentes articuladas de muitos tipos de *zoons* coordenados e agenciais – ou seja, os seres maquínicos, humanos e animais cujas dobras historicamente situadas são a carne das naturezasculturas contemporâneas. O tema é o acompanhamento da fuga, e não os humanos ficando de fora, de maneira abstêmia, enquanto deixam os animais dizerem uma verdade não mediada ao fazer fotos de si mesmos. Essa parte parece clara. Mas falta algo em minha estória até agora, algo de que precisamos para estar em casa na teia hermenêutica que é a Crittercam. A pergunta que venho adiando é simples de fazer e diabólica de responder: qual é a agência semiótica dos animais no trabalho hermenêutico da Crittercam?

Eles são apenas objetos para os sujeitos da coleta de dados chamados pessoas e (por delegação) máquinas, apenas "resistência" ou "matéria-prima" para a potência e ação de outros intencionais? Bem, não deveria ser preciso contar novamente 25 anos de teoria feminista e *science studies* para determinar a resposta aqui: não. Certo, mas será que os animais são, então, atores completamente simétricos cuja agência e intencionalidade são apenas variantes cosmeticamente metamorfoseadas do tipo não marcado chamado humano? Os mesmos 25 anos de teoria feminista e *science studies* gritam a mesma resposta: não.

É fácil amontoar as negativas. No agenciamento Crittercam, a agência hermenêutica dos animais não é voluntária, não é a do cinegrafista em primeira pessoa, não é intencional, diferentemente da dos animais com quem se trabalha em conjunto ou dos animais de companhia (apesar da minha analogia com o border collie), não é uma versão mais fraca do sempre forte jogo hermenêutico humano. É mais difícil especificar o conteúdo positivo do trabalho hermenêutico dos animais no encontro naturalcultural particular da Crittercam.

Mas não é impossível começar. Primeiro, não há como sequer pensar na questão fora dos implacáveis emaranhamentos carnais desse mundo tecno-orgânico em particular. Não há resposta geral para a questão do engajamento agencial dos animais nos significados, assim como não há um relato geral da fabricação humana de significado. Don Ihde insistiu que, na relação hermenêutica humano-tecnologia, a tecnologia se adapta aos humanos e vice-versa. Corpos humanos e tecnologias coabitam uns os outros em relação a determinados projetos ou mundos da vida. "À medida que uso uma tecnologia, sou também usado por uma tecnologia."[15]

Certamente a mesma percepção se aplica à relação hermenêutica entre animal-humano-tecnologia. A potência hermenêutica é uma

---

15 Don Ihde, *Bodies in Technology*. Minneapolis: University of Minnesota Press, 2002, p. 137.

questão relacional; não se trata de quem "tem" agência hermenêutica, como se fosse uma substância nominal em vez de uma dobra verbal. Na medida em que eu (e minhas máquinas) uso um animal, sou usada por um animal (com sua máquina acoplada). Devo adaptar-me aos animais específicos mesmo quando trabalho durante anos para aprender a induzi-los a se adaptarem a mim e a meus artefatos em determinados tipos de projetos de conhecimento. Variedades específicas de animais em ecologias e histórias específicas fazem com que eu me adapte a eles, mesmo quando seus afazeres de vidas tornam-se o gerador do significado de meu trabalho. Se esses animais estiverem usando algo de minha feitura, nossa coadaptação mútua, mas não idêntica, será diferente. Os animais, os humanos e as máquinas estão todos enredados em trabalho (e brincadeira) hermenêutico(s) pelas exigências material-semióticas de se dar bem em mundos da vida específicos. Eles se tocam; logo, eles são. Trata-se de ação em zonas de contato.

Esse é o tipo de percepção que nos faz saber que seres humanos situados têm obrigações epistemológicas e éticas para com os animais. Especificamente, temos de aprender quem eles são em toda sua alteridade não unitária a fim de ter uma conversa com base em linguagens cuidadosamente construídas, multissensoriais e compostas. Os animais fazem exigências aos humanos e às suas tecnologias exatamente no mesmo grau que os humanos fazem exigências aos animais. Por sua vez, as câmeras se soltam e outras coisas ruins acontecem para desperdiçar o tempo e os recursos de todos. Essa parte é "simétrica", mas o conteúdo das exigências não é nada simétrico. Essa assimetria é muito importante. Nada é passivo à ação de outro, mas todas as dobras só podem ocorrer no detalhe carnal dos seres situados, material-semióticos. O privilégio de as pessoas acompanharem animais depende de se fazer a coisa certa nessas relações assimétricas.[16] Olhos compostos usam diferentes índices de refração, diferentes materiais e diferentes fluidos para colocar algo em foco. Não há melhor lugar para aprender tais coisas do que nas profundezas imersivas dos oceanos da Terra.

---

16 Id., "If Phenomenology Is an Albatross, Is Post-phenomenology Possible?", in Don Ihde e Evan Selinger (orgs.), *Chasing Technoscience*. Bloomington: Indiana University Press, 2003. Como explica Ihde, "Uma *relatividade* assimétrica mas pós-fenomenológica obtém sua 'ontologia' da *inter-relação* entre o humano e o não humano"; ibid., p. 143.

10. FRANGO

GALO: Ego dixi: Coccadoodul du.
GALINHAS: Gallus magnifice incendens exclamat. Nunc venit agricola.
— SANDRA BOYNTON, *Grunt, Pigorian Chant from Snouto Domoinko de Silo*[1]

Frango não é nenhum covarde. De fato, essa ave guerreira tem exercido seu ofício de galo de briga ao redor do mundo desde os primeiros dias em que tais galiformes consentiram em trabalhar para as pessoas em algum lugar do Sul e Sudeste da Ásia.[2]

Ansioso, se bem que corajoso, Chicken Little há muito se preocupa que o céu esteja caindo. Ele tem uma posição estratégica para avaliar essa matéria; pois Frango, juntamente com seu companheiro excessivo, *Homo sapiens*, tem sido testemunha e participante de todos os grandes eventos da Civilização. Frango foi mão de obra nas pirâmides egípcias, quando os faraós avaros em cevada iniciaram a primeira indústria mundial maciça de ovos para alimentar os trabalhadores humanos convocados com as aves. Muito mais tarde – um pouco depois que os egípcios substituíram seu sistema de troca de cevada por moedas próprias, agindo assim como os capitalistas progressistas que seus parceiros de troca sempre pareciam querer naquela parte do mundo –, Júlio César levou a *pax romana* junto com a "antiga raça inglesa" de frangos dorking para a Grã-Bretanha. Chicken Little sabe

---

1 "GALO: Eu disse: Cocoricó. GALINHAS: O galo se exibindo exclama. Agora vem o fazendeiro."

2 Para uma educação séria nas artes liberais, ler Page Smith e Charles Daniel, *The Chicken Book* [1975]. Athens: University of Georgia Press, 2000. O historiador Smith e o biólogo Daniel colaboraram na Universidade da Califórnia em Santa Cruz nos anos 1970, primeiro dando um seminário de graduação e, depois, com a ajuda da pesquisa de seus alunos, ao escrever esse livro único sobre o frango, incluindo pontos de vista culturais, históricos, religiosos, biológicos, agrícolas, políticos, econômicos, comunitários e epistemológicos. Tendo começado a lecionar na UCSC em 1980, herdei o jogo de cama de gato de frango que Smith e Daniel jogaram com seus alunos e colegas.

tudo sobre o choque e o pavor da História e é um mestre em rastrear as rotas das Globalizações, antigas e novas. A tecnociência também não lhe é estranha. Acrescente-se a isso que Frango sabe muito sobre Biodiversidade e Diversidade Cultural, quer se pense na variedade surpreendente da franguidade durante os 5 mil anos de seus arranjos domésticos com a humanidade, quer se considerem as "raças melhoradas" que acompanham as formações da classe capitalista desde o século XIX até hoje. Nenhuma feira de condado está completa sem seus lindos frangos "de raça pura", que sabem muito sobre a história da eugenia. É difícil separar o choque do pavor na frangolândia. Tome ou não o firmamento um tombo calamitoso, Frango segura uma boa metade do céu.

Em 2004 d.C., Chicken Little vestiu novamente suas esporas e entrou na guerra das palavras que lhe foram impingidas pelos Acontecimentos Atuais.[3] Sempre um torce-gênero, Frango juntou-se à Brigada LGBT e se superou como uma poedeira exaurida furiosa pós-colonial, transnacional e feminista louca.[4] Frango admitiu que ela / ele inspirou-se nos clubes de luta *underground* só de garotas (humanas) que descobriu em Extreme Chick Fights.[5] Ignorando o sexismo contido em *galinha*, extremo ou não, e a indústria pornográfica e a cena pedófila que vilipendiam o termo franguinha, nosso Pássaro arrebatou aquelas garotas lutadoras para fora da História e para dentro de

---

3 Uma versão anterior deste capítulo foi publicada em Bregje van Eekelen et al. (orgs), *Shock and Awe: War on Words*. Santa Cruz: New Pacific Press, 2004. Um grupo de amigos e estudantes e colegas professores da UCSC e de outros lugares colaborou nesse pequeno livro para tentar reposicionar as forças na guerra contra as palavras lançada pela Casa Branca de Bush depois do 11 de Setembro. Eu escolhi a letra C para ver como o mundo era do ponto de vista de *Chicken* [Frango]. Susan Squier, professora da Universidade Estadual da Pensilvânia, faz uma pesquisa maravilhosa que liga as dimensões biomédica, biológica, literária, teórica feminista e científica das relações entre frangos e humanos. Ver Susan Squier, "Chicken Auguries". *Configurations*, v. 14, n. 1–2, 2006; id., *Poultry Science, Chicken Culture. A Partial Alphabet*. New Jersey: Rutgers University Press, 2011. Localizada em Te Whare Wananga o Waitaha / Universidade de Canterbury, Nova Zelândia, Annie Potts publicou *Chicken*, em 2012, na série animal exclusiva da Reaktion Books, sob a edição geral de Jonathan Burt. Ela é confundadora dos Animal Studies Aotearoa.

4 LGBT: Lésbicas, Gays, Bissexuais, Trans; não confundir com BLT, sanduíche de bacon, alface e tomate [*bacon, lettuce and tomato*]. Um é uma formação cultural e política propriamente carnal. O outro também o é, se considerarmos os nós da fabricação de mundo multiespécies que ligam alface, bacon, tomate, trigo, levedura e açúcar, assim como os ovos, óleo, sal e suco de frutas cítricas na maionese. Frango não é estranho a LGBT nem a BLT.

5 Extreme Chick Fights era um site de vídeos de luta livre de mulheres. [N. T.]

seu mundo trans FC, apto a enfrentar as Águias da Guerra e os Capitães da Indústria. Ela/ele sentiu esse poder arrebatador porque lembrou não apenas das façanhas da Prima Fênix, mas também dos anos em que ela/ele era uma figura de Jesus Ressuscitado, prometendo aos fiéis que se levantariam das cinzas dos churrascos da História.

Churrasco. Um lembrete pouco gentil de onde Chicken Little melhor concentrou sua atenção. Pois, no final de um milênio, em 2000, só nos Estados Unidos, 10 bilhões de frangos foram abatidos. Em todo o mundo, 5 bilhões de galinhas – 75% em abarrotados alojamentos de múltiplas ocupantes chamados gaiolas em bateria – punham ovos, com os bandos chineses liderando o caminho, seguidos pelos estadunidenses e pelos europeus.[6] As exportações tailandesas de frangos superaram 1,5 bilhão de dólares em uma indústria que abastece os mercados do Japão e da União Europeia e emprega centenas de milhares de cidadãos tailandeses. A produção mundial de frangos foi de 65,5 milhões de toneladas, e todo o empreendimento estava crescendo a uma porcentagem de 4% ao ano. Capitães da Indústria, de fato. Frango poderia concluir que uma grande vocação aviária parece ser o café da manhã e o jantar enquanto o mundo arde.[7]

Contrariamente às opiniões de seus amigos chatos no movimento transnacional de direitos animais, nossa Ave Oportunista não é contra a rendição de meio quilo de carne em troca do direito de bicada nos arranjos contratuais naturaisculturais que domesticaram tanto os hominídeos bípedes quanto os avianos galináceos com asas. Mas algo certamente cheira muito mal na atual teoria dos contratos globais multiespécies.[8]

—

6 Sempre vigilante – graças a todas as deidades terrenas –, o aparato de resgate animal dos tempos modernos não negligenciou as poedeiras exauridas, mesmo que nunca tenha havido uma tarefa mais adequada para Sísifo. Para uma história comovente de uma galinha poedeira exaurida que foi salva e viveu seus últimos dias no quintal enriquecido de uma fazenda, aprendendo a ser uma galinha real, completa com todo o comportamento elaborado próprio de seu tipo que a existência da gaiola em bateria a impediu de adquirir, ver Patrice Jones, "Funny Girl: Fanny and Her Friends". *Best Friends*, set.-out. 2005. Em 2006, a indústria de frangos e ovos em Petaluma transformou poedeiras exauridas em compostagem, pois o mercado de alimentos para animais e outros usos da carne dura de frango não cobre mais os custos de abate e processamento. Algumas das galinhas sobreviveram à gaseificação com dióxido de carbono e ao enterro nas pilhas de compostagem e cambalearam até a política e os jornais do condado de Sonoma.

7 Os números provêm da organização United Poultry Concerns.

8 Em *Futuros antropológicos: Redefinindo a cultura na era tecnológica* [2009] (trad. Luiz Fernando Dias Duarte e João de Azevedo e Dias Duarte. Rio de Janeiro:

Uma maneira de formular o problema (um detalhe entre miríades) é que um estudo de três anos em Tulsa, Oklahoma – centro de produção industrial de frangos de fábrica – mostrou que metade do abastecimento de água estava perigosamente poluído por resíduos avícolas. Vão em frente, metam as esponjas no micro-ondas em sua cozinha com a frequência que a polícia de alimentos limpos aconselha; as bactérias inventivas lhes passarão a perna em suas alianças com as aves.

Bem, mais um detalhe. Manipulados geneticamente desde os anos 1950 para que desenvolvessem megapeitos rapidamente, frangos que podem escolher preferem alimentos batizados com analgésicos. As "taxas de crescimento insustentáveis" supostamente dizem respeito a fantasias pontocom e mercados de ações inflacionários. No mundo de Frango, porém, esse termo designa a imolação diária da maturação forçada e do desenvolvimento desproporcional do tecido que produz pássaros jovens saborosos (o suficiente) que são frequentemente incapazes de andar, bater as asas ou mesmo ficar de pé. Músculos ligados, na história evolutiva e no simbolismo religioso, ao voo, à exibição sexual e à transcendência, em vez disso, bombeiam ferro para as indústrias de crescimento transnacional. Não satisfeitos, alguns cientistas do agronegócio buscam em pesquisa pós-genômica uma carne branca ainda mais bombada.[9]

Como as galinhas foram os primeiros animais de criação a serem permanentemente confinados e obrigados a trabalhar em sistemas automatizados baseados nas melhores tecnologias genéticas da Tecnociência, pesquisas sobre eficiência na conversão alimentar e medicamentos milagrosos (não analgésicos, mas antibióticos e hor-

---

Zahar, 2011), aprendi com Michael Fischer que a noção de contrato de Michel Serres está enraizada no significado original do latim *con-trahere*, ou estreitar, como em apertar a corda de um veleiro. As cordas têm de estar em ajuste recíproco para o funcionamento suave com o vento. Fischer cita a discussão desse significado de contrato em Kerry Whiteside, *Divided Natures: French Contributions to Political Ecology*. Cambridge: MIT Press, 2002. Esse significado da teoria do contrato seria bastante útil nas naturezasculturas que imagino ainda serem possíveis.

9 A miostatina regula o desenvolvimento muscular, e seu gene está sob intenso escrutínio. O interesse comercial está relacionado à doença genética número 1 do mundo (as distrofias musculares), a problemas degenerativos (incluindo envelhecimento e perda muscular relacionada à aids), atrofia muscular induzida por voos espaciais, esportes (cuidado, fornecedores de esteroides!) e músculos de frango que crescem ainda mais rapidamente e cada vez maiores. Ver Gerson Neudi Scheuermann et al., "Comparison of Chicken Genotypes: Myofiber Number in Pectoralis Muscle and Myostatin Ontogeny". *Poultry Science*, v. 83, n. 8, 2004.

mônios),[10] Frango pode ser desculpado por não se entusiasmar com o acordo que a McDonald's Corporation fez a contragosto para exigir que seus fornecedores dispensem 50% de espaço a mais por ave destinada a ser Chicken McNuggets e Eggs McMuffin. Ainda assim, o McDonald's foi a primeira corporação no mundo a admitir que dor e sofrimento são conceitos familiares ao cérebro subestimado das aves. Não é de se estranhar a ingratidão de Frango enquanto poucas leis de abate "humanitário" nos Estados Unidos ou no Canadá ainda hoje se aplicam às galinhas.[11]

—

10 Para uma ideia da importância das galinhas (poedeiras e de corte) na história econômica da padronização animal-industrial, ver Glenn E. Bugos, "Intellectual Property Protection in the American Chicken-Breeding Industry". *Business History Review*, v. 66, 1992; Roger Horowitz, "Making the Chicken of Tomorrow: Reworking Poultry as Commodities and as Creatures, 1945–1990", in Susan Schrepfer e Philip Scranton (orgs.), *Industrializing Organisms*. New York: Routledge, 2004.

11 Acredito que o McDonald's foi forçado à sua posição radical ainda chocantemente inadequada em relação ao espaço das galinhas pelo já muito insultado movimento dos direitos animais. Os novos padrões de cuidado animal do McDonald's diante de seus fornecedores foram muito além dos regulamentos para aves poedeiras ou de corte legalmente exigidos. A corporação minimizou o papel que a People for the Ethical Treatment of Animals (Peta) [Pessoas pelo Tratamento Ético dos Animais] e a Animal Liberation Front (ALF) [Frente de Libertação Animal] desempenharam em sua mudança de opinião, mas é difícil negar que sua campanha McCruelty to Go (McCrueldade para viagem) atraiu a atenção da sede da corporação. O controle da imagem, se não a percepção da vida dos pássaros, é algo importante. Ver Rod Smith, redator-chefe de *Feedstuffs*, "McDonald's Animal Care Guidelines Described as 'Aggressive,' Realistic". *Factory Farming.com*: *Current Issues*, 1º maio 2000. O que conta como radical e normal está tremendamente em jogo nos nós animal-humanos. Em referência às leis de abate, "humanitário" merece aspas não apenas porque as leis (muito menos sua aplicação) muitas vezes não são humanas segundo qualquer medida, mas, mais fundamentalmente, porque a palavra *humanitário* põe em primeiro plano o padrão humanista inadequado aplicado a matar animais. Penso que matar merece um pensamento mais profundo se o ser humano que come galinhas e outros animais tiver de estar no nó da florescente vida multiepécies – se é que isso pode continuar a ser possível no mundo neoliberal "desenvolvido" e globalizado de hoje. Em 2004, somente na Califórnia, em Utah e na Dakota do Norte havia leis que regulavam a crueldade no abate de aves, e regular a crueldade não é uma prática adequada. Naquele mesmo ano, a Peta – que não é meu grupo favorito, para dizer o mínimo, mas do qual tampouco consigo me afastar totalmente – obteve imagens de vídeo clandestinas de extrema e ostensiva crueldade (trabalhadores pisando em filhotes vivos e arremensando-os contra paredes) provenientes de uma fábrica de embalagens de aves na Virgínia Ocidental que produz para o Kentucky Fried Chicken (KFC). Ver kentuckyfriedcruelty.com. Tais incidentes ganharam considerável atenção da grande mídia nacional. Os trabalhadores humanos alienados e explorados e as aves brutalizadas coabitam um

Em 1999 a União Europeia conseguiu proibir as gaiolas em bateria, regulação que entraria em vigor a partir de 2012, a fim de permitir uma transição suave.[12] Talvez mais sensíveis às sempre prontas analogias com o Holocausto, os alemães planejam tornar as gaiolas ilegais em 2007. Nos Estados Unidos enfeitiçados pelo mercado, a esperança de Frango parece estar em ovos de grife destinados a pessoas conscientes acerca do ácido graxo ômega-3 e em galinhas livres com certificação orgânica para os atingidos pela consciência e adeptos da dieta pura.[13] Os fastidiosos eticamente atualizados podem adquirir sua dose de frango como os cidadãos de *Oryx e Crake*, a FC [*SF*] de Margaret Atwood – especialmente no sentido de ficção especulativa [*speculative fiction*] –, romance publicado em 2003. Lá, "ChickieNobs" – órgãos saborosos sem organismos, especialmente sem cabeças irritantes que registram dor e talvez tenham ideias sobre o que constitui a vida própria de uma ave doméstica – estão no cardápio. Músculos-sem-animais geneticamente modificados ilustram exatamente o que Sarah Franklin quer dizer com

---

inferno normal que Marx e Engels souberam descrever em relação aos trabalhadores de fábrica em Manchester no século XIX. O século XXI tem uma panóplia completa de mundos que maximizam o lucro e os mundos impulsionados por fantasias dentro dos quais a senciência protege pouco, não importa a espécie, e um sistema límbico não leva ninguém a lugar algum. O corpo significativo é feito mera carne e assim torna-se matável na lógica do sacrifício. Ver a discussão de Derrida sobre essa poderosa lógica no capítulo 3 deste volume, "Compartilhar o sofrimento"; e Giorgio Agamben, *Homo Sacer: O poder soberano e a vida nua I* [1995], trad. Henrique Burigo. Belo Horizonte: Ed. UFMG, 2002. Ver também Charlie LeDuff, "At a Slaughterhouse: Some Things Never Die", in Cary Wolfe (org.), *Zoontologies*. Minneapolis: University of Minnesota Press, 2003.

12 Para mais informações, ver a "Directiva 1999/74/CE do Conselho de 19 de julho de 1999, que estabelece as normas mínimas relativas à protecção das galinhas poedeiras", no portal eur-lex.europa.eu. [N. E.]

13 Perto de mim, na Califórnia, Petaluma Farms é uma fonte de "ômega-3 DHA extranutritiva" (segundo a descrição na caixa) de ovos postos por galinhas criadas sem gaiolas e alimentadas com uma dieta vegetariana e orgânica. O rótulo vai além e nomeia o empreendimento como uma "criação de galinhas selvagens". Chamados de "ovos especiais" na indústria, ovos de grife foram responsáveis por cerca de 5% das vendas desse item nos Estados Unidos em 2004. Há muito espaço para o crescimento. Em 2003, os estadunidenses consumiram 74,5 bilhões de ovos, ou seja, 254 por pessoa. Acho que empresas como a Petaluma Farms merecem meu apoio, mas a semiótica de classe e científica (e as realidades) do marketing de nicho me dão indigestão. Ver Carol Ness, "The New Egg". *SFGATE*, 7 abr. 2004. Agradeço a Dawn Coppin por essa informação. Para uma pesquisa do serviço agrícola de extensão à comunidade da Flórida sobre ovos de grife disponíveis em torno de 2000, ver Jacqueline Jacob, "Designer and Specialty Eggs". University of Florida Cooperative Extension Service, Institute of Food and Agriculture Sciences, 2000.

a ética de grife, que visa contornar as lutas culturais com avanços de "alta tecnologia" que aparecem na-hora-certa.[14] Basta surgir com uma inovação que faça desaparecer a controvérsia e todos aqueles anarquistas da criação livre terão de ir para casa. Mas, lembrem-se, Frango cacareja mesmo quando sua cabeça é cortada.

Não se pode contar com a lei. Afinal, até mesmo os trabalhadores humanos na indústria do frango são superexplorados. Pensar em gaiolas em bateria para galinhas poedeiras faz com que Chicken Little lembre-se de quantos imigrantes ilegais, mulheres e homens não sindicalizados, pessoas racializadas e ex-detentos trabalham no processamento de frangos na Geórgia, no Arkansas e em Ohio. Não é de se admirar que ao menos um dos soldados estadunidenses que torturou prisioneiros iraquianos trabalhasse processando carcaça de frangos em sua vida civil.

É o suficiente para deixar um Pássaro sensível doente, seja do vírus da política transnacional, seja daquele outro tipo. Um surto de gripe aviária em sete nações asiáticas chocou o mundo no inverno de 2004,

—

14 Sarah Franklin, "Stem Cells R Us", in Aihwa Ong e Stephen Collier (orgs.), *Global Assemblages*. Malden: Blackwell, 2004; Margaret Atwood, *Oryx e Crake* [1993], trad. Léa Viveiros de Castro. Rio de Janeiro: Rocco, 2018. Frango sem frangos não é meramente a ficção especulativa de uma romancista. Para uma leitura maravilhosa de *Oryx e Crake* na interseção entre feminismo, filosofia e biologia, ver Traci Warkentin, "Dis/integrating Animals: Ethical Dimensions of the Genetic Engineering for Human Consumption". *AI and Society*, v. 20, 2006. Eu discordaria de muitos pontos da leitura de Warkentin sobre como a biologia molecular é necessariamente reducionista e mecanicista, mas compartilho de sua crítica ao mecanomorfismo em vastas regiões de práticas do agronegócio, inclusive no que costumava ser chamado de "pesquisa pura". Considerar também o sistema de cultura de tecido suíno em desenvolvimento científico na Universidade de Utrecht, nos laboratórios de Henk Haagsman, que usa células-tronco de porco, naturalmente. Ver Marianne Heselmans, "Cultivated Meat". *New Harvest*, 10 set. 2005. Em 2005, o governo holandês financiou o projeto com 2 milhões de euros. A Tissue Genesis, no Havaí, também está no jogo. O sucesso, definido como o desenvolvimento de algo comestível e barato o suficiente para entrar no mercado em cerca de cinco anos, é sua previsão. Ver "Test Tube Meat Nears Dinner Table". *Wired*, 21 jun. 2006. Há muito tempo, o tropo de animais como "biorreatores" tem sido usado na publicidade tecnocientífica para pesquisa de drogas e do agronegócio. As tecnologias de células-tronco e transgênicas aumentaram esse tipo de figuração de forma marcante. A pesquisa atual é outra instância da implosão do tropo e da carne, pois os biorreatores substituem os animais "literalmente". Esse tipo de literalização é uma das coisas que eu quero dizer com "material-semiótico", tropo e carne sempre coabitando, sempre coconstituindo. Para uma análise etnográfica astuta, ver Karen-Sue Taussig, "Bovine Abominations: Genetic Culture and Politics in the Netherlands". *Cultural Anthropology*, v. 19, n. 3, 2004.

e o medo de uma pandemia global continua vivo em 2007.[15] Felizmente, em meados de 2006, apenas cerca de 130 humanos haviam morrido, ao contrário das dezenas de milhões de pessoas que sucumbiram em 1918–1919. O abate em massa continua sendo a resposta oficialmente recomendada a cada aparição da doença em aves domésticos, e as ameaças esporádicas de morte contra aves migratórias são reais.[16] Chicken Little não conseguiu encontrar números para o total estimado de mortes de aves devidas à doença e ao abate no mundo inteiro. Mas, antes do final de 2004, cerca de 20 milhões de frangos foram abatidos profilaticamente somente na Tailândia. Notícias da TV global mostraram trabalhadores humanos desprotegidos enfiando inumeráveis aves em sacos, jogando-as semivivas em valas comuns e aspergindo-as com cal. Na Tailândia, 99% dos empreendimentos que utilizavam frangos eram, em Linguagem Global, "pequenos" (menos de mil aves; para ser considerados "grandes", precisam ter mais de 80 mil) e não podiam arcar com a biossegurança de pessoas ou aves. Os cronistas se mostraram eloquentes em relação à indústria transnacional ameaçada, mas não falaram uma palavra sequer sobre a vida dos agricultores e dos frangos. Enquanto isso, os porta-vozes do governo indonésio em 2003 negaram qualquer foco de gripe aviária naqueles complexos salubres, mesmo com as associações veterinárias indonésias argumentando que milhões de aves mostravam sinais de gripe aviária já no início de outubro daquele ano. E então veio o desagradável número 1 da Indonésia no ranking mundial de mortes humanas em 2006.

Talvez o *Bangkok Post*, em 27 de janeiro de 2004, tenha acertado no que diz respeito à guerra de mundos, palavras e imagens, com uma charge mostrando aves migratórias do Norte lançando bombas – cocôs de ave repletos do vírus H5N1 da gripe aviária – no geocorpo da nação

---

15 Durante a temporada epidêmica de 2021-2022, mais de quarenta países registraram casos de gripe aviária. [N. E.]

16 Mencionando restrições financeiras, a Indonésia não realizou abates em massa em resposta a mortes humanas por gripe aviária e, provavelmente como resultado, o número total de mortes humanas registrado nesse país em meados de 2006 superou o do Vietnã, que havia abatido e vacinado aves de forma agressiva. O abate em massa é imensamente impopular e um risco político, mas uma pandemia humana também o é. Observadores estimaram que cerca de 9,5 milhões de aves morreram naturalmente de gripe aviária na Indonésia entre 2003 e 2005. Os abates em massa têm sido conduzidos em muitos países, do Canadá à Turquia, do Egito à Índia, país que matou cerca de 700 mil aves em fevereiro de 2006 em resposta a um surto nas criações em Maharashtra.

Galinha da paz.
© Dan Piraro, 2003.

tailandesa.[17] Essa piada pós-colonial sobre bioterrorismo transfronteiriço é uma bela reversão dos medos estadunidenses e europeus de imigrantes de todas as espécies vindos do Sul Global. Afinal de contas, protótipos de indústrias aviárias tecnocientíficas orientadas à exportação e amigáveis a epidemias figuravam com destaque na agenda do Peace Corps (um tema retomado mais tarde pelo Acordo Geral sobre Tarifas e Comércio), juntamente com o leite artificial para bebês. Progenitor orgulhoso de tal progresso carnudo, os Estados Unidos tinham grandes esperanças de vencer a Guerra Fria na Ásia com frangos de

---

17 Ver Chris Wilbert, "Profit, Plague, and Poultry: The Intra-active Worlds of Highly Pathogenic Avian Flu". *Radical Philosophy*, v. 139, set.-out. 2006. Wilbert escreve: "Em 2006, acordamos, pelo menos na Europa, diante da estranha situação em que os ornitófilos – obsessivos observadores de aves que passam grande parte de seu tempo de lazer nas extremidades distantes dos países – estão sendo reinventados como os olhos e ouvidos do Estado, ajudando a alertar sobre novas incursões na fronteira. Postula-se que essas incursões tomam uma forma aviária que pode trazer consigo patógenos nada bem-vindos. A observação cotidiana das aves e o conhecimento das rotas migratórias estão sendo reinventados como uma espécie de patrulha de fronteira, uma linha de frente da vigilância veterinária".

corte e galinhas poedeiras padronizados carregando valores democráticos. Em *The Ugly American* [O americano feio], romance de Eugene Burdick e William J. Lederer de 1958, ambientado em uma nação fictícia do Sudeste Asiático chamada Sarkan, o criador de frangos do Iowa e professor de agricultura Tom Knox era o único cara decente dos Estados Unidos. Nem ele nem os especialistas em desenvolvimento que se seguiram a ele parecem ter se preocupado muito com os variados meios de vida galináceo-humanos que prosperaram por alguns milhares de anos em toda a Ásia. Em 2006, ao que parece, os noticiários de TV mostravam galinhas não padronizadas vivendo em contato próximo com pessoas comuns apenas para ilustrar atraso e falhas na saúde pública, exceto quando ocasionalmente anunciavam saborosas aves de criação livre vivendo na União Europeia e na América do Norte, destinadas a nichos de mercado transnacionais afluentes. Até mesmo essas aves têm de ser confinadas quando o H5N1 se anuncia.

A África Subsaariana entrou na estória da maneira mais abjeta, isto é, aparentemente de forma natural, mais uma vez; tropos pós-coloniais, para não mencionar a injustiça pós-colonial, exigem-no.[18] Em fevereiro de 2006, a cepa H5N1 da gripe aviária foi confirmada em três fazendas no norte da Nigéria, iniciando abates em larga escala. Tornando as medidas de controle de saúde pública especialmente difíceis, a criação habitual de aves, na qual as pessoas e as aves mantêm-se próximas, coexiste com um nascente empreendimento aviário do agronegócio que deixaria Tom Knox do Iowa orgulhoso. Em agosto de 2006, casos humanos de gripe aviária foram confirmados, dezenas de milhares de aves haviam morrido, os mercados de aves estavam fechando e a Organização Mundial de Saúde havia aprovado o envio de 50 milhões de dólares para tentar conter o problema.

Dois suspeitos, ambos significando cruzamentos transfronteiriços fora do alcance da lei, emergiram como propagadores do vírus para a Nigéria – aves migratórias e pintos importados ilegalmente. Um exame mais detalhado do padrão geográfico das fazendas afetadas indicou que as aves migratórias eram insignificantes em comparação com aquele costume básico do neoliberalismo global: o comércio ilegal envolvendo as populações mais pobres do mundo, submetidas às configurações mais economicamente empreendedoras.[19] Na falta de

---

18 Ver "Nigeria confirms bird flu spread", *BBC News*, 10 fev. 2006, e "Bird flu virus spreads through north", *The New Humanitarian*, 9 fev. 2006.

19 Um porta-voz da Birdlife International defende que o comércio de frangos fez desse o pássaro mais migratório do planeta. Donald McNeil, "From the Chickens'

instalações confiáveis com incubadoras climatizadas, os nigerianos procuraram ganhar em cima do lucrativo comércio global de aves através da obtenção de pintos extralegais oriundos da China. Contrabandos de todos os tipos entre a África e a China não são novidade; a compreensão de que uma pandemia global aliada à piora da pauperização dos agricultores africanos comuns pode ser um de seus frutos abriu alguns olhos.[20] Mas nunca olhos suficientes.

Quantos bons cidadãos do mundo nos países ricos ficariam surpresos com a notícia de que um comércio ilegal de partes de frango faz mais dinheiro do que até mesmo o tráfico de armas em outra zona geopolítica reduzida à abjeção e eivada de guerras, a saber, as terras fronteiriças entre a Moldávia, a Transnístria e a Ucrânia, na região da antiga União Soviética? O tempero dessa estória em particular é o nome que os habitantes locais dão às coxas e sobrecoxas traficadas: "pernas de Bush", uma alcunha que remete ao programa de George H. W. Bush cujo objetivo era enviar aves estadunidenses para a União Soviética no início do anos 1990.[21] Mundialmente, o comércio ilegal de animais de todos os tipos é o segundo em valor total e perde apenas para as drogas ilegais.

Frango não é, naturalmente, virgem nos debates sobre as ordens políticas. Nossa ave era a querida das disputas dos *savants* sobre a natureza da mente e dos instintos, e o "pintinho do filósofo"[22] era uma das expressões europeias básicas nos círculos eruditos do século XIX. Traduzidos para a única linguagem global própria, expe-

---

Perspective, the Sky Really Is Falling". *The New York Times*, 28 mar. 2006. Anna Tsing, "Figures of Capitalist Globalization: Firm Models and Chain Links", trabalho apresentado na Universidade de Minnesota para o grupo de estudo Markets in Time, em 2006, investiga as relações de parentesco entre os comércios legal e ilegal, a extração de recursos e a manufatura, todos necessários ao capitalismo global e também orgânicos à hiperexploração de pessoas e de outras espécies. Como Marx entendeu, de que outra forma se pode realizar a acumulação? Pode ser que haja uma boa resposta a essa pergunta, e ela terá no seu coração a justiça transespécies e pós-humanista.

20 Ver Elizabeth Rosenthal, "Bird Flu Virus May Be Spread By Smuggling". *The New York Times*, 15 abr. 2006.

21 Steven Lee Myers, "Ukraine Plugging a Porous Border: Efforts Focus on Moldavan Region's Murky Economy". *International Herald Tribune*, 29 maio 2006.

22 *Philosopher's chick* é uma expressão cunhada pelo biólogo e psicólogo C. Lloyd Morgan no século XIX para designar os numerosos argumentos que usavam pintos como exemplo para tratar da diferença entre instinto e aprendizagem entre animais. O próprio Morgan realizou o experimento de chocar um ovo, observar os resultados e compará-los com outros, marcando uma mudança de paradigma na ciência. [N. T.]

rimentos famosos em psicologia comparativa deram ao mundo o termo *pecking order* [ordem de bicada] nos anos 1920. Chicken Little lembra que essa pesquisa do norueguês Thorleif Schjelderup-Ebbe, um sério adorador e estudante de frangos, descreveu arranjos sociais complexos dignos de galinha, não as hierarquias de dominância artificiais da biopolítica que ganharam tanta força na imaginação cultural.[23] As ciências comportamentais tanto das variedades humanas quanto das não humanas continuam a encontrar tudo menos dominância e subordinação dura para pensar. Frango sabe que a produção de melhores relatos dos feitos animais, uns com os outros e com os humanos, pode desempenhar um papel importante na reivindicação de políticas habitáveis. Mas primeiro vieram os anos difíceis para os frangos, cuja sujeição aos sonhos científicos, comerciais e políticos de comunidades aspirantes, empreendedores e construtores de nações ainda não terminou.

Nos anos 1920, buscando escapar da pobreza urbana, várias centenas de famílias judias – idealistas, secularistas, socialistas, de *shtetls* da Europa Oriental e de fábricas desumanas do Lower East Side de Nova York – ouviram falar que poderiam ganhar a vida na "Cesta de Galinhas do Mundo", a pequena cidade de Petaluma, na Califórnia.[24] Crises econômicas e debates intransponíveis sobre Israel ou sobre a União Soviética quase desfizeram uma comunidade outrora próspera após a Segunda Guerra Mundial, mas não antes de Frango ter reunido o Jewish Folk Chorus de Petaluma com Paul Robeson em concerto. Frango não se saiu tão bem; Petaluma era um importante centro de industrialização da vida animal, e nem o socialismo nem o comunismo daquele período tinham estratégias para oferecer a corpos trabalhadores que não fossem humanos. Talvez em parte devido a essa lacuna nas visões daqueles que mais sabiam como trabalhar em prol da liberdade comunitária, os corpos trabalhadores hiperexplorados tanto de galinhas como de humanos estejam unidos em uma indústria global aterrorizante no início do século XXI.

---

23 Thorleif Schjelderup-Ebbe, "Social Behavior in Birds", in Carl Murchison (org.), *A Handbook of Social Psychology*. Worcester: Clark University Press, 1935.

24 Sue Fishkoff e J. Wire Services, "When Left-Wingers and Chicken Wings Populated Paluma". *The Jewish News of Northern California*, 7 maio 1999. Uma série de rádio, *Comrades and Chicken Ranchers*, e um documentário de televisão, *A Home on the Range: The Jewish Chicken Ranchers of Petaluma*, de 2002, dirigido por Bonnie Burt e Judith Montell, contam a história.

A política esperançosa e trágica dos criadores judeus de frangos aparece mais uma vez na pesquisa de Chicken Little, dessa vez unida às atividades de leitura galináceas na ficção científica. Desde as primeiras décadas do século XX, Rutgers, a universidade estadual de Nova Jersey, assim como outras faculdades estadunidenses de concessão de terras,[25] foi líder na ciência avícola ligada à industrialização do frango na agricultura dos Estados Unidos e do mundo. Após a Segunda Guerra Mundial, multidões de veteranos viam na avicultura um caminho para a prosperidade. Entre os ávidos estudantes que faziam parte do Departamento de Ciência Avícola de Rutgers no final da década de 1940, estava uma jovem mulher que tivera no passado um emprego na inteligência fotográfica do exército em tempos de guerra (e que teria no futuro um papel no desenvolvimento da CIA entre 1952 e 1955, bem como um doutorado em psicologia experimental, defendido em 1967). Essa estudante de ciência avícola ficaria conhecida no mundo FC no final dos anos 1960 como um escritor masculino recluso chamado James Tiptree Jr. Mas, nos anos 1940, ela era Alice Sheldon, que, com seu marido, o coronel Huntington Sheldon, dirigiu uma pequena fazenda de galinhas em Nova Jersey entre 1946 e 1952. A biógrafa de Tiptree registra o amor de Alice e Huntington pela cena de Rutgers, toda ela, incluindo a ciência, os negócios e a camaradagem. "A maioria de seus colegas estudantes eram veteranos como eles, embora vários estivessem a caminho da Palestina para emprestar suas habilidades agrícolas ao novo Estado proposto de Israel."[26]

Fosse publicando como James Tiptree Jr., fosse como Alice Sheldon ou Racoona Sheldon, essa torce-categorias digna de Chicken Little escreveu ficção científica que brincou impiedosamente com espécies, alternância de gerações, reprodução, infecção, gênero em ambos os sentidos e muitos tipos de genocídio. Será que aquelas

—

25 Uma *land-grant university* nos Estados Unidos é uma universidade estadual que recebe benefícios dos Morrill Acts de 1862 e 1890. A missão dessas instituições é enfatizar o ensino e a prática de agricultura, ciência, ciência militar e engenharia, sem excluir outros estudos científicos e clássicos. [N. T.]

26 Julie Phillips, *James Tiptree, Jr.: The Double Life of Alice B. Sheldon*. New York: St. Martin's Press, 2006, p. 151. Agradeço a Katie King por me falar sobre a vida de Tiptree com as galinhas e sobre seu laço com a construção de Israel como nação agrária científica. Acerca da triste história da avicultura científica, ver P. Smith e C. Daniel, *The Chicken Book*, op. cit., pp. 232–300. A respeito do complexo animal-industrial, ver Barbara Noske, *Beyond Boundaries: Humans and Animals*. Montreal: Black Rose Books, 1997, pp. 22–39. Como uma irônica justiça, no início do século XXI, a Faculdade de Direito da Universidade Rutgers é o lar do Centro de Direitos Animais.

galinhas inspiraram alguma de suas imaginações peculiares e experiências de pensamento feministas inquietantes? Tiptree "uma vez disse à [colega escritora de FC][27] Vonda McIntyre que estava esboçando uma trama sobre 'uma incubadora de galinhas localizada em asteroides e dirigida por mulheres em competição com uma enorme corporação de alimentos processados".[28] Será que as galinhas de Tiptree eram livres e bicavam insetos ou foram chocadas em incubadoras para o complexo industrial animal-industrial em desenvolvimento no pós-guerra? O nome Racoona Sheldon tem alguma ressonância com a maior ameaça às galinhas criadas ao ar livre nos Estados Unidos, o astuto guaxinim [*raccoon*]? As brutalidades luxuriantes da produção industrial de frangos que decolaram nos anos 1950 foram combustível para alguma das muitas estórias biológicas alienígenas sombrias de Tiptree?[29]

Galinhas poedeiras e ovos férteis dominam os pensamentos finais de Chicken Little. Perversamente, ela / ele encontra ali o estofo de projetos de liberdade ainda possíveis e pavor renovado. O filme britânico de animação em *stop-motion A fuga das galinhas* (*Chicken Run*, 2000) é estrelado por galinhas em Yorkshire enfrentando uma vida de mão de obra forçada. O aparecimento de Rocky, um galo da raça rhode island red, catalisa um drama de libertação que não causa nenhum conforto nem à imaginação "dos direitos profundos animais" de uma época anterior à domesticação coespécies nem aos construtores de nações milenares e comerciantes livres de carne de frango. As galinhas bicadoras têm outros truques biopolíticos escondidos sob as asas.

—

27 Colchetes da autora. [N. E.]

28 J. Philips, *James Tiptree Jr.*, op. cit., p. 284.

29 A semeadura do vírus de uma pandemia global realizada por um amável cientista dentro de um avião com o objetivo de exterminar a espécie humana é a trama de "The Last Flight of Dr Ain". Publicada na revista *Galaxy* em 1969, essa foi a estória que fez Tiptree adentrar o estrelato da ficção científica. É claro, minha mente alegórica corre para o vírus da gripe aviária. "The Last Flight of Dr. Ain" e muitas de minhas outras estórias favoritas estão reunidas em James Tiptree Jr., *Warm Worlds and Otherwise*. New York: Ballantine, 1975; *Star Songs of an Old Primate*. New York: Ballantine, 1981; e *Out of the Everywhere*. New York: Ballantine, 1981. Como Racoona Sheldon, Tiptree publicou "Morality Meat", que trata de gravidez não livre, um centro de adoção antiaborto, bebês defeituosos e um novo e muito suspeito tipo de carne em uma nação cuja totalidade da indústria da carne, incluindo frangos, havia sido dizimada pela seca e por doenças em grãos; "Morality Meat", in Jen Green e Sarah Lefanu (orgs.). *Despatches from the Frontiers of the Female Mind*. London: Women's Press, 1985.

Talvez o Rare Breeds Survival Trust (RBST) e suas organizações irmãs em todo o mundo estejam incubando o que socialistas, comunistas, sionistas, tigres asiáticos, nacionalistas no Cáucaso, cientistas avícolas transnacionais e democratas do Iowa não conseguiram imaginar: vidas galináceo-humanas em continuidade que estão atentas às complexas histórias dos emaranhamentos animal-humanos, totalmente contemporâneas *e* comprometidas com um futuro de florescimento naturalcultural multiespécies, em domínios tanto silvestres como domésticos.[30] O RBST trabalha contra as premissas e práticas da criação industrial em muitos níveis, nenhum deles redutível a manter animais como espécimes de museu de um passado perdido ou em tutela permanente segundo a qual as relações utilitárias entre animais e pessoas, incluindo o consumo de carne, são sempre definidas como abuso. O RBST mantém um banco de dados de raças de aves ameaçadas de desaparecimento por causa da padronização industrial; planeja antecipadamente como proteger os rebanhos de raças raras do extermínio por abate em casos de gripe aviária e outros desastres epidêmicos; apoia a criação que conduza ao bem-estar dos organismos inteiros, tanto de animais quanto de pessoas; analisa as raças em relação aos seus melhores usos econômicos e produtivos, incluindo o que há de novidade; e exige ações efetivas para o bem-estar animal no transporte, abate e comercialização. Nada disso é inocente, e o sucesso de tais abordagens tampouco está garantido. Isso é o que significa devir-com como uma prática mundana.

Chicken Little retorna aos ovos no final – ovos férteis em laboratórios escolares de biologia que outrora deram a milhões de jovens hominídeos o privilégio de ver a beleza chocante do desenvolvimento de um embrião de pintinho, com suas complexidades arquitetônicas dinâmicas.[31] Esses ovos rachados e abertos não ofereciam uma beleza inocente nem autorizavam as arrogâncias coloniais ou pós-coloniais

---

30 Começar por rbst.org.uk e explorar o site para um grande nó de trabalho promissoramente impuro que visa colocar em ação a florescente agricultura multiespécies.

31 Denis Diderot, o filósofo do século XVIII, nos precede na compreensão do que um ovo fértil pode fazer para nos convencer de que a filosofia ocidental nunca foi totalmente ocidental, um ponto que Isabelle Stengers defende com paixão. Em *O sonho de d'Alembert*, o filósofo diz a seu interlocutor: "Vedes este ovo? É com ele que se derrubam todas as escolas de Teologia e todos os templos da Terra". Denis Diderot, *O sonho de d'Alembert*, trad. J. Guinsburg. São Paulo: Abril Cultural, 1973. Os Pensadores, v. XXIII, p. 387. I. Stengers, *Power and Invention: Situating Science*, trad. Paul Bains. Minneapolis: University of Minnesota Press, 1981 pp. 117–18. Agradeço a Stengers por me indicar a observação do ovo por parte de Diderot.

em relação ao Desenvolvimento. A zona de contato do embrião de pinto pode renovar o significado do espanto em um mundo no qual as galinhas poedeiras sabem mais sobre as alianças necessárias para sobreviver e florescer em associações multiespécies, multiculturais e multiordenadas do que todos os Bush de segunda classe na Flórida e em Washington. Siga a galinha e encontre o mundo.

O céu não caiu, ainda não.

11.
DEVIR ESPÉCIE COMPANHEIRA NA TECNOCULTURA

DEVIR-FERAL: GATOS NO CONDADO RURAL DE SONOMA DO SÉCULO XXI

4 de outubro de 2002, e-mail para camaradas entusiastas do *agility* canino.

Olá, amigas e amigos,

Rusten e eu temos estado em uma relação sem gatos com o mundo desde a morte, há cinco anos, de Moses, ex-gata-feral-tornada-dona--de-sofá, de 21 anos de idade. Mas isso mudou.

Uma fêmea magricela, feral, cinza e tigrada teve uma ninhada de quatro filhotes perto do celeiro nesta primavera e depois, infelizmente, foi atropelada por um carro na estrada de Mill Creek. Estávamos suplementando sua alimentação havia já algum tempo e adotamos seus gatinhos de cinco semanas de idade para o orgulhoso trabalho de gatos de celeiro. Nossos carros estacionados junto ao antigo celeiro tornavam-se regularmente o lar de ratos empreendedores, que pareciam estar construindo comunidades murinas prósperas nos compartimentos quentes do motor. O encapamento plástico dos fios elétricos dos carros deve ter fornecido traços dos nutrientes necessários; em todo caso, os roedores tinham um gosto por mastigar coisas sintéticas coloridas. Esperávamos uma pequena assistência no controle de predadores por parte dos felinos.

Todos os quatro gatinhos estão florescendo e ainda são muito ferais. Um dos pretinhos (que agora sabemos ser macho e ostenta o nome do sempre-vestido-de-preto Spike, de Buffy, a caça-vampiros*) me permite pegá--lo e acariciá-lo, mas os outros estão satisfeitos com o serviço dos humanos na forma de comida e água. Fora isso, eles preferem a companhia um do outro e um celeiro cheio de roedores. Spike, o manso – também o menorzinho da ninhada – pode se tornar um gato domiciliado viajando para*

Santa Cruz no inverno, se ele concordar com a transição. E se eu conseguir fazer com que Cayenne concorde em compartilhar seu sofá com um felino... Neste momento, ela alterna entre sentir terror por gatos (instigada por Sugar, gato de seu padrinho humano) e considerá-los almoço.

Quando os filhotes tinham cerca de seis meses de idade, prendemos um de cada vez, com a ajuda da Forgotten Felines[1] *do condado de Sonoma, e conseguimos esterilizá-los e vaciná-los contra a raiva e a panleucopenia. O acordo com a Forgotten Felines, se eles ajudam com a captura e a devolução, é que os humanos devem prometer alimentar os gatos ferais pela duração da vida deles – que se espera ser de oito a nove anos, em comparação com de um a dois anos para um gato feral não alimentado regularmente por humanos e de quinze a vinte anos para um animal de estimação bem cuidado que vem para dentro de casa regularmente à noite. Segundo o veterinário que cooperou e a loja de ração para fazendas que aluga as armadilhas, é provável que existam milhares de gatos ferais esterilizados e recebendo alimentação suplementar no condado de Sonoma. O veterinário não nos deixou trazer os gatos até ele em uma caixa normal de gatos e insistiu para que usássemos as armadilhas por causa de um histórico de sérios arranhões e mordidas de gatos ferais na hora de prepará-los para a cirurgia.*

Nossa esperança é de que os gatos tenham uma boa vida mantendo os roedores sob controle para que possamos estacionar perto do celeiro novamente, sem com isso fornecer alojamento quente e de baixo custo em nossos dutos de ar para a reprodução de ratos. Nossos felinos supostamente também devem evitar que outros felinos ferais se instalem nas proximidades. Espero que eles entendam esse contrato! Enquanto isso, nomeados com base em personagens das séries de TV Buffy *e* Dark Angel, *eles estão gordos, espevitados e belos. Venham logo aqui e conheçam Spike (macho preto), Giles (macho preto), Willow (fêmea tigrada cinza--escuro) e Max (fêmea tigrada cinza-claro). Vocês notarão que uma das tigradas listradas ganhou o nome de Max, de* Dark Angel, *que possui um código de barras marcado em si.*

Nós poderíamos mudar o nome de Willow se vocês se lembrassem de outro personagem de TV com código de barras. Alguma ideia?

Susan Caudill, nossa companheira de terra, e Rusten decidiram que nossos gatos passaram pela experiência definidora da abdução alienígena – foram retirados de casa sem aviso-prévio por gigantes de aparên-

---

1 Organização de captura, esterilização e devolução de gatos ferais, muitas vezes também os disponibilizando para adoção, quando domesticáveis. [N. T.]

cia estranha e origem desconhecida, a seguir mantidos em isolamento escuro por um período, levados a uma instalação médica cromada e toda iluminada e submetidos a penetração por agulhas e alterações reprodutivas forçadas, depois retornados ao local de origem e liberados como se nada tivesse acontecido, na expectativa de levarem sua vida até a próxima abdução em algum momento futuro desconhecido.

Como seres que foram submetidos a cirurgia e vacinação e, portanto, interpelados pelo Estado biopolítico moderno, esses gatos mereceram nomes para acompanhar sua identidade histórica e seu estatuto de sujeito. Basta pensar quando e onde mais, nas co-histórias hominídeo-felinas, a progênie de uma gata feral morta:

- *seria levada para a casa de opositores da guerra de meia-idade, excessivamente instruídos e com formação científica;*
- *seria auxiliada por uma organização de voluntários de bem-estar animal com uma ideologia quase selvagem e um ponto fraco no que diz respeito ao discurso dos direitos animais;*
- *seria a receptora do tempo e dos serviços doados por um veterinário treinado em uma universidade pós-Guerra Civil, de concessão de terras, baseada na ciência, e por sua equipe técnica;*
- *seria pega por uma tecnologia de captura e devolução projetada para lidar com pragas sem a mácula moral de matá-las (a mesma tecnologia projetada para realocar a vida selvagem em parques nacionais e similares);*
- *receberia vacinas vinculadas à história da imunologia e a Pasteur em particular;*
- *receberia o alimento especialmente formulado para gatinhos Max-Cat, certificado por uma organização nacional de normas e regulamentado por leis de rotulagem de alimentos;*
- *seria nomeada em homenagem a uma assassina adolescente de vampiros e personagens geneticamente modificados da televisão dos Estados Unidos;*
- *e ainda manteria o estatuto de animais selvagens?*

É isso que Muir quis dizer? Na natureza selvagem jaz nossa esperança...

Com amor,
Donna

P.S.: um pós-escrito filosófico
Interpelação *vem da teoria do pós-estruturalista francês, marxista e filósofo Louis Althusser acerca de como os sujeitos são constituídos a*

partir de indivíduos concretos ao serem "convocados" [hailed] *por meio da ideologia para suas posições de sujeito no Estado moderno. No início do século XX, os franceses resgataram a palavra da obsolescência (antes de 1700, em inglês e francês,* interpelar *significava "interromper ou fazer uma irrupção no discurso") para se referir à injunção feita a um ministro na câmara legislativa demandando que explicasse as políticas do governo no poder. Hoje, por causa de nossas narrativas ideologicamente carregadas sobre sua vida, os animais nos "convocam", pessoas que amam animais, para que prestemos contas dos regimes em que eles e nós devemos viver. Nós os "convocamos" em nossas construções de natureza e cultura, com enormes consequências de vida e morte, saúde e doença, longevidade e extinção. Também vivemos uns com os outros na carne de formas não esgotadas por nossas ideologias. Aí jaz nossa esperança...*

P.P.S.: uma atualização de dezembro de 2006
Estatísticas de tábua de mortalidade têm uma maneira de se tornar realidade com fúria, e a categoria chamada "feral" tem uma maneira de fazer reivindicações sobre aqueles que estão fadados a viver e morrer nela. Sempre o mais manso, o primeiro a desfrutar de sessões matinais de carinho e a se enroscar nos tornozelos dos humanos providentes ao redor da tigela de comida, Spike foi atropelado por um carro quando tinha dois anos de idade. Tivemos sorte, pois um vizinho encontrou seu corpo em uma vala de drenagem e nos perguntou se ele era nosso. Encontramos Willow morta uma manhã com a perna da frente arrancada, presumivelmente por um guaxinim proveniente da multidão de animais que não pretendíamos alimentar, mas que tinham suas ideias próprias sobre recursos e poder. Atacando os arranjos alimentares dos gatos com desenvoltura, gaios-de-steller de dia e guaxinins à noite engajaram-se no que só pode ser chamado de corrida armamentista conosco e com os felinos, já que testamos as habilidades de vários organismos (incluindo as nossas) para resolver problemas relacionados a trancas em uma prática que teria deixado os pais da psicologia comparativa orgulhosos. Nossa lealdade parecia devida aos gatos, e não aos gaios e aos guaxinins, porque tínhamos produzido a competição por alimentos e convidado – manipulado, na verdade – os gatos a se tornarem semidependentes de nós.

Giles e Max ainda estão vivos em dezembro de 2006, mas cada um deles sofreu graves ferimentos abdominais e nas pernas devido a brigas, dos quais se curaram, embora não completamente. Eles estão afligidos por tênias e provavelmente outros parasitas; podemos ver os segmentos de tênia seca perto de seu ânus. Sua vida é palpavelmente frágil. Eles não são animais de estimação; não recebem os cuidados de um animal de estimação de classe média. Eles e nós temos rituais de expectativa e toque afetuoso nos quais nos engajamos diariamente. Esperando por nós em esconderijos seguros, ou por nossa companheira de terra, Susan, quando Rusten e eu estamos em Santa Cruz, os gatos tomam banhos de poeira no cascalho com entusiasmo quando aparecemos, progredindo para enroscar o corpo em tornozelos hominídeos e solicitar comida e carinho com gestos comunicativos familiares a todas as pessoas gateiras. A ferida deste verão na barriga de Max ainda está drenando. A perna traseira de Giles parece curada do longo rasgo do ano passado e da subsequente insuficiência circulatória e ulceração persistente. Eles são selvagens o suficiente para que o processo de levá-los a um veterinário provavelmente cause lesões piores. E depois? Será que gatos que cresceram ferais podem se tornar animais de estimação de viagem, da classe média e de acadêmicos em dois territórios diferentes, um urbano e um rural? Que obrigações decorrem da experiência de vidas emaranhadas, uma vez iniciado o contato?

Seu pelo é brilhante e seus olhos cintilam. Sua dieta de ração premium é formulada cientificamente e é o motivo provável de eles resistirem tão bem a infecções. A proteína de cordeiro dessa dieta é derivada de sistemas industriais de criação e abate de ovinos que não deveriam existir, e o arroz também dificilmente está repleto de justiça e bem-estar multiespécies, como qualquer pessoa que depende da política da água do agronegócio da Califórnia sabe. Enquanto isso, nós, seres humanos abastados, não compramos nem comemos essa carne particular (barata) para nós mesmos e tentamos comprar grãos orgânicos de fazendas agroecológicas sustentáveis. Quem está enganando quem? Ou minha indigestão sarcástica é um espinho tentando me tornar melhor como espécie companheira, individual e coletivamente, mesmo que esteja comprometida com o reexame permanente sobre o que é melhor? Os gatos caçam avidamente e ainda brincam uns com os outros, mesmo com suas cicatrizes de vida. Eu não me importo quando vejo penas de gaio-de-steller espalhadas sobre suas áreas de caça; essas populações de aves não são ameaçadas pelos gatos domésticos por aqui. Lembro-me das estatísticas das mortes de pássaros por gatos de estimação bem alimentados em muitos lugares – suficientes para desestabilizar as populações e aumentar o perigo a espécies já ameaçadas. Eu gostaria de saber a pontuação em minha região, mas não sei. Será que eu mataria nossos gatos ferais se soubesse que eles são um problema para as codornas locais ou outras aves?

Quanto ao nosso contrato que envolvia roedores (deixarei por examinar a categoria implícita de pragas que alimenta meu instável tom de brincadeira), nossos gatos parecem mais interessados na criação do que no controle de predadores. Estou convencida de que eles só pegam roedores machos adolescentes excedentes e cuidadosamente tomam conta das fêmeas grávidas, encontrando para elas ninhos agradáveis nas entranhas de nossos carros. Pelo menos, as diversas populações de roedores do celeiro parecem prosperar em sua presença. Será que eu saberia se nossas populações de rato-madeireiro-de-patas-escuras ou de Peromyscus *estivessem em apuros? Alimentar gatos ferais implica a obrigação de seguir as questões de diversidade de espécies e equilíbrios ecológicos nas microrregiões?*

Nada sobre as relações multiespécies que estou esboçando é emocional, operacional, intelectual ou eticamente simples para as pessoas nem claramente bom ou ruim para as outras criaturas. Tudo sobre essas relações específicas e situadas é moldado a partir de dentro de culturas tecnocientíficas de classe média, rurais ou suburbanas, com tendência ao bem-estar dos animais – e seus direitos. Uma coisa me parece clara após quatro anos vivendo – e impondo – relações face a face mutuamente oportunistas e afetuosas com criaturas que não são mais nem menos presenças alienígenas nesta terra do que minha família humana, e que de outra forma teriam morrido há quatro anos fora de nosso alcance: o devir-feral exige – e convida – o devir-mundano tanto quanto qualquer outro emaranhado de espécies. "Feral" é um outro nome para o devir-com contingente de todos os atores.

DEVIR-EDUCADA: ENSINAR HISTÓRIA DOS ESTADOS UNIDOS EM UMA FACULDADE COMUNITÁRIA NO CONDADO DE SONOMA

O que os gatos ferais têm a ver com os estudantes de faculdades comunitárias,[2] além de terem números atribuídos a eles para fins de rastreamento e de serem obrigados a tomar vacinas? A resposta curta

---

2 "Faculdade comunitária" aqui traduz *community college*. *Colleges* são instituições de nível superior que não são universidades, mas nas quais é possível obter um *associate's degree* de formação ampla em dois anos, após os quais o estudante pode pleitear o ingresso em uma universidade para se formar em uma área específica. Os *colleges* comunitários são notadamente menos custosos e de ingresso mais simplificado e fácil que os *colleges* prestigiosos nos Estados Unidos. [N. T.]

é que ambas as classes de seres são "educadas" através de suas intra-ações dentro da tecnologia historicamente situada. *Quando as espécies se encontram* trata dos emaranhamentos de seres na tecnocultura que trabalham por meio de induções recíprocas para moldar espécies companheiras. Alguns animais domésticos têm desempenhado os papéis principais neste livro, mas já deve estar claro a esta altura que muitas categorias de seres, incluindo agenciamentos tecnológicos e estudantes de faculdade, contam como "espécies" enredadas na prática de aprender a como ser mundano, como responder, como praticar o respeito. Na primavera de 2006, Evan Selinger, um colega da filosofia que estuda ciência e tecnologia, me pediu que participasse de um livro que estava coeditando e que colocava uma série de cinco perguntas a vários estudiosos generosamente classificados como filósofos.[3] O pequeno ensaio abaixo é adaptado de minha resposta a uma das perguntas de Selinger, a saber: "Se a história das ideias fosse narrada de forma a enfatizar questões tecnológicas, como essa narrativa diferiria dos relatos tradicionais?".

"Ideias" são elas mesmas tecnologias para perseguir investigações. Não é apenas o caso de as ideias estarem embutidas nas práticas; elas *são* práticas técnicas de tipos situados. Dito isso, há outra maneira de abordar a questão. Há vários anos, fiz um curso para calouros sobre história estadunidense, oferecido à noite em nossa faculdade comunitária local em Healdsburg, na Califórnia, a fim de aumentar os números de matrícula, de modo que o instrutor, meu marido, Rusten Hogness, pudesse me dar um F e, assim, tivesse a liberdade de dar notas melhores aos alunos reais, uma vez que o Departamento de História insistiu que as notas seguissem uma curva estrita. Entre outras atividades, Rusten é engenheiro de software e, à época, trabalhava com amigos engenheiros em uma pequena filial da Hewlett-Packard. Todos eles também fizeram o curso para se darem mal, assim Rusten e seus alunos poderiam esquecer a curva e se concentrar no aprendizado. Alguns anos antes, Rusten também tinha feito esse curso, tendo nosso colega e amigo Jaye Miller como professor, para tirar um F e liberar a curva aos alunos de Jaye. Era fácil inscrever-se em cursos comunitários sem fornecer um histórico escolar completo e sem deixar muitos rastros em outros cursos de educação superior ou caminhos profissionais.

---

3 Jan-Kyrre Berg Olsen e Evan Selinger (orgs.), *Philosophy of Technology: 5 Questions*. S.l.: Automatic Press / VIP, 2007.

Sem revelar nossas identidades ou propósitos aos outros estudantes, que tinham idades e experiências variadas, todos nós, os matriculados desonestos, trabalhamos muito, na verdade, e nos juntamos às discussões o tempo todo. Rusten deu o curso inteiro por meio da história da tecnologia, concentrando-se em coisas como a forma dos sapatos, armas, cirurgias e conservas de carne da Guerra Civil; as ferrovias, fazendas e minas do oeste das Montanhas Rochosas; os calorímetros da ciência alimentar nas faculdades de concessão de terras e sua relação com as lutas trabalhistas; e o teste populista de P. T. Barnum sobre a perspicácia mental dos visitantes de seus espetáculos (Eles eram um embuste? Eram reais? Acho que me lembro de que esse era um grande debate filosófico). Ao longo da aula, um amplo conjunto de questões filosóficas, políticas e de história cultural se misturavam para ajudar a pensar melhor sobre as possíveis formas da ciência e da tecnologia. A ideia de que tecnologia é uma prática relacional que molda o viver e o morrer não era uma abstração, mas uma presença vívida. A história de uma nação, assim como a história das ideias, tinha a forma da tecnologia. Livros antigos e importantes, como *Mechanization Takes Command* [A mecanização assume o comando], de Sigfried Giedion, de 1947, e *Technics and Civilization* [Técnica e civilização], de Lewis Mumford, de 1934, ajudaram-nos para além do livro didático convencional exigido pelo curso. Os verdadeiros alunos, assim como os falsos fracassados, adoraram o curso e sabiam muito mais no final do semestre do que no início sobre "a história das ideias", incluindo coisas como informação e termodinâmica, assim como trabalho, direito à terra, guerra e justiça

Rusten adora dar aula e é ferozmente comprometido com a democracia científica, a competência técnica e a alfabetização. Ele sempre ensinou com a abordagem mais mão na massa possível e com um olhar brilhante sobre a história da ciência popular e das lutas por uma sociedade mais democrática. Conhecemo-nos nos anos 1970 no Departamento de História da Ciência na Universidade Johns Hopkins, no qual ele era um estudante de pós-graduação de ciência popular francesa e americana do século XIX, entre outras coisas. Ele também lecionava ciências naturais e matemática, bem como história e estudos sociais, na escola de ensino médio experimental de Baltimore. Lá, ele constantemente levava seus alunos a laboratórios, hospitais, fábricas e museus de tecnologia, ensinando política, história, ciência e tecnologia como parte integrante da estória de Baltimore enquanto uma cidade industrial portuária com uma história tensa de raça, sexo e classe. Ele transformou nossa cozinha em um laboratório de química, literalmente, e persuadiu os estudantes a pensarem em química industrial, bem como na ciência e na tecnologia do cozinhar como uma forma tanto de nutrir o prazer da ciência quanto de adquirir uma noção melhor de como funcionam as divisões de mão de obra e o estatuto do trabalho na ciência e na tecnologia.

Anos antes, Rusten, um pacifista e opositor da guerra na era do Vietnã, havia feito dois anos de serviço alternativo no sul muçulmano das Filipinas, em uma pequena faculdade de pescadores, ensinando matemática e filosofia para estudantes que estariam em sua maioria mortos alguns anos depois por causa da repressão aos movimentos separatista e revolucionário pelo regime apoiado pelos Estados Unidos em Manila. Perguntas sobre tecnologias de globalização e de "antiterrorismo" estão indelevelmente escritas em seu tectum óptico e em contato íntimo com quaisquer sinais que percorram o telencéfalo.

O avô paterno de Rusten, Thorfin Hogness, chefiou a divisão de físico-química do Projeto Manhattan e depois participou das lutas dos cientistas civis pelo controle da ciência e tecnologia nucleares após a guerra. Talvez como resultado, a maioria dos irmãos e primos de Rusten está diretamente envolvida, por meio de seu trabalho e de sua presença comunitária, com a "história das ideias a partir de uma perspectiva tecnológica" e vice-versa. Eu conto essa estória de família para colocar em primeiro plano o nó de mundos públicos e íntimos que ligam o que chamamos de tecnologia e o que poderíamos querer dizer com perspectivas filosóficas. Não tenho certeza se essa forma de abordar a questão é tradicional ou não; ela depende da tradição que enfatizamos. Mas tenho certeza de que aprendi mais história dos Estados Unidos e mais história da filosofia, bem como história da tecnologia, no único curso da vida em que não fui aprovada do que em uma grande pilha daqueles outros em que tirei A.

12. MORDISCADAS DE DESPEDIDA: NUTRIR A INDIGESTÃO

O conhecimento é um engajamento material direto, uma prática de intra-atuação com o mundo como parte do mundo em sua configuração dinâmica material, sua articulação contínua [...]. A ética diz respeito às matérias que contam, a levar em conta as materializações emaranhadas das quais fazemos parte, incluindo as novas configurações, novas subjetividades, novas possibilidades – até os menores cortes contam.
— KAREN BARAD, *Meeting the Universe Halfway*, 2007

Jamais se come totalmente sozinho, eis a regra do "é preciso comer bem". [...] Repito, a responsabilidade é excessiva ou não é uma responsabilidade.
— JACQUES DERRIDA, *"É preciso comer bem" ou o cálculo do sujeito*

Considerem uma fêmea vombate-de-nariz-peludo-do-norte, às vezes chamada de escavadeira do mato, enquanto ela se entoca atentamente no chão de madeira seca do Parque Nacional Bosque de Epping, no centro de Queensland, na Austrália. A bolsa nas costas que mantém a terra para fora enquanto ela cava abriga um jovem filhote preso a uma teta na barriga da fêmea. Somando talvez apenas 25 fêmeas reprodutivas nos primeiros anos do século XXI, com adultos pesando entre 25 e 40 quilos, esses marsupiais ladinos mas vulneráveis estão entre os grandes mamíferos mais raros do mundo.[1] Considerem tam-

---

1 O vombate-de-nariz-peludo-do-norte pode ser rastreado por meio do Wombat Information Center, em wombania.com, do Departamento de Agricultura, Água e Meio Ambiente do Governo da Austrália, awe.gov.au/environment/biodiversity/threatened/nominations/comment/lasiorhinus-krefftii-2016, e de Tim Flannery e Paula Kendall, *Australia's Vanishing Mammals*. Sydney: R. D. Press, 1990.

bém a criatura microscópica composta por diversas outras *Mixotricha paradoxa*; literalmente, “a paradoxal com pelos misturados”. Com cerca de quinhentos mícrons de diâmetro, a variedade de criaturas com o nome de *Mixotricha paradoxa* mal pode ser discernida a olho nu pelos humanos. Sem figurar entre a carismática macrofauna do parque nacional de ninguém, mas, apesar disso, fundamental para a reciclagem de nutrientes nas florestas, esses protistas que trabalham duro processando celulose vivem no intestino posterior de um cupim do sul da Austrália chamado *Mastotermes darwiniensis*.[2] Muita coisa na Austrália carrega o nome e o legado de Darwin.

Pode parecer tragicamente fácil contar os vombates de Queensland, mas essas criaturas noturnas e crepusculares, geralmente solitárias e secretas, não se mostram aos recenseadores.[3] A contabilidade da *Mixotricha* levanta outro tipo de dilema numérico. Quando incitada por um microscópio eletrônico de varredura, a *Mixotricha* visivelmente se eriça em sua resistência à enumeração. As cerdas – confundidas, em ampliações mais baixas, com cílios em uma única célula compreensível – se apresentam sob o microscópio eletrônico de varredura (MEV) como centenas de milhares de espiroquetas *Treponema* que parecem cabelos. O movimento destes, por sua vez, impulsiona os comensais com quem coabitam ao longo da vida, conduzidos por quatro flagelos que saem da extremidade anterior em forma de cone do protista. Composta de uma célula nucleada e quatro tipos de micróbios bacterianos (cujos diferentes tipos somam, no total, entre 200 e 250 mil células), com seus cinco genomas emaranhados, “a *Mixotricha paradoxa* é um exemplo extremo de como todas as plantas e animais – incluindo nós mesmos – evoluíram para conter multi-

---

2 É um fato conhecido o de que os cupins precisam de seus simbiontes para digerir a celulose, mas nem tanto o de que os vombates comedores de grama têm um sistema digestório especializado que é o lar de sua própria espécie de trabalhadores processadores de celulose.

3 Trabalhando com os vombates de Queensland há mais de dez anos, a dra. Andrea Taylor, da Universidade de Monash, em Melbourne, “desenvolveu uma técnica genética de baixa perturbação para o censo da população de vombates. Pelos de vombates são coletados com fitas adesivas colocadas em suas tocas, e o DNA no folículo é usado para identificar o sexo e o ‘dono’ do cabelo”; yaminon.org. Viver sob ameaça de extinção significa viver na tecnocultura; para a maioria das criaturas, hoje, essa é uma condição de florescimento, ou não, na Terra. Ver também Sam C. Banks et al., “Demographic Monitoring of an Entire Species (the Northern Hairy-nosed Wombat, *Lasiorhinus krefftii*) by Genetic Analysis of Non-invasively Collected Material”. *Australian Mammalogy*, v. 43, n. 1, 2021.

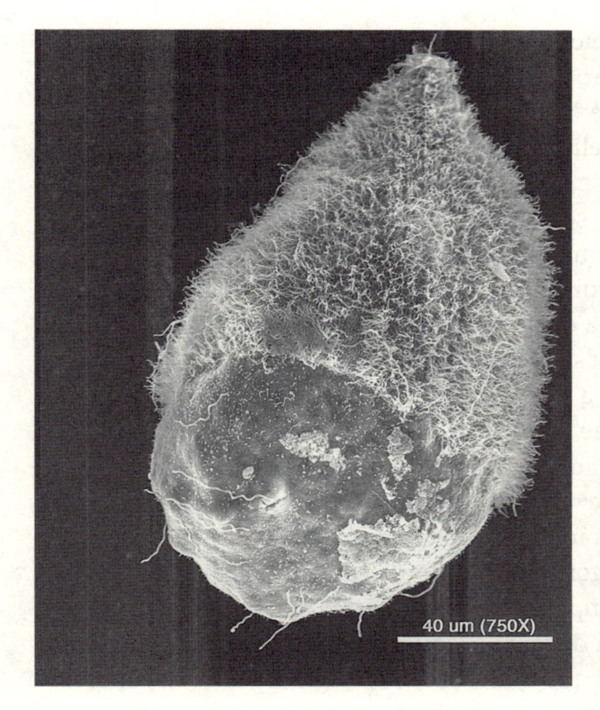

Mixotricha paradoxa. Micrografia eletrônica, ampliação de 750×, por Dean Soulia e Lynn Margulis, Universidade de Massachusetts Amherst. Cortesia de Lynn Margulis.

dões".[4] Assim, minha conclusão começa com espécies companheiras nutridas nas cavidades, fendas e interdigitações de gestação, ingestão e digestão entre as criaturas indígenas do continente australiano.

Instruída pelos dedolhos de Eva Hayward,[5] lembro que devir-com é devir-mundano. *Quando as espécies se encontram* se esforça para construir locais de vínculo e amarrar nós pegajosos a fim de unir criaturas em intra-ação, incluindo pessoas, conjuntamente nos tipos de resposta e olhar que mudam o sujeito – e o objeto. Os encontros não produzem todos harmoniosos, e as entidades suavemente pré-constituídas jamais se encontram em primeiro lugar. Tais coisas não podem tocar, muito menos se anexar; não há primeiro lugar; e as espécies, nem singulares nem plurais, exigem outra prática de acerto de contas.[6] À moda das tar-

---

4 Lynn Margulis e Dorion Sagan, "The Beast with Five Genomes". *Natural History Magazine*, jun. 2001.

5 E. S. Hayward, *Envisioning Invertebrates*, op. cit.

6 Para pensar em outras práticas de acerto de contas, ver o texto essencial de Helen Verran, *Science and an African Logic*. Chicago: University of Chicago Press,

tarugas (com seus epibiontes) em cima de tartarugas até o fim, os encontros nos fazem quem e o que somos nas ávidas zonas de contato que são o mundo. Uma vez que "nós" nos encontramos, nunca mais poderemos ser "os mesmos". Impelidos pela obrigação saborosa, mas arriscada, da curiosidade entre as espécies companheiras, uma vez que sabemos, não podemos não saber. Se soubermos bem, procurando com dedolhos, nos importamos. É assim que a responsabilidade cresce.

Lynn Margulis e Dorion Sagan sugeriram que as miríades de organismos vivos devem a evolução de sua diversidade e complexidade a atos de simbiogênese através dos quais genomas promíscuos e consórcios vivos são a prole potente da ingestão e da subsequente indigestão entre comensais, quando todos estão no cardápio. Sexo, infecção e alimentação são parentes antigos, dificilmente desencorajados pelas delicadezas da discriminação imunológica, cujas intra-ações materiais e sintáticas fazem os cortes que dão à luz parentes e tipos. Deixem-me sugerir, então, mordiscadas de despedida capazes de nutrir espécies companheiras mortais que não podem nem devem se assimilar, mas que devem aprender a comer bem, ou pelo menos bem o suficiente para que o cuidado, o respeito e a diferença possam florescer no aberto.

A primeira mordiscada nos devolve à vombate-de-nariz-peludo, desta vez com alguns companheiros inesperados. Patricia Piccinini, artista que vive em Melbourne, fabulou espécies companheiras plausíveis – termo dela – para proteger as espécies ameaçadas de extinção do continente australiano, incluindo o vombate-de-nariz-peludo-do-norte. Ela nutre uma desconfiança inquisitiva em vez de uma atitude crédula em relação a suas criaturas introduzidas, mesmo que seu principal hábitat seja a exposição de arte, o website e o catálogo.[7]

—

2001. Não por acaso, Verran, vivendo em Melbourne, escreve sobre posse de terras aborígenes, práticas de gestão, matemática e significados de país entre os Wik e os Yolngu. Ver, por exemplo, Helen Verran, "Re-imagining Land Ownership in Australia". *Postcolonial Studies*, v. 1, n. 2, 1998. Verran trabalhou com o projeto Indigenous Knowledge and Resource Management in the Northern Territory [Conhecimento Indígena e Gestão de Recursos no Território do Norte] cdu.edu.au/centres/ik) e escreve sobre como os conhecimentos tradicionais aborígenes podem contribuir para "fazer" a natureza da Austrália.

7 Patricia Piccinini, *In Another Life*. Wellingtton: City Gallery Wellington, 2006; publicado por ocasião da exposição na City Gallery Wellington, entre 19 de fevereiro e 11 de junho de 2006. Inspiro-me no próprio ensaio de Piccinini, "In Another Life", pp. 12–13, assim como na introdução da artista e escritora Stella Brennan, "Border Patrol", pp. 6–9. Ver o site de Patricia Piccinini (patriciapiccinini.net) para

Alertando os espectadores tanto para o perigo quanto para a possibilidade, seus desenhos, instalações e esculturas argumentam de modo palpável que ela se apaixonou por sua prole de tipo FC; ela certamente me obrigou ao mesmo. Piccinini se lembra da história naturalcultural, na Austrália e em Aotearoa / Nova Zelândia, das espécies exóticas, tanto humanas quanto não humanas, com exemplos modernos, como o sapo-cururu das Américas do Sul e Central, enviado do Havaí para o norte de Queensland em 1933 para predar o besouro-da-cana que come a cana-de-açúcar, a qual, por sua vez, devora os trabalhadores necessitados do dinheiro do açúcar para alimentar seus filhos.[8] Ela se lembra das consequências exterministas da introdução bem-intencionada de espécies companheiras – nesse exemplo, a refeição não intencional, ou seja, os anfíbios endêmicos devorados por sapos-cururus vorazes, prolíficos e ambulantes. Ela sabe que o capim africano buffell, plantado para o gado europeu na colônia dos brancos, supera competitivamente as gramíneas nativas das quais dependem os vombates-de-nariz-peludo, além de saber que os vombates ameaçados lutam por alimentação e hábitat com o gado, as ovelhas e os coelhos. Esses marsupiais também sofrem predação por dingos, mamíferos cuja data de introdução é muito anterior e que alcançaram hoje o estatuto de macrofauna ecológica carismática, após uma longa carreira como pragas para os europeus e uma história ainda mais longa como espécies companheiras para os aborígenes. Ainda assim, os dingos nacionalistas modernos e reabilitados, mesmo depois de o gado ser expulso e o capim buffell ser desencorajado no trabalho de

—

mais desenhos de bebês humanos conhecendo suas espécies companheiras fabuladas da série que ela chamou de Nature's Little Helpers [Pequenos Ajudantes da Natureza] e seu breve ensaio "About These Drawings...". Agradeço a Lindsay Kelley por me apresentar ao trabalho de Piccinini em meu seminário de pós-graduação sobre estudos animais e *science studies* em 2004 e a April Henderson por me enviar *In Another Life* no final de 2006. Jim Clifford é o orientador de doutorado de Henderson no Departamento de História da Consciência, e eu gosto de pensar que o "James" sentado face a face com o substituto do vombate é o jovem Clifford fazendo um de seus primeiros contatos pós-coloniais com criaturas como modo de se preparar para seus maravilhosos escritos sobre a teoria, a cultura e a política sincréticas e heterogêneas dos povos do Pacífico.

8 Contando uma história poderosa enlaçada no mundo transatlântico, não na Austrália nem no Pacífico, Sidney Mintz explora as culturas simbiogênicas do açúcar em *Sweetness and Power: The Place of Sugar in Modern History*. New York: Penguin, 1986. Mercadorias, trabalho, escravidão, especiarias, medicina, luxo e muito mais estão lá, mas o quadro humanista da antropologia de Mintz torna mais difícil ver todos os outros organismos (e outros não humanos) ativamente envolvidos.

restauração ecológica, têm de ser cercados para fora da área de pastagens naturais e florestas semiáridas de Queensland, o único lugar que resta para que os vombates-de nariz-peludo-do norte possam se entocar e jantar.

Mas então, Piccinini sabe, seres vivos em ecologias enlaçadas e dinâmicas são oportunistas, não idealistas, e não é surpreendente encontrar muitas espécies nativas florescendo tanto nos lugares novos como nos antigos por causa dos recursos fornecidos por forasteiros de outras terras e águas. Pensem nas cucaburras, deslocadas de suas antigas regiões próprias, comendo caracóis e lesmas exóticos e nocivos ao lado de estorninhos-comuns. Piccinini sabe, em resumo, que a introdução de espécies (de outra bacia hidrográfica, outro continente ou outra imaginação) é muitas vezes um corte destruidor de mundo, bem como às vezes uma abertura para a cura ou mesmo para novos tipos de florescimento.[9] As espécies companheiras fabuladas

---

9 Considerar as modelações das "novas naturezas", completas com os agenciamentos de espécies nativas e exóticas misturadas de todos os lugares da Terra até o século XXI, talvez especialmente na Austrália – onde categorias puras de natureza selvagem, doméstico, endêmico ou exótico não podem fazer justiça a um ambientalismo comprometido simultaneamente com o cofloresceimento multiespécies, a memória coletiva heterogênea e as histórias complexas. São necessários projetos sérios para construir e reconstruir naturezasculturas habitáveis para o futuro. As origens não são acessíveis, mesmo em princípio. Ver o controverso trabalho do australiano Tim Low: *Feral Future: The Untold Story of Australia's Exotic Invaders*. Chicago: University of Chicago Press, 2002, e *The New Nature: Winners and Losers in Wild Australia*. Sydney: Penguin, 2002. Muitas espécies endêmicas ameaçadas de extinção passaram a depender de espécies exóticas para recursos críticos à alimentação e reprodução, o que torna a "restauração" e a "preservação" um pouco delicadas. Para uma integração das abordagens de Low com os *science studies*, a sociologia, os estudos culturais coloniais e pós-coloniais e considerações a respeito do bem-estar animal dos pontos de vista tanto ecológico como de direitos, ver Adrian Franklin, *Animal Nation: The True Story of Animals and Australia*. Sydney: New South Wales Press, 2006; o exemplo da cucaburra está na página 230.

A antropóloga Deborah Bird Rose, em *Reports from a Wild Country* (Sydney: University of New South Wales, 2004), escreve sobre o espaço ferido da terra e do povo australianos e sobre a profunda necessidade de recuperação e de conciliação em modo contramoderno. Fundamentada em muitos anos de trabalho com aborígenes, especialmente no Território do Norte, sua perspectiva está enraizada na memória implacável das realidades de assassinatos em massa e morte nas colônias brancas e em suas ecologias de substituição. Considero a maneira como Rose trabalha fundamental para a reconstrução de um mundo mais habitável. Reconhecendo que as abordagens dos dilemas ético-ambientais atuais devem ser complexas e polivalentes, ela também aprecia naturezasculturas mistas e heterogêneas ao longo dos tempos. De fato, seu trabalho todo diz respeito a redes de relações

por Piccinini para espécies ameaçadas de extinção podem ser mais um forasteiro útil, entre muitos, em vez de um invasor destrutivo, entre muitos, ou podem ser ambos, o curso mais usual das coisas. A questão crucial não é "Eles são originais e puros (no sentido natural)?", mas sim "Com o que eles contribuem para o florescimento e a saúde da terra e de suas criaturas (no sentido naturalcultural)?". Essa pergunta não convida a uma ética ou política "liberal" desengajada, e sim requer vidas examinadas que assumem riscos a fim de ajudar o florescimento de algumas formas de se dar bem juntos, e *não* de outras. Geralmente positivos em relação aos animais que os europeus chamaram com menosprezo de "ferais", os povos aborígenes australianos tendem a avaliar o que os ocidentais chamam de "agenciamento de espécies", novas e antigas, em termos daquilo que sustenta o mundo humano e não humano, historiado, mutável, cuidado e vivido chamado de "país" [*country*], como os ocidentais ouvem a palavra.[10] Conforme Barad sublinhou para os ouvidos sintonizados com a filosofia e a ciência ocidentais: "Corporificação é uma questão não de estar especificamente situado no mundo, mas sim de ser do mundo em sua especificidade dinâmica [...]. A ética não tem a ver, portanto, com uma resposta correta a um outro radicalmente exterior/izado, mas com re-responsabilidade e prestação de contas pelas relaciona-

---

mutuamente interconectadas que estão sempre em movimento. Mas ela se recusa a desviar o olhar da catástrofe em curso incrustada no passado e no presente da morte em massa de origem antropogênica que continua a varrer criaturas de todas as categorias, tanto humanas quanto não humanas. Ver também id., "What If The Angel of History Were a Dog?". *Cultural Studies Review*, v. 12, n. 1, mar. 2006. Nesse artigo, ela acompanha o trabalho da morte em andamento no envenenamento de dingos e cães selvagens e no ato de pendurar seus cadáveres em árvores tanto como uma realidade quanto como uma figura de um mundo uivando de dor nas notas dos dingos que uivam.

Embora ambos dependam de agenciamentos de espécies mistas, acho que é seguro dizer que os "futuros selvagens" de Tim Low ressoam de forma diferente dos discursos ecológicos de restauração fundamentalista que visam restabelecer a fauna e os ecossistemas do Pleistoceno na América do Norte. Ainda assim, há algo de atraente na "restauração" das pastagens naturais do Oeste dos Estados Unidos e das Grandes Planícies por meio de elefantes e leões africanos "transplantados". Ver Eric Jaffe, "Brave Old World: The Debate over Rewilding North America with Ancient Animals". *Science News*, v. 170, n. 20, 11 nov. 2006. Isso poderia colocar em perspectiva as lutas cronologicamente paroquiais entre rancheiros, caçadores e ambientalistas sobre o repovoamento da terra por lobos cinzentos!

10 A. Franklin, *Animal Nation*, op. cit., p. 166–92.

lidades vivas do devir de que somos uma parte".[11] A curiosidade deve nutrir os conhecimentos situados e suas obrigações ramificantes nesse sentido.[12]

Piccinini também trabalha explicitamente em resposta e em diálogo com a tecnocultura e suas biotecnologias. Sua série chamada Pequenos Ajudantes da Natureza questiona as emaranhadas formas de vida naturaisculturais centrais às práticas de conservação e às práticas de reprodução assistida. Esses dois aparatos tecnoculturais estiveram no centro de *Quando as espécies se encontram*, no qual as categorias de "espécies ameaçadas" repetidamente transbordaram com a dor e as esperanças de seus atores mal-contidos, mesmo quando os vulneráveis são "meramente" tipos de cães e seus modos de vida multiespécies situados e historicamente dinâmicos.

Feita de silicone, fibra de vidro, pelo, couro e só a deusa sabe o que mais, uma criatura fabulada chamada *Surrogate (for the Northern Hairy-Nosed Wombat)* [Substituto/a (para o/a vombate-de-nariz-peludo-do-norte)], de 2004, é um dos Pequenos Ajudantes da Natureza. No desenho *James (sitting)* [James (sentado)], de 2006, um/a substituto/a e um bebê humano sentam-se face a face.[13] Intensamente curioso

---

11 Karen Barad, *Meeting the Universe Halfway: Quantum Physics and the Entanglement of Matter and Meaning*. Durham: Duke University Press, 2007, pp. 377, 393.

12 D. Haraway, "Saberes localizados: A questão da ciência para o feminismo e o privilégio da perspectiva parcial" [1988]. *Cadernos Pagu*, n. 5, 1995. Lembro que a "teoria do *standpoint* [ponto de vista]" feminista não dizia e não diz respeito a posições e identidades fixas, mas ao trabalho relacional e ao jogo de mundificação interseccional feminista que minha colega e amiga Nancy Hartsock chamou de materialismo histórico feminista. Atribuo sua percepção ao seu amor por cavalos, junto com seu amor por Marx – e com a leitura atenta deste. Hartsock compreende devir-com de modo a devir-mundana. Ver Sandra Harding (org.), *The Feminist Standpoint Theory Reader*. New York: Routledge, 2003.

13 Katie King, minha mentora por três décadas na leitura de ficção científica feminista, escreveu: "Quando vi *James (sentado)*, pensei que fosse uma ilustração para a capa do livro de Suzette Haden Elgin, *Native Tongue*!" (New York: DAW, 1984). De fato. O romance de FC da linguista Elgin é sobre mulheres humanas do século XXIII vivendo após a revogação da Décima Nona Emenda da Constituição dos Estados Unidos [que garante às mulheres o direito ao voto] e sob o domínio da Vigésima Quinta Emenda, que as tornou menores de idade legais. As mulheres são linguistas das Linhas, especialistas em comunicação que medeiam os contatos comerciais entre humanos e alienígenas. Consideradas incapazes de tais coisas, em uma linguagem especial que inventaram chamada láadan, elas nutrem planos para derrubar a desordem estabelecida e construir um novo mundo. Láadan se tornaria uma língua nativa. Para uma descrição da língua e links, ver en.wikipedia.org/wiki/Láadan. A capa da minha edição de 1984 de *Native Tongue* tem uma grande

e talvez apenas um pouco apreensivo, o pequeno James parece pronto para esticar sua mão (canhota). Sei que os bebês muitas vezes machucam os animais que agarram. Treinei meus cães com crianças emprestadas por meus alunos de pós-graduação para que os canídeos pudessem tolerar tais excessos exploratórios de pequenos hominídeos mal coordenados, incapazes de prestar contas e imprudentemente dotados cedo demais de mãos que agarram. O/a substituto/a também é bem instruído/a? Por que deveria ser? O/a substituto/a e o bebê estão próximos, talvez próximos demais para uma criança humana e uma espécie protetora alienígena, que parece vagamente benigna ou talvez apenas pensativa; quem consegue ler um semblante visto apenas pela metade? O/a substituto/a atraente e do/a qual se tem uma visão frontal e em cores na capa do catálogo da exposição *In Another World* [Em Outro Mundo] não responde às minhas dúvidas ou às de Piccinini. A superfície ventral da criatura *apresenta* um umbigo adequado, indicando algum tipo de parentesco mamífero, porém reconfigurado em tecnoquimeras e estranho às necessidades gestacionais dos marsupiais vombates. O/a substituto/a não foi fabulado/a para ser um/a protetor/a do *Homo sapiens*, afinal de contas, mas do *Lasiorhinus kreftii*, cujos hábitats e espécies associadas foram devastados pelas próprias espécies introduzidas pelos parentes de James. Não tenho certeza de como os povos indígenas de Queensland chamam ou chamavam os vombates-de-nariz-peludo-do-norte, embora "Yaminon" seja um nome aborígene (de quem?) para esses animais, um nome que aparece hoje em dia em contextos de conservação sem ser acompanhado da discussão sobre as naturezasculturas históricas humanas ou não humanas que o geraram. Tenho ainda menos certeza de quais diferentes nomes os povos aborígenes poderiam dar ao/à substituto/a dorsalmente encouraçado/a.[14] Mas, quais-

—

cabeça alienígena verde que espreita de modo benigno (?) um diminuto bebê humano louro sentado em uma moldura circular bordada, com fileiras de tubos de ensaio cheias de embriões em gestação ao fundo. Indiscutivelmente (como?) fêmea, a extraterrestre maternal, escamosa e sorridente chega terrivelmente perto da criança. Sua cabeça se parece muito com um protista coberto por bactérias esféricas. Ou com a cabeça reptiliana de cobra de Lord Voldemort vestido de mulher em um filme de Harry Potter. Juntar o alienígena futurista e o terrestre arcaico é um tropo básico da FC. O bebê está gesticulando com a mão esquerda até a boca – está com fome? Falando? Ou o bebê é o almoço da senhora extraterrestre? Somente o futuro feral o dirá.

14 Para ótimas fotos dessa espécie de vombate e informações sobre o Yaminon Defense Fund, ver yaminon.org. O site parece ser tocado por uma só pessoa. Não

Patricia Piccinini, *James (sentado)*, 2006. Grafite sobre papel. Cortesia da artista.

quer que sejam os nomes próprios, o/a substituto/a poderia decidir com razoabilidade que James e sua espécie não recaem sob sua área de proteção.

Belas placas dorsais são as estruturas menos interessantes que se abrem pela parte de trás do/a substituto/a. Três pares de bolsas gestacionais correm pela coluna vertebral da espécie companheira protetora, nutrindo três estágios de desenvolvimento de vombates. Alinhada com a de outros marsupiais, como o canguru-vermelho, a reprodução do/a vombate substituto/a parece acontecer segundo os princípios do "fluxo contínuo" de estocagem de embriões no corpo gestacional. Tendo acabado de sair do canal de nascimento (de quem?)

---

me surpreenderia encontrar uma estória como a de C. A. Sharp se alguém se propusesse a seguir as vidas examinadas desses vombates e de sua gente apaixonada. O próprio termo *vombate* é oriundo da comunidade aborígene Eora que vivia em torno da área da moderna Sydney (pt.wikipedia.org/wiki/Vombate).

e mal conseguindo rastejar através da pelugem do/a substituto/a para esperar sua vez de terminar de fazer um vombate, um embrião recém-formado certamente habita a bolsa superior. Agarrado a uma teta? Será que o/a substituto/a tem tetas naquelas estranhas bolsas anelares em forma de esfíncteres e alças de fechar? Como não? As vombates-de-nariz-peludo-do-norte normais têm apenas duas tetas em sua única bolsa voltada para trás, de modo que não conseguem lidar com três bebês fora do corpo ao mesmo tempo, e dão à luz apenas um filhote de cada vez, uma vez por ano. Os bebês ficam na bolsa de oito a nove meses. Mas, se forem como cangurus, essas vombates podem ter pausado embriões prontos, para acelerar seu curso de vida no caso de o filhote maior morrer – ou ser abduzido por alienígenas. As vombates-de-nariz-peludo-do-norte gostam de ter seus bebês na estação chuvosa – e colocar outro filhote na bolsa mais tarde, quando as gramíneas suculentas estão secando, não é um bom prognóstico para esse ciclo reprodutivo, de qualquer forma. Talvez os/as substitutos/as peguem bebês recém-emergidos de fêmeas vombates e os coloquem em suas próprias bolsas, forçando assim as vombates a dar à luz outro embrião mais cedo, multiplicando, dessa forma, o número de jovens que podem ser criados em uma estação. Essa não seria a primeira vez em que se empregaria a reprodução forçada como uma tecnologia evolutiva e ecológica de resgate! Perguntem a qualquer tigre em um banco de dados de um Plano de Sobrevivência de Espécies [*Species Survival Plan* – SSP]. Não é de se admirar que Piccinini seja desconfiada, assim como aberta a outro mundo.

O nível do meio das bolsas do/a substituto/a abriga vombates mais desenvolvidos, mas ainda sem pelos; longe de estar prontos para explorar o mundo exterior. Uma teta, uma bolsa e uma coluna encouraçada de substituto/a vigilante são tudo o que é necessário por enquanto. O terceiro nível de bolsas contém bebês vombates peludos maduros, e um deles está engatinhando para fora da bolsa, de modo a começar seus encontros arriscados em um mundo mais amplo. Por alguns meses, esse filhote pode saltar de volta para a bolsa, quando as coisas ficarem muito assustadoras, e suplementar a grama com leite, mas mesmo os melhores úteros ou bolsas, alienígenas ou nativos, dão proteção por tempo limitado.

Mais uma vez, eu me pergunto se o/a substituto/a é uma criatura materna masculina ou feminina; minhas categorias de gênero imperializantes não vão deixar o assunto descansar. É claro que essa pergunta está enraizada em minha neurose historicamente situada (e em seus discursos biológicos e reprodutivos), não na do/a substituto/a. Sou lembrada de que apenas cerca de 25 fêmeas reprodutivas vombates-de-nariz-peludo-do-norte vivem no planeta Terra para gestar os filhotes de sua espécie. Ser fêmea em um mundo assim nunca vem sem um custo. Não é de se admirar que Piccinini tenha se sentido chamada a apresentar seus / suas substitutos/as. Eu adoraria chamar o/a substituto/a de "*queer*" e celebrar com aquele frisson que não custa nada para quem normalmente se identifica como heterossexual, mas tenho certeza de que Piccinini retiraria a permissão para usar sua imagem se eu tentasse me sair com essa. O/A substituto/a continua sendo uma criatura que nutre a indigestão, ou seja, um tipo de dispepsia em relação ao próprio lugar e à própria função que é realmente aquilo de que trata a teoria *queer*. O/a substituto/a não é nada além do murmúrio / matéria [*mutter / matter*] da gestação fora do lugar, um corte necessário, mas não suficiente, na função que define a fêmea, chamada reprodução. Estar fora de lugar é frequentemente estar em perigo e às vezes estar livre, no aberto, ainda não presa ao valor e ao propósito.

Não há um quarto nível de gestação protegida. James pode estar diante do/a substituto/a, mas aposto que o bebê vombate e o bebê humano se encontrarão rapidamente nesse quadro narrativo. Então, o que o mundo das espécies companheiras pode se tornar está aberto. O passado não lançou bases suficientes para que haja otimismo diante das relações entre os colonos humanos brancos e os vombates. No entanto, o passado está longe de ser ausente ou carente de ofertas ricas para remundificação. Katie King oferece uma ferramenta teórica que chama de passadospresentes para pensar sobre o trabalho de reconstituição. Ela escreve: "Penso nos passadospresentes como evidências bastante palpáveis de que o passado e o presente não podem ser purificados um do outro; eles me confrontam com interrupções, obstáculos, formas novas / antigas de organização, pontes, mudanças de direção, dinâmicas giratórias".[15] Com esse tipo de ferramenta material-semiótica como companheira, o passado, o presente e o futuro estão todos muito atados uns aos outros, cheios do que pre-

---

15 Katie King, "Pastpresents: Playing Cat's Cradle with Donna Haraway"; playingcatscradle.blogspot.com. Em seu livro *Networked Reenactments: Stories Transdisciplinary Knowledges Tell* (Durham: Duke University Press, 2011), King desenvolve sua visão através do exame de reconstituições na televisão (*Highlander*, *Xena*, *Nova*), em museus (a exposição *Science in American Life*, no Smithsonian) e em histórias acadêmicas (a historiografia das mulheres Quaker do século XVII e a "revolução científica"). King está em aliança com o Parlamento das Coisas, de Bruno Latour, retrabalhado para servir a conhecimentos flexíveis com verve feminista.

cisamos para o trabalho e a brincadeira da restauração do hábitat, menos curiosidade mortífera, ética e política materialmente emaranhadas e abertura aos tipos alienígenas e nativos simbiogenicamente ligados. Nos termos de Barad, temos aqui os processos de feitura de mundo da intra-ação e do realismo agencial.

Beliscando a articulação material-semiótica que liga gestação e digestão – uma conexão bem conhecida por qualquer criatura marsupial, mamífera ou extraterrestre de qualquer gênero que já tenha estado grávida ou seja apenas simpática – ofereço uma segunda mordiscada de despedida. Em 1980, candidatei-me a uma posição de titular com estabilidade [*tenure*] em teoria feminista no programa de História da Consciência da Universidade da Califórnia em Santa Cruz. Na verdade, Nancy Hartsock e eu nos candidatamos para dividir o emprego, mas Nancy retirou sua candidatura para permanecer em Baltimore, e eu segui em frente, ávida. Durante anos, as pessoas presumiram que Nancy e eu éramos amantes, porque nos propusemos a dividir um emprego; essa forma de supor a sexualidade é certamente interessante! Mas, lamentavelmente, está fora do escopo deste livro já muito promíscuo. No dia de minha apresentação, fui buscada no aeroporto e deixada no Dream Inn (onde mais?) por duas estudantes de pós-graduação do HistCon, Katie King e Mischa Adams. Elas estavam com pressa para chegar a uma celebração de nascimento nas montanhas de Santa Cruz. Uma parteira leiga feminista havia assistido o nascimento e haveria um banquete para compartilhar uma refeição da placenta. Vinda da Universidade Johns Hopkins, com seus excessos tecnocientíficos e biomédicos, eu estava encantada, totalmente pronta para celebrar a materialidade sangrenta da afirmação da comunidade ao acolher um bebê humano. Então fiquei sabendo que o marido (da placenta? da mãe? as relações de parentesco se confundiam) devia cozinhar a placenta antes de servi-la. De alguma forma, isso parecia levar a festa para uma órbita yuppie, para longe do sacramento mortal que minha formação católica respeitava. Haveria um molho picante? As coisas estavam desordenadas, pelo menos em minha imaginação preparada na Costa Leste. Mas eu não tinha tempo para me preocupar; a apresentação era urgente. Katie e Mischa partiram para as montanhas feministas, anarquistas e cyberbruxas pagãs cujas águas alimentavam a história da consciência naqueles anos.[16]

---

16 Vejam como minha estória funciona como reconstituição. Telescopei tempos e detalhes para contar uma verdadeira fabulação. Passadospresentes são cruciais para fazer isso. As reconstituições não são empiricamente irresponsáveis, mas

Após a apresentação, meus anfitriões me levaram para jantar, e Katie e Mischa se juntaram a nós, vindas de sua refeição anterior. Enquanto todos saboreavam um conjunto eclético de comidas coloridas e geograficamente fabuladas no restaurante India Joze, ninguém discutiu minha palestra apaixonadamente elaborada nem suas imagens. Toda a atenção, incluindo a minha, estava concentrada em decidir quem poderia, deveria, teria de comer ou não a placenta. Ninguém concordou; todos fizeram crescer mundos a partir de sua imagem da refeição. Filosofia, história da religião, folclore, ciência, política, doutrinas dietéticas populares, estética: tudo estava em jogo. Uma pessoa insistiu que proteínas eram proteínas, e não importava qual era a fonte; a placenta era apenas um alimento bioquímico. Alguém perguntou se os católicos antes do Vaticano II podiam comer a placenta na sexta-feira. A reducionista de proteínas se viu em maus lençóis rapidamente. Os que citaram um antigo matriarcado ou alguma unicidade indígena com a natureza como garantia para comer material pós-parto ganharam os olhares repressivos daqueles atentos aos movimentos primitivistas dos descendentes bem-intencionados de colonizadores brancos.

Katie e Mischa relataram um solene, e não festivo, compartilhamento de pedaços de placenta – cozida com cebolas –, em que amigos dividiram nutrientes necessários à mãe e ao bebê naquele momento de início. Essa é minha ideia de um banquete terrano sacramental. Nossas informantes contaram que o evento havia sido uma festa em que cada um tinha levado um prato para ser comido à parte da cerimônia da placenta. O mundo aqui não era yuppie, mas hippie. Katie levou leite de soja feito por ela mesma em sua cozinha. Os vegetarianos no India Joze, preocupados com a saúde, exprimiram algumas contrariedades em relação à pouca fibra da placenta, mas a feminista radical vegana à mesa decidiu que as únicas pessoas que *deviam* comer a placenta eram colegas veganos, porque procuravam refeições oriundas da vida, e não da morte. Nesse sentido, a placenta não

---

também não são reconstruções positivistas. As evidências ou os fatos para uma estória são sempre eles mesmos apanhados em camadas de reconstituições. Katie me diz que Mischa poderia ter se descrito como pagã e que ambas usaram os nomes anarquistas e feministas de várias maneiras ao longo dos anos (mas nunca como Identidades), porém muitas na cerimônia de nascimento não o teriam feito na época nem mais tarde. Cyberbruxas povoaram as montanhas de Santa Cruz alguns anos após o banquete da placenta. Eu considero as tecnofeministas e a comunidade hippie do parto domiciliar como parentes envolvidas em uma espécie de dança espiral de FC quando as espécies se encontram.

era comida advinda de animais mortos nem explorados. Alguns se preocupavam se as toxinas acumuladas eram especialmente elevadas nas placentas humanas, sobretudo se a mãe estivesse no topo da cadeia alimentar. Ninguém sugeriu zoonoses placentárias como um perigo, porque de alguma forma ninguém viu a conexão interespécies ao comer essa carne que controla as relações entre o eu e o outro no comércio entre mãe e bebê na gravidez. Recém-saída dos hábitats marxistas-feministas de Baltimore e plena de estruturalismo, eu ainda tinha problemas com o jogo de classes entre o cru e o cozido.

Uma coisa era certa: eu tinha finalmente encontrado minha comunidade nutritiva, mesmo quando seus membros começaram a parecer um pouco verdes ao redor das brânquias enquanto contemplavam seus itens comestíveis. Essa comunidade era composta de pessoas que usavam sua considerável habilidade intelectual e seu privilégio para brincar, contar piadas sérias, se recusar a assimilar uns aos outros mesmo quando extraíam nutrição uns dos outros, improvisar locais de vínculo e explorar as obrigações de mundos emergentes onde espécies desordenadas se encontram. Essas pessoas me deixaram juntar-me a elas, e meu estômago nunca se acomodou.

Há uma terceira e última mordiscada de despedida necessária para investigar como proceder quando as espécies se encontram. Nenhuma comunidade funciona sem comida, sem comer *conjuntamente*. Esse não é um ponto moral, mas factual, semiótico e material que tem consequências. Como Derrida asseverou, "jamais se come totalmente sozinho".[17] Esse é um fato profundamente inquietante caso alguém busque uma dieta pura. Impulsionado por um desejo tão fantástico, o único alimento que se poderia comer em uma refeição seria a si mesmo: ingerir, digerir e gestar o mesmo sem fim. Talvez Deus possa fazer uma refeição solitária, mas as criaturas terranas não. Ao comer, estamos o mais dentro possível das relações diferenciais que nos fazem quem e o que somos e que materializam o que devemos fazer para que a resposta e o olhar tenham, pessoal e politicamente, algum significado. Não há como comer e não matar, não há como comer e não devir com outros seres mortais diante dos quais somos responsáveis, não há como fingir inocência e transcendência ou uma paz final. Que comer e matar não possam ser higienicamente separados *não* significa que qualquer forma de comer e matar seja boa

---

17 Jacques Derrida (com Jean-Luc Nancy), "'É preciso comer bem' ou o cálculo do sujeito" [1988], trad. Denise Dardeau e Carla Rodrigues. *Revista Latinoamericana del Colegio Internacional de Filosofía*, n. 3, 2018, p. 180.

ou simplesmente uma questão de gosto e cultura. Os modos multiespécies humanos e não humanos de viver e morrer estão em jogo nas práticas de comer. Como Barad disse sobre as relações de feitura-de-mundo, "mesmo os menores cortes contam".[18] Derrida defendeu que qualquer responsabilidade real deve ser excessiva. A prática do olhar e da resposta não tem limites pré-definidos, mas renunciar ao excepcionalismo humano tem consequências que exigem que se saiba mais ao fim do dia que no início, bem como que nos lancemos em alguns modos de vida e não em outros na biopolítica nunca estabilizada das espécies emaranhadas. Ademais, é preciso se lançar ativamente em alguns modos de vida e não em outros *sem* realizar nenhum destes três movimentos tentadores: (1) estar seguro de si mesmo; (2) relegar aqueles que comem de forma diferente a uma subclasse de pragas, desfavorecidos ou não iluminados; e (3) desistir de saber mais, inclusive cientificamente, e de sentir mais, inclusive cientificamente, sobre como comer bem – conjuntamente.

Em referência às questões éticas e políticas necessárias e duras que são colocadas por aqueles profundamente comprometidos com o bem-estar articulado de animais humanos e não humanos, entre os quais eu conto os trabalhadores dos direitos animais, neste livro toquei na questão da luta por um agropastoralismo moderno viável e fui contra o complexo agroindustrial da carne. Grande parte de minha conversa acontece no jogo intertextual que se passa entre as linhas, assim como entre as notas e o texto principal. Mas tive muito pouco a dizer sobre a caça contemporânea nas sociedades tecnoculturais, uma atividade na qual matar e se alimentar estão especialmente próximos. Esse é um tema enorme e complicado, e não pretendo entrar nele com profundidade. Quero me lembrar, porém, de uma refeição em minha própria comunidade acadêmica a fim de dizer por que motivo, a cada vez que sou confrontada por posições apaixonadas que configuram os oponentes como pessoas ignorantes, encontro práticas de verdade no campo supostamente não esclarecido, práticas de que eu preciso, de que nós precisamos. Esse é um fato biográfico que se tornou mais do que isso; esse fato é o motivo pelo qual experimento devir mundana como um processo de cultivar locais de vínculo e nós pegajosos que emergem do mundano e do corriqueiro. Em minha estória aqui, o corriqueiro assume a forma de nossa festa anual de departamento para professores e estudantes de pós-graduação. Ade-

---

18 K. Barad, *Meeting the Universe Halfway*, op. cit., p. 384.

quadamente, os cães retornam à cena nessa estória como agentes de formação de parentesco multiespécies, assim como companheiros de caça, amigos e parceiros esportivos.

Meu colega e amigo Gary Lease é um estudioso da religião com alergias exemplares a teologias dogmáticas de todos os tipos, mesmo em doses minúsculas. Lease também tem um profundo conhecimento acadêmico da história dos rituais, nos detalhes carnais de várias práticas de sacrifício animal, que se interseccionam em um diagrama de Venn com práticas de caça, mas não são a mesma coisa. Compreender as agregações e desagregações do sacrifício animal e da caça é importante por muitas razões, inclusive para ganhar alguma distância em relação a afirmações de identidade feitas tanto por adversários como por apoiadores, mesmo os filosoficamente sofisticados, tais como uma série de ecofeministas, uma comunidade há muito tempo querida ao meu coração, e Derrida, um comensal mais recente. As histórias são complexas e dinâmicas nas relações de animais humanos e não humanos chamadas de caça, não se prestando à redução tipológica, exceto para fins de polêmica hostil, pureza dogmática e estórias de origem banais, geralmente do gênero Homem-O-Caçador. Isso não significa que fomos reduzidos ao truque de Deus e caímos em um relativismo fácil em relação às práticas de caça situadas, assim como não fomos reduzidos a um relativismo fácil em relação a qualquer outra prática na busca de comer bem conjuntamente, de nos recusarmos a tornar classes de seres matáveis e de habitar as consequências do que sabemos e fazemos, inclusive matar. Repetindo o que já disse antes, fora do Éden, comer significa também matar, direta ou indiretamente, e matar bem é uma obrigação semelhante a comer bem. Isso se aplica tanto a um vegano quanto a um carnívoro humano. O diabo está, como sempre, nos detalhes.

Lease é um caçador consumado, cozinheiro, anfitrião e ambientalista com invejáveis credenciais públicas e privadas no sentido de agir de acordo com seus compromissos afetivos e qualificados. Ele sabe um bocado sobre aqueles que mata, como eles vivem e morrem, bem como o que ameaça sua espécie e seus recursos. Sua abordagem está resolutamente sintonizada com os discursos ecológicos, e ele parece surdo às exigências que os animais individuais possam fazer enquanto bonecos de ventríloquo usando a linguagem dos direitos. Meu sono é mais assombrado por esses murmúrios do que o dele. Mas Lease está longe de ser surdo às profundas (e diversas) exigências emocionais e cognitivas que os animais e caçadores fazem uns aos outros. Lease reconhece e se preocupa com animais não humanos como seres sencientes no sentido corriqueiro desse termo, mesmo que o conhecimento técnico de senciência permaneça calorosamente contestado. Ele certamente compreende que os tipos animais que caça sentem dor e têm emoções ricas. Ele caça no mundo todo; ele caça regionalmente sempre que pode; sua casa está cheia do que mata; e sua generosa mesa nunca oferece carne produzida industrialmente. Não é de admirar que suas práticas gerem orgias de prazer e indigestão em nossos banquetes anuais de departamento!

Vou me concentrar em um porco feral assado inteiro no quintal de Lease em Santa Cruz, na Califórnia, numa noite de primavera há alguns anos. Muito fácil, minha leitora pode gritar; os porcos selvagens são pragas, conhecidos brutamontes ambientais que rasgam as encostas onde organismos nativos deveriam estar vivendo. As pessoas regularmente chamam os porcos selvagens de "motocultivadores"; se os vombates escavadores fossem tão numerosos (e tão alienígenas?), sua alcunha de "escavadeiras do mato" poderia ganhar menos fãs na comunidade ecológica. Os porcos ferais são "espécies exóticas", para falar de maneira educada, e invasores merecem o que acontece com eles, na expressão xenofóbica dos que não são chegados à imigração. Acompanhei um pouco disso em um site popular chamado "Alien Invaders".[19] Os porcos ferais não têm pressão de predação suficiente, precisando da ação de caçadores humanos, mesmo que o extermínio não seja o objetivo. Tudo verdade.[20]

---

19 Simone Wilson, "Rooting for Feral Pigs". *Alien Invaders*; albionmonitor.com/3-10-96/ex-feralpigs.html.

20 Conferir o artigo do Departamento de Pesca e Caça da Califórnia sobre o manejo de porcos selvagens: "Wild Pig Management Program", California Department of Fish and Wildlife. Os porcos ferais na Califórnia datam do tempo das missões espanholas. Porcos são um desastre ambiental particular em lugares como a reserva da Ilha de Santa Cruz, na Califórnia, onde a Nature Conservancy e o National Parks Service lançaram um programa em 2005 para erradicá-los. A Prohunt, Inc., da Nova Zelândia, foi contratada para fazer o trabalho. Seriam esses caçadores antípodas uma espécie guardiã, como os substitutos de Piccinini? Os porcos devastaram a vegetação que era crucial para dar cobertura às raposas da ilha. Isso atraiu as águias-reais, que caçaram as raposas até quase a extinção. O programa de erradicação inclui a realocação das águias para o continente, além da criação em cativeiro e liberação das raposas. Espera-se também a recuperação das comunidades de plantas nativas. Ver nature.org/en-us/get-involved/how-to-help/places-we-protect/santa-cruz-island-california e nature.org/en-us/get-involved/how-to-help/animals-we-protect/santa-cruz-island-fox. A Prohunt, Inc., estabeleceu uma subsidiária no condado de Orange, na Califórnia, para operar mais facilmente nos Estados Unidos. A empresa é especializada no manejo de animais silvestres para

Mas os porcos ferais não são um caso fácil. Eles são uma turma altamente inteligente, oportunista, socialmente apta, bem armada e emocionalmente talentosa, que tem sentimentos comprovadamente fortes entre si e em relação a seus caçadores, tanto humanos quanto caninos. Você mataria e comeria um cão feral ou um cachorro de estimação que estivesse comendo mais do que a sua parte justa dos recursos do mundo? Quem determina tais partes? Os porcos têm tanto direito à vida quanto um cão (e o que dizer dos humanos?), se a complexidade cognitiva, emocional e social for o critério. Derrida acertou: não existe uma linha divisória racional ou natural que estabilize as relações de vida-e-morte entre animais humanos e não humanos; tais linhas são álibis, caso se imagine que elas vão resolver a o assunto "tecnicamente".

Seja no vocabulário da ecologia ou no dos direitos animais, os discursos do direito à vida não vão resolver as questões colocadas por aquele saboroso porco morto no pátio de Lease. Porcos causam menos danos às encostas, às bacias hidrográficas e à diversidade de espécies do que a indústria vinícola industrial da Califórnia, sem falar na indústria imobiliária. A indústria de criação de suínos os trata (e trata as pessoas) como unidades de produção calculáveis. Essa indústria é infame por poluir bacias hidrográficas inteiras e danificar literalmente milhares de espécies como resultado, incluindo pessoas. Caçadores aptos, como Lease, tratam os porcos como animais astutos com vida própria. Lease tem uma excelente justificativa ecológica para caçar porcos, mas ele caça muitos outros tipos de animais que não são considerados furiosos assassinos em série do meio ambiente. Entretanto, ele caça apenas de acordo com práticas de conservação rigorosas (muitas vezes relacionadas a projetos que proporcionam empregos locais, sustentáveis e qualificados para pessoas também "ameaçadas"), e os conhecimentos falíveis são testáveis e revisáveis. Ele é firme em matar com o mínimo de terror e dor que sua habilidade

---

projetos de conservação. Ela forneceu cães neozelandeses caçadores de cabras e perícia para o Projeto Isabela de erradicação de cabras nas ilhas Galápagos, elaborou um plano de erradicação de ungulados para a Ilha do Coco, na Costa Rica, e forneceu conselhos e perícia para a erradicação de cabras na Ilha de Guadalupe, no México. Sobre a erradicação de suínos na Ilha de Santa Cruz, ver Prohunt Incorporated, "A New Approach for Ungulate Eradication; A Case Study for Success", fev. 2008. Os danos ecológicos causados por porcos selvagens na parte continental da Califórnia são mais complexos, mas também substanciais. Os caçadores nem sempre são benignos nessa estória, para falar de forma branda. Alguns "esportistas" são conhecidos por soltar leitões em áreas ainda não habitadas por porcos para aumentar sua base de caça.

lhe permite, certamente muito menos do que qualquer guaxinim que eu tenha testemunhado destroçar um gato ou qualquer onça-parda que eu imagine matando um porco. Não obstante, a maioria das pessoas não precisa comer carne, e os felinos geralmente precisam; existem alternativas mais pacíficas para as pessoas. Mas o cálculo do sofrimento e a escolha também não resolverão o dilema da festa departamental, e não apenas porque todas as alternativas carregam seu próprio fardo ao designar quem vive e quem morre e como. A crise que a festa enfrentou foi uma crise cosmopolítica, na qual nem o excepcionalismo humano nem a unicidade de todas as coisas puderam vir em socorro. *Razões* foram bem desenvolvidas de todos os lados; *compromissos* com formas muito diferentes de viver e morrer eram o que precisava ser examinado conjuntamente, sem quaisquer truques de deus e com consequências.

Caçar, matar, cozinhar, servir e comer (ou não) um porco é um ato pessoal e público muito íntimo em cada etapa do processo, com grandes consequências para uma comunidade que não pode – e não deve – ser composta de acordo com as linhas do holismo orgânico. Naquela primavera, no pátio de Lease, vários comensais não só se recusaram a comer a suculenta carne de porco que ele serviu mas também argumentaram apaixonadamente que ele tinha passado dos limites ao servir carne de caça. Eles defendiam que o tipo de hospitalidade dele era um ato de agressão tanto aos animais como aos estudantes e professores. O departamento deveria adotar uma prática vegana, eles sustentaram, ou pelo menos uma prática que não incluísse a comunidade ter de deparar com o corpo de um animal inteiro para o consumo coletivo. Mas porcos ferais, caçadores, comedores e opositores são espécies companheiras, emaranhadas em uma refeição bagunçada, sem sobremesa doce para estabilizar a digestão de todos. Em todo caso, o açúcar dificilmente parece ser o antiácido histórico adequado para a caça! O que deve ser feito se nem o relativismo liberal nem o decreto da autocerteza de qualquer orientação são uma opção legítima?

O que realmente aconteceu é que Lease não voltou a caçar e cozinhar um porco para o departamento. Todos nós evitamos conflito. Fatias de carne suína compradas pareciam toleráveis, ainda que por pouco, e nenhum verdadeiro compromisso coletivo sobre os modos de vida e morte em jogo foi firmado. A obrigação das "boas maneiras", com seu tipo de reuniões educadas, despejou a cosmopolítica. Acho que foi uma grande perda, muito pior que uma indigestão ácida contínua, porque as diferentes abordagens não puderam ser todas assimiladas, mesmo quando todas reivindicaram verdades que não podiam ser evitadas. Ou pelo menos eu as sentia todas se repuxando em minhas entranhas, e não estava sozinha. Lembrando-me do jantar no India Joze, eu ansiava pelo tipo de brincadeira séria que a placenta cozida evocara. Mas a placenta estava nas montanhas, confrontada por outros, e o porco estava no quintal de Lease, confrontado pelos comensais do departamento. Além disso, não há muitas placentas emocionalmente exigentes e sencientes nas colinas sendo espreitadas por caçadores.

Penso que as questões cosmopolíticas surgem quando as pessoas respondem a verdades finitas seriamente diferentes, sentidas e sabidas, e devem coabitar bem sem uma paz final. Se alguém sabe que a caça é teologicamente certa ou errada ou, ainda, que as posições dos direitos animais são dogmaticamente corretas ou incorretas, então não há engajamento cosmopolítico. Talvez eu projete muito de minha própria experiência pessoal e política nessas áreas e seja facilmente influenciada por amizades e por encontros face a face (ou livro a livro), quando me dou conta de como o mundo é para outra pessoa. Mas essas qualidades estão entre aquelas que definem os talentos de animais sociais como nós, e eu acho que devemos fazer mais, e não menos, uso delas quando as espécies se encontram. No sentido que tentei desenvolver neste livro, respeito na carne as práticas de caça de Lease e como sua comida com gratidão. No mesmo sentido, respeito amigos e colegas como Carol Adams, Lynda Birke e Marc Bekoff, todos eles estudiosos e ativistas cujo amor pelos animais os leva a se oporem ao consumo de carne e à caça de todos os tipos, e não apenas à agricultura industrial.[21] Bekoff, biólogo comportamental e incansável defensor dos animais, reconhece que alguns caçadores, como Lease, experimentam e praticam o amor pelos animais que matam, e observa que está muito contente que tais caçadores não o amem. *É* realmente difícil de imaginar. Mas Lease e Bekoff são comensais em demasiados aspectos para que essa seja a última palavra. Ambos são defensores ativos e profundamente conhecedores dos animais, aler-

---

21 Para conhecimento crucial, sentimento e argumentos, ver Carol Adams, "An Animal Manifesto: Gender, Identity, and Vegan-Feminism in the Twenty-first Century". *Parallax*, v. 12, n. 1, 2006. Ela defende que "Haraway protege a dominação que ontologiza os animais enquanto comestíveis, assim como os cães pastores que ela celebra protegem o 'gado' ontologizado"; ibid., p. 126. Espero ter encontrado Adams neste livro, não a convencido, mas respeitado suas verdades fulcrais, bem como as minhas próprias, de uma forma não relativista. Não tenho certeza de que isso possa ser feito, mas o que está em jogo é coletivo, e não apenas pessoal.

tas para as competências não antropomórficas de muitos tipos de animais, ambientalistas com credenciais sólidas no mundo, abertos para brincar e trabalhar com animais não humanos, comprometidos em conhecer bem e comer bem. Que eu sinta ambos em minhas entranhas não é relativismo, insisto, mas o tipo de dor que as coisas simultaneamente verdadeiras e não harmonizáveis causam. A dialética é uma ferramenta potente para abordar contradições, mas Bekoff e Lease não corporificam contradições. Ao contrário, corporificam reivindicações finitas, exigentes, afetivas e cognitivas sobre mim e sobre o mundo, ambos conjuntos do que requer ação e respeito sem resolução. Essa é minha ideia de nutrir a indigestão, um estado fisiológico necessário para comer bem conjuntamente.

É final de tarde em dezembro, hora de minha família canina e humana correr junta e voltar para casa a fim de cozinhar o jantar. É hora de voltar aos nós corriqueiros da vida cotidiana multiespécies em um determinado lugar e tempo. Se eu ignorar esse simples fato, as patas de um determinado cão estarão em meu teclado digitando códigos estranhos que talvez eu não saiba como deletar. Ao longo deste livro, tentei perguntar como o fato de levar tais coisas a sério nos atrai para o mundo, nos faz ter cuidado e nos abre a imaginações e compromissos políticos. Há quase oito anos, eu me encontrava em um amor inesperado e sem limites com uma cadela ardida como pimenta que chamei de Cayenne. Não é surpreendente que ela tenha agido como criadora de parentesco em um lar de classe média nos Estados Unidos no início do século XXI, mas tem sido um despertar acompanhar quantas variedades de parentes e afins [*kinds*] esse amor materializou, quantos tipos de consequências fluem de seu beijo. Os fios pegajosos que proliferam a partir desse emaranhado mulher-cadela levaram a fazendas de colonos israelenses nas Colinas de Golã, na Síria, a buldogues franceses em Paris, a projetos prisionais no Centro-Oeste dos Estados Unidos, a análises de investimento da cultura de mercadorias envolvendo cães na internet, a laboratórios de camundongos e projetos de pesquisa genética, a campos de beisebol e *agility*, a jantares departamentais, a baleias carregando câmeras na costa do Alasca, a fábricas industriais de processamento de frangos, a salas de aula de história em uma faculdade comunitária, a exposições de arte em Wellington e a fornecedores de equipamento que participam de um programa de captura, esterilização e devolução de gatos. Filósofos oficiais e populares, biólogos de muitos tipos, fotógrafos, cartunistas, teóricos culturais, treinadores de cães, ativistas da tecnocultura, cronistas, família humana, estudantes, amigos, colegas, antropólogos, acadêmicos da literatura e historiadores, todos me permitem rastrear as consequências do amor e das brincadeiras entre mim e Cayenne. Como Vincent, de Ian Wedde, ela enriquece minha ignorância.[22]

Quando as espécies se encontram opera fazendo conexões, tentando responder aonde a curiosidade e, às vezes, o cuidado inesperado levam. Nenhum capítulo tem uma conclusão, mas todos possuem um tráfego mal contido entre as linhas e entre o texto principal e as notas, em uma tentativa de engajar uma conversa cosmopolítica. Em todos os lugares, animais são parceiros plenos na mundificação, no devir-com. Animais humanos e não humanos são espécies companheiras, comensais, comendo juntas, quer saibamos ou não como comer bem. Muitos lemas incisivos podem nos incitar a aprender mais sobre como florescer conjuntamente na diferença sem o *télos* de uma paz final. Um bastante brutal, vindo do mundo canino, poderia ser: "Cale a boca e treine!". Mas prefiro terminar com o desejo de que algum dia possa ser dito sobre mim o que os bons jogadores de *agility* dizem daqueles cujas corridas admiram: "Ela encontrou sua cadela".

---

22 Ian Wedde, "Walking the Dog", in *Making Ends Meet*. Wellington: Victoria University Press, 2005, p. 358.

AGRADECIMENTOS

Quando as espécies se encontram é um reconhecimento dos laços vivos que ligam o mundo habitado por mim, mas quero nomear aqui alguns dos animais humanos e não humanos que estão especialmente trançados nos tecidos deste livro. Todos aqueles a quem chamo de minha gente animal e seus companheiros devem vir primeiro – acadêmicos, artistas, amigos, camaradas esportistas e cientistas cujo trabalho é diretamente moldado pelas criaturas que eles amam e conhecem. Essas pessoas e criaturas me ajudaram materialmente a escrever este livro ao se tornarem sujeitos etnográficos e, no caso dos humanos, também ao ler rascunhos de capítulos e, criticamente, me ouvir esbravejar.

Amizades do *agility*: camaradas especiais com quem Cayenne e eu estudamos e praticamos *agility* incluem Pam Richards e Cappuccino, Suzanne Cogen e Amigo, Barbara McElhiney e Bud, June Bogdan e Chloe, Liza Buckner com Annabelle e Taiko, Annette Thomason e Sydney, Sharon Kennedy e Dena, Susan Cochran e Aiko, Gail e Ralph Frazier com Squeeze e Tally Ho, Derede Arthur e Soja, Susie Buford e Zipper, Connie Tuft com Tag e Keeper, Faith Bugely com Rio e Gracie, Garril Page e Cali, Clare Price e Jazz, David Connet e Megan, Joan Jamison e Boomer, Marion e Mike Bashista com Merlin e Kelli, Laurie Raz-Astrakhan e Blue, Chris Hempel e Keeper, Laura Hartwick com Ruby e Otterpup, Diana Wilson e Callie, Dee Hutton e Izzy, Luanne Vidak e Jiffy, Crissy Hastings Baugh e Gracie, Karen Plemens Lucas e Nikki, Gayle Dalmau e um bando de terriers sedosos (Kismet, Sprite e Toot) e Linda Lang com Rosie e Tyler. Meus instrutores de *agility* são Gail Frazier, Rob Michalski (com Hobbes e Fate) e Lauri Plummer. Ziji Scott, com Ashe, sabe o quanto deu a Cayenne e a mim com seu espírito e mãos mágicas de quiroprática.

Animais na ciência: os cães que aparecem neste livro e vieram ao mundo através das práticas da ciência incluem Spike e Bruno (e sua humana Gwen Tatsuno), atletas de *agility* que são fruto do cruzamento entre terras-novas e border collies de criação para o projeto do genoma canino. Minha cadela Cayenne contribuiu com DNA tanto para o projeto de identificação do gene merle como para um teste de sensibilidade medicamentosa. Mas a maioria dos cães que trabalham na ciência o fazem anonimamente, vivem em canis em vez de lares e, com demasiada frequência, estão em sofrimento. Eles e todas as outras criaturas cujas vida e morte são incorporadas à construção de conhecimento merecem reconhecimento, mas isso é apenas o começo do que lhes devemos. Animais de trabalho, incluindo criaturas produtoras de alimentos e de fibras, assombram-me ao longo deste livro. A resposta mal começou.

Estudantes de pós-graduação e pós-doutorandos que frequentaram meus seminários de *science studies*, estudos animais e teoria feminista na Universidade da Califórnia em Santa Cruz (UCSC) merecem um agradecimento especial. Eles incluem Rebecca Herzig, Thomas van Dooren, Cressida Limon, María Puig de la Bellacasa, Natasha Myers, Heather Swanson, Jake Metcalf, Shannon Brownlee, Raissa Burns, Scout Calvert, Lindsey Collins, Lindsay Kelley, Sandra Koelle, Natalie Loveless, Matt Moore, Astrid Schrader, Mari Spira, Kalindi Vora, Eric Stanley, Matthew Moore, Marcos Becquer, Eben Kirksey, Martha Kenney, Chloe Medina, Cora Stratton, Natalie Hansen, Danny Solomon, Anna Higgins, Eunice Blavascunas, Nicole Archer, Mary Weaver, Jennifer Watanabe, Kris Weller, Sha LaBare, Adam Reed, e Carrie Friese (Universidade da Califórnia em São Francisco – UCSF). Tenho uma enorme dívida de reconhecimento neste livro também para com antigos alunos, agora colegas, especialmente Eva Hayward, Chris Rose, Gillian Goslinga, Kami Chisholm, Alexis Shotwell, Joe Dumit, Sarah Jain, Karen Hoffman, Barbara Ley, Anjie Rosga, Adam Geary, David Delgado Shorter, Thyrza Goodeve, Rebecca Hall, Cori Hayden, Kim TallBear, Kaushik Sunder Rajan, Dawn Coppin e Delcianna Winders.

Os colegas da UCSC têm sido cruciais para o meu pensamento sobre os encontros animais-humanos, especialmente Gopal Balakrishnan, Karen Barad, Nancy Chen, Jim Clifford, Angela Davis, Dorothea Ditchfield, Barbara Epstein, Carla Freccero, Wlad Godzich, Jody Greene, Susan Harding (acompanhada por Bijou e Lulu Moppet, para não falar de Marco!), Lisbeth Haas, Emily Honig, David e Jocelyn Hoy, Gary Lease, David Marriott, Tyrus Miller, Jim McCloskey, Karen McNally, Helene Moglen, Sheila Namir, Vicki e John Pearse, Ravi Rajan, Jennifer Reardon, Neferti Tadiar, Dick Terdiman e Anna Tsing.

Estudiosos, biólogos e artistas de muitos lugares me ajudaram de variadas maneiras em *Quando as espécies se encontram*, entre eles Carol Adams, Marc Bekoff, Nick Bingham, Lynda Birke, Geoff Bowker, Rosi Braidotti, Jonathan Burt, Rebecca Cassidy, Adele Clarke, Sheila Conant, Istvan Csicsery-Ronay, Beatriz da Costa, Troy Duster, Mike Fischer, Adrian Franklin, Sarah Franklin, Erica

Fudge, Joan Fujimura, Scott Gilbert, Faye Ginsburg, Michael Hadfield, Nancy Hartsock, Deborah Heath, Stefan Helmreich, Laura Hobgood-Oster, Don Ihde, Lupicinio Íñiguez, Alison Jolly, Margaretta Jolly, Caroline Jones, Eduardo Kohn, Donna Landry, Tom Laqueur, Bruno Latour, Ann Leffler, Diana Long, Lynn Margulis, Garry Marvin, Donald McCaig, Susan McHugh, Eduardo Mendietta, Alyce Miller, Gregg Mitman, Donald Moore, Darcy Morey, Molly Mullin, Aihwa Ong, Benjamin Orlove, Patricia Piccinini, Annie Potts, Paul B. Preciado, Paul Rabinow, Lynn Randolph, Karen Rader, Rayna Rapp, Jonah Raskin, Manuela Rossini, Joe Rouse, Thelma Rowell, Marshall Sahlins, Juliana Schiesari, Wolfgang Schirmacher, Joseph Schneider, Gabrielle Schwab, Evan Selinger, Barbara Smuts, Susan Squier, Leigh Star, Peter Steeves, Isabelle Stengers, Marilyn Strathern, Lucy Suchman, Anna-Liisa Syrjänen, Karen-Sue Taussig, Jesse Tesser, Charis Thompson, Nick Trujillo, Albion Urdank, Ian Wedde, Steve Woolgar e Brian Wynne.

Enquanto pensava neste livro, apresentei, como convidada, trabalhos, seminários e conferências em tantos lugares que é impossível mencioná-los todos aqui. Todas as pessoas que me leram, escutaram e responderam fizeram diferença. Também sei o quanto devo às instituições que tornaram possível a pesquisa e a escrita, especialmente meu departamento, o de História da Consciência, e o Centro de Estudos Culturais, na Universidade da Califórnia em Santa Cruz.

Em um momento crítico, Cary Wolfe me perguntou sobre o compromisso do meu livro e, então, me ajudou a afinar os capítulos. Seus escritos já tinham me moldado, e lhe sou profundamente grata. As leitoras da University of Minnesota Press, Isabelle Stengers e Erica Fudge, se apresentaram a mim após a revisão crítica; seus comentários me ajudaram imensamente.

Meus irmãos, Rick Miller-Haraway e Bill Haraway, ajudaram-me a sentir nosso pai, Frank Haraway, e a pensar em como escrever sobre ele depois de sua morte. A disponibilidade de meu pai em ouvir meus relatos esportivos de *agility* está na base deste livro.

Sheila Peuse, Cheryl VanDeVeer, Laura McShane e Kathy Durcan ocupam um lugar especial em minha alma por toda a ajuda com cartas de recomendação, manuscritos, aulas, estudantes e com a vida.

Por pensar comigo sobre cães e muito mais durante vários anos, devo sinceros agradecimentos a Rusten Hogness, Suze Rutherford, Susan Caudill, C. A. Sharp, Linda Weisser, Catherine de la Cruz, Katie King, Val Hartouni (e Grace) e Sharon Ghamari-Tabrizi. Com Susan, pranteio a perda de Willem, o cão-da-montanha-dos-pireneus, da nossa vida e da nossa terra. Rusten não só me ajudou a pensar e escrever melhor; ele também usou sua habilidade com computadores para nutrir tecnicamente cada etapa do processo e concordou, com considerável graça, em convidar um dínamo filhote e peludo em 1999 para nossa vida, quando ambos sabíamos que essa talvez não fosse a melhor decisão.

David Schneider e seu poodle standard George me ensinaram sobre o parentesco anglo-americano na vida e na morte. David e eu enfrentamos pela primeira vez juntos o treino de cães por meio da leitura de Vicki Hearne e do estudo da horrível arte da obediência em aulas com nossos resignados companheiros caninos, George, Sojourner e Alexander Berkman.

Como posso agradecer a Cayenne e Roland, os cães do meu coração? Este livro é para eles, mesmo que provavelmente prefiram uma versão de raspar-e-cheirar, sem notas de rodapé.

FONTE DOS TEXTOS

Um excerto do subcapítulo intitulado "Espécies companheiras" também apareceu em "Encounters with Companion Species: Entangling Dogs, Baboons, Philosophers, and Biologists". *Configurations*, v. 14, n. 1–2, 2006.

Seções de versões anteriores dos capítulos 4 e 7 apareceram em *O manifesto das espécies companheiras: Cachorros, pessoas e alteridade significativa* [2003], trad. Pê Moreira. Rio de Janeiro: Bazar do Tempo, 2021.

O capítulo 5 é uma revisão de "Cloning Mutts, Saving Tigers: Ethical Emergents in Technocultural Dog Worlds", publicado em Sarah Franklin e Margaret Lock (orgs.), *Remaking Life & Death: Toward an Anthropology of the Biosciences*. Santa Fe / Oxford: School of American Research Press / James Currey, 2003.

O capítulo 6 é uma revisão de "A Note of a Sportswriter's Daughter: Companion Species", publicado em Nancy Chen e Helene Moglen (orgs.), *Bodies in the Making: Transgressions and Transformations*. Santa Cruz: New Pacific Press, 2006.

Uma versão anterior do capítulo 8 foi publicada em Beatriz da Costa e Kavita Philip (orgs.), *Tactical Biopolitics: Art, Activism, and Technoscience*. Cambridge: MIT Press, 2008.

Uma versão anterior do capítulo 8 também foi publicada em Marc Bekoff e Janette Nystrom (orgs.), *Encyclopedia of Human-Animal Relationships*, v. 1. Westport: Greenwood Publishing Group, 2007.

Uma versão anterior do capítulo 9 foi publicada em Evan Selinger (org.), *Postphenomenology: A Critical Companion to Ihde*. Albany: State University of New York Press, 2006.

Uma versão anterior do capítulo 10 foi publicada em Bregje van Eekelen et al. (orgs.), *Shock and Awe: War on Words*. Santa Cruz: New Pacific Press, 2004.

A primeira parte do capítulo 11 foi expandida com base em "The Writer of the Companion-Species Manifesto E-mails Her Dog-People", in Margaretta Jolly (org.), *a/b: Auto/Biography Studies*, v. 21, n. 1, 2006.

A segunda parte do capítulo 11 foi adaptada de "Replies to Five Questions", in Jan-Kyrre Berg Olsen e Evan Selinger (orgs.), *Philosophy of Technology: 5 Questions*. S.l.: Automatic Press / VIP, dezembro de 2007.

ÍNDICE ONOMÁSTICO

SOBRE A AUTORA

DONNA J. HARAWAY nasceu em 1944, em Denver, nos Estados Unidos. Graduou-se em zoologia e filosofia no Colorado College e, em 1972, concluiu o doutorado em biologia na Universidade Yale, tendo recebido uma bolsa Fulbright para pesquisas em Paris. Foi professora de história da ciência e estudos de mulheres na Universidade do Havaí, entre 1971 e 1974, e na Universidade Johns Hopkins, entre 1974 e 1980. Em 1980, ingressou na Universidade da Califórnia em Santa Cruz, onde atualmente é professora emérita e atua nos departamentos de História da Consciência, Estudos Feministas, Antropologia e Estudos Ambientais. Recebeu, em 2000, o John Desmond Bernal Prize, a mais prestigiosa distinção concedida pela Society for Social Studies of Science, em reconhecimento a suas contribuições à história e filosofia da ciência. Além de seu trabalho acadêmico, desenvolvido sobretudo na interseção entre ciências humanas e biológicas, Donna Haraway participou de documentários como *Donna Haraway: Story Telling for Earthly Survival* (dir. Fabrizio Terranova, 2016) e, junto com Vinciane Despret, *Camille & Ulysse* (dir. Diana Toucedo, 2021).

OBRAS SELECIONADAS

Staying with the Trouble: Making Kin in the Chthulucene. Durham: Duke University Press, 2016.

The Companion Species Manifesto: Dogs, People, and Significant Otherness. Chicago: Prickly Paradigm Press, 2003 [ed. bras.: *O manifesto das espécies companheiras: Cachorros, pessoas e alteridade significativa*, trad. Pê Moreira. São Paulo: Bazar do Tempo, 2021].

Simians, Cyborgs, and Women: The Reinvention of Nature. New York: Routledge, 1991.

Primate Visions: Gender, Race, and Nature in the World of Modern Science. New York: Routledge, 1989.

"Situated Knowledges: The Science Question in Feminism and the Privilege of Partial Perspective". *Feminist Studies*, v. 14, n. 3, 1988 [ed. bras.: "Saberes localizados: A questão da ciência para o feminismo e o privilégio da perspectiva parcial", trad. Mariza Corrêa. *Cadernos Pagu*, n. 5].

"A Manifesto for Cyborgs: Science, Technology, and Socialist Feminism in the 1980s". *Socialist Review*, n. 80, 1985 [ed. bras., com base na versão revisada de 1991: "Manifesto ciborgue: Ciência, tecnologia e feminismo-socialista no final do século XX", in Tomaz Tadeu (org. e trad.), *Antropologia do ciborgue: As vertigens do pós-humano*. Belo Horizonte: Autêntica Editora, 2009].

Título original: *When Species Meet*

IMAGEM DE CAPA © Laurie Anderson. *Lolabelle in the Bardo, June 5th*, 2011. Carvão sobre papel, 3,15 × 4,37 m
EDIÇÃO DE TEXTO Bibiana Leme
REVISÃO Natalia Engler
LETREIRAMENTO DAS CHARGES Lilian Mitsunaga
PRODUÇÃO GRÁFICA Marina Ambrasas

EQUIPE UBU

DIREÇÃO Florencia Ferrari
DIREÇÃO DE ARTE Elaine Ramos; Júlia Paccola e Nikolas Suguiyama (assistentes)
COORDENAÇÃO Isabela Sanches
COORDENAÇÃO DE PRODUÇÃO Livia Campos
EDITORIAL Bibiana Leme e Gabriela Ripper Naigeborin
COMERCIAL Luciana Mazolini e Anna Fournier
COMUNICAÇÃO / CIRCUITO UBU Maria Chiaretti, Walmir Lacerda e Seham Furlan
DESIGN DE COMUNICAÇÃO Marco Christini
GESTÃO CIRCUITO UBU / SITE Cinthya Moreira e Vivian T.

1ª reimpressão, 2024.

UBU EDITORA
Largo do Arouche 161 sobreloja 2
01219 011 São Paulo SP
ubueditora.com.br
professor@ubueditora.com.br
/ubueditora

Dados Internacionais de Catalogação na Publicação (CIP)
Bibliotecário Odilio Hilario Moreira Junior – CRB 8/9949

H254q Haraway, Donna [1944–]
Quando as espécies se encontram / Donna Haraway; traduzido por Juliana Fausto. Título original: *When Species Meet*. São Paulo: Ubu Editora, 2022 / 416 pp.
ISBN 978 65 86497 71 7

---

1. Filosofia. 2. Relação humano-animal. 3. Cães.
4. Animais. 5. Zoologia. II. Fausto, Juliana I. Título.

2022–2149 CDD 100 CDU 1

Índice para catálogo sistemático:
1. Filosofia 100
2. Filosofia 1

FONTES Tiempos e Tme
PAPEL Pólen bold 70 g/m²
IMPRESSÃO Margraf